磷资源开发利用丛书

总主编 池汝安

副总主编 杨光富 梅 毅

磷 酸 盐

第 8 卷

李东升 李永双 屈 云 池汝安 等 编著

科 学 出 版 社

北 京

内 容 简 介

本书是湖北三峡实验室"磷资源开发利用"丛书第 8 卷，本书从磷酸盐概述开始，总结磷酸盐工业的发展历程、磷酸盐产品的分类、磷酸盐工业的重要性及磷酸盐的特性和重要品种。分章节详细论述常见金属或非金属阳离子的正磷酸盐、偏磷酸盐、焦磷酸盐、聚磷酸盐、次磷酸盐、亚磷酸盐等产品的生产原理、制备技术、典型工业化工艺、用途等内容，重点介绍常见磷酸盐的典型生产技术及应用，在总结经典生产工艺的基础上，力求跟踪时代，与时俱进，紧扣磷酸盐国内外产业新发展、新趋势和新技术。本书针对经典技术及前沿技术进行了较全面的总结和论述，是磷酸盐工业方面较为重要的科技著作。

本书既可以作为从事磷酸盐行业的管理人员和工程技术人员的参考书，又可以作为化学化工相关专业院校师生的参考用书，同时还可供有志于磷酸盐研究开发的科技人员阅读参考。

图书在版编目（CIP）数据

磷酸盐 / 李东升等编著. -- 北京: 科学出版社, 2024. 11. -- (磷资源开发利用丛书 / 池汝安总主编). -- ISBN 978-7-03-079610-3

Ⅰ. O613.62

中国国家版本馆 CIP 数据核字第 2024EV8945 号

责任编辑：刘翠娜 李 洁 / 责任校对：王萌萌
责任印制：师艳茹 / 封面设计：赫 健

科学出版社 出版

北京东黄城根北街 16 号
邮政编码：100717
http://www.sciencep.com

北京中科印刷有限公司印刷

科学出版社发行 各地新华书店经销

*

2024 年 11 月第 一 版 开本：787×1092 1/16
2024 年 11 月第一次印刷 印张：20 1/4
字数：460 000

定价：260.00 元

（如有印装质量问题，我社负责调换）

"磷资源开发利用"丛书出版说明

　　磷是不可再生战略资源，是保障我国粮食生产安全和高新技术发展的重要物质基础，磷资源开发利用技术是一个国家化学工业发展水平的重要标志之一。"磷资源开发利用"丛书由湖北三峡实验室组织我国 300 余名专家学者和一线生产工程师，历时四年，围绕磷元素化学、磷矿资源、磷矿采选、磷化学品和磷石膏利用的全产业链编撰的一套由《磷元素化学》、《磷矿地质与资源》、《磷矿采矿》、《磷矿分选富集》、《磷矿物与材料》、《黄磷》、《热法磷酸》、《磷酸盐》、《湿法磷酸》、《磷肥与磷复肥》、《有机磷化合物》、《药用有机磷化合物》、《磷石膏》、《磷化工英汉词汇》组成的丛书，共计 14 卷，以期成为磷资源开发利用领域最完整的重要参考用书，促进我国磷资源科学开发和磷化工技术转型升级与可持续发展。

丛 书 序

　　磷矿是不可再生的国家战略性资源。磷化工是我国化工产业的重要组成，磷化学品关乎粮食安全、生命健康、新能源等高新技术发展。我国磷矿资源居全球第二位，通过多年的发展，磷化工产业总体规模全球第一，成为全球最大的磷矿石、磷化学品生产国，形成了磷矿开采、黄磷、磷酸、无机磷化合物、有机磷（膦）化合物等完整产业链。但是，我国仍然面临磷矿综合利用水平偏低、资源可持续保障能力不强、磷化工绿色发展压力较大、磷化学品供给结构性矛盾突出等问题。为了进一步促进磷资源的高效利用，推动我国磷化工产业的高质量发展，2024 年 1 月，工业和信息化部、国家发展和改革委员会、科学技术部、自然资源部、生态环境部、农业农村部、应急管理部、中国科学院联合发布了《推进磷资源高效高值利用实施方案》。

　　湖北三峡实验室是湖北省十大实验室之一，定位为绿色化工。2021 年，湖北省人民政府委托湖北兴发化工集团股份有限公司牵头，联合中国科学院过程工程研究所、武汉工程大学和三峡大学等相关高校和科研院所共同组建湖北三峡实验室，围绕磷基高端化学品、微电子关键化学品、新能源关键材料、磷石膏综合利用等研究方向开展关键核心技术研发，为湖北省打造现代化工万亿产业集群提供关键科技支撑，提高我国现代化工产业的国际竞争力。

　　为推进磷资源高效高值利用、促进我国磷资源科学开发与利用，湖北三峡实验室组织编撰了"磷资源开发利用"丛书，组织了 300 多位学者和专家，历时数年，数易其稿，编著完成了由 14 个专题组成的丛书。我们相信，该丛书的出版，将对我国磷资源开发利用行业的产业升级、科技发展和人才培养做出积极贡献！本书可为从事磷资源开发和磷化工相关行业生产、设计和管理的工程技术人员及高等院校和科研院所的广大学者和学生提供参考。

2024 年 1 月

序

在化学工业的广阔天地中，磷酸盐以其独特的性质和广泛的应用领域，始终占据着不可或缺的地位。磷酸盐不仅是农业生产中必不可少的肥料，还在食品、医药、阻燃材料等多个领域发挥着重要作用。同时，随着新材料、新能源等领域的快速发展，磷酸盐的应用场景也将进一步拓展。可以预见，在未来的电池技术、储能材料等领域，磷酸盐将扮演更加重要的角色。

湖北三峡实验室编撰的"磷资源开发利用"丛书是对磷资源系统研究的集大成者，其中《磷酸盐》作为该丛书的第 8 卷，是对磷酸盐工业的全面梳理和深入剖析。该书的出版，不仅为磷酸盐领域的研究者、从业者提供了一本宝贵的参考书，而且为推动磷酸盐工业的创新发展做出了积极贡献。

磷酸盐工业的发展历程可谓波澜壮阔，从最初的简单开采利用，到如今的高精尖技术研发，每一步都凝聚了无数科技工作者的智慧和汗水。该书从磷酸盐的基本概念出发，系统地回顾这段发展历程，让读者能够清晰地把握磷酸盐工业的历史脉络。此外，该书不仅回顾了磷酸盐的发展历史，还深入地剖析了当下磷酸盐工业的最新技术和最新趋势。正磷酸盐、偏磷酸盐、焦磷酸盐等各类磷酸盐的生产原理、制备技术、典型工业化工艺以及用途等，都在该书中得到了详尽的阐述。这些内容的详尽性、专业性，无疑将极大地提升读者对磷酸盐工业的认知水平。我特别欣赏的是该书在总结经典生产工艺的同时，能够紧跟时代步伐，及时捕捉和反映国内外磷酸盐工业的新发展、新趋势和新技术。这种前瞻性和时效性，使得该书不仅仅是一本资料汇编，还是一本能够引领行业发展的科技著作。值得一提的是，该书的适用对象非常广泛，无论是磷酸盐行业的管理人员，还是工程技术人员，都能从中找到对自己工作有指导意义的内容。对于化学化工相关专业的师生来说，该书是一本不可多得的参考用书。我相信，有志于磷酸盐研究开发的科技人员，肯定能从该书中汲取丰富的灵感和知识。

作为一名长期从事无机盐化学工业研究的科技工作者，我深知一本好的科技著作对于行业发展的重要性。该书正是这样一本能够推动行业进步、引领科技创新的好书。我衷心希望，该书的出版能够引起更多人对磷酸盐工业的关注和投入，共同推动这个领域朝着更加绿色、高效、可持续的方向发展。在此，我要对该书的编委会表示由衷的敬意和感谢。他们凭借深厚的专业素养和严谨的科学态度，为我们呈现出了这样一部高质量的科技著作。我相信，该书必将成为磷酸盐工业发展史上的一部经典之作，为从事磷酸盐工业相关研究的研究者提供宝贵的借鉴和参考。最后，我期待着更多的科技工作者能够加入磷酸盐工业的研究中来，共同推动这个古老而又充满活力的领域不断向前发展。同时，我也希望该书能够成为连接过去与未来、理论与实践的桥梁，为磷酸盐工业的繁荣和发展贡献出它的一份力量。

中国无机盐工业协会会长

教授级高级工程师

2024 年 6 月 24 日

磷酸盐是基础磷化学品进一步深加工的产物，是无机盐工业中的一类重要产品。其品种多、功能性强、应用面广，主要包括从肥料级磷酸盐、饲料级磷酸盐、工业级磷酸盐、食品级磷酸盐、药品磷酸盐到特种磷酸盐、材料磷酸盐等精细磷酸盐，与国民经济的发展和人们的日常生活息息相关，是发展高新技术的基础。现代化工新材料产业的快速发展，推动磷酸盐从低端的基础化工原材料向高端磷酸盐新材料方向发展，从而使从事磷酸盐生产、科研、教学等方面的相关人员和读者对磷酸盐工业最新发展信息的需求较为迫切。同时，我国磷酸盐行业经过多年深耕，积累了丰富的生产与管理经验和相关成果，及时总结这些成果与经验，推陈出新，既能促进磷酸盐工业的进一步发展，又能推进磷酸盐相关科技成果的转化进程。基于此，由国内磷酸盐领域知名人士、企业家和专家学者组成编委会，经过大量的调研工作，共同编写了《磷酸盐》一书，并得到了科学出版社的大力支持。

本书以磷酸盐为主线，重点论述常见的典型工业化磷酸盐的生产原理、制备技术、典型工业化工艺及用途。在内容上对照经典工艺，总结大量新工艺新技术，较全面地反映当今国内外磷酸盐工业发展的新成果、新工艺和新技术。本书立足国情，体现特色，强调理论与实践的有机结合，不仅着力于产品化学原理的论述，更加注重典型工业化工艺技术和典型设备的介绍。本书革故鼎新，既描述成熟的经典产业化技术，又介绍一些正在探索中的发展理念和有前途的高端化学品，具有较强的前瞻性和导向性，力求为读者构建绿色磷酸盐的新思维。此外，本书坚持以科学发展为主题，着力促进磷酸盐工业的技术创新和转型升级，是对现代磷酸盐工业理论、技术和应用的全面性论述和系统总结，特色鲜明，章节层次较分明，内容翔实，可读性强。

本书共分 16 章，每章分若干节，每节分别重点阐述磷酸盐的生产原理、制备技术、典型工业化工艺、用途等内容。以阳离子为主线分类进行编写，分为磷酸的钠盐、钾盐、铵盐、钙盐、铝盐、锌盐、锰盐、铁盐、镁盐、钴盐、镍盐、钛盐、锆盐等十余个系列，每个系列包含相应的正磷酸盐、焦磷酸盐、聚磷酸盐、偏磷酸盐、次磷酸盐、亚磷酸盐等阴离子系列。本书根据需要紧密结合目前最新的前沿内容。插图采用全新的制图软件制作，清晰美观，生动形象，是一本不可多得的磷酸盐工业方面的著作，具有较高的学术价值。

本书由三峡大学李东升教授、李永双高级工程师，湖北兴发化工集团股份有限公司总工程师屈云先生和湖北三峡实验室主任池汝安教授担任主编，共同编写完成。本书由李永双负责收集整理编撰，由屈云负责工业产业化内容核定及专业基础知识校对，全书由李东升教授和池汝安教授共同终审定稿。万勇、马会娟、王龙、方海伟、匡步肖、伍学谦、向华、李双、李维、吴亚盘、余晓英、张亚娟、张志祥、陈松、范佳利、周俊、周昌林、郑宋平、郑国伟、赵君、姜海峰、黄胜超、曹清章、韩庆文等参与了全书的修改和编辑。本书的部分工作得到了国家"111 计划"项目（D20015）、国家自然科学基金项目"'MOF+无机功能组件'异质电催化材料的设计合成与催化性能"（21971143）、湖北省科技重大专项"湿法磷酸生产中杂质离子控制及磷石膏提质关键技术"（2022ACA004-4）和湖北三峡实验室重点研发项目"精制磷石膏关键技术研发"[三实发（2022）31 号-3]等项目的资助，在此一并谨致谢忱。

由于磷酸盐是国民经济的重要基础原材料之一，产品广泛应用于国民经济的多个领域，其发展及应用更是日新月异，且其基础理论和生产技术涵盖的学科知识面广，涉及诸多学科领域及行业，不一而足，加之编者水平有限，书中疏漏或不妥之处在所难免，敬请广大读者批评指正。

作　者

2023 年 11 月

目　　录

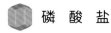

第 1 章
磷酸盐概况

    磷化工包括磷肥工业、黄磷及磷化物工业、磷酸及磷酸盐工业、有机磷化物工业、含磷农药及医药工业等[1]。世界上磷矿石的消费结构中约 80%用于农业，其余的用于提取黄磷、磷酸及制造其他磷酸盐系列产品。磷化工产品不断向更多的产业部门渗透，特别是其在尖端科学和新兴产业部门中的应用，使磷化工成为国民经济中的一个重要产业。磷化工产品在人们的衣、食、住、行各个领域发挥着越来越重要的作用。

    磷酸盐除了在农业中用作磷肥、含磷农药、家禽和牲畜的饲料以外，在洗涤剂、冶金、机械、选矿、钻井、电镀、颜料、涂料、纺织、印染、制革、医药、食品、玻璃、陶瓷、搪瓷、水处理、耐火材料、建筑材料、日用化工、造纸、弹药、阻燃及灭火等方面广泛使用。随着科技的发展，高纯度及特种功能磷化工产品在尖端科学、国防工业等方面被进一步推广应用，出现了大量新产品，如电子电气材料、传感元件材料、离子交换剂、催化剂、人工生物材料、太阳能电池材料、光学材料等。

    磷酸盐是基础磷化学化工产品进一步深加工的产品和产物，是无机盐工业中的重要系列产品。磷酸盐是无机盐中品种多、功能性强、应用面广的一类产品，主要包括肥料级磷酸盐、饲料级磷酸盐、工业级磷酸盐、食品级磷酸盐、药品磷酸盐、精细磷酸盐到特种磷酸盐、材料磷酸盐等，与国民经济的发展和人们的日常生活息息相关，是发展高新技术的基础，关系人类社会的健康和可持续发展。

1.1 磷酸及磷酸盐工业的发展历程

    磷酸制备工艺分为湿法工艺和热法工艺，见图 1-1。热法磷酸是利用硅石和焦炭、白煤的混合物在高温下将磷矿还原并产生黄磷，再经氧化、水合制得高浓度磷酸，热法磷酸下游主要应用于电子级、食品级磷酸和磷酸盐。湿法磷酸是用硫酸溶解磷矿粉，经过过滤、脱氧、除杂、萃取、净化制得磷酸，其间会产生副产品磷石膏和氟化氢，湿法磷酸下游主要应用于磷肥、工业级磷酸和磷酸盐[2]。

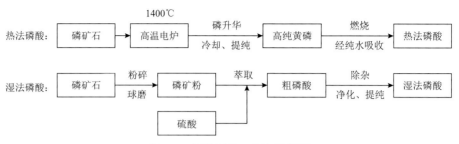

图 1-1　磷酸制备工艺流程简图

磷酸盐工业的发展过程经历了黄磷、过磷酸钙肥料、热法磷酸、湿法磷酸，进一步到肥料级磷酸盐、工业级磷酸盐和新能源正极材料前驱体磷酸铁盐等阶段，特别是 20 世纪 70 年代以后，磷酸盐新型功能材料[3-5]的大量研究开发，促进了磷酸盐在高科技领域和新兴产业的广泛应用，也赋予了磷酸盐工业更广、更深的发展内涵。目前，国外磷酸盐化工产品的生产能力约为 2700 万 t/a（以 P_2O_5 计），品种超过 200 种。我国现有 500 多家磷化工生产企业，生产的品种在 100 种左右，规模大、各种规格齐全。

1.2　磷酸及磷酸盐工业产品的分类

磷酸盐目前主要包括磷的含氧酸及含氧酸盐、磷系新型功能材料。

1.2.1　磷的含氧酸及含氧酸盐

1）次磷酸及次磷酸盐，如 H_3PO_2、NaH_2PO_2、$Zn(H_2PO_2)_2$ 等。
2）亚磷酸及亚磷酸盐，如 H_3PO_3、$CaHPO_3$ 等。
3）正磷酸及正磷酸盐，如 H_3PO_4、KH_2PO_4、$(NH_4)_2HPO_4$、$Ca_3(PO_4)_2$ 等。
4）聚磷酸及聚磷酸盐，如 $Na_2H_2P_2O_7$、$Na_5P_3O_{10}$(STPP)、$(NH_4)_{n+2}P_nO_{3n+1}$(APP)等。

1.2.2　磷系新型功能材料

1）磷系能源材料，如磷酸铁锂正极材料[6,7]。
2）磷系光学材料，如磷酸盐非线性光学材料[8]、磷酸盐玻璃光导纤维[9]。
3）磷系新型催化剂，如特种磷酸盐催化剂、磷酸铝系分子筛[10]等。
4）磷系离子交换材料，如磷酸锆类离子交换剂 $Zr(HPO_4)_2 \cdot nH_2O$ 等。
5）磷系生物用材料，如羟基磷灰石（HA）[11]、$Ca_{10}(PO_4)_6(OH)_2$ 等。

1.3　磷酸盐工业的重要性

磷酸盐经过多年的发展，已广泛用于食品、医药、日化等多个领域，具有较高的无可替代性。从近几年的发展情况看，磷酸盐工业呈现出由粗放型向精细型发展的趋势。大吨位的普通磷酸盐产品的产量逐渐下降，代之而来的是新开发的新型磷酸盐产品、有机磷化工产品，以满足高端领域的需要；此外，磷酸盐产品开始由大众产品向专用化、特种化转变，应用领域更加宽广和专业化。

科学技术和经济的发展将对专用、特种磷酸盐产品的需求越来越大；目前，磷酸盐产品的生产已由发达国家向发展中国家转移。发达国家的磷酸盐产量下降，但附加值却越来越高；发展中国家凭借生产要素价格优势逐步占领低端工业磷酸盐市场，部分领先企业正加快向产业高端领域发展。

目前全球磷酸盐产能约 300 万 t/a，主要包括磷酸钠盐、钾盐、钙盐、铵盐等，其中国内产能占比超过四成。国内磷酸盐生产企业众多，集中在云、贵、川、鄂、苏五省。近年来，磷酸盐行业发展呈现如下趋势：一是粗放型向精细型发展，工业级向食品级、医药级、电镀级、电子级转换；二是大众产品向专用化、特种化转变，应用领域更加宽广；三是普通磷酸盐产品生产由发达国家向发展中国家转移。

磷酸及磷酸盐工业是国民经济的重要基础工业，磷酸及磷酸盐工业系列产品广泛应用于工业、农业、日常生活、高科技领域和国防军工等的发展。除肥料级磷酸盐外，各种精细磷酸盐、特种磷酸盐以及磷系新型功能材料等，在国防工业和高科技领域进一步推广应用，使磷化工产业更加生机勃勃，进一步奠定了磷化学工业在国民经济中的重要地位和科技发展中的不可替代作用[12]。

1.4 磷酸盐的特性和重要品种

磷酸盐可广义地认为是含有磷氧四面体（PO_4）的化合物。根据磷氧四面体的数量和组成方式，又可将磷酸盐分为正磷酸盐和聚磷酸盐两大类。所提及的正磷酸盐是以正磷酸根（PO_4^{3-}、HPO_4^{2-}、$H_2PO_4^-$）为阴离子与不同的金属阳离子形成的盐，属于无机磷酸盐。无机磷酸盐可从其化学组成、结构特征、产品应用领域等不同的角度进行分类。

从化学组成划分，可分为磷酸的钠盐、钾盐、铵盐、钙盐、镁盐、铁盐、锌盐、铝盐、锰盐、镍盐等十余个种类。

从结构特征划分，可分为正磷酸盐和聚（缩）磷酸盐（焦磷酸盐、聚磷酸盐、偏磷酸盐、超磷酸盐和环状或网状磷酸盐），后者由前者热聚合而成。

从产品应用领域划分，可分为食品级、牙膏级、医药级、电子级、电镀级、工业级、饲料级、农用级、试剂级磷酸盐等。从产品性质或功能划分，分为水溶性磷酸盐、枸溶性磷酸盐、水不溶性磷酸盐和导电性磷酸盐、光敏性磷酸盐等。通常，化学化工行业习惯按照化学组成、结构特征和产品应用领域的不同进行产品分类，如食品级磷酸三钠、饲料级磷酸氢钙、工业级磷酸二氢铝等。

 **磷　酸　盐**

1.4.1　食品级磷酸盐

磷酸盐作为食品添加剂的品质改良剂在各类食品加工中得到了广泛的应用[13,14]。磷酸盐在食品中的应用起源于德国，经过一个世纪的发展，逐渐在欧美国家和地区得到普及，其生产和应用技术较为成熟。目前国外从事食品级磷酸盐生产的企业有美国 Innophos、以色列 ICL、比利时 Prayon 和德国 Budenheim 等。食品级磷酸及磷酸盐是世界各国应用最广泛的食品添加剂，其作为重要的食品配料和功能性添加剂广泛应用于肉制品、水产品、乳制品、烘焙制品、饮料、水果、蔬菜、方便食品等领域，对食品品质的提高和改善起着重要作用。国外从 20 世纪 50 年代就开始将其大量应用于食品工业，目前世界范围内已开发使用的食品级磷酸盐种类主要有钠盐、钾盐、钙盐、铵盐及特殊功能的镁盐、铁盐等，常用品种有 30 多种，复合复配型磷酸盐品种则更多。

美国食品添加剂法规由食品药品监督管理局（FDA）制定，然后通过《食品化学法典》（FCC）予以公布。FCC 是国际公认的标准各论，用于验证食品成分的纯度及特性，主要涉及食品级化学品、加工助剂、调味剂、维生素和功能性食品配料等。

美国《食品化学法典》（FCC 13）中公布的磷酸及磷酸盐种类有 39 种，包括磷酸和 38 种磷酸盐，其中磷酸钠盐 10 种：磷酸二氢钠、磷酸氢二钠、磷酸三钠、焦磷酸二氢二钠、焦磷酸钠、三聚磷酸钠、六偏磷酸钠、不溶性聚偏磷酸钠、三偏磷酸钠、焦磷酸一氢三钠；磷酸钾盐 6 种：磷酸二氢钾、磷酸氢二钾、磷酸三钾、焦磷酸钾、三聚磷酸钾、聚偏磷酸钾；磷酸钙盐 5 种：磷酸二氢钙、磷酸氢二钙、磷酸三钙、酸式焦磷酸钙、焦磷酸钙；磷酸镁盐 6 种：磷酸二氢镁、磷酸氢镁混合水合物、磷酸氢镁三水合物、磷酸氢镁、磷酸三镁、焦磷酸镁；磷酸铵盐 3 种：磷酸二氢铵、磷酸氢二铵、聚磷酸铵（APP）；磷酸铁盐 2 种：磷酸铁、焦磷酸铁；复合磷酸盐 6 种：酸式磷酸铝钠、碱式磷酸铝钠、三聚磷酸钾钠、磷酸亚铁铵、焦磷酸铁钠、六偏磷酸钠钾。

在欧洲，食品添加剂监管由欧洲食品安全局（EFSA）统一负责。欧洲议会和欧盟理事会（EC）第 1333/2008 号法规（2023 年修订）中作为食品添加剂允许使用的磷酸及磷酸盐种类为 25 种，包括磷酸和 24 种磷酸盐：E338 磷酸，E339（i-ii）i 磷酸钠盐（磷酸二氢钠、磷酸氢二钠、磷酸三钠），E340（i-ii）i 磷酸钾盐（磷酸二氢钾、磷酸氢二钾、磷酸三钾），E341（i-iii）磷酸钙盐（磷酸二氢钙、磷酸氢钙、磷酸三钙），E343（i-i）i 磷酸镁盐（磷酸二氢镁、磷酸氢镁），E450（i-vi）i 焦磷酸盐（焦磷酸二氢二钠、焦磷酸一氢三钠、焦磷酸钠、焦磷酸二氢二钾、焦磷酸四钾、焦磷酸钙、酸式焦磷酸钙），E451（i-i）i 三聚磷酸盐（三聚磷酸钠、三聚磷酸钾），E452（i-iv）聚偏磷酸盐[聚偏磷酸钠（六偏磷酸钠、四聚磷酸钠、不溶性聚偏磷酸钠）、聚偏磷酸钾、聚偏磷酸钙钠、聚偏磷酸钙]。欧洲议会和欧盟理事会（EC）第 1925/2006 号法规（2022 年修订）中作为食品营养强化剂允许使用的磷酸盐种类为 2 种，包括焦磷酸铁、焦磷酸铁钠。

1962 年联合国粮食及农业组织（FAO）和世界卫生组织（WHO）联合成立了国际食品法典委员会（CAC），下设食品添加剂法典委员会（CCFA）、食品添加剂联合专家委员会（JECFA）。食品添加剂通用法典标准（GSFA）在线数据库"食品添加剂通用法典标准"（Codex STAN 192-1995）规定了在各类食品中可能使用的食品添加剂的情况。Codex STAN 192-1995（2019 修订版）中允许使用的磷酸及磷酸盐种类为 30 种，包括磷酸和 29 种磷酸盐：INS338 磷酸，INS339（i-iii）磷酸钠盐（磷酸二氢钠、磷酸氢二钠、磷酸三钠），INS340（i-iii）磷酸钾盐（磷酸二氢钾、磷酸氢二钾、磷酸三钾），INS341（i-iii）磷酸钙盐（磷酸二氢钙、磷酸氢钙、磷酸三钙），INS342（i-ii）磷酸铵盐（磷酸二氢铵、磷酸氢二铵），INS343（i-iii）磷酸镁盐（磷酸二氢镁、磷酸氢镁、磷酸三镁），INS450（i-vii）焦磷酸盐（焦磷酸二氢二钠、焦磷酸一氢三钠、焦磷酸钠、焦磷酸二氢镁、焦磷酸四钾、焦磷酸钙、酸式焦磷酸钙），INS451（i-ii）三聚磷酸盐（三聚磷酸钠、三聚磷酸钾），INS452（i-v）聚偏磷酸盐（聚偏磷酸钠、聚偏磷酸钾、聚磷酸钙钠、聚偏磷酸钙、聚磷酸铵），INS542 骨质磷酸盐（bone phosphate）。

在日本，厚生劳动省负责制定食品及添加剂的生产、加工、使用、烹饪、存储的标准，以及添加剂的质量规格标准。日本《第 9 版食品添加剂公定书》允许使用的磷酸及磷酸盐种类为 23 种，包括磷酸和 22 种磷酸盐：磷酸二氢钠、磷酸氢二钠、磷酸三钠、磷酸二氢钾、磷酸氢二钾、磷酸三钾、磷酸二氢钙、磷酸氢钙、磷酸三钙、磷酸二氢铵、磷酸氢二铵、磷酸氢镁、磷酸三镁、焦磷酸二氢二钠、焦磷酸钠、焦磷酸四钾、焦磷酸二氢钙、焦磷酸铁、三聚磷酸钠、聚磷酸钾、偏磷酸钠、偏磷酸钾。

在我国食品级磷酸及磷酸盐允许使用的种类共 23 种，其使用主要是按照《食品安全国家标准 食品添加剂使用标准》（GB 2760—2014）和《食品安全国家标准 食品营养强化剂使用标准》（GB 14880—2012）执行的。GB 2760—2014 中规定可以作为食品添加剂直接使用的磷酸及磷酸盐有 19 种，包括磷酸和 18 种磷酸盐：磷酸二氢钠、磷酸氢二钠、磷酸三钠、磷酸二氢钾、磷酸氢二钾、磷酸三钾、磷酸二氢钙、磷酸氢钙、磷酸三钙、磷酸氢二铵、焦磷酸二氢二钠、焦磷酸一氢三钠、焦磷酸钠、焦磷酸四钾、酸式焦磷酸钙、三聚磷酸钠、六偏磷酸钠、聚偏磷酸钾。

此外，可以用作食品级香料的磷酸及磷酸盐有 2 种：磷酸三钙、六偏磷酸钠；以及允许用作食品加工助剂的磷酸及磷酸盐有 9 种：磷酸、磷酸氢二钠、磷酸三钠、磷酸三钙、磷酸二氢钠、磷酸二氢钾、磷酸二氢铵、磷酸氢二铵、磷酸三铵。

GB 14880—2012 中规定可以作为营养强化剂使用的磷酸及磷酸盐有 8 种：焦磷酸铁、磷酸氢钙、磷酸三钙、磷酸氢镁、磷酸二氢钾、磷酸氢二钾、磷酸二氢钠、磷酸氢二钠。

随着国家对资源和安全环保的从严管控，磷酸盐从小而散的生产厂家逐渐集并为大型综合性企业。通过不断提高资源利用效率，提升自动化水平，最终实现提效率、降成本、保证产品质量和食品安全的综合目标。随着消费不断升级，市场对食品级磷酸盐的功能要求越来越高，对食品安全的关注也日益提升。磷酸盐企业需要贴合市场需求持续开展技术创新，不断提升产品的差异化，赋予产品更多的独特性能，才能给客户带来更好的应用效果和体验，给客户更强大的食品安全保障，在日益激烈的竞争中存活并发展。此外，借助技术和设备革新，企业不断提升安全环保水平，朝着节能降耗、绿色、可持续的方向前进，最后实现磷酸盐工业的高质量发展。食品级磷酸盐的发展趋势是在确保质量的基础上，大力发展专用化、系列化和复合化。今后应重点发展食品级磷酸、磷酸钙盐和焦磷酸铁盐等，加强聚磷酸盐新品种，尤其是复合磷酸盐品种的研究开发，加强应用研究，大力拓展市场。

1.4.2 饲料级磷酸盐

饲料级磷酸盐是磷酸根离子与钙离子或其他阳离子以不同的化合价态结合生成不同组分的磷酸盐，包括磷酸钙盐、钠盐、钾盐、铵盐、镁盐、锌盐、铁盐、铜盐等，品种达 20 多个。目前生产和应用的主要品种如下：磷酸二氢钙，分子式为 $Ca(H_2PO_4)_2 \cdot H_2O$，欧美国家称之为磷酸一钙（MCP）；磷酸氢钙，分子式为 $CaHPO_4 \cdot 2H_2O$，欧美国家称之为磷酸二钙；磷酸一二钙（MDCP），含量介于磷酸二氢钙和磷酸氢钙的产品；磷酸三钙，分子式为 $Ca_3(PO_4)_2$，又称为脱氟磷酸钙（DFP），因磷矿高温脱氟需要加入磷酸和纯碱，其分子式又可表示为 $Ca_4Na(PO_4)_3$。这些满足饲料质量与饲喂标准需要的脱除了有毒有害元素的磷酸盐，是除磷肥外的第二大宗的磷化工产品[15]。

国内饲料级磷酸盐的发展比国外起步晚，从 20 世纪中叶开始将无机磷酸盐作为动物饲料中钙磷的补充剂。但当时饲料级磷酸盐的发展较慢，主要为饲料级磷酸氢钙。1985年后，随着改革开放的深入、人民生活水平的不断提高及饲料工业的发展，当时主要为动物补充钙磷的骨粉已经不能满足配合饲料增长的要求，含磷矿物质饲料的研究与生产开始活跃起来，饲料级磷酸盐产品开始供不应求。1991～1996 年，饲料级磷酸盐生产企业如雨后春笋般发展，相继建成投产 60 余家，到 1996 年磷酸氢钙生产能力达 53 万 t，优质产品供不应求。在随后的 3 年时间里，又有 70 余家磷酸盐生产企业相继建成投产，到 1999 年底，全国磷酸氢钙生产企业达 145 家，国内生产能力达到 173 万 t，远远超过了当时市场实际需求，造成很多企业开工率很低。尽管如此，局部地区企业仍在继续筹建和扩产。经过十余年的激烈市场竞争，部分磷酸盐生产企业重新整合、淘汰，加之资源分布影响，饲料级磷酸盐生产企业逐渐向规模化、区域化方向发展，到目前全国有饲料级磷酸盐生产企业 70 余家，年生产总能力达 360 万 t。产品品种也由原来单一的磷酸氢钙品种发展到目前的一钙、二钙、三钙三大系列，并开发出了钾、钠、钙、铵等精细饲料级磷酸盐产品，充分满足了饲料工业中钙、磷的需求，进一步推动饲料业走向成熟[16]。

饲料级磷酸盐生产与磷肥生产的最大差异，是要脱除随磷矿[氟磷灰石 $Ca_5F(PO_4)_3$]带来的氟化物[17]。动物食用含氟量高的饲料后会引起慢性骨骼氟中毒，导致骨质非常致密、硬化，氟斑釉牙，关节疼痛，严重者可致瘫痪。经过试验研究得出结论，饲料级磷酸钙中的 $m(P)/m(F)$ 大于 100 时，即为动物饲养的安全线，不会造成动物骨骼氟沉积，也不会引起氟沉积于骨骼上造成的氟骨症。因此，以常用饲料级磷酸盐品种为例，饲料级磷酸二氢钙中磷的质量分数为 22.0%，即要求其中氟的质量分数小于 0.22%即可。要将磷矿中的氟质量分数从 3%左右降低到饲料级磷酸盐中的 0.2%以下，脱除率几乎要达到95%以上，其技术难度是任何一种磷酸盐肥料无法比拟的。

饲料级磷酸盐生产工艺有硫酸法、盐酸法和煅烧脱氟法 3 种。

硫酸法是先用硫酸和磷矿反应生产湿法磷酸，再将湿法磷酸进行脱氟，再加入钙源生产出产品。硫酸法脱氟方式有 2 种：一是浓酸脱氟，即将湿法磷酸浓缩，以四氟化硅气体形式赶走磷酸中的氟，或在浓缩磷酸中加入沉淀剂沉淀氟化物；二是稀磷酸沉淀脱氟，湿法磷酸不浓缩，以钙源中和沉淀氟化物的脱氟形式分离磷酸中的氟。硫酸法生产的饲料级磷酸盐产品占饲料级磷酸盐总产量的 90%。

盐酸法则是用盐酸分解磷矿生产湿法磷酸，仅能以中和沉淀脱氟的方式生产饲料级磷酸盐。例如，Tessenderlo 集团采用曼海姆法生产硫酸钾，副产盐酸用于 55 万 t/a 磷酸盐生产。盐酸法生产的饲料级磷酸盐产品占饲料级磷酸盐总产量的 8%。

煅烧脱氟法主要是生产脱氟磷酸钙，现有经典的方法"酸热脱氟"，也要用少部分湿法磷酸。

1.4.3 电池级磷酸盐

受益于动力和储能电池等新能源领域对磷酸铁锂的需求大幅提升，磷化工市场结构将从传统农药、化肥领域逐步向磷酸铁锂延伸。从新能源汽车动力电池的主要材料来看，三元锂和磷酸铁锂是目前行业的主流选择。但近年来，磷酸铁锂凭借安全性高、经济性优的优点，已经反超三元材料成为动力和储能电池正极储能材料的首要选择。磷酸铁又是生产磷酸铁锂的核心原材料，目前，生产磷酸铁的磷源主要来源于精制磷酸和工业级磷酸一铵，二者成为打通上游磷矿资源和下游新能源产业的关键中间环节。电池级磷酸一铵作为生产磷酸铁的前驱体[18]，工业级磷酸盐是进军新能源新材料行业的核心关键材料。

由于磷酸或磷酸一铵的消耗量大，并直接参与磷酸铁和磷酸铁锂生成的反应过程，其质量对最终产品的质量有重要影响。为保证磷酸铁锂的质量，目前在磷酸铁和磷酸铁锂的制备过程中，主要用到的是工业级磷酸一铵和磷酸。2021 年 4 月 1 日工业和信息化部正式发布了电池用磷酸一铵化工行业标准，这也意味着部分工业级磷酸一铵生产企业仍需要进一步提高产品质量，才能满足电池用工业级磷酸一铵的要求。

制取磷酸和磷酸一铵，主要有两种方式：一种为热法，另一种为湿法。目前电池用磷酸和电池用工业级磷酸一铵可以分别通过湿法和热法制备得到，如图 1-2 所示。其中湿法净化磷酸和热法磷酸可以作为电池用磷酸使用。通过湿法净化磷酸和热法磷酸可以直接制备电池用工业级磷酸一铵。此外，直接使用普通湿法磷酸也可以生产电池用工业级磷酸一铵。

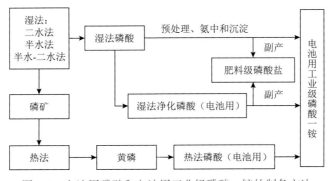

图 1-2 电池用磷酸和电池用工业级磷酸一铵的制备方法

尽管使用热法制取的磷酸和磷酸盐品质较高，均能达到电池级。但是热法由于能耗高、污染高、投资高，在美国、欧盟等发达国家和地区早已被限制或禁止。我国近年来也采取措施，逐步关停淘汰黄磷产能，存量产能在环保压力下开工率也不断走低。同时热法还面临较高的成本问题，热法磷酸价格通常比湿法净化磷酸高出 500~1500 元/t。随着我国湿法磷酸净化技术国产化的成功，目前湿法磷酸净化技术成本不断降低，产品质量也逐步提升。未来湿法净化磷酸及磷酸盐产品将是电池用磷酸和电池用工业级磷酸二氢铵的主要来源。

1.4.4 磷酸盐系阻燃剂

在三大阻燃剂系列中，磷系阻燃剂及其复合材料由于具有优良的阻燃性能，低烟、低毒、无腐蚀性气体产生，适应阻燃剂及其阻燃材料技术绿色化的发展需要，成为当今世界阻燃剂发展的主流[19,20]。

在磷系阻燃剂中，无机阻燃剂主要包括聚磷酸铵、磷酸铵盐、磷酸盐及聚磷酸盐等。

磷酸盐系阻燃机理：燃烧时生成磷酸、偏磷酸、聚偏磷酸等，覆盖于树脂表面，可促进塑料表面炭化成炭膜；聚偏磷酸则呈黏稠状液态覆盖于塑料表面。这种固态或液态膜能阻止自由基逸出，又能隔绝氧气。

磷系与氮系及金属氢氧化物等阻燃剂都有协同作用，并用可产生协同阻燃和消烟效果[21]。聚磷酸铵分子中含磷和氮，属于磷氮复合阻燃剂。由于二者具有较强的协同效应，聚磷酸铵阻燃性能很好。根据聚合度不同，聚磷酸铵有Ⅰ型与Ⅱ型之分。Ⅰ型聚合度一般小于 1000，在水中溶解度好，多用于阻燃木材、纸张、织物、防火涂料等领域。Ⅱ型聚合度一般大于 1000，分子中由于 P-N 阻燃元素含量高，阻燃性能持久，使火灾发生有较长的缓冲时间，减少人员伤亡和财产损失，是目前磷系阻燃剂中发展最快的产品。聚磷酸铵还可以与其他物质复配，制成膨胀性阻燃剂[22]，这也是促使聚磷酸铵快速发展的重要原因。

20 世纪 70 年代初期，欧美日等发达国家和地区的聚磷酸铵行业开始进入大量生产阶段，且在阻燃剂领域应用广泛。中国于 20 世纪 80 年代开始生产聚磷酸铵产品，主要应用市场也为阻燃剂领域。经过不断发展，现阶段全球聚磷酸铵产业聚集在北美洲、欧洲和中国地区，区域集中度较高。中国由于掌握了大部分阻燃剂领域的聚磷酸铵生产技术，且生产成本较低，逐渐成为聚磷酸铵生产大国，在国际市场上的竞争力不断提升，以北美洲和欧洲为主导的聚磷酸铵市场格局逐渐转变成为以中国为主导的发展状态。在全球市场中，聚磷酸铵主要生产企业有美国孟山都、德国赫斯特、意大利曼特迪生、日本住友以及日产化学等。中国聚磷酸铵行业拥有企业数量在 100 家左右，行业集中度仍有较大的提升空间。在全球市场中，由于阻燃剂以及肥料等下游应用领域需求旺盛，全球聚磷酸铵产量持续增长。中国是全球重要的聚磷酸铵生产国之一，在阻燃剂产品领域行业竞争力较强，在国际市场中的份额不断攀升。

1.4.5 肥料级磷酸盐

用作肥料的磷酸盐主要包括磷酸一铵、磷酸二铵、磷酸脲、磷酸二氢钾、聚磷酸铵（水溶级）、聚合磷钾、焦磷酸钾等，其中用量最大的主要为磷酸铵类肥料。磷酸铵类肥料主要指磷酸一铵、磷酸二铵、聚磷酸铵等氮磷复合肥料。1917 年，美国首次生产出磷酸一铵[23]。1920 年，美国氰胺公司采用热法磷酸为原料，建成年产 2.5 万 t 磷酸一铵工厂[24]。1954 年，美国首次生产出磷酸二铵[25]。20 世纪 60 年代初期，美国田纳西河流域管理局（TVA）开发了预中和-转鼓氨化粒化工艺生产粒状磷酸二铵，其迅速在各国得到推广[26]。20 世纪 70 年代，美国、法国、西班牙等国家开发出管式反应器代替槽式中和器，进一步简化了设备，节省了投资，降低了能耗。1997 年，世界 60%的湿法磷酸用于加工生产磷酸铵，其中磷酸一铵占 30%，磷酸二铵占 70%。

1966 年，南京磷肥厂（现为中国石化南京化学工业有限公司磷肥厂的一部分）建成了我国第一套年产 3 万 t 磷酸二铵的工业装置[27]，20 世纪 70 年代我国相继在安徽、江西、云南、广东等地建成了类似的工厂。传统的"磷酸浓缩法"对磷矿石的品位和质量要求较高，受限于我国磷矿资源以中低品位为主的特点，我国磷酸铵的生产发展缓慢，不得不花费巨额外汇进口磷酸铵。经过艰苦的努力，四川银山磷肥厂[今四川银山化工（集团）股份有限公司]和成都科技大学（今四川大学）借鉴国外经验，在 1983 年成功开发出中和料浆浓缩法制磷酸一铵的新工艺；四川银山磷肥厂在 1988 年又完成了料浆浓缩、喷浆造粒-干燥的 3 万 t/a 磷酸铵工业性试验。在此基础上，南京化学工业（集团）公司设计院完成了年产 3 万 t 磷酸铵的通用设计并将其在全国广泛推广。料浆法制磷酸铵是我国自主开发的生产工艺，它创造性地解决了我国大量中低品位磷矿长期不能生产磷酸铵的难题，对我国磷复肥工业的发展具有现实意义[28]。然而，由于在建设大中型磷酸铵生产设备上缺乏经验，我国在磷酸铵生产方面的工艺和设备都落后于世界先进水平，因此在 20 世纪八九十年代先后从国外引进多项先进的磷酸和磷酸铵生产技术，如美国 DAVY-McKEE 管式反应-转鼓氨化造粒制磷酸一铵等，加快了我国磷复肥工业的发展和技术进步。

水溶性聚磷酸铵最早在 20 世纪 60 年代被应用于农业生产[29]。我国对聚磷酸铵的研究起步较晚，尚有广阔的发展空间。与传统磷酸铵类肥料相比，聚磷酸铵作为肥料施用具有氮磷含量高、水溶性好、缓释性能和螯合性能优良等特点，但受其肥料形态和价格昂贵等因素的影响，尚未得到广泛应用。

水溶性肥料行业强调合理调节科学用水、高效用水，提高水资源的利用率，着力加快农田水利基础建设，水溶性肥料行业推动农业产业化向更高层次迈进。作为符合环保、实现农业可持续发展的新型肥料，水溶性肥料成为我国肥料产业未来的重点发展方向。水溶性肥料生产常用原料与常规复合肥料相比略有不同，磷源主要有工业级磷酸一铵、工业级磷酸二铵、磷酸二氢钾、磷酸脲、聚磷酸铵。未来肥料级磷酸盐发展中将重点向高纯度水溶性方向发展。

1.5 我国磷酸盐的发展趋势

磷酸盐属于磷化工行业中下游。经过多年发展，我国磷化工行业已形成以磷化肥为基础、黄磷深加工和磷酸盐精细化为主导、无机磷化工和有机磷化工相配套的现代磷化工产业体系，基本形成了集科、工、贸、产、供、销于一体的完整配套的磷化工生产体系，产业布局和产品结构的调整趋于合理，国家通过确立行业准入门槛淘汰落后产能，推动磷矿资源整合和产业升级换代，使得行业内具备规模优势并拥有丰富的磷矿资源及成本优势的"矿电磷运一体化"企业赢得发展机会。

我国是磷资源大国，也是磷化工产品生产和消费大国，已具备进一步产业集聚化、集约化和精细化的基本条件。高端磷酸盐工业是我国发展高新技术的重要支撑，也是我国磷化工行业实现由磷化工大国向磷化工强国转变的必然。今后"产业集聚化、集约化、精细化和绿色化"将成为我国磷酸盐工业的发展趋势[30]。

磷酸盐经过多年的发展，已广泛用于食品、医药、日化等方面，具有较高的不可替代性，目前磷酸盐产品的生产已由发达国家向发展中国家转移，发达国家的磷酸盐产量下降，但附加值却越来越高，未来需加快向产业高端磷基盐类产品、新能源及新材料领域发展。展望未来，磷酸盐工业需着重在产品高纯化、差异化、有机化、新能源及新材料等方向加大研发投入、产业布局及合资合作，立足打通夯实"矿电磷运一体化"发挥产业聚合优势。

参 考 文 献

[1] 熊家林, 刘钊杰, 贡长生. 磷化工概论[M]. 北京: 化学工业出版社, 1994.

[2] 龚家竹. 饲料磷酸盐生产技术[M]. 北京: 化学工业出版社, 2016.

[3] 殷宪国. 介孔磷酸盐材料及其应用前景[J]. 磷肥与复肥, 2015, 30(2): 23-26.

[4] 田江红. 磷酸盐类功能材料的制备及应用[J]. 西北民族大学学报(自然科学版), 2004(2): 38-41.

[5] 董伟明, 卢忠远, 李军, 等. 多孔磷酸盐水合陶瓷的制备及性能研究[J]. 武汉理工大学学报, 2014, 36(2): 1-6.

[6] 杨凯欣. 磷酸铁锂正极材料制备研究进展[J]. 信息记录材料, 2022, 23(5): 37-40.

[7] 刘旭燕, 李旭阳, 瞿诗文. 磷酸铁锂正极材料的研究现状[J]. 有色金属材料与工程, 2021, 42(3): 41-47.

[8] 钟本和, 张志业, 陈彦逃, 等. 磷酸盐在光学材料上的发展应用[J]. 化肥工业, 2015, 42(4): 4-6,12.

[9] 陈海燕, 刘永智, 黄绣江. Er-Yb 共掺磷酸盐玻璃波导放大器噪声特性研究[J]. 激光与红外, 2003(4): 258-260.

[10] 段维婷, 于善青. 绿色合成磷酸铝分子筛的要素探讨[J]. 石油化工, 2021, 50(8): 821-825.

[11] 张文涛, 董金虎. 羟基磷灰石的合成及应用研究进展[J]. 广州化工, 2023, 51(3): 30-35.

[12] 贡长生, 梅毅, 何浩明, 等. 现代磷化工技术和应用[M]. 北京: 化学工业出版社, 2013.

[13] 李宝升, 王修俊, 邱树毅, 等. 磷酸盐及其在食品中的应用[J]. 中国调味品, 2009, 34(7): 38-41.

[14] 张亚娟, 屈云. 食品级磷酸盐产业的发展现状及趋势[J]. 现代化工, 2010, 30(8): 9-11.

[15] 李自炜, 周萌, 吴宁兰, 等. 全球饲料磷酸盐生产技术与发展趋势[J]. 无机盐工业, 2016, 48(4): 6-12.

[16] 龚家竹. 我国饲料磷酸盐技术发展纪事[J]. 磷肥与复肥, 2018, 33(12): 38-43, 69.

[17] 何宾宾. 饲料级湿法磷酸脱氟技术综述及发展思路[J]. 磷肥与复肥, 2020, 35(10): 28-30.

[18] 李荐, 陶升东. 肥料级磷酸一铵料浆提纯制备电池级磷酸一铵研究[J]. 磷肥与复肥, 2017, 32(9): 26-28.

[19] 李屹, 唐白斌, 张红燕. 磷酸盐系阻燃剂研究现状[J]. 山东化工, 2019, 48(2): 68-69.

[20] 史新影, 周桓. 磷系阻燃剂中次磷酸盐的应用研究进展[J]. 无机盐工业, 2017, 49(9): 1-4, 8.

[21] 陈建江. 磷系阻燃剂的研发和应用[J]. 化工管理, 2014 (21): 166-167.

[22] 樊明帅, 冯钠, 周靖, 等. CFA/APP 协同阻燃动态硫化热塑性弹性体的制备及其性能[J]. 合成树脂及塑料, 2019, 36 (2): 1-6.

[23] 上海化工研究院. 国外磷肥工业品种生产技术水平和发展趋势[J]. 化肥工业, 1977 (6): 70-78.

[24] 涂仕华, 朱钟麟. 国内外复混肥料的发展趋势[J]. 西南农业学报, 2001, 14: 92-95.

[25] 阳洪. 料浆法 MAP 与传统法 TSP 联产及 MAP 质量控制的研究[D]. 成都: 四川大学, 2006.

[26] 戴元法. 我国磷肥工业发展问题的讨论[J]. 化肥工业, 1979 (5): 31-35.

[27] 王志强. 我国磷铵工业的发展概况[J]. 南化科技, 1994 (4): 55-56.

[28] 王辛龙, 许德华, 钟艳君, 等. 中国磷化工行业 60 年发展历程及未来发展趋势[J]. 无机盐工业, 2020, 52 (10): 9-17.

[29] 许德军, 钟本和, 张志业, 等. 水溶性聚磷酸铵的制备及应用研究进展[J]. 化工进展, 2021, 40 (1): 378-385.

[30] 高永峰. 我国磷化工行业发展现状、趋势及创新[J]. 磷肥与复肥, 2015, 30 (12): 1-7.

第 2 章
钠系磷酸盐

■ 2.1 钠系磷酸盐概述

钠系磷酸盐是精细磷化工产品中产量最大、消费量最多的产品，其技术开发与市场发育都比较成熟。以磷酸根为阴离子的钠系磷酸盐主要有正磷酸钠盐、焦磷酸钠盐、聚磷酸钠盐、偏磷酸钠盐。以次磷酸根为阴离子的钠系磷酸盐主要为次磷酸钠。以亚磷酸根为阴离子的钠系磷酸盐主要为亚磷酸钠。

磷酸钠盐的品种甚多，主要可分为两类：一类是正磷酸的钠盐，按照氢离子被取代的个数，具体包括磷酸二氢钠（NaH_2PO_4，通常也被称为磷酸一钠）、磷酸氢二钠（Na_2HPO_4，即磷酸二钠）和磷酸三钠（Na_3PO_4），以及它们对应的多种水合物。这些钠盐在水中的溶解度随着 H^+ 被取代个数的增加而递减。另一类是缩聚磷酸钠盐，是指两个或两个以上正磷酸钠盐分子，在较高温度下进行缩聚反应，失去一个或几个水分子而生成一个新的磷酸钠盐分子。主要有酸式焦磷酸钠（$Na_2H_2P_2O_7$，焦磷酸二氢二钠）、焦磷酸钠（$Na_4P_2O_7$，磷酸四钠）、三聚磷酸钠（$Na_5P_3O_{10}$，磷酸五钠）和六偏磷酸钠 $[(NaPO_3)_6]$ 等。例如，两个磷酸氢二钠分子缩聚后，便失去一个水分子而成为一个焦磷酸钠分子。正磷酸钠脱水时生成类似硅酸盐结构的各种缩合磷酸钠盐，这些缩合盐的结构属于偏磷酸盐或多聚磷酸盐。空气中加热二水磷酸二氢钠，当温度高于 160℃时，生成焦磷酸钠，当温度高于 240℃时，焦磷酸钠转变为稳定的三偏磷酸钠$[(NaPO_3)_3]$。多聚磷酸盐的通式为 $M_{n+2}P_nO_{3n+1}$ 或为 $M_nH_2P_nO_{3n+1}$，式中 n 可以为 $2\sim10^6$。多聚磷酸盐的特点是由 PO_4 四面体所构成的链，PO_4 之间通过氧原子连接起来。

P. L. Dulong 在 1816 年首次用水分解碱土金属磷化物制得次磷酸盐 MH_2PO_2（M 代表一价金属离子）。次磷酸钠作为次磷酸盐中最为重要的一种，目前主要通过黄磷与碱金属和（或）碱金属氢氧化物进行反应而制得。

由于亚磷酸是二元酸，因此亚磷酸盐有两种形式，即 M_2HPO_3 和 MH_2PO_3。现在已经能够制得多种亚磷酸盐。亚磷酸钠盐为最重要的一类，亚磷酸钠盐有亚磷酸氢二钠和亚磷酸二氢钠两种，均能形成结晶水合物。

2.2 钠系正磷酸盐

2.2.1 组成和特性

1. 组成和结构

正磷酸钠盐包括无水正磷酸钠（磷酸二氢钠、磷酸氢二钠、磷酸三钠）和含结晶水的正磷酸钠两大类。Na_2O-P_2O_5-H_2O 体系中至少含有 15 种正磷酸钠盐产品（表 2-1）[1]，其中用量较大的是无水磷酸二氢钠、二水磷酸二氢钠；无水磷酸氢二钠、二水磷酸氢二钠；无水磷酸三钠、十二水磷酸三钠。

表 2-1　Na_2O-P_2O_5-H_2O 体系中存在的正磷酸钠盐形式

磷酸一钠	磷酸二钠	磷酸三钠
NaH_2PO_4	Na_2HPO_4	Na_3PO_4
$NaH_2PO_4 \cdot H_2O$	$Na_2HPO_4 \cdot 2H_2O$	$Na_3PO_4 \cdot 0.5H_2O$
$NaH_2PO_4 \cdot 2H_2O$	$Na_2HPO_4 \cdot 7H_2O$	$Na_3PO_4 \cdot 6H_2O$
$NaH_2PO_4 \cdot Na_2HPO_4$	$Na_2HPO_4 \cdot 8H_2O$	$Na_3PO_4 \cdot 8H_2O$
$NaH_2PO_4 \cdot Na_3PO_4$	$Na_2HPO_4 \cdot 12H_2O$	$Na_3PO_4 \cdot 12H_2O$

用 NaOH 或 Na_2CO_3 中和 H_3PO_4，于 pH 为 4.5 左右可得无色菱形晶体 $NaH_2PO_4 \cdot 2H_2O$（330.4K 熔化，373K 脱水）；于 pH 为 9.2 左右可得无色菱形晶体 $Na_2HPO_4 \cdot 12H_2O$（311K 熔化，373K 失水，在空气中风化）[2]。

磷酸三钠至少存在两种晶型[1]，即 α-Na_3PO_4（斜方晶体）$\Longrightarrow$ γ-Na_3PO_4（立方晶体）（γ-Na_3PO_4 的熔点为 1583℃）。

2. 常用产品规格

正磷酸钠盐按是否含结晶水可以分为无水正磷酸钠和含结晶水的正磷酸钠。正磷酸钠盐产品有十余种，其中用量较大的产品有：无水、二水磷酸二氢钠；无水、二水、十二水磷酸氢二钠；无水、十二水磷酸三钠。由于含结晶水过多会带来严重的结块问题，运输成本增加，因此近年来十二水磷酸氢二钠正在被二水磷酸氢二钠代替。半水磷酸三钠（$Na_3PO_4 \cdot 0.5H_2O$）已实现工业化生产[3]。

按品质或应用领域可以将正磷酸钠盐分为工业级、食品级、医药级和试剂级。

3. 理化性质

（1）磷酸二氢钠

无水磷酸二氢钠（NaH_2PO_4），英文名称为 sodium dihydrogen phosphate anhydrous，英文缩写为 AMSP，非晶体的白色粉末或颗粒状物料，相对密度为 2.36，熔点为 190℃，溶于水（1%水溶液的 pH 为 4.4 左右），在 200℃ 左右脱水形成焦磷酸二氢二钠。

一水磷酸二氢钠（$NaH_2PO_4 \cdot H_2O$），英文缩写为 MSP-1，无色，正交晶系，相对密度为 2.04，熔点（脱水）为 100℃，沸点（分解）为 200℃。

二水磷酸二氢钠（$NaH_2PO_4 \cdot 2H_2O$），英文名称为 sodium dihydrogen phosphate dihydrate，英文缩写为 MSP-2，无色斜方晶体，相对密度为 1.915，熔点为 60℃，加热至开始脱去结晶水，190～204℃温度下转化为酸式焦磷酸钠，204～244℃温度下形成偏磷酸钠。

（2）磷酸氢二钠

无水磷酸氢二钠（Na_2HPO_4），英文缩写为 ADSP，白色结晶粉末，相对密度为 1.064，溶于水（1%水溶液的 pH 为 9.1 左右），在 250℃左右脱水形成焦磷酸钠。

二水磷酸氢二钠（$Na_2HPO_4 \cdot 2H_2O$），英文缩写为 DSP-2，无色斜方晶体，相对密度为 2.07，加热至 95℃左右脱去结晶水。

十二水磷酸氢二钠（$Na_2HPO_4 \cdot 12H_2O$），英文缩写为 DSP-12，无色单斜晶系，相对密度为 1.52，溶于水（1%水溶液的 pH 为 8.8～9.2），不溶于乙醇，熔点为 34.6℃。

（3）磷酸三钠

无水磷酸三钠（Na_3PO_4），英文缩写为 ATSP，白色粉末或颗粒状物料，相对密度为 2.536，熔点为 1340℃，溶于水（1%水溶液的 pH 约为 12.1），吸湿后变为磷酸氢二钠和氢氧化钠。

十二水磷酸三钠（$Na_3PO_4 \cdot 12H_2O$），英文缩写为 TSP-12，无色或白色六方晶系晶体，相对密度为 1.62，熔点（分解）为 73.4℃，十二水磷酸三钠在干燥空气中易风化，溶于水（1%水溶液的 pH 为 11.6～12.6），不溶于二硫化碳（CS_2）和乙醇。加热至 55℃开始形成一水合物，212℃左右形成无水物。工业品一般含有过量的氢氧化钠，可用 $n(Na_3PO_4 \cdot 12H_2O) \cdot NaOH$ 表示，n=3～12，一般认为 $4(Na_3PO_4 \cdot 12H_2O) \cdot NaOH$ 较稳定。

2.2.2 磷酸二氢钠

1. 生产原理

生产磷酸二氢钠的主要化学反应式：

$$H_3PO_4 + Na^+ \Longrightarrow NaH_2PO_4 + H^+$$

用于生产磷酸二氢钠的钠源有氢氧化钠、碳酸钠、碳酸氢钠、硅酸钠、甲酸钠等。用于生产磷酸二氢钠的酸源为磷酸。

生产二水磷酸二氢钠时，从溶液中析出晶体的温度应该控制在该晶体的结晶温度范围内（20～40.8℃）。

虽然以热法磷酸为原料生产出的磷酸二氢钠产品可以达到要求，但其成本比以湿法磷酸为原料成本高。但是湿法磷酸杂质含量高，必须对其进行除杂、提纯。结晶作为一种重要的分离提纯技术，具有能耗低、产品纯度高等优点，因此可以湿法磷酸为原料采用结晶方式生产较纯的磷酸盐。

2. 制备技术

（1）萃取法

萃取法是利用萃取剂与氯化钠（或氢氧化钠）、湿法磷酸的溶配液进行均相反应，萃取剂与溶配液中的 Cl^- 结合形成有机相，$H_2PO_4^-$ 与溶液中的 Na^+ 形成磷酸二氢钠溶液，通过浓缩、冷却结晶得到磷酸二氢钠产品；有机相通入氨气得到再生的萃取剂和氯化铵溶液，萃取剂再生后循环使用。

曾波等[4]以湿法磷酸和氯化钠为原料，采用连续萃取法制取了工业级磷酸二氢钠。连续萃取工艺条件：溶配液中的配比（摩尔比）为 $n(H_3PO_4):n(NaCl)=1.1:1$；溶配液（P_2O_5 的质量分数为 14.45%）与萃取剂的体积比为 1:7；萃取反应温度为 40～50℃；磷酸二氢钠料液的 pH 为 4.2～4.5；盐洗液的 pH 为 5.0～6.5；氯化铵溶液的 pH 为 8.0～9.0，并进行了连续化的模式试验研究，试验得到的二水磷酸二氢钠的产品质量可达到工业级磷酸二氢钠指标要求。连续萃取法制取工业级磷酸二氢钠的工艺流程示意图如图 2-1 所示。

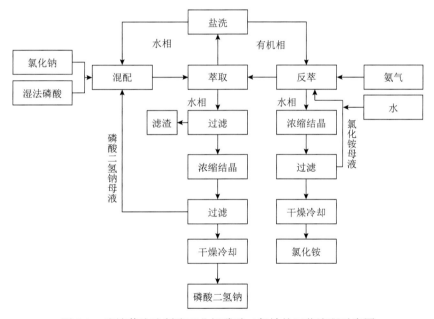

图 2-1 连续萃取法制取工业级磷酸二氢钠的工艺流程示意图

邹孟怡等[5]以工业湿法磷酸和氢氧化钠为原料，以磷酸三丁酯（TBP）+煤油（稀释剂）为萃取剂，先以萃取剂萃取负载磷酸，再加入定量的一定浓度的氢氧化钠溶液进行反萃；反萃结束后，有机相可循环使用，而反萃液水相经浓缩结晶即得到二水磷酸二氢钠。在优化的萃取和结晶条件下，经三级萃取，萃取相中负载的五氧化二磷的收率可达95.0%，磷酸二氢钠的纯度（质量分数）可达 99.3%以上，Fe、As、Pb 等杂质均有较高的脱除率。萃取法目前处于试验研究阶段，尚未用于工业生产。萃取、反萃与结晶工艺流程示意图如图 2-2 所示。

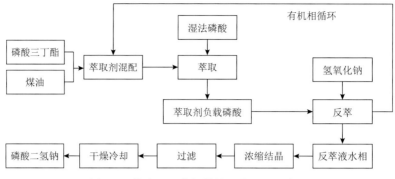

图 2-2　萃取、反萃与结晶工艺流程示意图

段潇潇等[6]以湿法净化磷酸和工业氯化钠为原料，利用有机溶剂萃取法制取二水磷酸二氢钠的新方法，确定了一种水溶性小、萃取效率高、对盐酸萃取选择性好的萃取剂。较优的工艺条件：萃取温度为 50℃；萃取时间为 20min；磷酸与氯化钠摩尔比为 1.0～1.2；萃取剂与氯化钠摩尔比为 1.2～1.3；稀释剂加入量为 3%～20%（体积分数）；反萃取时间为 15min。在此条件下，五氧化二磷的收率可达 95.64%，产品二水磷酸二氢钠的纯度可达 99.5%以上，氯离子的质量分数小于 0.1%。萃取法制磷酸二氢钠工艺流程示意图如图 2-3 所示。

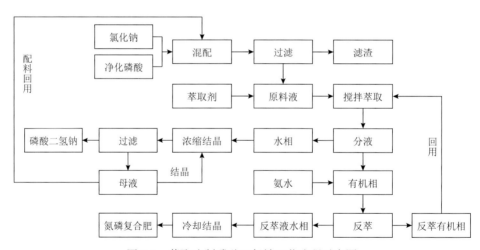

图 2-3　萃取法制磷酸二氢钠工艺流程示意图

（2）复分解法

由磷酸二氢钙和硫酸钠复分解反应制备磷酸二氢钠的反应式如下：

$$Ca(H_2PO_4)_2 + Na_2SO_4 \cdot 10H_2O === 2NaH_2PO_4 + CaSO_4 \cdot 2H_2O \downarrow + 8H_2O$$

王勃等[7]将磷酸二氢钙与硫酸钠进行复分解反应制备磷酸二氢钠，该反应中水和磷酸二氢钙液固比为 4∶1（质量比），物料配比（硫酸钠与磷酸二氢钙摩尔比）为 1.2∶1，反应温度为 50℃，反应时间为 120min。滴加 NaOH，控制终点 pH 为 4.2～4.6，过滤得到滤液。向滤液中加入过量的碳酸钡（除去残余的硫酸根），搅拌反应 20～

30min，过滤，得到含磷酸二氢钠的滤液并将其加热浓缩，搅拌并冷却结晶，得到磷酸二氢钠。通过此方法制备磷酸二氢钠的收率只有 79.1%。该工艺具有产品纯度高、工艺流程简单、操作简便等优点，但收率较低，要求原料具有较高的纯度。磷酸二氢钙与硫酸钠复分解反应制备磷酸二氢钠的工艺流程示意图如图 2-4 所示。

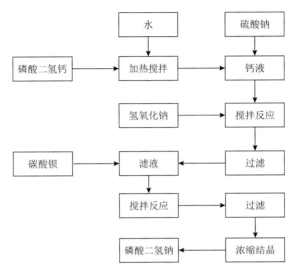

图 2-4　磷酸二氢钙与硫酸钠复分解反应制备磷酸二氢钠的工艺流程示意图

（3）中和法

1）磷酸氢二钠中和法。将十二水磷酸氢二钠按 3∶2 的质量比加水溶解，过滤除去不溶物，再把滤液加入中和器，在搅拌下缓慢加入磷酸进行中和反应，控制 pH 在 4.2～4.6，反应溶液经蒸发浓缩至形成结晶膜为止，经冷却结晶，离心分离，得到二水磷酸二氢钠。然后在 100℃干燥，制得无水磷酸二氢钠成品，母液可返回作溶解磷酸氢二钠用。

2）纯碱或烧碱中和法。将氢氧化钠或碳酸钠放入反应釜中，加水稀释至一定浓度，搅拌下加入热法磷酸，反应终点控制 pH 为 4.2～4.6，蒸发浓缩，冷却至 60～70℃析出结晶，离心分离，得二水磷酸二氢钠。再经气流干燥，制得无水磷酸二氢钠成品。

（4）中间体置换法

王欢等[8]用烷基叔胺作缔合剂，首先烷基叔胺与磷酸进行缔合反应，生成烷基叔胺磷酸二氢盐，然后用硫酸钠作置换剂，与烷基叔胺磷酸二氢盐进行第一次置换反应，或者将磷酸、硫酸钠、水及磷酸二氢钠母液配制成溶液，与烷基叔胺进行缔置换反应，有55%～99%的磷酸二氢根被置换下来，生成磷酸二氢钠，其纯度可达 98.4%。该工艺生产闭路循环，原料综合利用，可节约酸、碱。但原料成本较高，工艺流程较复杂。中间体置换法制备磷酸二氢钠的工艺流程示意图如图 2-5 所示。

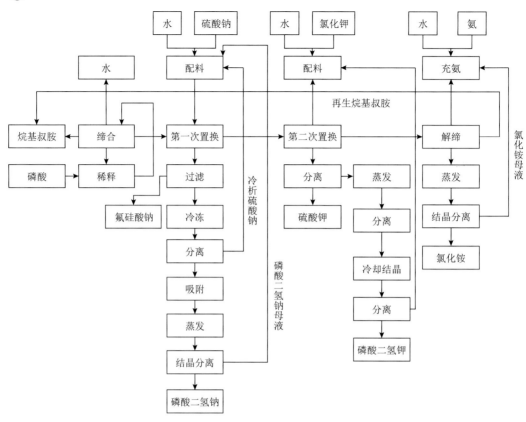

图 2-5　中间体置换法制备磷酸二氢钠的工艺流程示意图

　　廖吉星等[9]利用尿素与湿法净化磷酸反应得到中间体磷酸脲，再将磷酸脲与氢氧化钠反应，磷酸脲与氢氧化钠的摩尔比为（1～1.2）：1，控制氢氧化钠的加入速度以调节合成槽内的温度在 40～90℃，搅拌反应 20～100min；反应结束后，将磷酸二氢钠料浆降温至温度≤40℃，冷却结晶，晶体析出后放入离心机内离心分离，滤液为含有碳酰胺的料浆，回收其中的碳酰胺回用，滤饼为磷酸二氢钠产品，产品纯度≥98%。本工艺生产的磷酸二氢钠产品既可为无水磷酸二氢钠，通过改变干燥脱水方式又可为二水磷酸二氢钠。磷酸脲中间体置换法制备磷酸二氢钠的工艺流程示意图如图 2-6 所示。

　　（5）甲酸钠副产

　　刘庆生等[10]将聚磷酸和甲酸钠反应联产高浓、高纯甲酸和磷酸二氢钠，先将黄磷尾气（主要成分为一氧化碳）经水洗、碱洗、脱硫之后与氢氧化钠反应生产甲酸钠，再与聚磷酸反应生成甲酸与磷酸二氢钠，将甲酸蒸出即得磷酸二氢钠。聚磷酸和甲酸钠副产磷酸二氢钠的工艺流程示意图如图 2-7 所示。

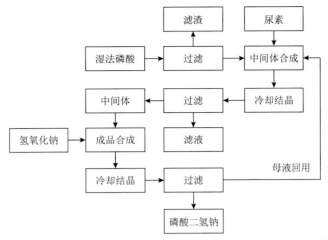

图 2-6 磷酸脲中间体置换法制备磷酸二氢钠的工艺流程示意图

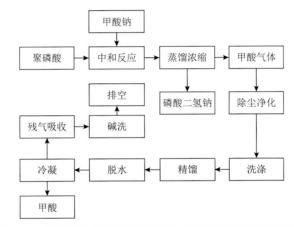

图 2-7 聚磷酸和甲酸钠副产磷酸二氢钠的工艺流程示意图

3. 典型工业化工艺

（1）无水磷酸二氢钠生产工艺

1）生产工艺原理。

中和反应：

$$NaOH+H_3PO_4 = NaH_2PO_4 \cdot H_2O$$

干燥反应：

$$NaH_2PO_4 \cdot H_2O = NaH_2PO_4 + H_2O$$

2）生产工艺流程。

　　液碱和磷酸按照一定的配比加入中和槽，用蒸汽加热搅拌反应约 3h，检测 pH 和密度合格后经板框压滤去除杂质打入料浆储罐，再通过高压泵匀速输送至喷雾干燥塔，在氢气燃烧提供热能的情况下，在一定的温度下料浆脱水干燥而得到磷酸二氢钠初成品，然后将初成品经过螺运机送入动态聚合炉进一步干燥。动态聚合炉的尾气经旋风分离和布袋除尘至尾气处理系统。从动态聚合炉出来的物料经冷却和筛分进入成品料仓。

无水磷酸二氢钠生产工艺流程图见图 2-8。

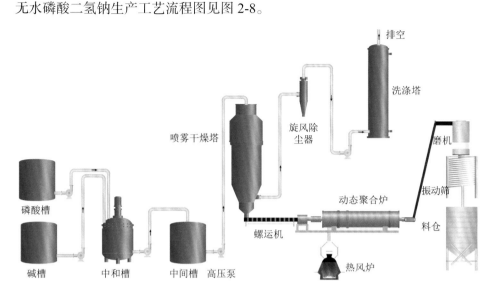

图 2-8 无水磷酸二氢钠生产工艺流程图

无水磷酸二氢钠生产工艺控制参数见表 2-2。

表 2-2 无水磷酸二氢钠生产工艺控制参数

项目	控制参数	项目	控制参数
中和液 pH	4.2～4.6	喷雾干燥热风温度/℃	350～550
中和液 Na/P 摩尔比	1.0±0.02	喷雾干燥尾气温度/℃	115～150
中和液浓度/%	40～65	聚合炉干燥后温度/℃	100～120
中和温度/℃	70～100		

（2）二水磷酸二氢钠生产工艺

1）生产工艺原理。

中和反应：

$$NaOH + H_3PO_4 + H_2O = NaH_2PO_4 \cdot 2H_2O$$

2）生产工艺流程。

液碱和磷酸按照一定的配比加入中和槽，用蒸汽加热搅拌反应约 3h，检测 pH 和密度合格后经板框压滤去除杂质打入料浆储罐，从储罐出来的中和液，在结晶槽中进行结晶。所得结晶浆料用离心机进行过滤，滤液返回中和槽用于配酸，滤饼送到干燥器（如振动流化床、气流干燥器等），在合适温度下进一步脱除游离水即得成品。

二水磷酸二氢钠生产主要围绕结晶来实施生产控制。要维持稳定的过饱和度，防止结晶器在局部范围（蒸发面、冷却表面、不同浓度的两流体的混合区）内产生过饱和度的波动；要控制晶体的生长速率，尽可能降低晶体的机械碰撞能量及概率，对溶液进行加热、过滤等预处理，消除溶液中可能成为晶核的微粒。从结晶器中移除过量的微晶，将含有过量细晶的母液取出后加热或稀释，使细晶溶解，然后送回结晶槽再结晶。

调节原料溶液的 pH 或加入某些具有选择性的添加剂以改变成核速率。符合粒度要求的晶粒要及时排出，而不使其在结晶槽内继续参与循环[11]。正磷酸钠盐在不同的结晶温度下会生成含不同结晶水的产品，因此生产结晶二水磷酸二氢钠首先要选择合适的结晶温度，结晶温度应低于 40.8℃；其次二水磷酸二氢钠物料温度高于 40.8℃就会失去结晶水，因此干燥时物料的温度要低于该温度。

二水磷酸二氢钠生产工艺流程图见图 2-9。中和液制备同无水磷酸二氢钠。

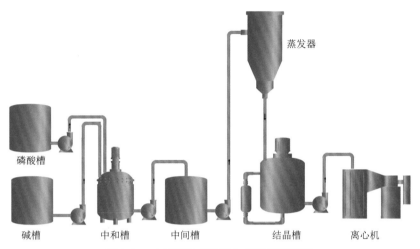

图 2-9　二水磷酸二氢钠生产工艺流程图

二水磷酸二氢钠生产工艺控制参数见表 2-3。

表 2-3　二水磷酸二氢钠生产工艺控制参数

项目	控制参数	项目	控制参数
中和液 pH	4.2~4.6	推荐的结晶方法	冷却结晶
中和液 Na/P 摩尔比	1.0±0.02	结晶温度/℃	25~28
中和液浓度/（kg/L）	1.49~1.56	干燥热空气温度/℃	70~150
中和温度	90℃~沸腾		

（3）原料消耗定额

磷酸二氢钠原料消耗定额见表 2-4。

表 2-4　磷酸二氢钠原料消耗定额　　　　　　　　　　（单位：t/t）

原料	原料消耗定额	
	无水磷酸二氢钠	二水磷酸二氢钠
85%磷酸	0.99	0.756
100%氢氧化钠	0.34	—
100%碳酸钠	—	0.368

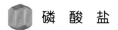

2.2.3 磷酸氢二钠

1. 生产原理

生产磷酸氢二钠的主要化学反应式：

$$H_3PO_4 + 2Na^+ \Longrightarrow Na_2HPO_4 + 2H^+$$

生产磷酸氢二钠所用的原料与生产磷酸二氢钠所用的原料相同。

（1）无水磷酸氢二钠

无水磷酸氢二钠是将中和到一定 pH 或 Na/P 摩尔比的磷酸氢二钠溶液脱水，并使脱水后的物料温度提高到 120℃以上（但必须明显低于聚合最低温度 240℃，以防止产生焦磷酸盐），脱除物料的结晶水。

（2）含结晶水的磷酸氢二钠

十二水磷酸氢二钠：十二水磷酸氢二钠生产过程中，酸碱中和工序与无水磷酸氢二钠一样，但合格的中和液需要采取冷却方法进行结晶，溶液析出的晶体温度控制在该晶体的结晶温度范围内（25～35℃）。

二水磷酸氢二钠：二水磷酸氢二钠生产过程中，酸碱中和工序与无水磷酸氢二钠一样，但合格的中和液需要采取等温蒸发方法进行结晶，溶液析出的晶体温度控制在该晶体的结晶温度范围内（60～65℃）。

2. 制备技术

（1）中和法

将浓磷酸用水适当稀释后加入反应釜中，按浓磷酸：碳酸钠摩尔比 1：1 慢慢加入碳酸钠，或按浓磷酸：氢氧化钠摩尔比 1：2 的量加入氢氧化钠，待物料的 pH 达到 8.9～9.0 时反应完成。将物料过滤，再将滤液蒸发浓缩，在 35℃以下得到十二水磷酸氢二钠，在 35.4～48.35℃得到含七水磷酸氢二钠的制品，在 48.35～95℃得到含二水磷酸氢二钠的制品，在 95℃以上得到无水磷酸氢二钠。

（2）复分解法

1）磷酸钠铵分解法。余有平和邓小雄[12]公开了一种生产磷酸氢二钠的方法，在湿法磷酸中加入氨水进行中和，然后用碳酸钡脱硫，湿法磷酸中的金属杂质以生成磷酸盐或氢氧化物的形式沉淀，硫酸盐则生成难溶的硫酸钡沉淀，经过滤，得到纯净的磷酸一铵和磷酸二铵的混合溶液（磷铵混合液），在生成的磷酸一铵和磷酸二铵的混合溶液中加入氯化钠，用碳酸钠调节 pH 至 8，冷却至 15℃后过滤洗涤，得到磷酸钠铵结晶，滤液成分为氯化铵，氯化铵可通过冷析盐析法回收，也可通过浓缩结晶法回收，回收后的母液回用。在得到的磷酸钠铵结晶中加入碳酸钠，调 pH 至 10，在 200℃温度下煅烧，得到氨气和磷酸氢二钠晶体。磷酸钠铵分解法制磷酸氢二钠的工艺流程示意图如图 2-10 所示。

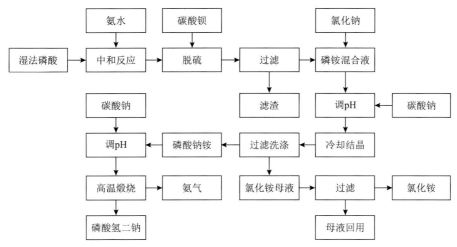

图 2-10　磷酸钠铵分解法制磷酸氢二钠的工艺流程示意图

2）磷酸氢钠铵复分解法。李琴等[13]等公开了一种以湿法磷酸和硫酸钠为原料生产磷酸氢二钠的方法，湿法磷酸和硫酸钠按照摩尔比为 1∶（1.6～2.4）的量投放到反应器中搅拌反应，然后滴加质量分数为 26%～28%的氨水或液氨，调节体系的 pH 大于8.0，冷却结晶，冷却结晶温度为 15～25℃，过滤得到磷酸氢钠铵结晶和滤液，在磷酸氢钠铵结晶中加入碳酸钠并混合均匀，其中碳酸钠按照 Na/P 摩尔比为 2 的量加入，在180～200℃温度下反应 1h，得到磷酸氢二钠，滤液通过浓缩结晶得到硫酸铵。磷酸氢钠铵复分解法制磷酸氢二钠的工艺流程示意图如图 2-11 所示。

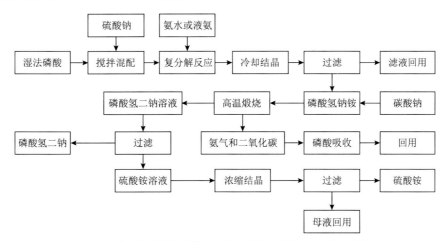

图 2-11　磷酸氢钠铵复分解法制磷酸氢二钠的工艺流程示意图

（3）草甘膦母液副产法

田义群等[14]公开了一种粗品焦磷酸钠提纯生产磷酸氢二钠及氯化钠的方法，草甘膦母液、双甘膦母液含磷含氯化钠废水经焚烧或高温氧化得到的主要成分为焦磷酸钠和氯化钠的焦磷酸钠粗产品与水混合，滴加磷酸控制混合物料 pH 在 1.0～8.8，加入氧化型助剂后在 70～120℃的温度下搅拌 5～60min，使粗品焦磷酸钠溶解并水解；水解釜内料浆趁热出料过滤，得到氯化钠产品及滤液；将滤液冷却后与碱在混合器内混合，控制混合溶液 pH 为 8～10，生成磷酸氢二钠，经过滤器滤除杂质后去往结晶釜，在料浆降温至 30～90℃后向结晶釜内添加水和磷酸氢二钠晶体，控制温度为 0～30℃，冷却结晶 2～8h，析出十二水磷酸氢二钠，将充分结晶后的料浆过滤分离，得到十二水磷酸氢二钠产品。草甘膦母液副产法制磷酸氢二钠的工艺流程示意图如图 2-12 所示。

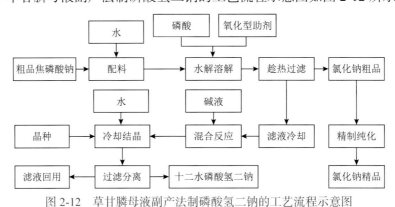

图 2-12　草甘膦母液副产法制磷酸氢二钠的工艺流程示意图

3. 典型工业化工艺

（1）无水磷酸氢二钠生产工艺

1）生产工艺原理。

中和反应：

$$2NaOH+H_3PO_4 = Na_2HPO_4 \cdot 2H_2O$$

干燥反应：

$$Na_2HPO_4 \cdot 2H_2O = Na_2HPO_4 + 2H_2O$$

2）生产工艺流程。

液碱和磷酸按照一定的配比加入中和槽，用蒸汽加热搅拌反应约 3 h，检测 pH 和密度合格后经板框压滤去除杂质打入料浆储罐，再通过泵匀速输送至压力式喷雾干燥塔，在氢气燃烧提供热能的情况下，在一定的温度下料浆脱水干燥而得到磷酸氢二钠初成品，然后将初成品送入聚合炉进一步干燥。聚合炉的尾气经旋风分离和布袋除尘至尾气处理系统。聚合炉出来的物料经冷却和筛分，进入成品料仓。

无水磷酸氢二钠生产工艺控制参数见表 2-5。由于磷酸氢二钠的溶解度较低，需要对有磷酸氢二钠中和液的设备和管道进行保温（包括二水磷酸氢二钠、十二水磷酸氢二钠的中和设备与管道），防止磷酸氢二钠结晶时堵塞管道和喷头等。

表 2-5　无水磷酸氢二钠生产工艺控制参数

项目	控制参数	项目	控制参数
中和液 pH	8.8～9.2	喷雾干燥热风温度/℃	350～550
中和液 Na/P 摩尔比	2.0±0.02	喷雾干燥尾气温度/℃	115～150
中和液浓度/%	40～50	聚合炉干燥后温度/℃	150～200
中和温度/℃	70～120		

（2）十二水磷酸氢二钠生产工艺

十二水磷酸氢二钠生产工艺采用冷却结晶工艺，其工艺流程与二水磷酸二氢钠生产工艺流程相同，详见磷酸二氢钠章节。

十二水磷酸氢二钠生产工艺控制参数见表 2-6。十二水磷酸氢二钠结晶、干燥物料的温度均应低于 35℃。

表 2-6 十二水磷酸氢二钠生产工艺控制参数

项目	控制参数	项目	控制参数
中和液 pH	7.9～8.8	推荐的结晶方法	冷却结晶
中和液 Na/P 摩尔比	2.0±0.02	结晶温度/℃	25～35
中和液浓度/（kg/L）	1.24～1.28	干燥热空气温度/℃	70～150
中和温度/℃	90～沸腾		

（3）二水磷酸氢二钠生产工艺

在二水磷酸氢二钠结晶范围内，其溶解度随温度的变化不大，且结晶温度较高，因此采用等温强制循环蒸发结晶工艺。二水磷酸氢二钠生产工艺流程图见图 2-13。

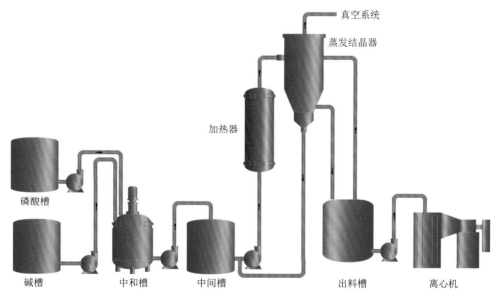

图 2-13 二水磷酸氢二钠生产工艺流程图

中和液制备同无水磷酸氢二钠一样。从储槽出来的中和液，在真空蒸发结晶器中进行结晶。所得结晶浆料用离心机进行过滤，滤饼送到干燥器（振动流化床、气流干燥器等），在合适温度下进一步脱除游离水后即可包装；滤液返回中和槽用于配酸。

二水磷酸氢二钠生产工艺控制参数见表 2-7。控制干燥物料温度低于 95℃，防止二水磷酸氢二钠失去结晶水。

表 2-7　二水磷酸氢二钠生产工艺控制参数

项目	控制参数	项目	控制参数
中和液 pH	7.9～8.8	推荐的结晶方法	等温强制循环蒸发结晶
中和液 Na/P 摩尔比	2.0±0.02	结晶温度/℃	60～65
中和液浓度/%	40～50	循环晶浆温度/℃	高于结晶器温度 6～10
中和温度/℃	90～沸腾	干燥热空气温度/℃	80～150

（4）原料消耗定额

磷酸氢二钠原料消耗定额见表 2-8。

表 2-8　磷酸氢二钠原料消耗定额　　　　　　　　（单位：t/t）

原料	原料消耗定额		
	无水磷酸氢二钠	二水磷酸氢二钠	十二水磷酸氢二钠
85%磷酸	0.84	0.682	0.235
100%烧碱	0.585	0.473	0.34

2.2.4　磷酸三钠

1. 生产原理

生产磷酸三钠的主要化学反应式：

$$H_3PO_4 + 3Na^+ \rule[0.5ex]{2em}{0.4pt} Na_3PO_4 + 3H^+$$

生产磷酸三钠所用的原料与生产磷酸二氢钠所用的原料相同，详见磷酸二氢钠章节。

正磷酸钠盐的 pH 越高，生产所用原料碱的碱性也要越强，因此磷酸三钠一般用强碱氢氧化钠来生产。

（1）无水磷酸三钠

无水磷酸三钠的生产方法是将中和到一定 pH 或 Na/P 摩尔比的磷酸三钠溶液脱水，并使脱除游离水后的物料温度再提高到215℃以上，从而脱除物料的结晶水。

（2）含结晶水的磷酸三钠

1）十二水磷酸三钠的生产过程是将溶液中和至特定的 pH 或 Na/P 摩尔比，以获得合格的磷酸三钠溶液，随后在 30～40℃的温度范围内进行冷却结晶。

对于十二水磷酸三钠结晶，在搅拌条件下获得的结晶一般为六棱柱体。在磷酸三钠工业结晶温度范围内，开始生成晶核的过冷度为 2.5～3.0℃，过饱和度为 12～17kg/m³；大量生成晶核时过冷度和过饱和度分别为约 4℃和 17～22kg/m³[15]。

2）一水磷酸三钠以十二水磷酸三钠为原料在 105℃脱除 11 个结晶水得到。

2. 制备技术

（1）萃取磷酸法

将磷矿粉与硫酸反应得到萃取磷酸，加入适量洗涤水，稀释至溶液中五氧化二磷含量为 18%～20%，加热至 85℃，在搅拌下缓慢加入 30～350°Bé（Bé 为波美度）碳酸钠溶液进行中和反应，使 pH 为 8～8.4。再添加磷酸三钠母液，使溶液中的五氧化二磷含量<12%。保温 15～20min，经过滤、蒸发浓缩至 24～25°Bé。加入氢氧化钠溶液，使 Na/P 摩尔比达到 3.24～3.26。再经冷却结晶、离心分离、气流干燥，制得十二水磷酸三钠成品。其反应式如下：

$$Ca_5F(PO_4)_3+5H_2SO_4+10H_2O=\!=\!=3H_3PO_4+5CaSO_4·2H_2O+HF$$

$$H_3PO_4+Na_2CO_3=\!=\!=Na_2HPO_4+CO_2\uparrow+H_2O$$

$$Na_2HPO_4+NaOH=\!=\!=Na_3PO_4+H_2O$$

（2）热法磷酸法

将热法磷酸加入反应器中，在搅拌下缓慢加入氢氧化钠溶液进行中和反应，生成磷酸三钠，经冷却结晶、离心分离、干燥，制得磷酸三钠成品。其反应式如下：

$$H_3PO_4+3NaOH=\!=\!=Na_3PO_4+3H_2O$$

3. 典型工业化工艺

（1）无水磷酸三钠生产工艺

1）生产工艺原理。

中和反应：

$$3NaOH+H_3PO_4=\!=\!=Na_3PO_4·3H_2O$$

干燥反应：

$$Na_3PO_4·3H_2O=\!=\!=Na_3PO_4+3H_2O$$

2）生产工艺流程。

液碱和磷酸按照一定的配比加入中和槽，用蒸汽加热搅拌反应约 3h，检测 pH 和密度合格后经板框压滤去除杂质打入料浆储罐，再通过泵匀速输送至干燥塔，在氢气燃烧提供热能的情况下，在一定的温度下料浆脱水干燥而得到磷酸三钠初成品，然后将初成品经过刮板送入聚合炉进一步干燥保温。聚合炉的尾气经旋风分离和布袋除尘在引风机的作用下至尾气处理系统。聚合炉出来的物料经冷却和筛分，进入成品料仓。

无水磷酸三钠生产工艺控制参数见表 2-9。生产中碱适当过量，确保磷酸三钠含量达到质量要求；无水磷酸三钠不会发生聚合反应，干燥温度可以适当高一些；磷酸三钠的溶解度低，含有磷酸三钠中和液的设备和管道需要保温（一水、十二水磷酸三钠同理），以防止磷酸三钠结晶出来堵塞管道和喷头。

表 2-9　无水磷酸三钠生产工艺控制参数

项目	控制参数
中和液 pH	碱过量 2%～3%
中和液浓度/%	40～50
中和温度/℃	70～100
喷雾干燥热风温度/℃	350～550
喷雾干燥尾气温度/℃	115～150
聚合炉干燥后温度/℃	215～300

（2）十二水磷酸三钠生产工艺

十二水磷酸三钠生产工艺采用冷却结晶工艺，其工艺流程与二水磷酸二氢钠生产工艺流程相同，详见磷酸二氢钠章节。

十二水磷酸三钠生产工艺控制参数见表 2-10。十二水磷酸三钠物料温度高于 55℃会失去结晶水，因此结晶、干燥的物料温度应低于 55℃；磷酸三钠中和液的浓度过高，会过早达到过饱和，晶粒多，结晶呈针状，粒径小，难分离；浓度过低，颗粒虽大，结晶少，但产量低，动力消耗大，导致成本增加。

表 2-10　十二水磷酸三钠生产工艺控制参数

项目	控制参数
中和液 pH	碱过量 2%～3%
中和液浓度/（kg/L）	1.20～1.30
中和温度/℃	90～沸腾
推荐的结晶方法	冷却结晶
结晶温度/℃	30～40
干燥热空气温度/℃	150～250

（3）一水磷酸三钠生产工艺

一水磷酸三钠可以通过将中和完的磷酸三钠料浆或十二水磷酸三钠加入 10%～15% 的水，并在 85～95℃的温度下进行搅拌溶解来制备。随后，将得到的料浆通过雾化方式喷入干燥塔中，同时控制热空气的进口温度为 650～750℃，出口温度为 140～170℃。经过这样的干燥过程，即可得到一水磷酸三钠产品。

（4）原料消耗定额

磷酸三钠原料消耗定额见表 2-11。

表 2-11　磷酸三钠原料消耗定额　　　　　　　　　　（单位：t/t）

原料	原料消耗定额	
	无水磷酸三钠	十二水磷酸三钠
85%磷酸	0.725	0.325
100%烧碱	0.76	0.34

2.2.5　主要生产设备

钠系正磷酸盐生产的主要设备有中和釜、储料罐、喷雾干燥塔、冷却滚筒、旋振筛（筛分）、微粉机、除杂筛、金属探测仪、除铁器和各种结晶器等。

1. 喷雾干燥塔

喷雾干燥是采用雾化器将原料液分散为雾滴，并用热气体（空气、氮气或过热水蒸气）干燥雾滴而获得产品的一种干燥方法。

（1）喷雾干燥的特点

喷雾干燥工艺用于正磷酸盐的生产具有以下优点：①由于雾滴群的表面积很大，物料所需的干燥时间短，一般仅为 3～10s。②在高温气流中，表面润湿的物料温度不超过干燥介质的湿球温度，最终产品温度不高，因此干燥产品中聚磷酸盐、焦磷酸盐含量较低，可以生产出高质量的正磷酸钠盐。③操作灵活，可以满足各种产品的质量指标，如粒度分布、不同产品形状（粉状、颗粒状和空心球）、不同产品的湿含量等。④工艺流程短。在干燥塔内可直接将溶液制成粉末产品；易实现机械化、自动化，减轻粉尘飞扬，改善劳动环境。

与此同时，喷雾干燥也存在以下缺点：①当空气温度低于 150℃时，容积传热系数较低，所用设备容积大。②热效率不高，一般正磷酸钠盐生产所采用的顺流塔型喷雾干燥器热效率为 30%～50%。

（2）喷雾干燥塔设计参数及影响因素

正磷酸钠盐生产用的喷雾干燥塔一般为高塔型喷雾干燥器，干燥塔的高径比为 2.5～5；热交换容量为 418～460kJ/(m³·h)；干燥强度为 8～24kg/(m³·h)；直径一般在 3～6m，高度在 9～20m。实际操作中根据塔顶热量、中和液分布点、中和液浓度、尾气风机的抽力等因素，通过调整供热量与中和液供应量监控尾气温度及出料含水量等。

影响喷雾干燥过程的主要因素是溶液雾化程度、干燥介质和溶液微粒的混合及其相互间传热传质速率。雾化溶液所用的雾化器是喷雾干燥装置的关键部件，针对正磷酸钠盐溶液的特性，一般选用压力式雾化器。压力式雾化器所采用的高压泵一般为柱塞式体积压缩泵。主要规格：流量为 2～4.5m³/h，最大压力为 13MPa，操作范围在 5～12MPa 调整。

如果要采用喷雾干燥一步得到无水磷酸二氢钠产品，要求的气体出塔温度较高，易导致焦磷酸盐含量升高。在喷雾及分散度一定的条件下，提高气体进塔温度，可以提高干燥塔干燥强度。

2. 转鼓干燥器

转鼓干燥器是一种内加热传导型干燥设备。湿物料在转鼓外壁上获得以导热方式传递的热量，脱除水分，达到所要求的湿含量。在干燥过程中，热量由鼓内壁传到鼓外壁，再穿过料膜，其热效率高，可连续操作，故广泛用于液态物料或带状物料的干燥。

液态物料在转鼓的一个转动周期中完成布膜、脱水、刮料、得到干燥制品的全过程。设计和选用转鼓干燥器时，需考虑被干燥物料的性质、转鼓干燥器的形式、传热传质系数、操作条件及其经济性。

（1）转鼓干燥器的特点[16]

1）操作弹性大、适应性广。

2）热效率高，在80%～90%。

3）干燥时间短。转鼓外壁上的被干燥物料在干燥开始时所形成的湿料膜厚度一般为0.5～1.5mm，整个干燥周期仅需10～15s，特别适用于干燥热敏性物料。

4）干燥速率大。由于料膜很薄，且传热传质方向一致，料膜表面可保持30～70kg $H_2O/(m^2 \cdot h)$ 的汽化强度。

（2）转鼓干燥器的结构及规格

转鼓干燥器分为三种形式，即单转鼓干燥器、双转鼓干燥器和多转鼓干燥器；按操作压力分为常压和减压两种形式。正磷酸钠盐的生产一般采用常压单转鼓干燥器。

3. DTB 结晶器

导流筒（DTB）结晶器是20世纪50年代开发出的一种效能较高的结晶器，首先用于生产氯化钾，后被化工、食品、制药等工业部门广泛应用，已成为连续结晶的主要设备之一。DTB结晶器可用于真空绝热冷却法、蒸发法、直接接触冷冻法以及反应法等多种结晶过程。

（1）DTB结晶器的特点

DTB结晶器单位容积生产强度高，能生产粒度达600～1200μm的大粒结晶产品，生产操作周期长，稳定，操作费用低，多级操作，能回收部分热量，节约能源，对于能源不足地区更为适用。

（2）DTB结晶器的结构[11]

DTB结晶器即导流筒加挡板蒸发结晶器，属于典型的晶浆内循环结晶器，主要由冷凝器、桨叶驱动器、导流筒、挡板、螺旋桨、加热组件、空气喷射器等组成。其构造见图2-14。它的中部有一导流筒，四周有一圆筒形挡板。在导流筒内接近下端处有螺旋桨叶（也可以看作内循环轴流泵），以较低的转速旋转。悬浮液在螺旋桨叶的推动下，在导流筒内上升到液体表层，然后转向下方，沿导流筒与圆筒形挡板之间的环形通道至器底，又被吸入导流筒的下端，如此反复循环，形成接近良好混合的条件。圆筒形挡板将结晶器分隔为晶体生长区和澄清区。圆筒形挡板与器壁间的环隙为澄清区，在其中搅拌的影响实际上已消失，使晶体得以从母液中沉降分离，只有过量的微晶可随母液在澄清区的顶部排出器外，从而实现对微晶量的控制。结晶器的上部为气液分离空间，用于防止雾沫夹带。热的浓物料加至导流筒的下方，晶浆由结晶器的底部排出。为了使所生产的晶体具有更窄的粒度分布，即具有更小的变异系数（CV值），这种形式的结晶器有时在下部设置淘析柱。

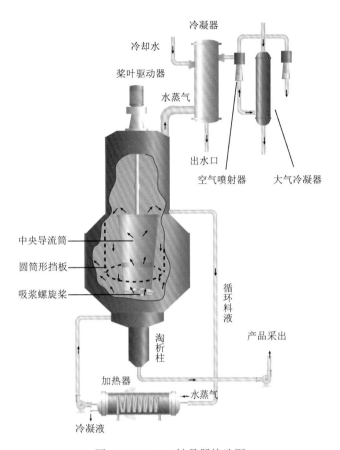

冷凝器

冷却水

桨叶驱动器

水蒸气

出水口

空气喷射器

大气冷凝器

中央导流筒

圆筒形挡板

吸浆螺旋桨

循环料液

产品采出

淘析柱

加热器

水蒸气

冷凝液

图 2-14　DTB 结晶器构造图

DTB 结晶器由于设置了导流筒，形成了循环通道，只需要很低的压头（1～2kPa）就能在 DTB 结晶器内实现良好的内循环，使 DTB 结晶器内各流动截面上都可以维持较高的流动速度，并使结晶料浆浓度高达 30%～40%（质量分数）。

（3）DTB 结晶器在正磷酸钠盐生产中的应用

DTB 结晶器已经成为连续结晶器的主要形式之一，适用的产品有氯化钾、亚氨基二乙腈、硫酸铵、氯化铵等。1979 年上海化工研究院（今上海化工研究院有限公司）应用 DTB 结晶器进行了正磷酸钠盐中试生产。经过近 10 年的生产实践，其运转情况良好，磷酸二氢钠结晶粒径+20 目达到 90%以上，磷酸三钠结晶粒径+20 目达到 68%以上，生产强度平均达 71.8kg/(m³·h)。磷酸三钠结晶成长速率达到 0.0821mm/h。原徐州化工三厂（今徐州天嘉食用化工有限公司）也应用 DTB 结晶器进行过正磷酸钠盐生产。

4. 长槽搅拌式连续结晶器

长槽搅拌式连续结晶器是一种广泛应用的连续结晶器，具有较大的生产能力。此结晶器主体是一敞口或闭式的长槽，底部半圆形。槽外装有水夹套，槽内则装有长螺距低速螺带搅拌器。全槽常由 2～3 个单元组成。

工作原理：热而浓的溶液由结晶器的一端进入蒸发器，并沿槽流动，夹套中的冷却水与之作逆流流动。由于冷却作用，若控制得当，溶液在进口处附近即开始产生晶核，这些晶核随着溶液流动而成长为晶体，最后由槽的另一端流出。

特点：结构较简单，节省地面和材料，可以连续操作，生产能力强，所需体力劳动少；产生的晶体粒度均匀，大小可调节；适用于卫生条件较高、产量较大的结晶。

2.2.6　钠系正磷酸盐的用途

全球正磷酸钠盐主要用途是用作生产聚磷酸钠盐和其他品种磷酸盐的重要原料，另外还广泛应用于食品、试剂、医药、水处理等多个领域。从生产地来看，我国是全球最大的正磷酸钠盐生产地，在国际贸易中占主导地位。

1. 磷酸二氢钠的用途

1）磷酸二氢钠用作分析试剂、缓冲剂和软水剂，也用于细菌培养等。

2）磷酸二氢钠在工业上用来制备三偏磷酸钠、六偏磷酸钠、焦磷酸钠和缩聚磷酸钠等磷酸钠盐，也可以用来制备其他无机、有机磷酸盐，还可以作为制备磷酸酯的酯化剂。

3）磷酸二氢钠可以作为磷肥使用。

4）磷酸二氢钠在水处理领域用作锅炉水的处理剂，在高压锅炉系统，为了保持锅炉内适当高的碱度，而又不使水中产生更多的 OH^-，就要使用磷酸盐产品，主要用磷酸二氢钠和磷酸氢二钠。为了将炉水的 pH 控制在最佳范围，通常磷酸氢二钠与磷酸三钠或磷酸二氢钠复配使用。同时，再投加适量的分散剂以控制可能产生的沉积物。锅炉补充水分应保证纯度高、水量足。

5）因为磷酸二氢钠显弱酸性，而橡皮树在中性或偏酸性土壤中生长良好，所以磷酸二氢钠可以促进橡皮树植株更好地生长。

6）磷酸二氢钠在食品加工中用作品质改良剂、乳化剂、营养增补剂、焙烤粉用缓冲剂、腌制用混合盐及粉末酸味剂。在饼干糕点中作疏松剂，可使其疏松空隙整齐，降低产品破碎率；还可用作饲料添加剂；可以用于可乐饮料、蛋黄、即食布丁、干粉饮料、明胶甜食、等渗饮料、蛋白、即食酪饼和淀粉等；在发酵粉里，作为干酸化剂和螯合剂。

7）磷酸二氢钠在化妆品、护肤品中主要用作 pH 调节剂、缓冲剂，风险系数为 1，比较安全，可以放心使用，对于孕妇一般没有影响，且没有致痘性。

8）磷酸二氢钠可用于片状或颗粒状的药剂表面涂层，可提高涂覆层对光和热的耐变色性，保持产品的商品价值。磷酸二氢钠还常用于药物中地衣芽孢杆菌的发酵培养基，起到促进各种酶的分泌和提高活性的作用；还作为磷酸钠盐药剂的主要成分。

9）磷酸二氢钠用作反应催化剂。可作为缩醛（酮）合成反应（如乙酸丁酯的合成、乙酸糠醇酯和丙酸糠醇酯的合成）的催化剂及硝化反应的催化剂，催化性能及重复性都较好。

10）磷酸二氢钠作为稳定剂。磷酸二氢钠可加入其他化合物中作为稳定剂，例如磷酸二氢钠加入过氧化物中，可阻止过氧化物分解，解决过氧化物的储存和运输问题。在聚合硫酸铁中加入磷酸二氢钠可增强稳定性。

11）磷酸二氢钠在印染工业低甲醛免烫整理工艺中，是一种较为有效的调节剂，可明显减少整理后织物的强力损失，提高白度保留值。

12）金属防腐中，在 Zn-Ni 合金镀液中加入磷酸二氢钠使阴极极化增大，同时出现了成核生长滞后的特征电流环。说明磷酸二氢钠不仅阻化合金共沉积的电荷传递过程，而且也阻化电结晶过程。因此，磷酸二氢钠有利于镀层晶粒细化，结构致密，耐蚀性提高。磷酸二氢钠对硬铝合金有缓蚀作用，可作为处理铝型材表面的环保型表面无铬钝化液的助剂，使铝表面形成保护膜，达到防腐和增强附着力的功能。磷酸二氢钠对碳钢也具有缓蚀作用。

13）在水泥砂浆中添加磷酸二氢钠能有效延缓水泥凝结，从而延长砂浆的使用时间。

14）磷酸二氢钠还用于制造洗涤剂、金属洗净剂、染料助剂及颜料沉淀剂。

2. 磷酸氢二钠的用途

磷酸氢二钠用作锅炉软水剂，织物、木材和纸的阻燃剂，釉药和焊药。磷酸氢二钠用于生产洗涤剂、印刷版的清洗剂和染色用媒染剂。磷酸氢二钠在印染工业中用作过氧化氢漂白的稳定剂、人造丝的填料（增强丝的强度和弹性）。磷酸氢二钠是制造焦磷酸钠和其他磷酸盐的原料，也是味精、红霉素、青霉素、链霉素和污水生化处理制品等的培养剂。磷酸氢二钠还用于电镀、鞣革。

3. 磷酸三钠的用途

1）磷酸三钠能与水中容易结成锅垢的可溶性钙盐、镁盐等发生反应，生成不溶性的磷酸钙$[Ca_3(PO_4)_2]$、磷酸镁$[Mg_3(PO_4)_2]$等沉淀物悬浮于水中，使锅炉不结水垢。同时多余的磷酸三钠，还能使已形成的锅垢部分变松软而脱落。因此节约了锅炉的用煤，维护了锅炉的安全，延长了锅炉的使用期限。

2）棉布煮练用水具有一定的硬度，应加入适量磷酸三钠作为软水剂，它的优点是能使织物毛细管效应提高。磷酸三钠软化硬水后，使练液中的氢氧化钠不致被硬水消耗，促进了氢氧化钠对棉布的煮练作用。磷酸三钠与硬水中的钙、镁盐反应，生成不溶性的磷酸钙和磷酸镁盐；这些磷酸盐没有黏性，不会像肥皂的钙、镁盐那样黏在织物上。此外，还具有渗透和乳化作用。

3）磷酸三钠可提高食品的络合金属离子浓度、pH 和离子强度，从而提高食品的结合和持水能力。中国规定磷酸三钠可用于奶酪，其最大使用量为 14g/kg；在西式火腿、肉、鱼、虾和蟹中磷酸三钠的最大使用量为 3.0g/kg；在罐头、果汁、饮料中磷酸三钠的最大使用量为 5g/kg。

4）磷酸三钠溶在水中有滑腻的感觉，能增加水的润湿能力，有一定的乳化作用，是除去硬的表面和金属表面上污垢的极好洗涤剂。化验室可用 1%磷酸三钠溶液洗涤瓶子，去除污垢。印花滚筒镀铬前，可用 5%磷酸三钠溶液洗净印花滚筒表面上的油渍，促使印花滚筒镀铬顺利进行。

5）磷酸三钠属于强碱弱酸盐，具有较强的碱性和较高的溶解度，化学性质稳定，能够长期保存，在安全壳喷淋系统的喷淋水中添加磷酸三钠替代氢氧化钠，能够调节喷淋液的 pH，有效地除去从泄漏的冷却水中释放至安全壳中的碘气体，避免强碱对工作人员的伤害。

6）磷酸三钠在搪瓷工业中用作助熔剂、脱色剂。

7）磷酸三钠在纺织工业中用作织物的丝光增强剂、制线的防脆剂。

8）磷酸三钠在冶金工业中用作金属腐蚀阻化剂或防锈剂。

9）磷酸三钠在制革工业中用作生皮去脂剂和脱胶剂。

10）磷酸三钠在电镀工业中用于配制表面处理去油液、未抛光件的碱性洗涤剂。

11）在合成洗涤剂配方中，磷酸三钠用于强碱性清洗剂配方（如汽车清洗剂、地板清洁剂、金属清洗剂等）。

12）磷酸三钠用作照相显影溶液中的促进剂。

13）磷酸三钠用于牙齿清洁剂。

14）磷酸三钠用作橡胶乳汁的凝固剂。

15）磷酸三钠用于配制面食用碱水的原料。

16）磷酸三钠用于砂糖精制和 α-淀粉的制造。

17）磷酸三钠用作食品级瓶器、罐器等的洗涤剂。

18）磷酸三钠在化妆品、护肤品中用作螯合剂、pH 调节剂。

19）磷酸三钠用作生产蜡纸的黏合剂的 pH 缓冲剂。

20）磷酸三钠具有抗病毒、抗感染的作用，主要用于治疗呼吸道感染、皮肤软组织感染等。

21）磷酸三钠浸种。将种子用清水浸泡 4h 后，再浸于 10%磷酸三钠溶液中，20～30min 后捞出，清水洗净，催芽播种，能防治番茄、辣椒病毒病。

2.3 钠系焦磷酸盐

钠系焦磷酸盐的主要产品包括焦磷酸二氢二钠、无水焦磷酸钠、十水焦磷酸钠、焦磷酸一氢三钠和焦磷酸一钠等。

2.3.1 理化性质

1. 无水焦磷酸钠

无水焦磷酸钠（又称无水焦磷酸四钠）的分子式为 $Na_4P_2O_7$，相对分子质量为265.90，英文名称为 sodium pyrophosphate anhydrous，英文缩写为 TSPP，白色结晶粉末，相对密度为 2.534，熔点为 80℃。无水焦磷酸钠易溶于水，20℃时 100g 水中的溶解度为 6.23g，其水溶液呈碱性；不溶于醇。其水溶液在 70℃以下尚稳定，煮沸则水解成磷酸氢二钠。无水焦磷酸钠与碱土金属离子能生成络合物；与 Ag^+ 相遇时生成白色的焦磷酸银。在空气中易吸收水分而潮解。

无水焦磷酸钠共有五种晶型，不同的温度，其晶型也不同：

$$Na_4P_2O_7 \text{-} V \xrightarrow{400℃} Na_4P_2O_7 \text{-} IV \xrightarrow{510℃} Na_4P_2O_7 \text{-} III \xrightarrow{520℃}$$

$$Na_4P_2O_7 \text{-} II \xrightarrow{545℃} Na_4P_2O_7 \text{-} I \xrightarrow{985℃} 熔体$$

在室温下只能得到无水焦磷酸钠 V 型晶体。

2. 十水焦磷酸钠

十水焦磷酸钠，分子式为 $Na_4P_2O_7 \cdot 10H_2O$，相对分子质量为 446.06，英文名称为 tetrasodium pyrophosphate decahydrate，英文缩写为 TSPP-10，无色单斜结晶或白色结晶性粉末，相对密度为 1.824，熔点为 80℃。其溶于水，不溶于醇。其水溶液呈碱性（1%水溶液的 pH 为 10～10.2），在干燥空气中易风化。其加热至 100℃时失去结晶水。其水溶液加热煮沸则成为磷酸氢二钠。其具有较强的 pH 缓冲性，对金属离子有一定的螯合作用。其有吸湿性，需密封保存。

3. 焦磷酸二氢二钠

焦磷酸二氢二钠，别名酸式焦磷酸钠，英文名称为 disodium dihydrogen pyrophosphate，英文缩写为 SAPP，分子式为 $Na_2H_2P_2O_7$，相对分子质量为 221.94，白色单斜晶系结晶性粉末或熔融体，相对密度为 1.86，有吸湿性。其在 220℃以上分解生成偏磷酸钠，可与 Mg^{2+} 和 Fe^{2+} 形成螯合物。其溶于水（10g/100mL，20℃），1%水溶液的 pH 为 4.0～4.5，水溶液与无机酸加热则水解成磷酸；不溶于乙醇。

4. 焦磷酸一氢三钠

焦磷酸一氢三钠为白色粉末状晶体，易溶于水，水溶液接近中性，不溶于乙醇。其常以一水合物（$Na_3HP_2O_7 \cdot H_2O$）形式存在，结晶水不易脱除。其加热至 170℃以上可缓慢分解为焦磷酸二氢二钠和焦磷酸钠；240℃以上分解为偏磷酸钠。

2.3.2　焦磷酸钠

1. 生产原理

磷酸氢二钠在 160～240℃时加热聚合生成焦磷酸钠：

$$2Na_2HPO_4 = Na_4P_2O_7 + H_2O$$

十水焦磷酸钠是将无水焦磷酸钠溶于水后再重结晶，得到结晶盐。十水焦磷酸钠一般采用冷却结晶工艺生产。

2. 制备技术

（1）干燥聚合两步法

将碳酸钠加入中和器，在搅拌下加热溶解，加入磷酸进行中和反应生成磷酸氢二钠。控制反应终点 pH 为 8.2～8.6，反应后溶液的浓度需不低于 40°Bé（相对密度为 1.383），将其进行脱色过滤。将磷酸氢二钠溶液浓缩到 48°Bé（相对密度为 1.498），送到刮片机制成无水磷酸氢二钠薄片。将磷酸氢二钠薄片送到箱式聚合炉中加热聚合，控制物料温度在 160～240℃。聚合完全的焦磷酸钠经冷却后粉碎，一般通过 60 目筛，制得无水焦磷酸钠成品。

在干燥聚合两步法生产无水焦磷酸钠的工艺中，可以将磷酸氢二钠的干燥设备改为喷雾干燥塔，将聚合设备改为回转聚合炉，则更适合于大规模的连续化生产。干燥聚合两步法流程示意图见图 2-15。

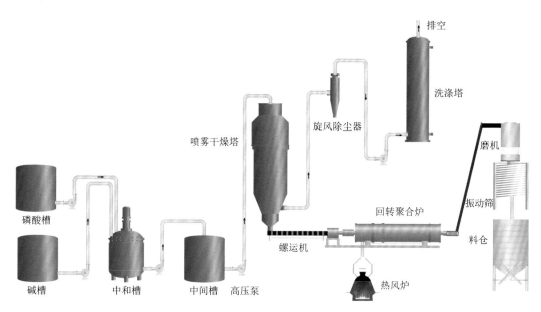

图 2-15 干燥聚合两步法流程示意图

（2）干燥聚合一步法

按干燥聚合两步法用碳酸钠和热法磷酸制得磷酸氢二钠料液，该料液保温储存于储料桶中，随后通过高压泵打入聚合炉内。在聚合炉内，料液经喷头雾化，并立即被从沸腾聚合炉下部通入的高温气体所接触。高温气体通过筛板进入炉腔，与由干燥后初步煅烧聚合的磷酸氢二钠固体颗粒组成的固定料层进行接触反应。物料在此进一步加热聚合，生成的焦磷酸钠成品连续从筛板上部出料口排出。加热气体继续上行，通过炉腔的沸腾层。被初步干燥的磷酸氢二钠，与还未干燥的磷酸氢二钠在此上下浮动，发生混合、干燥、聚合等几个过程，制得无水焦磷酸钠成品。

尾气夹带部分小粒固体物料从炉顶排出，尾气经旋风分离器处理，收集旋风分离器下部固体物料，返回沸腾层。干燥聚合一步法流程示意图见图 2-16。

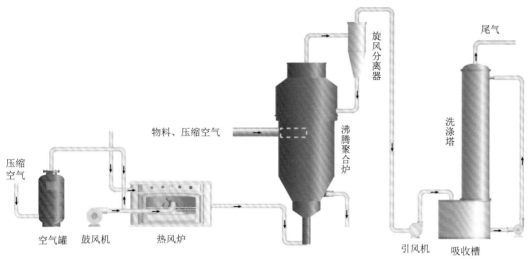

图 2-16　干燥聚合一步法流程示意图

（3）冷却结晶法

先将磷酸和碳酸钠进行中和反应生成磷酸氢二钠，经喷雾干燥，再经熔融聚合反应，冷却，得到无水焦磷酸钠。将无水焦磷酸钠加入溶解槽中，加水，于 65～75℃进行溶解，控制溶液浓度在 19～21°Bé。用静止的自流式过滤器过滤，滤液送至冷却结晶器进行冷却结晶、离心分离，制得结晶十水焦磷酸钠成品。

3．典型工业化工艺

（1）无水焦磷酸钠生产工艺

1）生产工艺原理。

中和反应：

$$2NaOH+H_3PO_4 =\!=\!= Na_2HPO_4+2H_2O$$

或

$$Na_2CO_3+H_3PO_4 =\!=\!= Na_2HPO_4+H_2O+CO_2\uparrow$$

干燥反应：

$$Na_2HPO_4 \cdot nH_2O =\!=\!= Na_2HPO_4+nH_2O$$

聚合反应：

$$2Na_2HPO_4 =\!=\!= Na_4P_2O_7+H_2O$$

2）工艺流程。

验收合格的碳酸钠或液碱和磷酸按照一定的配比（磷酸 7000L 约 11t，碳酸钠 9.9t 或液碱 11000L 约 16.5t）加入中和锅，再加入工艺水，用蒸汽加热搅拌反应约 3h，检测 pH 和密度合格后经板框压滤去除杂质打入料浆储罐，再通过泵匀速输送至干燥塔，在氢气燃烧提供热能的情况下料浆脱水干燥，得到无水磷酸氢二钠，然后塔底的粉料经过刮板送入聚合炉聚合为焦磷酸钠。聚合炉的尾气经旋风分离和布袋除尘在引风机的作用下至尾气处理系统。聚合炉出来的物料经冷却至提升机提升至旋振筛进行筛分。筛下的物料经粉碎机至粒度符合计划要求，合格的产品经除铁器除铁和除杂筛过筛并同时经

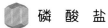

过管道式金检机进入成品料仓，成品再次经过除铁器除铁，成品料仓内产品用验收合格并经过检查和消毒的包装袋进行包装，包装后的产品经窗口式金检机检测，合格的产品送仓库储存。

（2）十水焦磷酸钠生产工艺

1）生产工艺原理。

水合反应：

$$Na_4P_2O_7+10H_2O \Longrightarrow Na_4P_2O_7 \cdot 10H_2O$$

2）工艺流程。

将无水焦磷酸钠在溶解槽中加水溶解，溶解温度在 65～75℃，溶液相对密度控制在 1.152～1.171 或控制溶液浓度在 19～21°Bé。用静止的自流式过滤器过滤，滤液送至冷却结晶器进行冷却结晶、离心分离制得结晶十水焦磷酸钠成品。一般控制一次结晶率在 70%～75%，这时结晶形状、外观及内在质量都较理想。冷却结晶后含游离水的十水焦磷酸钠送至离心机甩干（或根据客户要求进行干燥）。十水焦磷酸钠的冷却结晶与生产结晶正磷酸钠盐的工艺相似，可以使用同一套装置进行生产。

（3）工艺控制参数

焦磷酸钠生产工艺控制参数见表 2-12。

表 2-12　焦磷酸钠生产工艺控制参数

项目	控制参数	
	十水焦磷酸钠	无水焦磷酸钠
工艺流程	冷却结晶法	干燥聚合两步法
中和液 pH	8.8～9.2	8.8～9.2
中和液 Na/P 摩尔比	2.0±0.02	2.0±0.02
中和液浓度	1.152～1.200kg/L（密度）	40%～50%（质量分数）
中和温度/℃	≥90	≥90
喷雾干燥热风温度/℃	—	350～550
喷雾干燥尾气温度/℃	—	115～150
聚合炉干燥尾气温度/℃	—	450～550
结晶温度/℃	25～35	—
结晶物干燥热空气温度/℃	80～150	—

（4）原料消耗定额

焦磷酸钠原料消耗定额见表 2-13。

表 2-13　焦磷酸钠原料消耗定额　　　　　　　　　（单位：t/t）

原料	原料消耗定额	
	无水焦磷酸钠	十水焦磷酸钠
85%磷酸	0.912	—
100%氢氧化钠	0.633	—
无水焦磷酸钠	—	0.63

4. 关键生产控制因素

（1）无水焦磷酸钠

1）中和度。中和液的 Na/P 摩尔比低则存在磷酸二氢钠，聚合时可生成偏磷酸钠或酸式焦磷酸钠，降低产品主含量、影响产品的水溶性；反之，中和液中存在磷酸三钠，也降低了产品主含量。

2）聚合温度。温度过低，聚合不完全，产品主含量低，硝酸银试剂检验发黄；温度过高，将使磷酸氢二钠过度焦化，产品水溶性变差。

3）聚合的蒸汽分压。聚合的蒸汽分压存在一个临界值（大约为几千帕）。聚合的蒸汽分压若远高于临界值，不利于磷酸氢二钠的聚合，影响聚合度，表现为产品主含量低，硝酸银检验发黄（硝酸根与焦磷酸钠中残留的正磷酸盐反应生成黄色磷酸银沉淀）；反之，则使磷酸氢二钠过度聚合，产品水溶性变差。

（2）十水焦磷酸钠

焦磷酸钠在不同的结晶温度下会生成含不同结晶水的产品，因此生产结晶十水焦磷酸钠要选择合适的结晶温度，结晶温度应控制在 25～80.5℃。温度高于 80.5℃，十水焦磷酸钠就会失去结晶水，因此干燥时物料的温度要低于该温度。

5. 主要设备

焦磷酸钠盐生产过程中所用的设备较多，主要为中和釜、储料罐、干燥塔、聚合炉、冷却滚筒、旋振筛（筛分）、微粉机、除杂筛、金属探测仪、除铁器、喷雾干燥塔、冷却结晶器等。

（1）回转聚合炉

回转聚合炉是在转筒干燥器的基础上进行部分改进后的聚合设备。回转聚合炉主要由筒体、托轮、挡轮、传动装置、进料箱、出料箱、进出气箱等组成，辅助装置分为热风炉和热风循环风机两大部分。筒体又由反应段、熟化段和冷却段组成。反应段和熟化段可用夹套中的热空气加热，冷却段为翅片式辐射冷却。

正磷酸盐生产过程中物料从回转聚合炉一端的上部加入，经过圆筒内部时，与通过圆筒内的热空气或加热壁面进行有效接触而被聚合，聚磷酸盐从另一端下部收集。在聚合过程中，物料借助圆筒的缓慢转动，在重力的作用下从较高一端向较低一端移动。圆筒体内壁上装有顺向抄板（或类似装置），抄板不断把物料抄起又洒下，使物料的热接触表面增大，以提高聚合速率以及聚合的均匀程度，促使物料向前移动。为了清除圆筒内壁上的黏附物，可以在圆筒体内的抄板底部安装链条，以刮动和敲击圆筒内壁，也可以在转筒外安装捶击振动装置。

针对不同工艺流程，回转聚合炉可以设计为热风和物料逆流或顺流、热风直接或间接加热物料。一般而言，高品质焦磷酸钠盐生产设备采用间接加热，或用换热方式得到洁净的热风后再直接加热物料。

（2）动态聚合炉

动态聚合炉是在传统回转聚合炉的基础上进行改进的适用于磷酸盐系列生产的新

型聚合设备。动态聚合炉包括炉体，炉体一端设有燃烧机进风管，另一端设有出料管，炉体上设有回转装置，回转装置与原动机连接，燃烧机进风管内设有进料管，进料管内设有喷吹装置。进料管出口位于燃烧机进风管中心位置。喷吹装置位于进料管下侧。动态聚合炉示意图如图 2-17 所示。

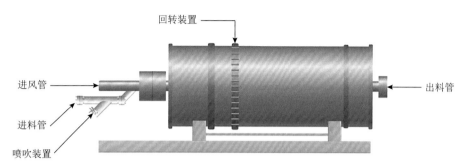

图 2-17　动态聚合炉示意图

　　该动态聚合炉与传统的回转聚合炉相比，在炉头中心位置的进风管内设有进料管，进料管出口设有喷吹装置，通过调整进料管的角度，使物料从进料管中心呈雾状进入聚合炉中，与高温流动气体充分扰动混合，进行热交换和聚合反应，使物料分布均匀、受热更充分、反应更彻底、产品质量更稳定，避免物料直接进入炉体后在炉体内壁形成结块、受热不均匀和水不溶物含量高等问题。动态聚合炉应用于钠系磷酸盐的生产，提高了聚合效率和产品主含量，产品合格率在 98%以上；另外，动态聚合炉炉尾温度比传统的回转聚合炉降低了 50～80℃，降低了能源消耗。通过工艺改进和设备多功能化，已经成功地将动态聚合炉应用于焦磷酸二氢二钠、焦磷酸钠、三聚磷酸钠等钠系磷酸盐的生产，其中焦磷酸二氢二钠主含量从 95%提升到 97%以上，水不溶物含量降低到 0.1%以下；焦磷酸钠的主含量从 96%提升到 98%以上，水不溶物含量降低到 0.05%以下；三聚磷酸钠的主含量从 96%提升到 98%以上，水不溶物含量降低到 0.01%以下。

2.3.3　焦磷酸二氢二钠

1. 生产原理

　　焦磷酸二氢二钠是在获得磷酸二氢钠干粉的基础上，再将磷酸二氢钠在 190～250℃时加热聚合得到的产品。

$$2NaH_2PO_4 = Na_2H_2P_2O_7 + H_2O$$

2. 制备技术

　　将碳酸钠加入中和器，在搅拌下加热溶解，然后加入磷酸进行中和反应，控制反应终点 pH 为 4～4.4，生成磷酸二氢钠，将溶液在 70～80℃下过滤，将滤液蒸发浓缩，冷却结晶，离心分离，在 95℃时干燥脱水成为无水磷酸二氢钠。然后将其送到聚合炉中加热熔融聚合，控制物料温度在 140～200℃进行聚合，转化的酸式焦磷酸钠经筛分、粉碎、除杂等工序后包装，制得食品级酸式焦磷酸钠。其反应式如下：

$$2H_3PO_4+Na_2CO_3 \rightleftharpoons 2NaH_2PO_4+H_2O+CO_2\uparrow$$

$$2NaH_2PO_4 \rightleftharpoons Na_2H_2P_2O_7+H_2O$$

3. 典型工业化工艺

（1）生产工艺原理

中和反应：

$$NaOH+H_3PO_4 \rightleftharpoons NaH_2PO_4 \cdot H_2O$$

或

$$Na_2CO_3+2H_3PO_4+H_2O \rightleftharpoons 2NaH_2PO_4 \cdot H_2O+CO_2\uparrow$$

聚合反应：

$$2NaH_2PO_4 \rightleftharpoons Na_2H_2P_2O_7+H_2O$$

（2）工艺流程

碳酸钠或液碱和磷酸按照一定的配比加入中和锅，再加入工艺水，用蒸汽加热搅拌反应约 3h，检测 pH 和密度合格后经板框压滤去除杂质打入料浆储罐，再通过泵匀速输送至干燥塔，在燃气燃烧提供热能的情况下料浆脱水干燥，然后塔底的粉料经过刮板送入聚合炉聚合为焦磷酸二氢二钠。聚合炉的尾气经旋风分离和布袋除尘在引风机的作用下至尾气处理系统。聚合炉出来的物料经冷却和筛分，进入成品料仓。

酸式焦磷酸钠的生产方法仅有干燥聚合两步法，其工艺流程与无水焦磷酸钠的干燥聚合两步法工艺流程相同，可以在同一装置通过调整生产工艺控制参数来生产焦磷酸二氢二钠。

（3）工艺控制参数

焦磷酸二氢二钠生产工艺控制参数见表 2-14。

表 2-14　焦磷酸二氢二钠生产工艺控制参数

项目	控制参数
工艺流程	干燥聚合两步法
中和液 pH	4.2～4.6
中和液 Na/P 摩尔比	1.0±0.02
中和液浓度/%	40～65
中和温度/℃	≥90
喷雾干燥热风温度/℃	350～550
喷雾干燥尾气温度/℃	115～150
聚合炉干燥尾气温度/℃	200～270

（4）原料消耗定额

焦磷酸二氢二钠原料消耗定额见表 2-15。

表 2-15　焦磷酸二氢二钠原料消耗定额　　　　　　　（单位：t/t）

原料	原料消耗定额
85%磷酸	1.05
100%烧碱	0.37

4. 关键生产控制因素

1）聚合温度。在实际生产中，酸式焦磷酸钠聚合完全的温度范围较窄，生产难度大，产品合格率较低。温度低，酸式焦磷酸钠聚合不完全，产品含量低，生面团反应速率（DRR）高；温度高，酸式焦磷酸钠聚合过度，产品含量低，水不溶物高。

2）催化剂。在聚合过程中添加含氮化合物，可加快聚合速度，改善产品的膨松度，提高产品的溶解速度。但催化作用将使聚合温度范围进一步变窄，实际生产控制更难。

3）水蒸气分压。磷酸二氢钠制备焦磷酸二氢二钠实际为脱水的聚合反应：

$$2NaH_2PO_4 = Na_2H_2P_2O_7 + H_2O$$

脱水反应是在一定的水蒸气分压下，于 225～250℃下完成的。保持一定的水蒸气分压是为了避免焦磷酸二氢二钠进一步脱水，发生如下反应。

$$nNa_2H_2P_2O_7 = 2(NaPO_3)_n + nH_2O$$

焦磷酸二氢二钠和无水焦磷酸钠可以在同一套装置上生产，主要设备与生产无水焦磷酸钠的主要设备相同。

2.3.4　焦磷酸一氢三钠

1. 生产原理

$$Na_2H_2P_2O_7 + NaOH = Na_3HP_2O_7 + H_2O$$

焦磷酸一氢三钠有无水物和一水合物两种，一般使用无水焦磷酸一氢三钠。

2. 制备技术

（1）高温结晶法

李敬民[17]公开了一种焦磷酸一氢三钠的制备方法，以焦磷酸二氢二钠和氢氧化钠为原料进行中和反应制得焦磷酸一氢三钠，将原料焦磷酸二氢二钠溶解于 45～50℃水中，然后向其中加入 45%氢氧化钠溶液制得中和液，焦磷酸二氢二钠和氢氧化钠的摩尔比为 1:1，中和液中固液质量比为 3:7，将中和液维持在 85～90℃下高温结晶，离心后过滤，使用圆盘式干燥机干燥滤饼，得焦磷酸一氢三钠一水合物晶体，然后加热至280℃下脱去结晶水即得焦磷酸一氢三钠成品。高温结晶法制焦磷酸一氢三钠的工艺流程示意图如图 2-18 所示。

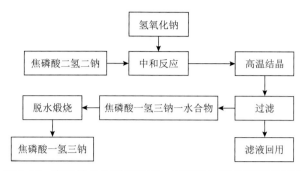

图2-18　高温结晶法制焦磷酸一氢三钠的工艺流程示意图

（2）中和法

李国璋等[18]公开了一种焦磷酸一氢三钠的生产方法，将含有焦磷酸根的化合物与碱或酸在 60～110℃下反应，反应得到溶液成为母液，母液经冷却结晶、离心分离、干燥得到无水或一水合焦磷酸一氢三钠。

本工艺的反应原理如下。

1）原料为焦磷酸二氢二钠与氢氧化钠：

$$Na_2H_2P_2O_7+NaOH\!=\!=\!=\!Na_3HP_2O_7+H_2O$$

2）原料为焦磷酸二氢二钠与碳酸钠：

$$2Na_2H_2P_2O_7+Na_2CO_3\!=\!=\!=\!2Na_3HP_2O_7+H_2O+CO_2\uparrow$$

3）原料为焦磷酸与氢氧化钠：

$$H_4P_2O_7+3NaOH\!=\!=\!=\!Na_3HP_2O_7+3H_2O$$

4）原料为焦磷酸与碳酸钠：

$$2H_4P_2O_7+3Na_2CO_3\!=\!=\!=\!2Na_3HP_2O_7+3H_2O+3CO_2\uparrow$$

5）原料为焦磷酸钠与磷酸：

$$2H_3PO_4+3Na_4P_2O_7\!=\!=\!=\!4Na_3HP_2O_7+H_2O$$

6）原料为焦磷酸二氢二钠与焦磷酸钠：

$$Na_2H_2P_2O_7+Na_4P_2O_7\!=\!=\!=\!2Na_3HP_2O_7$$

中和法制焦磷酸一氢三钠的工艺流程示意图如图 2-19 所示。

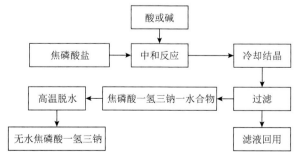

图2-19　中和法制焦磷酸一氢三钠的工艺流程示意图

2.3.5 焦磷酸三氢钠

目前，工业化生产焦磷酸三氢钠[19]的技术在国内仍处于研究阶段，未见企业销售该产品的报道。

方法 1：饱和 $Na_4P_2O_7$ 溶液在 313K 时与乙酸反应生成大粒的焦磷酸二氢二钠晶体。

$$Na_4P_2O_7+2CH_3COOH=\!=\!=\!=Na_2H_2P_2O_7+2CH_3COONa$$

$Na_2H_2P_2O_7$ 与 $H_4P_2O_7$ 反应，得到焦磷酸三氢钠：

$$Na_2H_2P_2O_7+H_4P_2O_7=\!=\!=\!=2NaH_3P_2O_7$$

单独分离出这个化合物是困难的，因为它极易溶解于水，并且还因为无论是水或甲醇都可以使它又变成二钠盐。

方法 2：BK 吉乌里尼有限公司提出以下生产方法。在 300℃ 以上通过熔化 Na/P 摩尔比为 1∶2 的磷酸钠盐混合物得到酸式聚磷酸盐玻璃$[Na_xH_y(PO_3)]$，并以此为原料，再通过一个纯粹的热处理过程，水解转化成 $NaH_3P_2O_7$。具体是将该酸式聚磷酸盐玻璃在一定温度和一定水蒸气分压下进行热处理。热处理在 110~180℃ 下进行（最佳温度范围是 110~130℃），细小粉末状原料上的水蒸气分压为 30~100mbar（最佳范围为 35~50mbar，1mbar=100Pa）。反应持续到反应产物中主要成分为 $NaH_3P_2O_7$，同时还含有少于 20%（最佳为少于 10%）的聚磷酸盐和过分水解生成的单磷酸盐。依据不同的反应温度，需要的反应时间为 5~100h。

在溶剂如二甘醇二甲醚或二噁烷中进行热处理，处理温度为 50~150℃（其中最佳温度范围为 90~120℃），反应时间为 0.5~10h，可以获得高的转化率。

BK 吉乌里尼有限公司选用贺利氏（Heraeus）公司生产的一种实验室干燥炉作为试验设备。将磨成细粉的酸式聚磷酸盐样品放置在干燥炉中，在常压、110℃ 以及约 4.5kPa 水蒸气分压下采用不同时间进行热处理。水蒸气分压由放置在干燥炉中很潮湿的硅胶（用量相当于酸式聚磷酸盐的 10 倍）提供。为使物料均匀反应，将酸式聚磷酸盐粉末喷涂到带筛网的陶瓷盘上。酸式聚磷酸盐从气相中吸收 H_2O，颗粒表面"潮解"，粉末团聚。样品冷却后，团块会变硬，但可以被较为容易地重新碾碎而变成粉末。

方法 3：焦磷酸钠溶液用硫酸处理后，即有硫酸钠结晶析出；其母液若予以蒸发则有小针形结晶的焦磷酸三氢钠形成。

$$2Na_4P_2O_7+3H_2SO_4=\!=\!=\!=2NaH_3P_2O_7+3Na_2SO_4$$

2.3.6 钠系焦磷酸盐的用途

在焦磷酸盐中，焦磷酸钠盐的用途最广、用量最大，在食品、牙膏、造纸、纺织、电镀、建材、洗涤、石油化工、钻井、饲料中都有应用。

1. 焦磷酸钠的用途

焦磷酸钠具有较强的 pH 缓冲性，对金属离子有一定的螯合作用。无水焦磷酸钠主要用作软水剂、印染漂白助剂、羊毛脱脂剂、锅炉除垢剂、金属离子螯合剂、分散剂、印染和草制品精漂时的助剂、合成洗涤剂的添加剂、油井泥浆的调节剂、生产丙烯腈-丁二烯-苯乙烯（ABS）树脂的助剂、电镀液中铜的络合剂。无水焦磷酸钠在食品工业中主要用作水分保持剂、稳定剂。十水合焦磷酸钠主要用作牙膏稳定剂。

2. 焦磷酸二氢二钠的用途

（1）食品行业

焦磷酸二氢二钠在食品行业中用于乳制食品、肉制食品、烘焙食品、面制食品、各式饮料、糖果、调味食品等。其用作快速发酵剂、水分保持剂、品质改良剂，用于面包、饼干等焙烤食品及肉类、水产等；用作发酵粉，用于烘烤食品，控制发酵速度，提高生产强度；用于方便面，缩小成品复水时间，使其不黏不烂；用作品质改良剂，具有提高食品的络合金属离子浓度、pH、增加离子强度等的作用，由此改善食品的结着力和持水性。在肉制品加工过程中，添加焦磷酸二氢二钠可以改变肉的 pH；螯合肉中的金属离子；增加肉的离子强度，焦磷酸二氢二钠在提高肌肉蛋白保水性及凝胶强度方面也有应用。

（2）医药制造

焦磷酸二氢二钠可用于保健食品、基料、填充剂、生物药品、医药原料等。

（3）工业产品

焦磷酸二氢二钠可用于石油业、制造业、农业产品、科技研发、蓄电池、精密铸件等。

（4）其他行业

焦磷酸二氢二钠可代替甘油作烟丝的加香、防冻保湿剂。

（5）日化用品

焦磷酸二氢二钠可用于洗面奶、美容霜、化妆水、洗发水、牙膏、沐浴露、面膜等。

（6）饲料兽药

焦磷酸二氢二钠可用于宠物罐头、动物饲料、营养饲料、转基因饲料、水产饲料、维生素饲料、兽药产品等。

3. 焦磷酸一氢三钠的用途

焦磷酸一氢三钠是一种水分保持剂，为国家卫生健康委员会审核批准的五种食品添加剂新品种中的一种。焦磷酸一氢三钠是介于焦磷酸钠和焦磷酸二氢二钠之间的一种磷酸盐，pH 为 7.0 ± 0.5，溶解性好，与焦磷酸钠复配使用或单独使用都可以避免食品加工中焦磷酸钠的不足。此外，焦磷酸一氢三钠还可以作为宠物食品的增味剂、诱食剂，在国外有着广泛的用途。

4. 焦磷酸三氢钠的用途

焦磷酸三氢钠在食品、纺织和造纸工业上作为酸化剂使用。当 pH 大约为 2 时，焦磷酸三氢钠能够同时接收和释放质子，使其有可能作为缓冲剂使用。焦磷酸三氢钠用于制备其他磷酸盐的产品,用于稳定乳液和悬浮液的介质,用于聚合反应和水合反应的催化剂,用于半导体腐蚀剂,用于制备耐火材料、防焰材料和压电晶体。

2.4 三聚磷酸钠

三聚磷酸钠(STPP)是众多三聚磷酸盐中最具有代表性而且最为重要的一种,俗称五钠,工业级三聚磷酸钠可用作合成洗涤剂的主要助剂、工业水软化剂、制革预鞣剂等,食品级三聚磷酸钠可以作为食品添加剂用于食品加工。

2.4.1 理化性质

三聚磷酸钠的分子式为 $Na_5P_3O_{10}$,属于线型聚磷酸盐。三聚磷酸钠的阴离子为 $P_3O_{10}^{5-}$,其可以看作由三个 PO_4 四面体缩合而成:

$$NaO-\overset{\overset{O}{\|}}{\underset{\underset{ONa}{}}{P}}-OH+HO-\overset{\overset{O}{\|}}{\underset{\underset{ONa}{}}{P}}-OH+NaO-\overset{\overset{O}{\|}}{\underset{\underset{ONa}{}}{P}}-OH \xrightarrow{\triangle} NaO-\overset{\overset{O}{\|}}{\underset{\underset{ONa}{}}{P}}-O-\overset{\overset{O}{\|}}{\underset{\underset{ONa}{}}{P}}-O-\overset{\overset{O}{\|}}{\underset{\underset{ONa}{}}{P}}-ONa+2H_2O$$

P—O—P 键角与 O—P—O 键角接近相同,如图 2-20 所示。

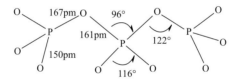

图 2-20 三聚磷酸钠 P—O—P 键角图

三聚磷酸钠有无水物和六水合物两种,其中无水物又有两种不同的构型:STPP-Ⅰ(高温型)和 STPP-Ⅱ(低温型)。三聚磷酸钠两种构型之间的转化关系如图 2-21 所示。

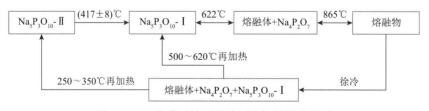

图 2-21 三聚磷酸钠两种构型之间的转化关系

当温度加热到 417℃以上时,STPP-Ⅱ型很容易转变为 STPP-Ⅰ型,然而将 STPP-Ⅰ型转化为 STPP-Ⅱ型是困难的和极其缓慢的。因此,在室温时三聚磷酸钠的两种无水物形式可以认为是稳定的和共存的。工业级三聚磷酸钠产品往往是 STPP-Ⅰ型和 STPP-Ⅱ型的混合物,两者的比例取决于生产过程的工艺条件,两者的稳定条件见表 2-16。

表 2-16　STPP-Ⅰ型和 STPP-Ⅱ型的稳定条件

温度/℃	Ⅰ型	Ⅱ型	温度/℃	Ⅰ型	Ⅱ型
<250	介稳定	稳定	450~625	稳定	不稳定
300~400	不稳定	稳定	>625	不稳定	不稳定

三聚磷酸钠为白色粉末，表观密度（又称堆积密度）为 0.30~1.10g/cm^3。由于三聚磷酸钠无水物的两种构型不同，它们的某些物理性质不同，但是化学性质相同。

（1）溶解性

在常温时，三聚磷酸钠六水合物的溶解度为 13g Na$_5$P$_3$O$_{10}$/100g 溶液。STPP-Ⅰ 和 STPP-Ⅱ 比六水合物更易溶于水，在 0~100℃饱和结晶相均是六水合物，而且 STPP-Ⅰ 比 STPP-Ⅱ 具有更快的水合作用，这是由于在 STPP-Ⅰ 的构型中四络合钠离子的存在，表现出对水更强的亲和性，因此三聚磷酸钠的溶解度有其特殊性。

影响无水三聚磷酸钠溶解度的因素是多方面的，1% 三聚磷酸钠溶液 pH=9.7，由于制备诸方面，通常工业级三聚磷酸钠的 pH 为 9.5~10.1。无水三聚磷酸钠具有吸湿性，容易吸收水汽形成六水合物。三聚磷酸钠的吸湿性实质是其在湿空气中的水合作用。空气中的相对湿度对三聚磷酸钠的水合作用有较大的影响，相对湿度高，水合速率快；反之，水合速率慢。在一定温度下，如果相对湿度低于某一临界相对湿度，水合作用不能发生。对于每种构型的三聚磷酸钠，都有各自的临界相对湿度，STPP-Ⅰ 比 STPP-Ⅱ 具有更低的临界相对湿度，因而具有更高的水合速率。STPP-Ⅰ 和 STPP-Ⅱ 吸湿水合作用所放出的热量分别为 343kJ/mol 和 334kJ/mol[20]。

（2）水解稳定性

三聚磷酸钠在水中或湿空气中，都会发生水合作用生成六水合物，而六水合物处于亚稳态，会进一步发生水解形成焦磷酸盐和正磷酸盐。

$$Na_5P_3O_{10}+H_2O=Na_4P_2O_7+NaH_2PO_4$$

$$Na_5P_3O_{10}\cdot6H_2O=Na_3HP_2O_7+Na_2HPO_4+5H_2O$$

应该着重指出，在室温下三聚磷酸钠具有较高的水解稳定性。例如，三聚磷酸钠在 pH=9~10、浓度为 0.1~10g/100mL 时，每日水解度仅为 0.01%~0.02%。

（3）络合性

三聚磷酸钠属水溶性好的线型聚磷酸盐，P$_3$O$_{10}^{5-}$ 是一种很好的络合剂，能与钙、镁、铁等金属离子形成可溶解性络合物。

2.4.2　生产原理

三聚磷酸钠是由热法磷酸或湿法磷酸与碱（无水碳酸钠、氢氧化钠）中和并脱水干燥、缩聚制得的。其制备主要是中和、干燥及缩聚，为此重点讨论缩聚反应原理及其有关问题。

1. 催化剂[21]

（1）催化剂的作用

1）加快三聚磷酸钠的生成速度。在中和液中添加 0.5%～1%的硝酸铵（NH_4NO_3）作催化剂，可以使缩聚反应在较低温度下进行，加快三聚磷酸钠的生成（表 2-17），同时有利于 STPP-Ⅱ 的生成，降低 STPP-Ⅰ 的含量。

表 2-17　不加、添加 0.5% 硝酸铵对三聚磷酸钠含量的影响　　　（单位：%）

温度	三聚磷酸钠含量	
	不加硝酸铵	加 0.5%硝酸铵
（320±10）℃	92.9	95.0
（360±10）℃	95.1	96.1

将焦磷酸钠和三偏磷酸钠按 Na_2O/P_2O_5=5/3（摩尔比）混合加热到 620℃都不发生反应。当加入 0.5%硝酸铵后，加热温度为 325～500℃，只需 5min，就完成了向三聚磷酸钠的转化。

2）使 STPP-Ⅰ 转化为 STPP-Ⅱ。使用催化剂可使 STPP-Ⅰ 转化为 STPP-Ⅱ，降低成品三聚磷酸钠中的 STPP-Ⅰ 含量。

（2）催化剂的种类

在正磷酸钠（$5Na_2O·3P_2O_5$）转化为三聚磷酸钠的反应中可用作催化剂的化合物很多，如水、硝酸、硝酸盐、尿素、胍、氨基脲、磷酸铵、氨和氨的无机盐以及氨的有机酸盐（草酸盐、乙酸盐、甲酸盐等）。上述催化剂都能加快生成三聚磷酸钠的反应速率，提高产品中的三聚磷酸钠的得率。水、硝酸和硝酸盐除上述作用外还可促进 STPP-Ⅰ 向 STPP-Ⅱ 的转化。

2. 磷酸中和

磷酸与碳酸钠中和反应制取磷酸钠盐混合溶液，其反应式为

$$6H_3PO_4+5Na_2CO_3 = 4Na_2HPO_4+ 2NaH_2PO_4+5CO_2\uparrow+ 5H_2O$$

若用热法磷酸，由于其纯度和浓度都比较高，不需要净化，其中和液可直接进行聚合。

若用湿法磷酸，由于其中含有 SO_2、H_2SiF_6、$Fe_2O_3·4H_3PO_4$、$Al_2O_3·4H_3PO_4$、$CaH_4(PO_4)_2$ 等，在中和时会发生如下反应：

$$H_2SO_4 + Na_2CO_3 = Na_2SO_4+ H_2O+ CO_2\uparrow$$

$$H_2SiF_6+ Na_2CO_3 = Na_2SiF_6\downarrow+ H_2O+ CO_2\uparrow$$

$$Fe_2O_3·4H_3PO_4+ Na_2CO_3 = 2FePO_4\downarrow+ 2NaH_2PO_4+ CO_2\uparrow+ 4H_2O$$

$$Al_2O_3·4H_3PO_4+ Na_2CO_3 = 2AlPO_4\downarrow+2NaH_2PO_4+ CO_2\uparrow+ 4H_2O$$

$$CaH_4(PO_4)_2+ Na_2CO_3 = CaHPO_4\downarrow+Na_2HPO_4+ CO_2\uparrow+ H_2O$$

湿法磷酸的中和，若用碳酸钠中和萃取磷酸至 pH=4.2～5.0，此时氟硅酸钠沉淀最

完全，从而磷酸中的大部分氟以氟硅酸钠沉淀的形式析出。回收氟硅酸钠用于生产各种氟化合物。先分离再中和，有利于溶液中氟含量的降低和制备高质量的三聚磷酸钠。

在中和过程中，金属倍半氧化物以磷酸盐沉淀的形式析出，成为"碱渣"除去。对于 SO_4^{2-}，可加入 $BaCO_3$ 脱除：

$$H_2SO_4 + BaCO_3 \xrightarrow{\quad} BaSO_4\downarrow + CO_2\uparrow + H_2O$$

$$MgSO_4 + H_3PO_4 + BaCO_3 \xrightarrow{\quad} BaSO_4\downarrow + MgHPO_4\downarrow + CO_2\uparrow + H_2O$$

$$Na_2SO_4 + H_3PO_4 + BaCO_3 \xrightarrow{\quad} BaSO_4\downarrow + Na_2HPO_4 + CO_2\uparrow + H_2O$$

若采用溶剂（正丁醇等）萃取与中和的方法，可以较好地脱除湿法磷酸中的钙、镁、铝和氟化物。

在磷酸中和过程中，控制中和度是三聚磷酸钠质量达标的必要条件。所谓中和度就是磷酸被中和的程度。对于生产三聚磷酸钠来说，就是用碳酸钠中和磷酸以制取符合三聚磷酸钠组成所需要的磷酸钠盐混合溶液，即 $n(Na_2HPO_4) : n(NaH_2PO_4) = 2 : 1$。因此，中和度可以表示为

$$中和度 = \frac{磷酸氢二钠的物质的量}{磷酸氢二钠的物质的量 + 磷酸二氢钠的物质的量} \times 100\% \approx 66.67\%$$

在磷酸盐中，常用 Na_2O/P_2O_5（摩尔比）来表示磷酸盐的组成，亦即表示了相应的中和度。对于三聚磷酸钠，$Na_2O/P_2O_5 = 5/3 \approx 1.67$。这两种表示方法的意义是相同的，在工厂生产实际中都有应用。当中和度控制在 66.67%（或 $Na_2O/P_2O_5 = 1.67$）时，聚合反应的产物为 $Na_5P_3O_{10}$ 和 H_2O，这时 $Na_5P_3O_{10}$ 和 P_2O_5 含量的理论值分别应为 100% 和 57.88%。中和度大于 66.67%（或 $Na_2O/P_2O_5 > 1.67$）时，过量的 Na_2HPO_4 会缩合为焦磷酸钠：

$$2Na_2HPO_4 \xrightarrow{\triangle} Na_4P_2O_7 + H_2O$$

使最终产品三聚磷酸钠中焦磷酸钠含量增加，导致产品中 P_2O_5 含量下降，小于 57.88%。中和度小于 66.67%（或 $Na_2O/P_2O_5 < 1.67$），过量的 NaH_2PO_4 会发生脱水缩合生成偏磷酸钠盐：

$$nNaH_2PO_4 \xrightarrow{\triangle} (NaPO_3)_n + nH_2O \ (n \geqslant 3)$$

从而导致产品中 P_2O_5 含量提高，大于 57.88%。特别是不溶性偏磷酸盐，将使产品的水不溶物含量增加。因此，我们可以明确看出控制中和度的重要性和意义。为了稳定并提升三聚磷酸钠的质量，必须严格并精确地控制中和度。

3. 正磷酸钠盐脱水缩聚成三聚磷酸钠

（1）缩聚反应机理

将合格的正磷酸钠盐混合溶液在 350～402℃ 下脱水缩聚，便可制得三聚磷酸钠。

$$NaH_2PO_4 + 2Na_2HPO_4 \xrightarrow{\triangle} Na_5P_3O_{10} + 2H_2O$$

关于缩聚反应的历程，通常认为在温度为 180～290℃ 时正磷酸盐先缩聚成焦磷酸盐：

$$4Na_2HPO_4 + 2NaH_2PO_4 \xrightarrow{\quad} 2Na_4P_2O_7 + Na_2H_2P_2O_7 + 3H_2O$$

当温度升到 290～310℃ 时焦磷酸盐再缩聚成三聚磷酸钠，为使缩聚反应进行得更

快、更完全，反应温度宜控制在 350～400℃。

$$2Na_4P_2O_7 + Na_2H_2P_2O_7 \rightleftharpoons 2Na_5P_3O_{10} + H_2O$$

也有人认为煅烧正磷酸盐，Na_2HPO_4 和 NaH_2PO_4 首先变成焦磷酸盐和偏磷酸盐：

$$2Na_2HPO_4 + NaH_2PO_4 \rightleftharpoons Na_4P_2O_7 + NaPO_3 + 2H_2O$$

在 185～220℃以最大速度生成中间化合物，然后焦磷酸盐和偏磷酸盐相互反应生成三聚磷酸钠，并且在 290～310℃时反应速度最快。

$$Na_4P_2O_7 + NaPO_3 \rightleftharpoons Na_5P_3O_{10}$$

（2）影响缩聚反应的主要因素

1）钠磷比。如上所述，精确控制中和度，使 Na_2O/P_2O_5（摩尔比）=1.67，是制取合格的三聚磷酸钠的必要条件，也是影响缩聚反应的重要因素。

2）温度。实验表明，温度越高，完成缩聚反应所需的时间越短。例如，225℃时需要 2h，250℃时需要 50min，300℃时需要 20min；而且温度越高，产物中三聚磷酸钠含量越高，225℃时三聚磷酸钠含量为 36%，250℃时三聚磷酸钠含量为 48%，300℃时三聚磷酸钠含量为 84.5%。根据缩聚反应机理，当温度升到 290～310℃时，焦磷酸盐就迅速缩聚成三聚磷酸钠，在实际生产中，为使 Na_2HPO_4 和 NaH_2PO_4 快速而完全地转化为三聚磷酸钠，反应温度通常控制在（400±20）℃。

3）催化剂。在正磷酸钠盐聚合成三聚磷酸钠的反应中能用作催化剂的化合物主要有水、硝酸盐、尿素以及氨的无机盐和有机酸盐，通常采用 NH_4NO_3。据有关文献[22]报道，添加适量的可溶性钾盐（如 KNO_3），可提高产品中三聚磷酸钠的含量，减少难溶性偏磷酸盐的生成，满足洗涤剂生产的需要。

（3）STPP-Ⅰ和 STPP-Ⅱ型含量的控制

由于 STPP-Ⅰ水合吸湿快，易结块，从实际应用看，STPP-Ⅱ在合成洗涤剂生产中更具有价值，因此产品中 STPP-Ⅰ含量不宜过高。我国三聚磷酸钠内控指标 STPP-Ⅰ含量为 5%～20%，为了制得高 STPP-Ⅱ含量的三聚磷酸钠，在工业生产中可采取下列措施。

1）加入适量的硝酸盐作为催化剂，降低缩聚反应的温度，稳定 STPP-Ⅱ，使产品白度增加。

2）在正磷酸钠盐无水物缩聚时保持适量水蒸气分压，有利于 STPP-Ⅰ向 STPP-Ⅱ的转化。美国孟山都化学工业公司就是维持一定量水蒸气分压以生产高 STPP-Ⅱ含量的三聚磷酸钠，将其提供给 P&G 公司。

3）在正磷酸钠盐[$n(Na_2O):n(P_2O_5) = 5:3$]中，加入少量三聚磷酸钠晶体，可以提高 STPP-Ⅱ的得率，而且 STPP-Ⅰ和六水合物晶体比 STPP-Ⅱ更有效，其用量约为 2%。

4）控制缩聚反应温度在（400±20）℃。因为 STPP-Ⅰ属高温型，在 450～622℃稳定，温度越高，越有利于 STPP-Ⅰ生成。

2.4.3 生产方法及工艺过程

目前世界各国基本上采用两种工艺路线生产三聚磷酸钠，即用热法磷酸与碳酸钠中和，称为热法磷酸工艺；湿法磷酸与碳酸钠中和，称为湿法磷酸工艺。由于热法磷酸能耗比较高，加之湿法磷酸净化技术日益完善，因此湿法磷酸生产三聚磷酸钠近 10 年来发展很快。

在三聚磷酸钠生产中，如果由正磷酸钠盐先制得无水磷酸钠盐，再缩聚成三聚磷酸钠，称为两步法；如果直接从正磷酸钠盐溶液制得成品三聚磷酸钠，则称为一步法。因此，三聚磷酸钠生产流程有热法磷酸一步法和两步法、湿法磷酸一步法和两步法，以及混酸一步法和两步法。两步法主要是在喷雾塔内干燥和回转炉内缩聚。一步法又分为：在回转炉内喷雾干燥、缩聚一步法；返料一步法；在沸腾床内干燥、脱水缩聚的沸腾床一步法；空塔一步法等。这些方法在国外均已被采用。国内有喷雾干燥回转炉缩聚的两步法、回转炉一步法、空塔一步法[23]。

1. 热法磷酸生产三聚磷酸钠

用热法磷酸生产三聚磷酸钠，主要生产过程包括磷酸的制备、磷酸的中和、磷酸钠盐的干燥缩聚以及尾气的回收和排放等。

热法磷酸由黄磷氧化水合反应制得。对于磷酸中和，目前国内外大多采用间歇法，即粗中和与调整（精调）间歇进行。中和时应注意如下几点。

1）中和操作：可以先酸后碱，或先碱后酸。但不管采用哪种方式，投料速度要均匀、适当，因为中和反应会产生大量的 CO_2 气体和水蒸气，应防止溢料泛浆，并注意安全。

2）加碱方式：一是加入预先配制好的碱液。一般是在溶碱槽中加水，升温至 40～50℃，搅拌，投入一定量的碳酸钠，制得含碱量 50%的碳酸钠溶液供中和用。二是固体碳酸钠中和。磷酸从高位槽计量后放入不锈钢中和槽中，开动搅拌机，将固体碳酸钠、磷酸加入中和槽内中和。国产碳酸钠属轻质碱，相对密度为 0.56～0.74，因此投料一定要均匀，避免局部发生过碱现象，析出 Na_2HPO_4 固体包裹碳酸钠，阻碍其进一步反应。

3）控制好中和度：投料停止后，煮沸 30min，以使中和反应完全，控制反应终点pH 为 6.6～6.9。中和液料浆相对密度为 1.50～1.60，加入适量（0.5%～1%）NH_4NO_3，制得合格的正磷酸钠盐中和液以备聚合用。

正磷酸钠盐干燥脱水缩聚是生产三聚磷酸钠的重要工序，其生产过程可以分为两步法和一步法。

喷雾干燥回转炉缩聚两步法的工艺流程示意图见图 2-22。来自中和工段的中和液经储罐由高压泵送至喷雾塔顶部的喷嘴，向下呈雾状喷出。煤气燃烧炉供应的热风也从塔顶进入塔内作为干燥介质，蒸发出的水分随出塔尾气排出，尾气排出温度在 150℃ 左右。喷雾干燥的粉状磷酸钠盐落在塔底部由螺运机送至聚合炉。聚合炉为卧式回转炉，转速为 4～7r/min，物料在聚合炉内停留 20～30min。加热用热风由煤气燃烧炉供给，热风温度约为 700℃，粉状正磷酸钠盐迅速脱水缩聚成三聚磷酸钠，经冷却、粉碎筛分、包装得成品。干燥尾气和聚合尾气通过旋风分离器和布袋除尘器进行回收利用。

回转炉一步法的工艺流程示意图见图 2-23。磷酸钠中和液料浆由高压泵送至回转聚合炉中心的喷嘴，喷嘴水平安装，料浆雾化后向前喷出，与进入回转聚合炉的高温热风迅速进行热交换，脱水缩聚成三聚磷酸钠。由于喷雾干燥和聚合时间极短，回转聚合炉内壁上基本上没有结料。

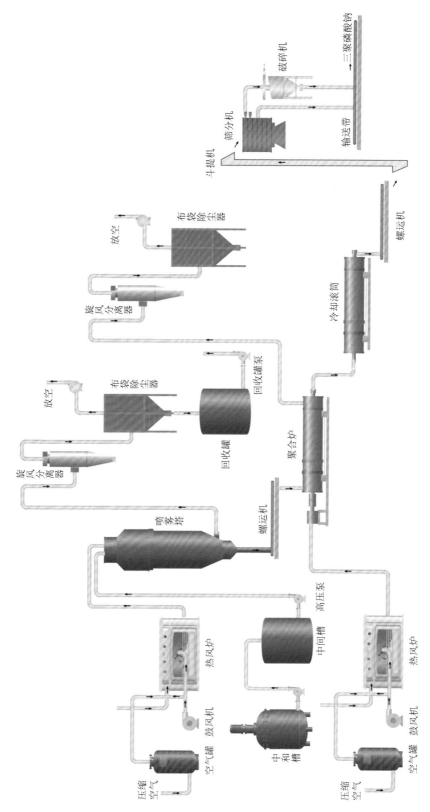

图2-22　喷雾干燥回转炉缩聚两步法的工艺流程示意图

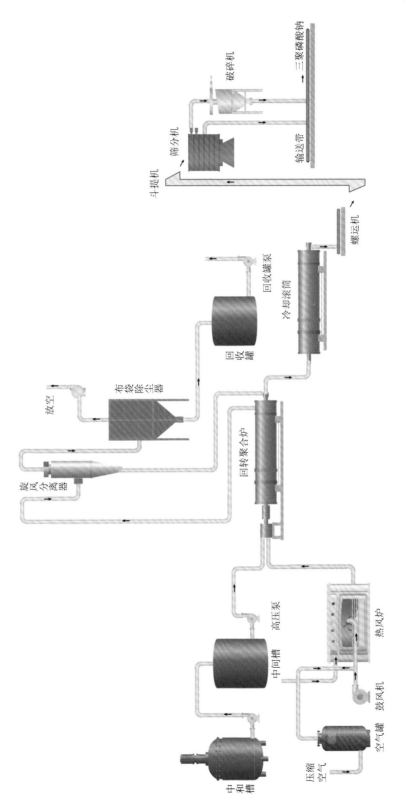

图2-23　回转炉一步法的工艺流程示意图

空塔一步法主要设备为喷雾塔,见图 2-24。中和液料浆和磷酸钠盐料浆由高压泵送至塔顶的燃烧器中,燃烧嘴围绕雾化器呈圆周均匀分布,从燃烧嘴出来的火焰形成一个倒置的锥体。物料从火网中通过,迅速干燥脱水缩聚成三聚磷酸钠。塔底有料位控制器,控制物料在塔内的停留时间一般为 20~30min,以使缩聚反应完全,并有利于 STPP-Ⅰ 向 STPP-Ⅱ 的转化。在空塔一步法中,由于燃烧气体直接与雾化的中和液料浆接触,传热效率高,成品质量好,设备简单。但是喷雾塔材质要求高,需用不锈钢塔体材料,以减少高温的氧化腐蚀。

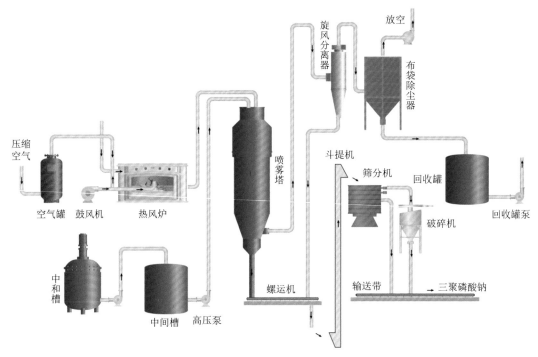

图 2-24 空塔一步法的工艺流程示意图

2. 湿法磷酸生产三聚磷酸钠

用湿法磷酸生产三聚磷酸钠,其工艺过程主要有湿法磷酸的制备及其净化、中和、浓缩、聚合,以及尾气的回收和排放等。湿法磷酸工艺中的聚合以及尾气的回收和排放等工序与热法磷酸工艺相同。也有将湿法磷酸净化后直接进行浓缩,然后再进行中和、聚合等工序,此种工艺中中和及后续工序与热法磷酸工艺基本相同。

对于湿法磷酸的制备有各种工艺流程:二水法、半水法、无水法、半水-二水法、二水-半水法等。国内湿法磷酸基本上均采用成熟的二水法工艺流程。对于二水法,P_2O_5 的回收率约为 95%,磷酸含量为 28%~32% P_2O_5,副产磷石膏的游离 P_2O_5 含量约为 1%,这三项指标是湿法磷酸生产操作的重要依据。

湿法磷酸必须经过脱氟、脱硫等净化处理。因为磷酸中所含的杂质不仅使成品中三聚磷酸钠含量下降,而且对脱水缩聚过程起着反催化作用。在化学净化湿法磷酸时,先用碳酸钠脱除磷酸中的氟,控制溶液 pH 为 4.0,使其以 Na_2SiF_6 沉淀的形式析出。脱氟分离（或未分离）的湿法磷酸用 $BaCO_3$ 脱硫，根据磷酸中 SO_2 的含量确定 $BaCO_3$ 的投入量，保持脱硫温度为 $60\sim80℃$，维持反应时间 15min，使 SO_4^{2-} 含量小于 0.15%。必要时用 Na_2S（或 P_2S_5）进行脱砷和去除重金属离子。

湿法磷酸的中和操作可以先酸后碱，或先碱后酸，也可以酸碱同时投加。用预先制备的碳酸钠溶液（浓度为 35%）在加热搅拌条件下进行中和，pH 控制在 6.5，此时磷酸中 Ca^{2+}、Mg^{2+}、Al^{3+}、Fe^{3+} 等形成磷酸盐沉淀析出，成为碱渣，压滤分离。碱渣可以被综合利用，用碱（氢氧化钠）溶法制取 Na_3PO_4，或者添加 NH_4NO_3、钾盐等制成氮磷钾（NPK）复混肥料。对滤液进行调整，使其中和度符合生产要求。湿法磷酸中和工艺流程见图 2-25。将调整压滤后的磷酸钠盐中和液（相对密度约为 1.20）送入单效、双效或三效真空蒸发器进行浓缩，真空度为 $53.3\sim60kPa$，浓缩至料浆相对密度约为 1.50，加入适量的 NH_4NO_3，然后将中和液送至干燥聚合工段。干燥聚合可以采用一步法，也可以采用两步法。

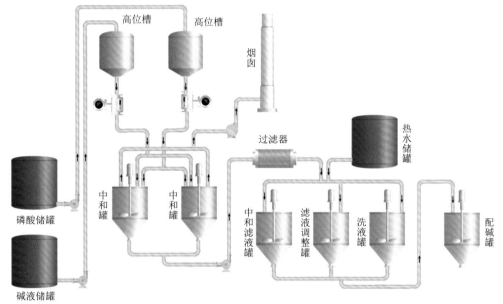

图 2-25 湿法磷酸中和工艺流程

2.4.4 原料消耗定额

在国内三聚磷酸钠生产中使用的热源有黄磷电炉尾气、天然气、重油、重柴油、水煤气和发生炉煤气等[21]。

成品三聚磷酸钠主要原料消耗定额见表 2-18。

表 2-18 成品三聚磷酸钠主要原料消耗定额 　　　　　　（单位：t/t）

原料	原料消耗定额		原料	原料消耗定额	
	热法磷酸工艺	湿法磷酸工艺		热法磷酸工艺	湿法磷酸工艺
H_3PO_4（85%）	0.948	0.909	磷矿（30% P_2O_5）		2.60
Na_2CO_3（99%）	0.735		H_2SO_4（100%）		1.90

应该说明，热法磷酸工艺和湿法磷酸工艺生产的三聚磷酸钠的质量是有区别的。通常地，热法磷酸工艺生产的三聚磷酸钠质量较高，湿法磷酸生产的三聚磷酸钠质量稍差。但是，各生产厂家都在加强企业管理，吸收先进技术，注重产品质量，使湿法磷酸工艺生产的三聚磷酸钠质量不断提高。

2.4.5　三聚磷酸钠的用途

三聚磷酸钠具有螯合、悬浮、分散、胶溶、乳化、pH 缓冲等作用，可用作合成洗涤剂主要助剂、工业水软水剂、制革预鞣剂、染色助剂、有机合成催化剂、医药工业分散剂、食品添加剂、钻井泥浆分散剂、造纸工业用防油污剂，以及油漆、高岭土、氧化镁、碳酸钙等工业配制中的分散剂等。在水处理中，三聚磷酸钠主要用作软水剂，其具有离子交换剂的性能，起到屏蔽钙、镁硬盐的作用，还可用作缓蚀剂。三聚磷酸钠主要用作合成洗涤剂的助剂，用于肥皂增效剂和防止条皂油脂析出和起霜。三聚磷酸钠对润滑油和脂肪有强烈的乳化作用，可用于调节缓冲皂液的 pH。食品级三聚磷酸钠在食品工业中用于罐头、果汁饮料、奶制品、豆乳等的品质改良剂、水分保持剂，主要使火腿罐头嫩化，以及蚕豆罐头中豆皮软化，亦可用作软化剂和增稠剂。

2.5　三偏磷酸钠

有关资料记载表明，三偏磷酸钠制造方法在 1848 年被首次提出，30 年后经分析研究可知其为六元环状结构。三偏磷酸钠目前主要应用于以下工业领域：①鱼畜饲料药剂维生素 C 三聚磷酸酯的制造；②汽胀法洗涤剂的制造；③改性淀粉的制造。以上应用需求都在逐年扩大，同时其各自规格质量需求也不一样。

2.5.1　理化性质

三偏磷酸钠是一种易溶于水并有三种晶型的白色粉末，分子式为 $Na_3P_3O_9$，熔点为 627.6℃，相对密度为 2.476，30℃以上在水中的溶解度大于 30%，35℃以上时变为不稳定的水合物，晶体堆积密度为 1.3～1.52g/cm³，折射率为 1.478。其结构表现为稳定的六元环状结构。这三种晶型都可以在水中生成相同的六水合物 $Na_3P_3O_9 \cdot 6H_2O$、一水合物 $Na_3P_3O_9 \cdot H_2O$ 和无水物 $Na_3P_3O_9$。

2.5.2　制备技术

现在市场提供的是较稳定的 $Na_3P_3O_9$-Ⅰ，也称库诺尔盐（Knorr's salt），$Na_3P_3O_9$-Ⅱ可用以下几种方法生产[24]。

1. 磷酸二氢钠脱水缩合工艺法

用碳酸钠或氢氧化钠中和后制得磷酸二氢钠水溶液，除去杂质后蒸发干燥或结晶为无水磷酸二氢钠, 在微型回转聚合机内磷酸二氢钠加热脱去结构水生成酸式焦磷酸钠, 进一步加热至 $260\sim320℃$ 时, 脱水缩合成 $Na_3P_3O_9$-Ⅱ, 加热至 $520℃$ 时, 生成 $Na_3P_3O_9$-Ⅰ。

$$Na_2CO_3+2H_3PO_4=\!=\!=2NaH_2PO_4+CO_2\uparrow+H_2O$$

$$2NaH_2PO_4=\!=\!=Na_2H_2P_2O_7+H_2O$$

$$3Na_2H_2P_2O_7=\!=\!=2(NaPO_3)_3+3H_2O$$

2. 六偏磷酸钠退火工艺法

通过碳酸钠或氢氧化钠中和制得磷酸二氢钠水溶液, 调整中和度后, 将料浆送入高温炉在 $800\sim1050℃$ 温度下进行熔聚反应, 熔融物骤冷形成玻璃状磷酸盐。将粉末型玻璃体六偏磷酸钠在 $500℃$ 高温炉内进行回火复聚转化为 $Na_3P_3O_9$-Ⅰ。

$$Na_2CO_3+2H_3PO_4=\!=\!=2NaH_2PO_4+CO_2\uparrow+H_2O$$

$$6NaH_2PO_4=\!=\!=(NaPO_3)_6+6H_2O$$

$$(NaPO_3)_6=\!=\!=2(NaPO_3)_3$$

3. 偏磷酸钠聚合法

用碳酸钠与五氧化二磷按一定比例混合, 使 $n(Na_2O)∶n(P_2O_5)$ 为 $1∶1$, 两者反应生成偏磷酸钠。将偏磷酸钠进一步加热至 $500℃$ 时, 缩聚生成 $Na_3P_3O_9$-Ⅰ。

$$Na_2CO_3+P_2O_5=\!=\!=2NaPO_3+CO_2\uparrow$$

$$3NaPO_3=\!=\!=(NaPO_3)_3$$

4. 焦磷酸钠反应法

将食品级焦磷酸钠和氯化铵按照摩尔比配料, 制成水溶液状态后进行反应, 随后进行脱水干燥, 最后在 $420℃$ 高温下进行烘烤反应。将经过烘烤后的生成物再投入水中溶解、浓缩, 分离出含 6 个结晶水的 $Na_3P_3O_9$-Ⅰ ($Na_3P_3O_9·6H_2O$)。

$$3Na_4P_2O_7+6NH_4Cl=\!=\!=2Na_3P_3O_9+6NaCl+6NH_3\uparrow+3H_2O$$

将上述四种工艺方法进行过程比较, 第 3 种方法由于采用五氧化二磷, 难以去除产品在加工过程中产生的杂质, 尤其在精细品种方面, 成品达不到食品级质量要求。第 4 种方法在生成过程中, 工艺过程复杂, 难以彻底清除产品中的氯化钠, 并且成品是水合物。通过比较, 认为磷酸二氢钠脱水缩合工艺法和六偏磷酸钠退火工艺法有批量生产的实际意义, 所以对这两种方法进行介绍。

2.5.3 典型工业化工艺

1. 磷酸二氢钠脱水缩合工艺法

选用设备有中和反应釜、脱水干燥器、回转聚合机、粉碎机及回收装置。工艺过程及操作数据：用碳酸钠或氢氧化钠与磷酸中和取得第一次中和值后，添加催化剂，再调整中和度为终点值。待完全反应的磷酸二氢钠水溶液除去杂质后进入干燥塔脱水为无水磷酸二氢钠。

将无水磷酸二氢钠送入回转聚合机，在料表面辐射温度为 560℃、中心物料反应温度为 420℃时进行 4h 缩合，再将其冷却粉碎为设定成品。经过化验分析和应用检验结果，离子交换柱检验法测定的三偏磷酸钠含量在 75%～80%，水不溶物含量在 11.2%～15%，pH 为 4.8～5.2。所得产品经下游进行应用试验后，发现存在的主要问题是参与物料反应后残留废渣太多，消耗高，下游品质外观不好。

磷酸二氢钠脱水缩合工艺法在缩合反应过程中，要求的温度段非常狭窄，无水磷酸二氢钠送入回转聚合机时，在 200℃左右脱水结团，在 300～340℃时生成 $Na_3P_3O_9$-II，将其完全转化为 $Na_3P_3O_9$-I 必须在 500～520℃下，并且细小物料必须在翻滚状态下。而生产设备虽然可以完全达到良好的翻滚状态，但物流温度达不到有效控制。在国内，有些磷酸盐企业选用其他类似方法进行试产，都因进入批量化生产产品质量达不到设计标准而失败。正是由于残存 $Na_3P_3O_9$-II 含量较多，理化分析中不溶性偏磷酸钠含量高，其有效的 $Na_3P_3O_9$-I 含量相应减少，其他技术质量指标也发生了变化[25]。

2. 六偏磷酸钠退火工艺法[24,26]

选用设备有中和反应釜、聚合炉、回火炉和粉碎机。通过碳酸钠或氢氧化钠与磷酸中和取得中和值后，送入聚合炉脱水熔聚为偏磷酸钠，骤冷后再送入回火炉，在 500～520℃温度状态下进行复聚，冷却粉碎为设定成品。经过化验分析和应用检验结果，离子交换柱检验法测定的三偏磷酸钠含量在 92%～95%，水不溶物含量≤0.2%，pH 为 7.2～8.5。产品广泛应用于饲料药剂的生产，并都获得了满意的效果。经技术总结分析认为，六偏磷酸钠退火工艺法是当前最有效的生产方法。其过程简单、易操作，但质量完全取决于六偏磷酸钠的质量，主要受以下因素影响。

1）六偏磷酸钠中和度对三偏磷酸钠质量的影响。六偏磷酸钠 pH 和含量等指标范围较宽，生产六偏磷酸钠时磷酸与碱中和至 pH=3.6～4.8 均能生产出符合国标的产品，但不是所有合格的六偏磷酸钠都适用于三偏磷酸钠的生产。中和度[$R=n(Na_2O)/n(P_2O_5)$]大于 1 时，pH 高，五氧化二磷含量低，制得的三偏磷酸钠含量低，水不溶物含量也低。R 值小于 1 时，pH 低，五氧化二磷含量高，制得的三偏磷酸钠含量也低，水不溶物含量高，烧制过程中会有熔融现象。R 值接近 1，制得的三偏磷酸钠含量越高，pH 与水不溶物含量越不容易超标。因此生产用于制备三偏磷酸钠的六偏磷酸钠，其 R 值要接近 1，pH 可控制在 4.2～4.4。

2）六偏磷酸钠的颗粒度。六偏磷酸钠有粉末状、细粒状、大颗粒和片状固体。颗粒度也会影响三偏磷酸钠的生产。粉末状的六偏磷酸钠反应时间较短，但易吸潮，熔融温度低，在聚合炉内易发黏结壁，生产难以连续进行，产品 pH 和水不溶物含量高；大颗粒和片状的六偏磷酸钠易聚合不均匀，pH 与水不溶物含量容易超标；细粒状的六偏磷酸钠流动性较好，聚合均匀，较适宜复聚成三偏磷酸钠。实验结果显示，颗粒度 35 目以上小于 5.0%、100 目以下 45%～60% 的六偏磷酸钠作为原料生产的三偏磷酸钠质量最好。

3）六偏磷酸钠平均聚合度。六偏磷酸钠平均聚合度受中和度、聚合温度和时间等因素的影响，一般在十几到三四十范围。随着六偏磷酸钠平均聚合度的增加，三偏磷酸钠含量略有增加，后又有所下降。平均聚合度较低时，三偏磷酸钠含量低，平均聚合度过高、过低都不利于三偏磷酸钠含量的提高，pH 和水不溶物含量也易超标。实验结果表明，较适应三偏磷酸钠生产的六偏磷酸钠平均聚合度为 16～21。

4）退火复聚的温度。退火复聚的温度高，时间相应缩短，三偏磷酸钠 pH 与水不溶物含量增加缓慢；反之复聚温度低，则所需时间长，三偏磷酸钠的 pH 与水不溶物含量容易超标。但温度过高，六偏磷酸钠熔融，黏附在聚合炉内，生产无法进行。生产时要注意聚合炉内炉况，以不出现熔融现象的温度为宜。也可以取聚合炉内的半成品，分析 pH 和水不溶物含量，观察产品外观及溶解现象，根据情况改变温度和聚合炉转速。若出料口物料有玻璃状六偏磷酸钠未反应完全，可以升高温度或延长反应时间；若产品 pH 高或水不溶物含量高，则要降低温度，缩短复聚时间。由于原料的质量差异，退火复聚的温度为 240～400℃，时间为 60min，可制备含量>95%、pH=7～8 的三偏磷酸钠产品。

以上两种工艺生产的三偏磷酸钠质量指标的比较见表 2-19。

表 2-19　两种工艺生产的三偏磷酸钠质量指标的比较

检测项目	质量指标值	
	磷酸二氢钠脱水缩合工艺法	六偏磷酸钠退火工艺法
P_2O_5（≥68%）	平均 68.2%	平均 68.2%
有效 P_2O_5（≥64%）	52.00%	65.2%
1%水溶液 pH（6.5～8.5）	4.85～5.2	7.8～8.2
水不溶物含量（≤0.8%）	12%～15%	0.2%
砷（以 As 计）含量（≤0.0003%）	0.00002%	0.0002%
重金属（以 Pb 计）含量（≤0.001%）	0.001%	0.001%
氟化物（以 F 计）含量（≤0.002%）	0.002%	0.002%
外观为白色粉末	过 60 目	过 80 目

注：检测项目列中括号内为达标范围。

2.5.4　原料消耗定额

六偏磷酸钠退火工艺法制得的成品三偏磷酸钠的主要原料消耗定额见表 2-20。

表 2-20　成品三偏磷酸钠的主要原料消耗定额　　（单位：t/t）

原料	原料消耗定额
$(NaPO_3)_6$（68% P_2O_5）	1.035

2.5.5　三偏磷酸钠的用途

三偏磷酸钠在食品工业中用作淀粉改性剂、果汁饮料防混剂、肉制品保水剂、黏合剂、分散剂、稳定剂，防止食品变色和维生素分解等。

1）三偏磷酸钠可用于维生素 C 磷酸酯的制备，其既具有维生素 C 的功效，又克服了维生素 C 易受光、热和金属离子等作用而氧化的缺点。它作为饲料添加剂在饲料加工和储存过程中，对空气、热、水等均表现出良好的稳定性，与其他的饲料添加剂具有良好的配伍性。

2）三偏磷酸钠可用于交联淀粉的制备，工业上使用三偏磷酸钠作为交联剂制备交联淀粉，三偏磷酸钠的 P—O 键与淀粉的醇羟基在水溶液中进行酯化反应制得交联淀粉。交联淀粉具有与原淀粉相同的颗粒形貌，但是交联键的存在增强了淀粉颗粒之间的结合作用，使淀粉抗老化及冷冻稳定性能提高，从而具有比原淀粉更为优良的性质，并能以更加稳定的状态存在。其工艺具有高效环保、转化率高、成本低的特点，适合不同产品加工需求，产品性能优异。

3）三偏磷酸钠由于其独特的分子结构而成为一种优异的无机表面活性剂。将三偏磷酸钠与诸如十二烷基苯磺酸盐、硫酸醇酯、烷基酚和环氧乙烷等非离子型表面活性剂混合，在极广的 pH 范围内比单独使用这些表面活性剂具有更高的洗涤性能。

4）三偏磷酸钠具有很强的络合能力，它能与溶解在水中的钙、镁、铁等金属阳离子生成可溶性的络合物，保持惰性，使水变成软水，因此可作为水软化剂。三偏磷酸钠还可与蔬菜、果皮中的钙离子螯合，使其皮壳很快软化，以缩短蒸煮时间和增加果胶提取量。溶液中特别是水果、蔬菜罐头中存在铜、铁离子时会促进果蔬维生素 C 的分解和色素的褪色、变色，加入三偏磷酸钠可防止维生素 C 的分解和色素的变色，延长食品储存期限。同时，三偏磷酸钠还能阻止罐头中的漂白剂过氧化氢的分解，从而提高漂白效果。

5）三偏磷酸钠具有很强的胶溶能力，它能胶溶许多难溶化合物悬浮体（包括颜料）；使溶液中污垢呈细微分散状，不沉淀于纺织品纤维上。对于固体微粒，有利于生成乳胶状液、促进微粒分散并保持稳定，与洗涤剂一起使用时可加快颗粒分散速度，增强洗涤效果；用于黏稠液时，则可增加液体流动性。

6）三偏磷酸钠可用作过氧化氢漂白的缓冲剂。其若作为洗涤剂组分，可使洗涤剂溶液的 pH 保持在最适宜的范围内；若用作轻金属的洗涤剂，可防止碱的危害。

7）三偏磷酸钠是生产高级牙膏的原料，其作用相当于磨料。医学研究表明，三偏磷酸钠具有预防和消除龋牙的功能，而且是最有效果的磷酸盐。

2.6 四偏磷酸钠

四偏磷酸钠，分子式为 $Na_4P_4O_{12}$，相对分子质量为 407.85。1903 年 Warschauer 首次通过铜盐和硫化钠反应制得四偏磷酸钠，1937 年 Bonneman 用同样的方法制得四偏磷酸钠，确定了其相对分子质量，并通过 X 射线衍射确定了无水物和四水合物的结构[27]。

2.6.1 理化性质

四偏磷酸钠，白色粉末，pH 为 6.6，易溶于水，不溶于乙醇，加热至 260～280℃分解成长链高相对分子质量的偏磷酸盐。四偏磷酸钠有两种稳定的水合物：四水合物（$Na_4P_4O_{12} \cdot 4H_2O$）和十水合物（$Na_4P_4O_{12} \cdot 10H_2O$），$Na_4P_4O_{12} \cdot 4H_2O$ 在 116℃左右失去结晶水，熔点是 620℃。此外，四偏磷酸钠在碱性溶液中水解，发生破坏，最初转变生成四聚磷酸钠，然后进一步裂解，最后溶液中只剩下正磷酸根离子。四偏磷酸钠有两种晶型，即舟形和椅子形[27]。四偏磷酸钠的结构证明如下：①X 射线衍射研究证明，四偏磷酸根离子为 4 个 PO_4 基共用氧原子的环状结构。②四偏磷酸的滴定曲线及其盐酸溶液的核磁共振谱说明，所有磷原子都处于中间基的位置。③由四偏磷酸及其钠盐的稀溶液的电导度测定表明，其解离成一价阳离子和四价阴离子。④对四偏磷酸钠相对分子质量的测定得到与其理论值相近似的结果。四偏磷酸钠的分子结构见图 2-26。

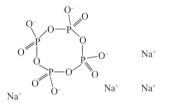

图 2-26　四偏磷酸钠的分子结构图

2.6.2 制备技术

在发现用五氧化二磷水解法生成四偏磷酸钠以前，其他四偏磷酸盐都是用多价金属的酸性正磷酸盐加热脱水制得的。铜、镁、钡、铁、镍、钴、锰、锌、镉、铅、铝等四偏磷酸盐，可用相应的酸性正磷酸盐与少量过剩的磷酸加热脱水制得[27]。

四偏磷酸钠的主要制备方法有以下三种[28]。

1）$Na_4P_4O_{12} \cdot 4H_2O$ 可以由五氧化二磷与冷的氢氧化钠或碳酸氢钠溶液反应制得。五氧化二磷低温加水分解先制得四偏磷酸，其水解反应机理如下：五氧化二磷为六方晶型（H 型），具有 P_4O_{10} 的分子结构。其在水中作用，先反应生成超磷酸，超磷酸经反应再生成四偏磷酸。四偏磷酸与氢氧化钠或碳酸氢钠反应生成四偏磷酸钠。化学反应方程式如下：

$$4NaOH + P_4O_{10} + 2H_2O \Longrightarrow Na_4P_4O_{12} \cdot 4H_2O$$

$$4NaHCO_3 + P_4O_{10} + 2H_2O \Longrightarrow Na_4P_4O_{12} \cdot 4H_2O + 4CO_2\uparrow$$

2）将磷酸氢二钠与磷酸加热至 400℃，然后缓慢冷却至熔化后，制得四偏磷酸钠。

$$2Na_2HPO_4 + 2H_3PO_4 \Longrightarrow Na_4P_4O_{12} + 4H_2O$$

3）将过量的磷酸与氧化铜或者氧化铅加热至 350～400℃，其反应制得四偏磷酸铜或者四偏磷酸铅，然后再与硫化钠溶液反应制得四偏磷酸钠。

$$4H_3PO_4 + 2CuO \Longrightarrow Cu_2P_4O_{12} + 6H_2O$$

$$4H_3PO_4 + 2PbO \Longrightarrow Pb_2P_4O_{12} + 6H_2O$$

$$Cu_2P_4O_{12} + 2Na_2S \Longrightarrow Na_4P_4O_{12} + 2CuS\downarrow$$

$$Pb_2P_4O_{12} + 2Na_2S \Longrightarrow Na_4P_4O_{12} + 2PbS\downarrow$$

2.6.3 四偏磷酸钠的用途

四偏磷酸钠主要用作家用洗涤剂助剂、水处理剂，在肉类、鱼类、家禽、加工乳酪等食品中作为螯合剂、乳化剂等。此外，四偏磷酸钠可用作纺织品加工助剂、金属表面处理剂以及牙膏中的磨料等。

四偏磷酸钠作为食品添加剂在替代乳制品中使用，主要起到以下一种或多种作用：①改变体系缓冲能力；②提高蛋白质对钙离子的稳定性；③提高蛋白质的热稳定性；④尽量减少超高温（UHT）处理的替代乳制品中明胶的老化；⑤作为仿奶酪生产中的乳化盐；⑥改变蛋白质的后续黏结能力，并提高其稳定性。

2.7 六偏磷酸钠

六偏磷酸钠为 Na_2O/P_2O_5 摩尔比接近 1 的玻璃状磷酸盐，也称为"格雷姆"盐。由格雷姆（Graham）于 1832 年将磷酸二氢钠在其熔点（627℃）下加热，并使熔融物迅速冷却而制得。由于其用氨溶液处理时，5/6 的钠离子能被铵根离子置换，因此其被误认为是六元体，一直将其称为六偏磷酸钠，并沿用至今。后来通过超速离心分离法、扩散法等对高分子缩聚磷酸盐的相对分子质量进行了测定，才知这一结论是错误的。六偏磷酸钠为由 PO_4 四面体构成的长链状阴离子盐的混合物，其主链末端有弱酸性 OH 基，通式为 $Na_nH_2P_nO_{3n+1}$，其结构式如图 2-27 所示。

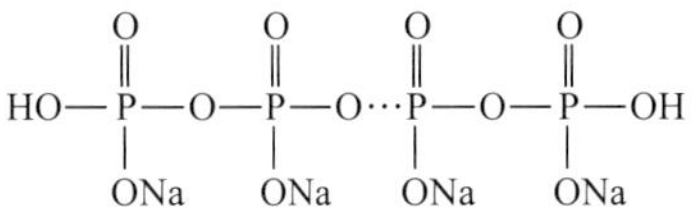

图 2-27 六偏磷酸钠的分子结构式

虽在早期就已经制得六偏磷酸钠，但其真正被广泛应用始于 20 世纪 30 年代，这一转折点在于它被成功地应用于自来水处理领域，特别是用于克服"红水"现象，从而极大地拓宽了其应用场景。目前各国在循环水处理、食品、采矿、钻井、纺织印染等领域大量应用六偏磷酸钠，其需求量逐年上升。

2.7.1 理化性质

1. 六偏磷酸钠的结构

六偏磷酸钠是玻璃状磷酸钠盐系列中的一种，这类玻璃状磷酸盐是由长链状聚磷酸盐组成的，还是以超磷酸盐形式存在的，主要取决于 Na_2O/P_2O_5（摩尔比）的值。因此，玻璃状磷酸钠盐是 R 值在 1.0～1.7 的一系列聚磷酸盐熔融物骤冷所形成的物质。六偏磷酸钠为 R 值约为 1 的缩聚磷酸盐。当金属阳离子的含量相对少时，磷酸盐玻璃多半以完全无规则的三维超磷酸盐形式存在，形成网状结构，金属离子处于空隙中。而聚磷酸盐网状结构易变形，并断裂成长链状，当组成为 $Na_2O \cdot P_2O_5$ 时，这种断裂较完全。

若进一步增加金属氧化物的比例，会引起聚磷酸盐链不断变短，直至平均链长降低，成为低级磷酸盐。

组成为 $Na_2O \cdot P_2O_5$ 的水溶性玻璃体格雷姆盐系，由 90%以上的高分子链状聚磷酸盐及百分之几的环状聚磷酸盐组成。格雷姆盐中通常含 5%～10%的三偏磷酸钠及四偏磷酸钠，只含有少量五偏磷酸钠及六偏磷酸钠，也含有极少量的网状结构磷酸盐。Na_2O/P_2O_5 不同，其玻璃体结构变化如下。

（1）$R>1$

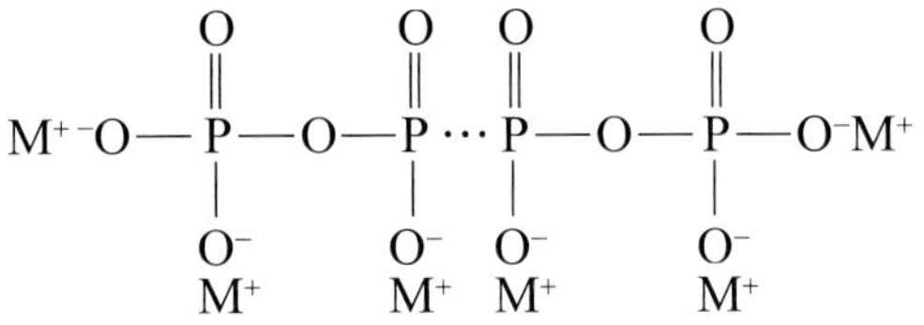

（2）$R=1$

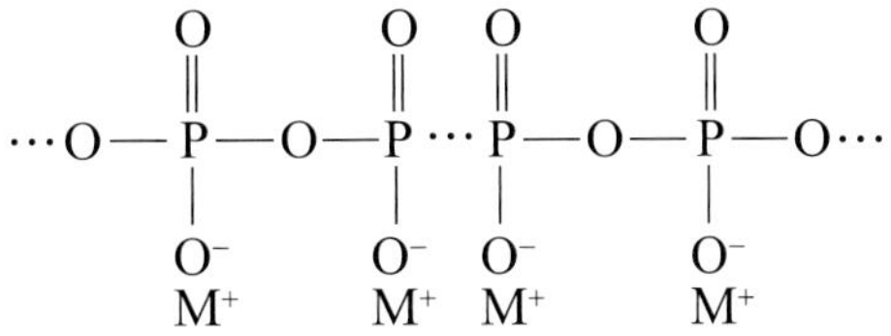

（3）$R<1$

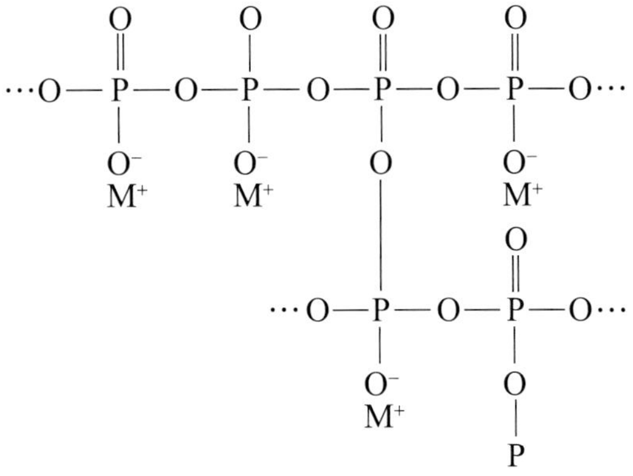

由上可知，磷酸盐玻璃体有 4 个基本构成单元（图 2-28）。

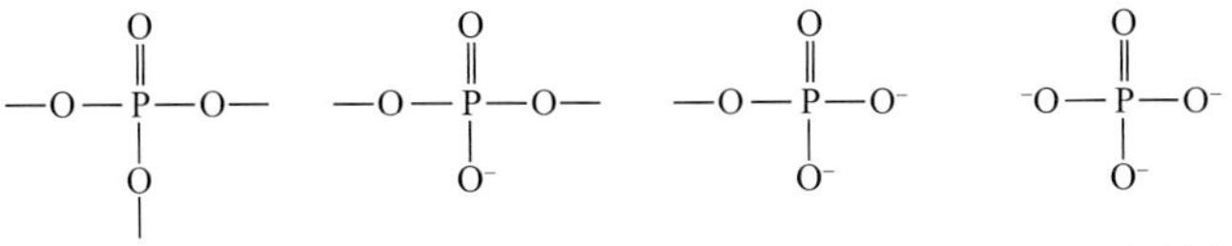

(a) 分支点基团　　(b) 中间基团　　(c) 末端基团　　(d) 正磷酸基团

图 2-28　磷酸盐玻璃体的基本构成单元

2. 六偏磷酸钠的性质

六偏磷酸钠易溶于水，20℃时每升水溶解 973.2g，80℃时每升水溶解 1744g，1%水溶液的 pH 约为 6.5。而且六偏磷酸钠吸湿性极强，储运时必须密封包装。其主要性质如下。

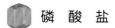

（1）水解性

六偏磷酸钠作为高分子链状聚磷酸盐，其在水中易发生水解作用[27]。六偏磷酸钠在碱性介质中长期煮沸会发生以下两个反应。

1）水解成三偏磷酸盐：

$$3(NaPO_3)_6+12H_2O \xlongequal{\hspace{1cm}} 2(NaPO_3)_3+12NaH_2PO_4$$

2）水解成正磷酸钠盐：

$$(NaPO_3)_6+6H_2O \xlongequal{\hspace{1cm}} 6NaH_2PO_4$$

中性介质中，六偏磷酸钠在稀溶液中的水解速度比在浓溶液中快，水解的最终产物为正磷酸盐。长链状（n=138）偏磷酸盐的初级水解产物也是正磷酸盐和偏磷酸盐，在中性或碱性的 $NaNO_3$ 和 $NaCl$ 盐溶液中水解进行得很慢，水解时从长链的末端断开，而形成小环三偏磷酸盐。

（2）络合性[27]

磷酸盐的许多重要用途是由于其能形成可溶性络合物。聚磷酸盐形成的这种络合物则更为重要。已经确定：环状磷酸盐（偏磷酸盐）在很大范围内不生成络合物，而链状磷酸盐则很容易生成可溶性络合物，聚磷酸盐几乎可与所有金属离子生成络合物。

（3）胶体性质

虽然长链聚磷酸盐中磷原子数多达几百个，但其在纯水溶液中并不表现出胶体性质。但是当磷原子数过多时，其将强烈地吸附于表面，可直接因此发生胶体效应，其最令人惊异的胶体作用是众所周知的反絮凝作用。

聚磷酸盐还表现出另一种作用，这种作用与反絮凝作用密切相关，就是在水介质中使无机物呈胶体状悬浮的能力，此效应也是在粒子表面生成络合物所致。因此，可将聚磷酸盐看作一种亲水性表面活性剂。

（4）磷酸盐玻璃的溶解度和吸湿性

磷酸盐玻璃为三维结构，此结构溶解时被破坏。此种结构使磷酸盐玻璃溶于水时的速度极小。在磷酸盐玻璃存在时，多价金属离子在水中的溶解度极低。

六偏磷酸钠为聚磷酸盐中吸湿性最强的物质，所以给生产、储存、运输带来一定困难。包装前将玻璃状六偏磷酸钠粉碎成小颗粒，尽快包装。包装采用塑料薄膜、密封结实。片状六偏磷酸钠易戳破包装袋而接触空气。在储存、运输时吸湿结成大块。除以上性质外，六偏磷酸钠由于为长链聚磷酸盐，因此也是一种优良的沉淀剂。当六偏磷酸钠与其他离子或化合物结合时，可生成两种形式的沉淀：絮凝状物或凝胶状物。六偏磷酸钠与银、铝、钡、锶和亚汞盐形成絮凝状物。与铜、钙、锰、铁、镍和汞盐则生成油状或凝胶状物。与其他长链磷酸盐一样，六偏磷酸钠与阴离子染料或蛋白质在等电点以下形成沉淀。六偏磷酸钠也可与高相对分子质量的阴离子如含长链有机团的季铵离子形成沉淀。同时，六偏磷酸钠还是一种良好的反絮凝剂和胶溶剂。

2.7.2 制备技术

目前国内主要采用两种生产工艺即一步法生产工艺和两步法生产工艺制备六偏磷

酸钠。

1. 一步法生产工艺

（1）黄磷的燃烧一步法生产工艺

六偏磷酸钠一步法工艺流程是将黄磷加热熔融后，送入氧化燃烧炉中，与干燥空气中的氧进行氧化燃烧反应，生成中间产品五氧化二磷。再将五氧化二磷与碳酸钠混合，经高温聚合反应，骤冷制片即得片状六偏磷酸钠，经粉碎可得粉状六偏磷酸钠。

该工艺工序少、流程短，可建设较大规模的连续式生产装置，还可充分利用黄磷的燃烧热，将其作为六偏磷酸钠生产工艺所需的干燥、聚合过程中的热源，从而有效地节约能源。该工艺的缺点是难以控制反应物计量和反应温度，不能保证产品质量。

（2）五氧化二磷与碳酸钠一步法生产工艺

该法也称为固相反应-坩埚熔聚法。该法是将黄磷加热熔融后送入氧化燃烧炉中，通过干燥的空气和黄磷进行氧化燃烧反应生成中间产品五氧化二磷。再将五氧化二磷与碳酸钠混合后经高温聚合反应骤冷制片即得片状六偏磷酸钠，经粉碎可得粉状六偏磷酸钠。该工艺具有工艺简单、设备结构不复杂、投资少等优点。该工艺的缺点是不易控制温度。

2. 两步法生产工艺

两步法生产工艺一般是指以磷酸钠盐为原料，通过高温脱水缩合获得偏磷酸钠盐产品。

（1）磷酸二氢钠法

该法也称为液相中和-干燥熔聚法，首先以黄磷为原料制取热法磷酸，再以碳酸钠或氢氧化钠中和磷酸制得磷酸二氢钠。将磷酸二氢钠进行喷雾干燥脱水，得到磷酸二氢钠干粉，再将此干粉进行高温聚合，然后迅速取出放入冷却盘中骤冷，即得片状六偏磷酸钠，经粉碎可得粉状六偏磷酸钠。该法具有物料比易控制、可连续生产、劳动强度低等优点。其反应方程式如下：

$$NaOH+H_3PO_4 \rlap{=}{=} NaH_2PO_4+H_2O$$

$$2NaH_2PO_4 \rlap{=}{=} Na_2H_2P_2O_7+H_2O$$

$$3nNa_2H_2P_2O_7 \rlap{=}{=} 6(NaPO_3)_n+3nH_2O$$

（2）磷铁法

以黄磷副产磷铁为原料，经破碎及磨细后，与碳酸钠混合进行焙烧，其生成物为烧结态固体，其中含有可溶性磷酸三钠，以热水浸出得磷酸三钠溶液，经过滤除去不溶性杂质。净化后的磷酸三钠溶液送去中和制得磷酸氢二钠。磷酸氢二钠溶液经真空浓缩、结晶除去可溶性杂质，再进一步中和制得磷酸二氢钠溶液。磷酸二氢钠溶液经喷雾干燥制成无水一钠，再送去脱水聚合即生成六偏磷酸钠。该流程可分段取得结晶磷酸三钠、磷酸二氢钠、无水一钠、六偏磷酸钠等多种产品。该流程的缺点是工序多、流程长，燃料及动力消耗较高。

（3）磷酸与水玻璃法

杜模全和李天云[29]利用磷酸与水玻璃中和反应制备白炭黑，再将生产白炭黑的废液经过多次过滤、pH 调节、扩容蒸发、聚合反应、对辊冷却、破碎、筛分等工艺过程得到成品六偏磷酸钠。磷酸与水玻璃法制六偏磷酸钠的工艺流程示意图如图 2-29 所示。该方法利用磷酸与水玻璃同时制备白炭黑和六偏磷酸钠两种产品，实现了废液的循环利用。降低了生产成本，起到了保护生态环境等多种有益效果。其反应方程式如下：

$$m\text{Na}_2\text{O}\cdot n\text{SiO}_2 + 2m\text{H}_3\text{PO}_4 === 2m\text{NaH}_2\text{PO}_4 + n\text{SiO}_2\cdot m\text{H}_2\text{O}$$

$$2\text{NaH}_2\text{PO}_4 === \text{Na}_2\text{H}_2\text{P}_2\text{O}_7 + \text{H}_2\text{O}$$

$$3n\text{Na}_2\text{H}_2\text{P}_2\text{O}_7 === 6(\text{NaPO}_3)_n + 3n\text{H}_2\text{O}$$

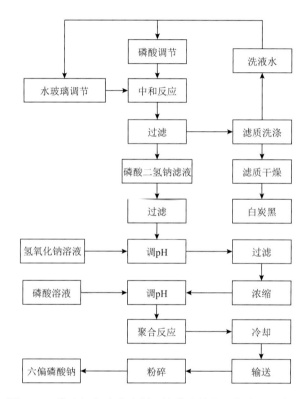

图 2-29　磷酸与水玻璃法制六偏磷酸钠的工艺流程示意图

（4）磷酸与食盐法

我国具有丰富的食盐资源，熊家林等[22]介绍的磷酸与食盐缩聚反应过程如下：

$$\text{H}_3\text{PO}_4 + \text{NaCl} \xrightarrow{240℃} \text{NaH}_2\text{PO}_4 + \text{HCl}$$

$$n\text{NaH}_2\text{PO}_4 \xrightarrow{380℃} (\text{NaPO}_3)_n + n\text{H}_2\text{O}$$

2008 年湖北兴发化工集团股份有限公司采用上述方法申请专利[30]。具体工艺如下：将氯化钠和磷酸按摩尔比 1:1 混合均匀，在 650～700℃温度下熔融聚合，熔融聚合的时间至少保持 30min，使氯化氢脱除完全，然后将生成物骤冷成玻璃状，即得六偏磷酸钠成品。该项发明用氯化钠代替碳酸钠，氯化钠是一种价廉易得的原材料，同时该项发明还可回收氯化氢，从而可以降低生产成本。上述工艺生产流程短，设备简单，便于操作，易实现工业化生产。此法制备的六偏磷酸钠以 P_2O_5 计算含量可达到 67.5% 以上。

2.7.3 生产方法及设备

1. 磷酸二氢钠法

（1）生产方法和工艺

用碳酸钠中和磷酸制取磷酸二氢钠溶液，经高温加热脱水缩聚成六偏磷酸钠。其化学反应式为

$$2H_3PO_4 + Na_2CO_3 \longrightarrow 2NaH_2PO_4 + H_2O + CO_2\uparrow$$

$$2NaH_2PO_4 \xrightarrow{\triangle} Na_2H_2P_2O_7 + H_2O$$

$$nNa_2H_2P_2O_7 \xrightarrow{700℃} 2(NaPO_3)_n + nH_2O$$

实际上，磷酸二氢钠加热脱水聚合成六偏磷酸钠的历程可以表示为

$$2NaH_2PO_4 \xrightarrow{150\sim160℃} Na_2H_2P_2O_7 + H_2O$$

$$nNa_2H_2P_2O_7 \xrightarrow{260\sim300℃} 2(NaPO_3)_n\text{-}\text{III} + nH_2O$$

$$(NaPO_3)_n\text{-}\text{III} \xrightarrow{360\sim430℃} (NaPO_3)_n\text{-}\text{II}$$

$$(NaPO_3)_n\text{-}\text{II} \xrightarrow{400\sim450℃} Na_3P_3O_9(\text{环状})$$

$$Na_3P_3O_9 \xrightarrow{625℃} \text{熔融物} \xrightarrow{骤冷} (NaPO_3)_n$$

六偏磷酸钠是不同聚合度（n）的长链聚磷酸钠盐的混合物，还含有少量环状偏磷酸盐。采用不同的工艺条件，可制得不同平均聚合度的六偏磷酸钠，其用途也不相同。例如，六偏磷酸钠作为水处理剂时，$n=15\sim20$ 为好；作为浮选剂时，n 可达 $30\sim50$；用作钻井泥浆分散剂时，n 可稍高一些。影响六偏磷酸钠质量的因素除原料中的杂质含量外，工艺条件的选择也十分重要，主要是控制中和度、加热聚合温度、聚合时物料表面的蒸汽分压、熔融物的冷却速度等。磷酸二氢钠法生产六偏磷酸钠的工艺流程示意图见图 2-30。

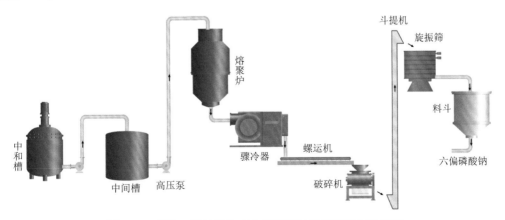

图 2-30　磷酸二氢钠法生产六偏磷酸钠的工艺流程示意图

1）中和度。由于生产六偏磷酸钠的原料为 NaH_2PO_4，用 Na_2CO_3 中和 H_3PO_4 时使 pH=4.0～4.4，即得 NaH_2PO_4 溶液，Na_2O/P_2O_5 接近 1，容易制得玻璃状长链聚磷酸盐。

2）熔融聚合温度。从 NaH_2PO_4 聚合成六偏磷酸钠的反应历程可知，在 300～430℃时，容易生成 Maddrell's 盐（Ⅱ型和Ⅲ型）；在 580～590℃ 时，又可转化为 Kurrol's 盐。这两类盐难溶于水，属于非活性组分。在 625℃ 以上时，环状磷酸盐才能形成熔融状玻璃体长链聚磷酸盐，因此适当提高熔融聚合温度，有利于减少非活性磷酸盐的含量，在生产操作过程中控制熔融聚合温度在 700℃ 左右。

3）在熔聚炉中停留的时间。一般在 700℃ 下，当 Na_2O/P_2O_5（摩尔比）接近 1 时，在熔聚炉中脱水聚合时间为 15～30min，即可得平均聚合度为 15～20 的六偏磷酸钠。如果加热的时间过长，导致平均聚合度增大，水溶性减小。

4）水蒸气分压的影响。水分在熔融聚合中起着阻聚剂的作用，影响六偏磷酸钠的聚合度，而且六偏磷酸钠的生成过程是 NaH_2PO_4 脱出结构水的缩聚过程，因此体系中存在的水分越少，越有利于生成六偏磷酸钠，在生产过程中应尽量将脱出的水分排出，降低熔融体表面的水蒸气分压，达到所要求的聚合度。

5）熔体冷却方式。由于熔融玻璃体磷酸盐缓慢冷却时容易晶化形成不溶性的 Kurrol's 盐或 Maddrell's 盐，因此为了制得水溶性六偏磷酸钠，应采用骤冷方式将高温熔融体迅速冷却。

（2）尾气热能的回收利用

六偏磷酸钠由于生产时反应温度很高，排出的尾气温度为 350～450℃，尾气中含有大量的热能。为了提高能量利用率，可以将六偏磷酸钠生产尾气进行热能回收利用[31]。

设计废热回收系统工艺流程图见图 2-31。

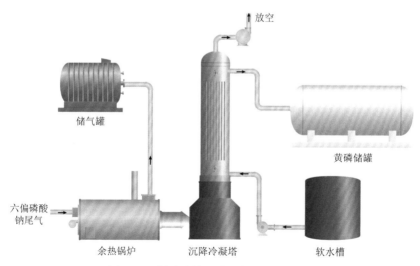

图 2-31　设计废热回收系统工艺流程图

系统废热回收效果良好，经过测试，余热锅炉蒸汽产量约为 3t/h（0.4MPa），同时提供热水对系统其他装置（黄磷储罐等）保温；并满足 10t 燃煤锅炉给水供给高温（90℃）热水，提高燃煤锅炉蒸汽产率并节约燃煤。经折算，整套系统蒸汽产量约为

5t/h（0.4MPa）。该系统的成功运行，表明对复杂成分的高温废气回收做出针对性设计，回收利用是完全可行的。

（3）主要设备[27,31]

1）中和设备为搪瓷反应釜或不锈钢设备，带搪瓷搅拌，釜体有夹套可加热。

2）熔聚炉为一长方体池炉。外部为普通砖，中间为隔热耐火砖，内衬碳化硅砖或辉绿岩板。碳化硅砖或辉绿岩板表面附着一层冷的六偏磷酸钠料液，以保护内衬材料不被高温酸性物料腐蚀。内部熔池为一长方体池子。在炉头正面或侧面设有出料口，出料口前有一挡墙，以使熔料保持一定液面高度和停留一定时间。从炉头送入天然气或煤气燃烧，或用喷嘴燃烧重油或柴油，以保持炉内温度，炉气经尾部烟道从烟囱放空。原料磷酸二氢钠经尾部炉顶或炉尾后部送入，原料被连续送入，产品被连续卸出。

3）余热锅炉主要参数（单台）：外观尺寸 3500mm×1500mm×3000mm；在材质方面，与尾气接触部件全部采用 1Cr18Ni9Ti，其余采用 16MnR；翅片管尺寸 Φ32mm×3.5mm，翅片厚度 2mm，翅高 15mm，翅距 15mm；管数 380 根；管长 1500～2000mm（共 4 台）。

4）列管换热器主要参数（单台）：换热面积 95m^2，风道截面积 0.377m^2；换热管数（10m/根）19 根，换热管尺寸 Φ159mm×5mm；在材质方面，与尾气接触部件全部采用 1Cr18Ni9Ti，其余采用 16MnR（共 4 台）。

5）锅炉给水泵（单台）：流量 2m^3/h，压力 1.2MPa（共 4 台）。

6）循环热水泵（单台）：流量 50m^3/h，扬程 0.4MPa（共 2 台）。

2. 五氧化二磷法

将五氧化二磷法和碳酸钠按一定比例混合，使 Na$_2$O/P$_2$O$_5$（摩尔比）为 1～1.1，经高温缩聚反应，骤冷制片制得六偏磷酸钠，其反应式为

$$P_4+5O_2 === 2P_2O_5$$

$$nP_2O_5+ nNa_2CO_3 === 2(NaPO_3)_n+ nCO_2\uparrow$$

具体工艺过程有坩埚熔聚法和磷燃烧中和一步法。这两种方法所用设备都比较简单，投资节省。例如，对于磷燃烧中和一步法，生产在一立式燃烧炉中进行，炉上部装有燃磷喷嘴和碳酸钠粉料进料装置，液磷经燃磷喷嘴燃烧生成五氧化二磷，利用燃烧反应产生的热，五氧化二磷与进入炉内的碳酸钠反应熔融聚合生成六偏磷酸钠。但是生产过程难以精确计量，导致六偏磷酸钠产品质量不够稳定，因此工业生产主要采用磷酸二氢钠法。

3. 磷酸-食盐法

五氧化二磷法和磷酸二氢钠法各有优点，但都需要消耗一定量的碳酸钠或氢氧化钠，而碳酸钠和氢氧化钠又都以 NaCl 为原料制得，在我国有丰富的食盐资源，如果采用以盐代碱，由 H$_3$PO$_4$ 和 NaCl 在一定条件下进行缩聚反应制取聚磷酸钠，不仅可以节约碳酸钠或氢氧化钠，还可以回收副产品盐酸用于分解磷矿和其他工业用途。

当 H$_3$PO$_4$/NaCl 摩尔比接近 1 时，在 240℃左右以下复分解反应以明显的速度进行：

$$H_3PO_4+NaCl === NaH_2PO_4+ HCl\uparrow$$

当温度达到 380℃以上时，发生脱水缩聚反应：

$$n\mathrm{NaH_2PO_4} = (\mathrm{NaPO_3})_n + n\mathrm{H_2O}$$

对缩聚反应的产物聚磷酸钠进行红外光谱（IR）测定，发现在 1080cm^{-1} 处吸收峰为 v_{sym}P=O，在 1260～1290cm^{-1} 处吸收峰为 v_{asym}P=O，在 760～780cm^{-1} 处吸收峰为 v_{sym}P—O—P，在 860～1010cm^{-1} 处吸收峰为 v_{asym}P—O—P。由 IR 和 X 射线衍射基本上可以确定所生成的聚磷酸盐具有线性链状结构[27]。

2.7.4 原料消耗定额

成品六偏磷酸钠的原料消耗定额见表 2-21。

表 2-21　成品六偏磷酸钠的主要原料消耗定额　　　　　　（单位：t/t）

原料	原料消耗定额	
	五氧化二磷法	磷酸二氢钠法
黄磷（P$_4$，99.9%）	0.359	
Na$_2$CO$_3$（98%）	0.544	0.544
H$_3$PO$_4$（85%）		1.180

2.7.5 六偏磷酸钠的用途

1. 在洗涤和水处理中的应用

由于六偏磷酸钠对金属离子特别是钙、镁等碱土金属离子具有极强的络合阻垢能力，因此它可防止水中溶解的铁、锰因氧化而使水发红、发黑，同时阻止钙、镁离子析出生成水垢而降低传热效率。六偏磷酸钠还可作为阻垢剂，广泛应用于树脂电渗析（EDI）、反渗透（RO）、纳滤（NF）等水处理行业；工业循环冷却水的水处理剂；用作锅炉用水和工业用水（包括染料生产用水、钛白粉生产用水、印染调浆和染色用水、清洗彩色电影拷贝用水、化工用水，以及药品、试剂生产用水等）的软水剂。

2. 在食品工业中的应用

六偏磷酸钠在食品工业中可用作食品品质改良剂、pH 调节剂、金属离子螯合剂、黏着剂和膨胀剂等。六偏磷酸钠用于肉制品、鱼肉肠、火腿等，能提高持水性，增高结着性，防止脂肪氧化；用于豆酱、酱油，能防止变色，增加黏稠性，缩短发酵期，调节口味；用于水果饮料、清凉饮料，可以提高出汁率和黏度，抑制维生素 C 分解；用于冰淇淋，可提高膨胀能力，增大容积，增强乳化作用，防止膏体破坏，改善口感和色泽；用于乳制品、饮料，可防止凝胶沉淀；加入啤酒中能澄清酒液，防止浑浊；用于豆类、果蔬罐头，可稳定天然色素，保持食品色泽。

3. 在选矿和油田工业中的应用

六偏磷酸钠是浮选中常用的一种抑制剂，主要用于抑制石英和硅酸盐矿物，以及方解石、石灰石等碳酸盐矿物。关于六偏磷酸钠的抑制机理主要有：首先，六偏磷酸钠在浮选抑制钠长石、锆英石、霞石、烧绿石和多水高岭石时，由示踪原子试验可知，六偏磷酸钠能无选择性地降低油酸钠在上述矿物中的吸附，并与矿物表面的多价金属离子形成稳定的络合物。

在油田工业中，六偏磷酸钠作为钻井泥浆添加剂，可以避免多价金属离子沉淀，提高泥浆的抗盐能力，降低泥浆失水量。此外，将一定量的六偏磷酸钠溶解后注入水管中，可以在管壁上形成一层薄膜，以防止管道腐蚀。

4. 在冶金和金属防腐中的应用

六偏磷酸钠中加入部分添加剂，在一定温度和压力下对炼钢转炉进行喷补，可以极大地延长转炉寿命。六偏磷酸钠和溶液中的二价金属离子螯合，形成带正电的聚电解质，当它被吸附在金属表面时形成致密、连续的薄膜。该薄膜可以将腐蚀微电池完全覆盖，降低或阻止腐蚀电流通过而起到防腐作用。

5. 在纤维和造纸工业中的应用

六偏磷酸钠应用于纤维工业中，在精炼工序中能抑制金属皂的生成，使原棉中的胶质容易去除，提高精炼效率；在漂白工序中能防止过氧化氢分解，减少漂白剂的损失，从而提高漂白效率；在染色中可防止染色物的色泽变化，保持染料的本色，防止出现染斑、手感变差、白布变黄及纤维强度降低等现象。在造纸中，六偏磷酸钠和磺化苯甲醛混合可用于钢板纸涂料的分散剂，以分散碳酸铅颜料。

6. 在其他工业中的应用

在其他工业中，六偏磷酸钠可以与氟化钠加热制造单氟磷酸钠；还用作高温结合剂、洗涤剂助剂、水泥硬化促进剂；在铜版纸生产中用作浆料扩散剂，以提高渗透力；还用于洗涤器皿和化学纤维中，用以除去浆粕中的铁离子；石油工业中用于钻探管的防锈，控制石油钻井时调节泥浆的黏度。

■ 2.8　钠系亚磷酸盐

2.8.1　品种和性质

亚磷酸钠盐有亚磷酸氢二钠和亚磷酸二氢钠两种。

亚磷酸氢二钠，分子式为 $Na_2HPO_3·5H_2O$，相对分子质量为 216.04，白色斜方晶体，有吸湿性，熔点为 53℃。亚磷酸氢二钠放入真空中或用浓硫酸蒸发或加热到 120℃，可脱水变成无水盐，200℃以上可变成焦磷酸钠，当用热空气流加热时，加热至 200～250℃时有少量磷化氢放出。易溶于水，不溶于乙醇和氨水。由次磷酸二氯钠与氢氧化钠溶液反应制得。亚磷酸氢二钠还原性强，可以从多种金属盐热的水溶液中析出金属，稀溶液相当稳定，但和氢氧化钠煮沸可产生氢气：

$$Na_2HPO_3+NaOH=\!=\!=Na_3PO_4+H_2\uparrow$$

亚磷酸二氢钠，分子式为 $NaH_2PO_3\cdot2.5H_2O$，为无色单斜方晶体，有潮解性。其易溶于水，0℃时 100g 水可以溶解 56g 亚磷酸二氢钠，10℃时 100g 水可以溶解 66g 亚磷酸二氢钠，42℃时 100g 水可以溶解 193g 亚磷酸二氢钠。亚磷酸二氢钠熔点为 42℃，在 100℃时失去大部分结晶水，130℃以上即分解。亚磷酸二氢钠还原性强，可以将金属盐还原为金属，稀的水溶液较稳定[27]。

2.8.2　制备原理

亚磷酸钠的生产方法主要有两种：中和法和复分解法。两种生产方法的原理如下。

中和法，即亚磷酸和氢氧化钠进行中和反应：

$$H_3PO_3+2NaOH=\!=\!=Na_2HPO_3+2H_2O$$

复分解法，即亚磷酸钙和硫酸钠（或碳酸钠）复分解反应：

$$CaHPO_3+Na_2SO_4=\!=\!=Na_2HPO_3+CaSO_4\downarrow$$

$$CaHPO_3+Na_2CO_3=\!=\!=Na_2HPO_3+CaCO_3\downarrow$$

2.8.3　生产方法

中和法：将亚磷酸水溶液加入经化学计量的氢氧化钠溶液中进行中和反应，再浓缩结晶，可制得亚磷酸氢二钠。如果将亚磷酸溶液加入经过计量的氢氧化钠溶液中中和，并控制 pH 为 4.6，再蒸发结晶则可制得亚磷酸二氢钠。

复分解法：将合成次磷酸钠的副产品亚磷酸钙用硫酸钠（或碳酸钠）处理，滤饼为硫酸钙（或碳酸钙），滤液经浓缩结晶后可制得亚磷酸钠。

反应液中过量碳酸钠可用少量亚磷酸除去，反应式为

$$Na_2CO_3+H_3PO_3=\!=\!=Na_2HPO_3+CO_2\uparrow+H_2O$$

2.8.4　工艺流程

1. 中和法

中和法制亚磷酸钠的工艺流程示意图见图 2-32。

氢氧化钠（或碳酸钠）溶液经计量后放入中和槽中。将亚磷酸溶液经计量罐计量后缓慢放入中和槽反应，计量罐中的亚磷酸放完后，反应 30min（制亚磷酸二氢钠时，亚磷酸加入过程中需要边加边测 pH，准确控制溶液 pH 为 4.5~4.7，保持 30min 不变为反应终点）。将反应完成液用微孔滤膜过滤，得到亚磷酸钠稀溶液，再经蒸发浓缩、结晶、离心分离、包装得到亚磷酸钠产品。

2. 复分解法

图 2-33 是用次磷酸钠生产废渣复分解法制亚磷酸钠的工艺流程示意图。

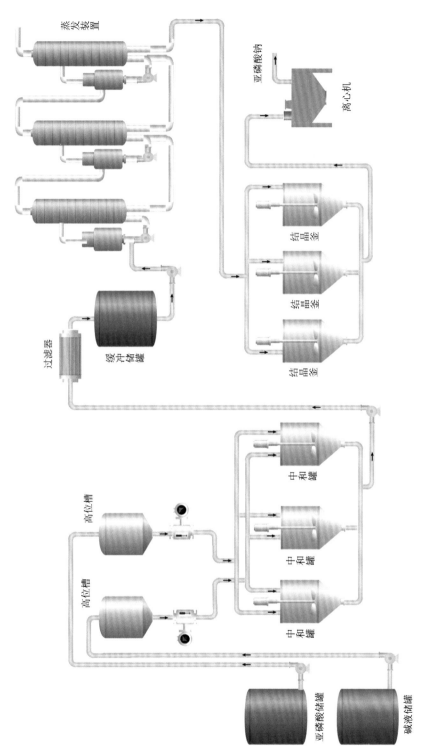

图2-32　中和法制亚磷酸钠的工艺流程示意图

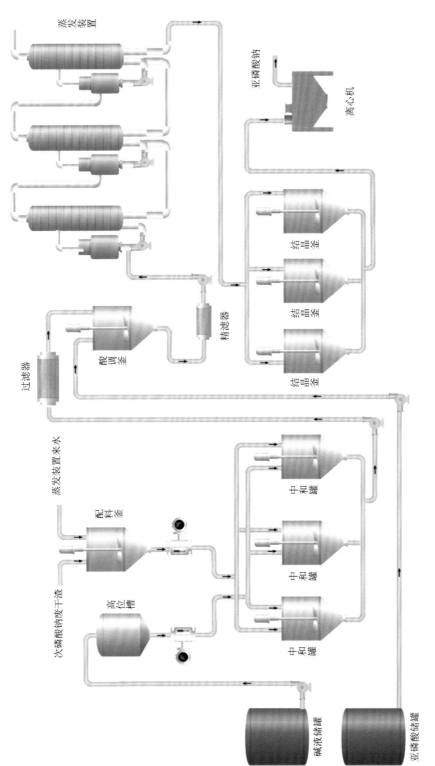

磷 酸 盐

图2-33 复分解法制亚磷酸钠的工艺流程示意图

将次磷酸钠生产产生的废干渣和水经计量后在配料釜中制成悬浮液，与经计量后的硫酸钠（或碳酸钠）在反应釜中进行复分解反应。干渣、碳酸钠、水的质量比为 1：0.45：2.4，反应温度为 80℃，反应时间为 8h。反应结束后，用过滤器过滤，滤饼为硫酸钙或碳酸钙，滤液收集到酸调釜中，用亚磷酸中和碱性物质（如碳酸钠等），再经精滤器过滤后得到洁净的亚磷酸钠稀溶液，经蒸发浓缩、结晶、分离、包装得到亚磷酸钠产品。

亚磷酸钠生产的主要设备有中和罐、过滤器、蒸发装置、结晶釜和离心机等。

图 2-34 是中和釜的结构图。中和釜是由耐腐蚀的不锈钢材料制成的圆柱形设备，中和釜上的盖板为平形盖板，底板有一定坡度，在最低处设有出料管，上盖板装有减速机、碱液进料管和亚磷酸进料管、排气管，中和釜内有具备高分散性能的搅拌桨。

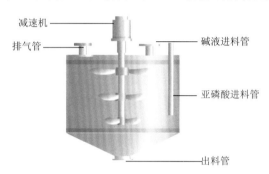

图 2-34　中和釜的结构图

中和反应时，先将碱液由碱液进料管加入，开启搅拌装置后，亚磷酸由亚磷酸进料管加入，产生的气体由排气管排出。反应结束后，物料由出料管排净。中和釜选用的搅拌装置必须具备高分散功能，只有具有高分散功能的搅拌装置才能加快反应进程，减少反应过程中的包裹现象，使产品质量稳定。

2.8.5　原料消耗定额

中和法生产 $Na_2HPO_3·5H_2O$ 的原料消耗定额见表 2-22。

表 2-22　中和法生产 $Na_2HPO_3·5H_2O$ 的原料消耗定额　　　　（单位：t/t）

原料	原料消耗定额
氢氧化钠（48%）	0.84
亚磷酸（98%）	0.42

2.8.6　钠系亚磷酸盐的用途

钠系亚磷酸盐用于制造尼龙增白剂、塑料稳定剂、合成纤维、二盐基亚磷酸铅、草甘膦、水处理剂氨基三亚甲基膦酸（ATMP）和亚磷酸二氢钾等；是制造亚磷酸盐、合成纤维、塑料稳定剂和有机磷农药的生产原料；可用作聚碳酸酯的稳定剂；用于制造尼龙 1010 的抗氧化剂。

2.9 次磷酸钠

2.9.1 理化性质

次磷酸钠（NaH_2PO_2）是最重要的次磷酸盐，无色结晶或有珍珠光泽的晶体或粒状粉末。其晶体为单斜棱晶，无色、无臭、味咸，溶解性很强，极易溶于水，易溶于热的乙醇和甘油，不溶于乙醚，水溶液呈中性。次磷酸钠是强还原剂，能还原金、银、铂、汞、镍等金属的盐类成为金属状态。次磷酸钠强热时析出的磷化氢能自燃，与氯酸盐和氧化剂接触能爆炸。次磷酸钠加热至 200℃分解。

次磷酸钠在干燥状态下较为稳定，遇强热会爆炸，与氯酸钾或其他氧化剂混合也会爆炸。加热超过 200℃时，它会迅速分解，放出自燃的磷化氢气体，次磷酸钠水溶液在某些粉末金属（如铂、铅、钴、镍、铜、银、金等）存在时，可分解放出氢气。在常压下，加热蒸发次磷酸钠溶液（在水浴或沙浴上）会发生爆炸，故蒸发要在减压条件下进行。

$$5NaH_2PO_2 = 2PH_3\uparrow + Na_4P_2O_7 + 2H_2\uparrow + NaPO_3$$

次磷酸钠是强还原剂，尤其在碱性溶液中。次磷酸钠可将 Au(Ⅰ)、Ag(Ⅰ)、Hg(Ⅱ)、Ni(Ⅱ)、Cr(Ⅲ)、Co(Ⅱ)等的盐类还原成金属状态[22]。遇强氧化剂则会发生爆炸。例如，镀镍时的主要反应：

$$NiSO_4 + 2NaH_2PO_2 + 2H_2O = 2NaH_2PO_3 + H_2SO_4 + Ni + H_2\uparrow$$

与此同时，溶液中的部分次磷酸根被氢化物还原成单质磷而进入镀层，所形成的化学镀层是呈非晶态薄片结构的化学镀镍磷合金（Ni-P）。

次磷酸钠与过量的碱液共热时，生成亚磷酸钠，并放出氢气。在碱液浓度高时，反应生成正磷酸盐。

$$NaH_2PO_2 + NaOH = Na_2HPO_3 + H_2\uparrow$$

2.9.2 生产原理

次磷酸钠的合成反应比较复杂，其主要反应为

$$P_4 + 3NaOH + 3H_2O = 3NaH_2PO_2 + PH_3\uparrow$$

$$2.5P_4 + 9NaOH + 6H_2O = 3NaH_2PO_2 + 3Na_2HPO_3 + 4PH_3\uparrow$$

$$NaH_2PO_2 + NaOH = Na_2HPO_3 + H_2\uparrow$$

2.9.3 生产方法

次磷酸钠通过黄磷与碱金属和（或）碱土金属氢氧化物进行反应而制得。具体的过程可分为一步法、两步法、彼斯特里茨（Piestrtz）法、中和法等。

1）一步法是通过黄磷与氢氧化钠或者氢氧化钙与氢氧化钠的混合物，或者氢氧化钙与碳酸钠的混合物反应直接制得次磷酸钠的方法。例如，黄磷与石灰乳和氢氧化

钠的混合物在隔绝空气的情况下加热反应，放出磷化氢和氢气。反应结束后过滤，滤液为次磷酸钠稀溶液，滤饼为没有反应的石灰和亚磷酸钙等成分。滤液通入二氧化碳，除去溶解态的氢氧化钙，过滤后蒸发浓缩，最后降温结晶得到次磷酸钠产品（$NaH_2PO_2·H_2O$）。一步法工艺流程简图见图 2-35。

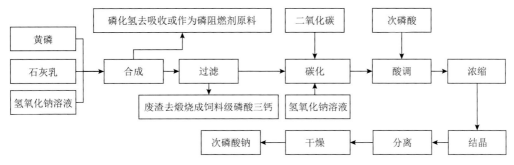

图 2-35　一步法工艺流程简图

2）两步法是指首先将黄磷在隔绝空气的状态下与碱土金属氢氧化物反应或与碱土金属氢氧化物和氢氧化钠的混合物反应，制得碱土金属次磷酸盐，再与碳酸钠进行复分解反应制得次磷酸钠。因此，该法又称复分解法。

一般隔绝空气的方式是通入水蒸气。最常用的碱土金属氢氧化物是氢氧化钙，也可以用氢氧化钡、氢氧化镁等，但原材料成本高，所以不常用。两步法工艺流程简图见图 2-36。

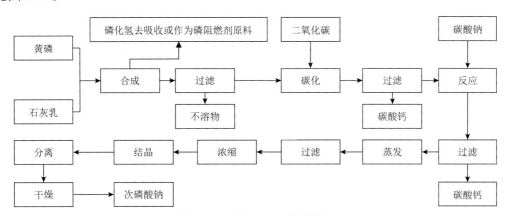

图 2-36　两步法工艺流程简图

将黄磷和石灰乳在反应釜中于 90～100℃进行反应合成次磷酸钙。反应过程中有磷化氢气体产生，需要用惰性气体于反应前将反应釜中和尾气管道中的空气吹扫干净。反应结束后过滤除去未反应物，通入二氧化碳气体除去少量的氢氧化钙，得到次磷酸钙溶液，然后在次磷酸钙溶液中加入碳酸钠溶液生成次磷酸钠。其化学反应为

$$2P_4 +3Ca(OH)_2+6H_2O =\!=\!= 3Ca(H_2PO_2)_2+ 2PH_3\uparrow$$

$$CO_2+Ca(OH)_2 =\!=\!= CaCO_3\downarrow+H_2O$$

$$Ca(H_2PO_2)_2+Na_2CO_3 =\!=\!= 2NaH_2PO_2+ CaCO_3\downarrow$$

过滤除去碳酸钙，再把滤液浓缩至 20°Bé 时，再次过滤除去碳酸钙。把滤液进行第二次浓缩，至液面呈现结晶膜为止。在结晶器中进行冷却结晶，再经离心分离得到产品。母液返回反应釜中回收利用。

两步法生产操作易控制，但其工艺流程较长，多一道过滤和蒸发工序，而且次磷酸钙的溶解度较小，欲降低滤饼中次磷酸钙量，必须增大洗涤水用量，将洗涤液和滤液合并蒸发，能耗高。一步法工艺简单，可以制得较浓的溶液，能耗低，因此一步法优于两步法。

3）彼斯特里茨法。德国彼斯特里茨厂曾研究用磷泥代替黄磷生产次磷酸钠的方法，见图 2-37。其公开了使用的次磷酸钠方法，来自电热磷厂的污泥或商业黄磷与氢氧化钙在氢氧化钠的料浆中反应，随后过滤浆液，并用二氧化碳中和滤液，生成不溶性碳酸钙，以除去过量氢氧化钙。残留在溶液中的次磷酸钙通过与碳酸钠反应生成不溶性碳酸钙而除去，然后用次磷酸中和液中残留的碳酸钠，再将形成的次磷酸钠溶液结晶，并将其从母液中分离出来，按常规进行干燥。

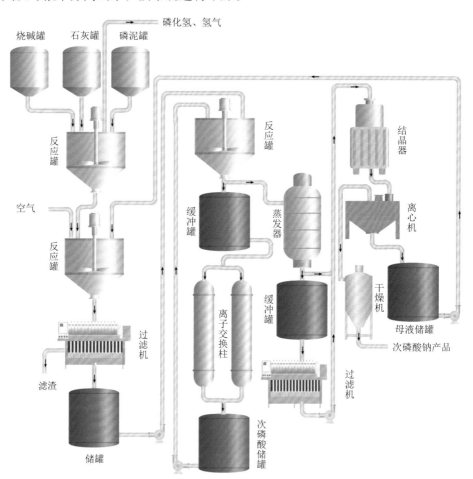

图 2-37　彼斯特里茨法流程示意图

随着次磷酸钠用户要求的提高，磷泥中的氯化物严重影响着次磷酸钠的产品质量，用磷泥代替黄磷生产次磷酸钠的方法已不多见。

4）中和法是用次磷酸和优质碳酸钠（或氢氧化钠）直接中和反应生产次磷酸钠。这种方法可以生产出高端的次磷酸钠产品，但是由于成本较高，很少被应用。

5）电化学法、离子交换法和一步连续法从 20 世纪七八十年代开始出现，国外次磷酸钠的工业制法出现了电化学法、离子交换法和电子计算机控制的一步连续法。

1978 年以来，苏联开发了电化学工艺，即在碱金属氢氧化物存在时用隔膜电解槽对磷进行电化学氧化而制得碱金属次磷酸盐。

1981 年，美国在彼斯特里茨法的基础上，用磷酸或酸式磷酸盐调整 pH 至 6.5～7.0，除去料液中的非钙离子，再用钠离子交换树脂处理料液，制得比较纯净的次磷酸钠产品。

1983 年，德国在彼斯特里茨法的基础上，研究了在 0.05%脂肪醇（如异丙醇）存在的条件下通过氢氧化钠和氢氧化钙分解磷泥制备次磷酸钠，其特点是减少了 P(Ⅲ)的含量，提高了产品纯度。

2.9.4 工艺流程

一步法生产次磷酸钠的工艺流程（图 2-38）如下。

1）黄磷处理。将原材料黄磷进行过滤处理，以除去其中的有害杂质。过滤需要在保温的状态下进行，一般以硅藻土为助滤剂，用孔径为 0.1～1μm 的过滤介质过滤。

2）氢氧化钠配制。将进厂氢氧化钠配制成一定浓度的溶液。

3）配料。将氢氧化钠溶液、精石灰与水在配料反应罐中混合成均匀的悬浮液。

4）合成。将配料反应罐中的悬浮液放入反应釜中，用蒸汽吹扫出反应釜和尾气管道中的空气后，将一定量的黄磷放入反应釜中，维持一定的温度进行反应，反应产物为次磷酸钠稀溶液，其中还有亚磷酸钠、氢氧化钙、亚磷酸钙等物质存在。

$$P_4+4NaOH+4H_2O =\!=\!=\!= 4NaH_2PO_2 +2H_2\uparrow$$

$$P_4+4NaOH+2H_2O =\!=\!=\!= 2Na_2HPO_3 +2PH_3\uparrow$$

$$NaH_2PO_2 +NaOH =\!=\!=\!= Na_2HPO_3+H_2\uparrow$$

$$2P_4 + 3Ca(OH)_2 +6H_2O =\!=\!=\!= 3Ca(H_2PO_2)_2+ 2PH_3\uparrow$$

$$Ca(H_2PO_2)_2 +Ca(OH)_2 =\!=\!=\!= 2CaHPO_2+2H_2\uparrow$$

$$2PH_3 + H_2SO_4 +8HCHO =\!=\!=\!= [(CH_2OH)_4P]_2SO_4$$

$$PH_3+HCl+4HCHO =\!=\!=\!= (CH_2OH)_4PCl$$

5）尾气处理。反应尾气为磷化氢和氢气的混合气体，一般用管道送至燃烧室燃烧后，用水吸收制成磷酸，也可以送入气柜中作磷系阻燃剂[四羟甲基硫酸磷（THPS）、四羟甲基氯化磷（THPC）等]的原料。

6）净化除杂。首先将反应产物过滤，液相中通入二氧化碳并加入氢氧化钠以除去其中的钙、镁等离子，再次过滤。而固相用于制造脱氟磷酸三钙（饲料级磷酸三钙）。

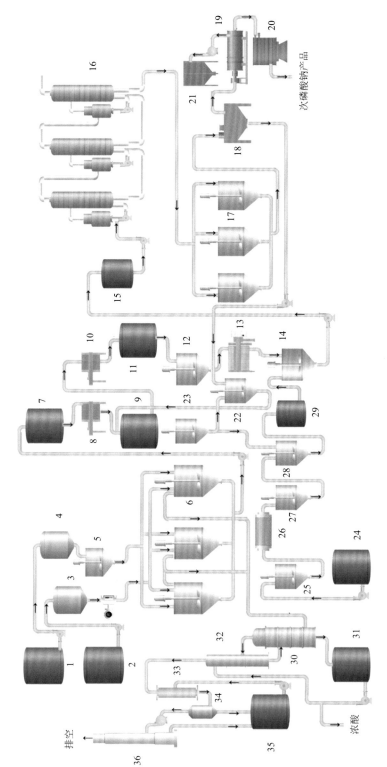

图2-38　一步法生产次磷酸钠的工艺流程示意图

1-氢氧化钠储槽；2-黄磷储罐；3-黄磷计量罐；4-配碱罐；5-配料罐；6-反应罐；7-反应出料罐；8-一次压滤机；9-一次压滤储罐；10-二次压滤机；11-二次压滤储罐；12-碳化釜；13-碳化过滤罐；14-酸调釜；15-物料储罐；16-酸化滤罐；17-结晶釜；18-压滤机；19-干燥机；20-旋振筛；21-除尘器；22-母液脱硫槽；23-制硫酸罐；24-硫酸储罐；25-制酸釜；26-过滤罐；27-粗次磷酸；28-脱硫酸；29-精次磷酸；30-燃烧塔；31-浓酸储罐；32-吸收塔；33-文氏液脱硫收塔；34-复挡除雾器；35-稀酸罐；36-尾气烟囱；

$$CO_2+Ca(OH)_2 =\!\!=\!\!=\!\!= CaCO_3\downarrow +H_2O$$

$$CO_2 +2NaOH =\!\!=\!\!=\!\!= Na_2CO_3 +H_2O$$

$$Ca(H_2PO_2)_2+Na_2CO_3 =\!\!=\!\!=\!\!= 2NaH_2PO_2 +CaCO_3\downarrow$$

7）制取次磷酸。制取次磷酸的方法有离子交换法和硫酸分解法。离子交换法是将次磷酸钠溶液通过经酸（盐酸）活化了的阳离子交换树脂制得次磷酸的方法。硫酸分解法是将浓硫酸与次磷酸钠固体进行复分解反应制得次磷酸和硫酸钠的混合物，将混合物离心分离后液相为次磷酸溶液，其硫酸钠含量较高，需加入碳酸钡除去。

$$2NaH_2PO_2 +H_2SO_4 =\!\!=\!\!=\!\!= 2H_3PO_2 +Na_2SO_4$$

$$Na_2SO_4+BaCO_3 =\!\!=\!\!=\!\!= Na_2CO_3+ BaSO_4\downarrow$$

而此时次磷酸中的碳酸钠即被次磷酸中和为次磷酸钠：

$$Na_2CO_3+2H_3PO_2 =\!\!=\!\!=\!\!= 2NaH_2PO_2+ CO_2\uparrow + H_2O$$

离子交换法生产的次磷酸纯度较高，但交换过程产生大量的含磷污水需要处理。硫酸分解法生产的次磷酸纯度较低，却没有大量废水排放，但其次磷酸钠的消耗较高。各生产厂家选择不同的生产方法都能满足次磷酸钠生产用次磷酸的要求。

8）pH 调整。净化除杂后的次磷酸钠溶液通常呈碱性，需要加入酸性物质进行中和，一般用次磷酸进行调整。

9）蒸发浓缩。调整后的次磷酸钠溶液是稀溶液，需要进行浓缩，常用减压蒸发，使其成为热的饱和溶液。

10）降温结晶。把蒸发出来的热饱和溶液间接降温，得到次磷酸钠结晶体。

11）离心分离。把结晶装置中的次磷酸钠悬浮液用离心机分离，固相为次磷酸钠（$NaH_2PO_2\cdot H_2O$），母液经处理后回到反应釜中回收利用。

12）干燥离心。分离出来的产品为甩干品，含有一定的水分，通过干燥除去一定量的水分，以提高次磷酸钠的含量。

13）成品包装。干燥后的产品计量包装成成品。

2.9.5　质量控制

一步法生产次磷酸钠的质量控制主要包括原材料控制、生产过程质量控制、生产过程中的检验和产品的检测。

2.9.6　主要设备

一步法生产次磷酸钠的设备类型和数量都比较多，但大多数是通用设备。次磷酸钠生产过程中，没有超高温、高压的工艺条件，所以特殊的专用设备也少。根据工艺和物料要求，设备材质多为碳钢和 316L（Mo2Ti 钛钢）、321 不锈钢，为了不被酸性物质腐蚀，生产中还使用搪玻璃、增强聚丙烯（PP）、无规共聚聚丙烯管材（PPR）或四氟材质的设备。

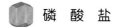

1. 反应釜

反应合成、碳化、pH 调整、结晶都可以用反应釜。合成用反应釜是有夹套，带有减速机、搅拌桨等装置的设备。反应中升温或降温是通过在夹套中通入蒸汽或冷却水来实现的。为了增强黄磷的分散度，加快反应速率，搅拌桨要用具有高分散效果的搅拌桨（如布式搅拌），有时还在釜内设置挡板增加搅拌强度。

合成用反应釜、碳化用反应釜的材质为碳钢即可，而 pH 调整、结晶用反应釜必须选择搪玻璃或优质不锈钢反应釜。

2. 燃烧塔

磷化氢气体燃烧设备。它的作用是将磷化氢成体燃烧生成五氧化二磷气体，同时也要完成部分五氧化二磷被吸收生成磷酸的过程。燃烧塔与内壳必须用优质不锈钢（316L）材质制作，而其他部件可以采用碳钢材质。

3. 吸收塔

吸收塔是吸收磷化氢燃烧后气体制备磷酸的设备。该塔为空塔和填料吸收塔二合一吸收塔，它下部是空塔，上部是填料吸收塔。该塔相对于双塔来讲，节约了设备制造材料，也节约了占地面积，还减掉了塔之间的连接管道。吸收塔的材质是 316L 不锈钢。

4. 蒸发装置

蒸发装置是将次磷酸钠稀溶液浓缩成饱和溶液的设备。一步法生产次磷酸钠反应并经碳化、过滤、pH 调整，溶液的浓度在 30%以内，使用蒸发装置将该溶液蒸发至浓度为 85%（100℃），制成次磷酸钠饱和溶液，再冷却结晶。生产中使用的蒸发器多种多样，连续、高效节能、洁净的蒸发装置是现代次磷酸钠生产的首选设备，目前国内采用三效板式蒸发器。

2.9.7 原料消耗定额

一步法生产次磷酸钠的主要原料消耗定额见表 2-23。

表 2-23 一步法生产次磷酸钠的主要原料消耗定额 （单位：t/t）

原料	原料消耗定额
黄磷	0.53
石灰	0.38
氢氧化钠（48%）	1.02
二氧化碳	0.035

2.9.8 次磷酸钠的用途

次磷酸钠主要用于化学镀。在化学镀中，次磷酸钠既是化学镀的还原剂，又是镀盐的主盐，适用于形状复杂的金属（或非金属）件的镀制。

次磷酸钠可用于食品加工和保鲜。次磷酸钠安全无毒，食用后可完全从尿中排出，且具有很好的保鲜作用。

次磷酸钠可用于稳定脂肪酸，并将其漂白；在电解电镀中混合于树脂和涂料中，具有屏蔽效果。次磷酸钠还可用作聚氯乙烯和聚碳酸酯的稳定剂，可用作植物全株或局部用杀菌剂等。

次磷酸钠在水处理中，可制备各种工业防腐剂及油田阻垢剂；可用作化学反应的催化剂、稳定剂；还可用作抗氧剂、防脱色剂、分散剂；可用于纺织物整理及医药等行业。

参 考 文 献

[1] Corbridge D E C. Phosphorus 2000-Chemistry, Biochemistry & Technology[M]. Amsterdam: Elsevier Science, 2000: 165, 171-173.

[2] 项斯芬, 严宣审, 曹庭礼, 等. 无机化学丛书. 第四卷. 氮磷砷分族[M]. 北京: 科学出版社, 1995: 313.

[3] Joachim Dr M, Ruediger W, Liedtke G G. Trisodium phosphate hemihydrate in crystalline stoichiometric composition for use in the food Industry[P]: DE, 1995115480. 1996-10-31.

[4] 曾波, 杨燕, 李海丽. 萃取法制取磷酸二氢钠的试验研究[J]. 无机盐工业, 2010, 42（4）: 43-45.

[5] 邹孟怡, 武斌, 朱家文, 等. 萃取净化磷酸制备磷酸二氢钠过程及结晶介稳特性[J]. 化学工程, 2011, 39（5）: 98-102.

[6] 段潇潇, 李军, 章怡. 萃取法制取磷酸二氢钠的研究[J]. 无机盐工业, 2008, 40（12）: 24-26.

[7] 王勃, 向伟, 陈红琼, 等. 磷酸二氢钙制备磷酸二氢钠磷收率研究[J]. 无机盐工业, 2012, 44（3）: 28-29, 38.

[8] 王欢, 艾宝辉, 孙兴亚, 等. 一种制取磷酸二氢钠、硫酸钾的方法[P]: CN, 8910516.9. 1990-02-21.

[9] 廖吉星, 朱飞武, 彭宝林, 等. 一种用湿法磷酸制备磷酸二氢钠的方法[P]: CN, 103787293. 2014-05-14.

[10] 刘庆生, 黄明刚, 张宜辉. 一种聚磷酸和甲酸钠反应联产高浓、高纯甲酸和磷酸二氢钠的方法[P]: CN, 103130636. 2013-02-04.

[11] 丁绪淮, 谈道. 工业结晶[M]. 北京: 化学工业出版社, 1985: 37-39, 61-63, 89-90, 133-134.

[12] 余有平, 邓小雄. 一种生产磷酸氢二钠的方法[P]: CN, 1887700A. 2007-01-03.

[13] 李琴, 余有平, 汤明友, 等. 一种用磷酸和硫酸钠为原料生产磷酸氢二钠的方法[P]: CN, 101462706. 2009-06-24.

[14] 田义群, 杨爱兵, 曹杰, 等. 一种粗品焦磷酸钠提纯生产磷酸氢二钠及氯化钠的方法[P]: CN, 109399593. 2019-03-01.

[15] 伍沅. 工业磷酸三钠溶液的介稳区及其结晶成长速度[J]. 化学工程, 1985（4）: 26, 41-47.

[16] 潘永康, 王喜忠. 现代干燥技术[M]. 北京: 化学工业出版社, 2001: 121-122, 286-287.

[17] 李敬民. 焦磷酸一氢三钠的制备方法[P]: CN, 102923683. 2012-11-14.

[18] 李国璋, 屈云, 张亚娟, 等. 一种焦磷酸一氢三钠的生产方法[P]: CN, 102963875. 2012-09-16.

[19] T. 克雷恩, K. 普拉茨, F. 沃尔. 焦磷酸三氢钠的制备方法[P]: CN, 1202003. 2005-05-18.

[20] Zettlemoyer A C, Schneider C H. The hydration of sodium triphosphate[J]. Journal of the American Chemical Society, 1956, 12（78）: 3870-3871.

[21] 杨承信. 三聚磷酸钠生产[M]. 北京: 中国轻工业出版社, 1988.

[22] 熊家林, 刘钊杰, 贡长生. 磷化工概论[M]. 北京: 化学工业出版社, 1994.

[23] 华小西. 三聚磷酸钠专利文摘-食品、建筑等[J]. 磷酸盐工业, 2005（1）: 30-40.

[24] 胡杰英, 王建, 叶家宽, 等. 三偏磷酸钠的工艺探讨与生产[J]. 磷酸盐工业, 2007(2): 13-16.

[25] 郭举, 周贵云, 徐艳丽. 由磷酸二氢钠制高纯度三偏磷酸钠的试验研究[J]. 硫磷设计与粉体工程, 2009(2): 17-19, 51.

[26] 张晓红. 六偏退火法生产三偏磷酸钠的工艺探讨[J]. 化学工程与装备, 2010(12): 57-58.

[27] 陈嘉甫, 谭光薰. 无机盐工业技术丛书之二: 磷酸盐的生产和应用[M]. 成都: 成都科技大学出版社, 1989.

[28] Bell R N, AudriethL F, Hill O F. Preparation of sodium tetrametaphosphate by low temperature hydration of alpha-phosphorous（V）oxide[J]. Industrial & Engineering Chemistry Research, 1952, 44(3): 568-572.

[29] 杜模全, 李天云. 一种制备白炭黑和六偏磷酸钠的方法[P]: CN, 1264748. 2004-09-23.

[30] 盛美娥, 张伟刚, 余有平. 一种氯化钠法生产六偏磷酸钠的方法[P]: CN, 101462711. 2008-11-28.

[31] 万源, 聂兴臻. 六偏磷酸钠尾气废热回收系统设计与应用[J]. 无机盐工业, 2007(10): 43-44.

第 3 章
钾系磷酸盐

3.1 钾系磷酸盐概述

钾盐在我国经济领域（如农业、军事、化工、医药、冶金、电镀、印染、玻璃等）的应用越来越广泛，需求量也不断增大。同时钾盐作为发展农业必需的战略资源，在我国具有重要的战略地位。我国钾盐资源短缺，为确保我国的粮食安全已将钾盐列为重点短缺矿种，2016 年 11 月，国土资源部将钾盐列入"战略性矿产目录"。

钾系磷酸盐是磷酸盐工业的重要产品系列之一。磷酸钾盐是利用磷酸与氢氧化钾或磷酸盐与钾盐复分解反应等方法制得的，其品种有磷酸二氢钾、磷酸氢二钾和磷酸三钾及其水合物，以及酸式焦磷酸钾、焦磷酸钾、偏磷酸钾、三聚磷酸钾等缩合钾盐。

3.2 钾系正磷酸盐

磷酸钾盐是磷酸盐产品规模用量的第四大产品，正磷酸钾盐主要有磷酸二氢钾、磷酸氢二钾、磷酸三钾产品。

3.2.1 组成和特性

磷酸二氢钾，英文名称为 potassium dihydrogen phosphate、potassium phosphate mono-basic 或 mono potassium phosphate，分子式为 KH_2PO_4，相对分子质量为 136.09；无色易潮解结晶或白色粉末，熔点为 252.6℃，相对密度为 2.338；溶于水，水溶液呈酸性，pH 为 4.4~4.7，不溶于乙醇；400℃失水生成偏磷酸二氢钾。

磷酸氢二钾，英文名称为 potassium hydrogen phosphate、dipotassium hydrogen phosphate。磷酸氢二钾有无水与带三个结晶水的产品。带三个结晶水的磷酸氢二钾，分子式为 $K_2HPO_4 \cdot 3H_2O$，相对分子质量为 228.23，外观为白色结晶或无定形白色粉末，易溶于水，水溶液呈微碱性，微溶于醇，有吸湿性，在温度较高时自溶，有吸湿性，其相对密度为 2.338，204℃时分子内部脱水转化为焦磷酸钾。1%水溶液的 pH 为 8.9。无水磷酸氢二钾，分子式为 K_2HPO_4，相对分子质量为 174.18。

磷酸钾（磷酸三钾），英文名称为 tripotassium phosphate、potassium phosphate、tribasic，有无水、带三个结晶水与带七个结晶水的产品，无色或白色、无臭、吸湿性结晶或颗粒，易溶于水，不溶于乙醇，1%水溶液的 pH 约为 11.5。无水磷酸钾，分子式为 K_3PO_4，相对分子质量为 212.26。三个结晶水的磷酸钾，分子式为 $K_3PO_4·3H_2O$，相对分子质量为 266.26。七个结晶水的磷酸钾，分子式为 $K_3PO_4·7H_2O$，相对分子质量为 338.37。

3.2.2 磷酸二氢钾

磷酸二氢钾的生产方法有中和法、萃取法、离子交换法、复分解法、直接法、结晶法和电解法等。以色列 Rotem 公司采用改进的直接法生产工艺，而我国的直接法尚未工业化，多采用中和法生产工艺，其次还有离子交换法和复分解法。

磷酸二氢钾的制备工艺早在 18 世纪初就有研究报道[1,2]，但直到 20 世纪 60 年代中期，世界各国才开始对其生产过程的理论基础和工艺进行深入系统的研究。其中，使用最早与最多的是以氢氧化钾或碳酸钾中和热法磷酸制取磷酸二氢钾，但其成本较高，使其应用受到限制。近年来，以高效磷酸二氢钾为基础的无氯复合肥市场以及设施农业、节水农业等发展带来的需求增加，极大地促进了磷酸二氢钾制备工艺的研究和开发。

1. 生产原理及制备技术

（1）中和法

1）生产原理。

中和法采用的原料是热法磷酸和 KOH 或 K_2CO_3，利用酸碱中和原理，使 KOH 或 K_2CO_3 对磷酸进行第一取代，生成的盐类即为磷酸二氢钾。

中和法制备 KH_2PO_4 的主要化学反应式为

$$KOH+H_3PO_4 =\!=\!=\!=\!= KH_2PO_4+H_2O$$

$$K_2CO_3+2H_3PO_4 =\!=\!=\!=\!= 2KH_2PO_4+H_2O+CO_2\uparrow$$

一般是将 KOH 或 K_2CO_3 配成质量分数为 30%的溶液，与 $w(H_3PO_4)$ 为 50%的热法磷酸或湿法净化磷酸在搅拌条件下发生中和反应，反应温度控制在 80~100℃，pH 控制在 4~5，中和反应后溶液经冷却结晶、过滤、离心分离、干燥后即为纯度较高的 KH_2PO_4 产品，母液经浓缩和重结晶后可循环利用[3]。中和法生产 KH_2PO_4 的工艺流程简单，设备投资费用少，技术成熟，产品纯度高[4]。但热法磷酸和钾碱作为生产 KH_2PO_4 的原料，成本高，利润低，导致这种方法难以大规模投入农用 KH_2PO_4 的生产中，主要应用于生产食品级、医药级、工业级 KH_2PO_4 等对产品纯度要求较高的相关领域[5,6]。

利用湿法净化磷酸中和法制备工业级 KH_2PO_4，当 pH 为 4 左右时，铁、铝和氟离子的去除能力较好，钙其次，镁最低，磷酸浓度和 pH 与 P_2O_5 收率成反比，经浓缩重结晶后，KH_2PO_4 纯度可达 90%以上[7]。将 KOH 配制成 $w(KOH)$ 为 32%的溶液，恒温搅拌下与工业湿法净化磷酸进行中和反应，控制反应温度和料液密度，反应结束后的料液经冷却结晶、离心分离得到粗产品和母液，粗产品经干燥得到磷酸二氢钾产品，母液与 KOH 溶液混合后经真空浓缩返回中和反应系统，生产的产品符合工业级 KH_2PO_4 中优等品指标[8]。热法磷酸工艺中，一般将 KOH 溶解配制成密度为 1.30~1.32g/cm^3、质量分数为 30%的溶液，静置、澄清和过滤除铁后可得合格碱液，$w(H_3PO_4)$ 为 85%的热法磷酸稀释至 50%即可投入使用，母液除杂可加入少量碱液将 pH 调至 8 以上析出杂质，过滤后将滤液 pH 调至 4.2～4.6，蒸发结晶后可得高纯度 KH_2PO_4 产品。

2）生产方法与工艺操作。

生产工艺与控制。中和法生产磷酸二氢钾的工艺流程示意图见图 3-1。将固体 KOH 或 K_2CO_3 溶解，配制成相对密度为 1.30～1.32、质量分数为 30%的溶液，使其在碱溶化槽中澄清除铁，经抽出过滤后得到合格碱液。将符合要求的碱液送至中和器，在搅拌下与 50%的磷酸溶液中和，控制温度和反应终点，中和产物经浓缩、过滤、冷却结晶、离心分离、干燥后即得成品。结晶母液返回浓缩工段回用。循环几次后结晶母液含有较多杂质，一般的处理方法是向母液中加入少量碱液，调 pH 至 8 以上，使杂质沉析出来，经过滤得到清液，再回调 pH 至 4.2～4.6 后送蒸发工序。

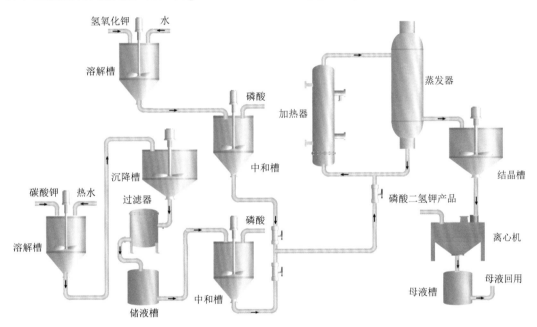

图 3-1　中和法生产磷酸二氢钾的工艺流程示意图

工艺控制指标如下。

A. 配料指标

a. KOH 或 K_2CO_3：配制成 30% KOH 或 K_2CO_3 溶液。

b. 85%磷酸：配制成 50%磷酸。

B. 中和工段

a. 反应温度：85～100℃。

b. 反应终点：pH=4.2～4.6。

c. 中和液的相对密度为 1.2～1.4。

C. 浓缩蒸发工段

溶液蒸发至相对密度为 1.38～1.42。

D. 冷却结晶工段

a. 结晶温度<36℃。

b. 原料消耗定额。①氢氧化钾法：每吨 KH_2PO_4 消耗 92% KOH 0.433t、85%热法磷酸 0.855t。②碳酸钾法：每吨 KH_2PO_4 消耗 95% K_2CO_3 0.5t、85%热法磷酸 0.9t。

（2）萃取法

1）生产原理。

萃取法制备 KH_2PO_4 可分为无机萃取法和有机溶剂萃取法两种。

无机萃取法是以无机酸、磷矿、钾盐为原料，直接生产磷酸二氢钾的一种方法。因磷矿中所含杂质较多，直接使用导致 KH_2PO_4 纯度不高。

有机溶剂萃取法是利用化合物在两种互不相溶（或微溶）的溶剂中溶解度或分配系数的不同，使化合物从一种溶剂中转移到另一种溶剂中。

以氯化钾和磷酸为原料，利用萃取法生产磷酸二氢钾的原理：等物质量的氯化钾和磷酸发生复分解反应，生成等物质量的磷酸二氢钾和氯化氢，反应如下：

$$H_3PO_4+KCl \xrightarrow{\hspace{1cm}} KH_2PO_4+HCl$$

利用溶解性的差异，选择性萃取氯化氢，或是利用萃取剂将磷酸萃入有机相，再引入 K^+，生成的磷酸二氢钾进入水相，分离后，有机相再生后循环使用。

萃取盐酸：将氯化钾、磷酸和萃取剂一起加入萃取槽，反应和萃取同时进行，再将萃取后的水相和有机相分离，从水相中得到产品磷酸二氢钾，有机相再生后循环使用。

萃取的主要反应（M 为萃取剂）如下：

$$H_3PO_4+KCl+M（有机相） \xrightarrow{\hspace{1cm}} M·HCl（有机相）+KH_2PO_4$$

反萃的主要反应（S 为反萃剂）如下：

$$M·HCl（有机相）+S \xrightarrow{\hspace{1cm}} S·HCl+M（有机相）$$

萃取磷酸：先用萃取剂将磷酸萃入有机相，再引入 K^+（氯化钾或其他），生成的磷酸二氢钾进入水相，有机相再生后循环使用。

萃取的主要反应（M 为萃取剂）如下：

$$H_3PO_4+M（有机相） \xrightarrow{\hspace{1cm}} M·H_3PO_4（有机相）$$

$$M·H_3PO_4（有机相）+KCl \xrightarrow{\hspace{1cm}} M·HCl（有机相）+KH_2PO_4$$

反萃的主要反应（S 为反萃剂）如下：

$$M·HCl（有机相）+S \xrightarrow{\hspace{1cm}} S·HCl+M（有机相）$$

有机溶剂萃取法可选择性地对 HCl 或 H_3PO_4 进行萃取，可排除粗磷酸中的离子型杂质，制取的磷酸二氢钾产品品质高，能耗低，与中和法相比生产成本可降低 20%左右，萃取剂可以循环利用。

提高萃取法的经济效益，关键在于萃取剂的选择。以湿法磷酸为原料，采用萃取法制备 KH_2PO_4 具有较好的经济效益，市场竞争力较强[9]。向群和龚勇[10]以三正丁胺为有机萃取剂制备 KH_2PO_4，找到了该法的最佳工艺条件，三正丁胺作为有机萃取剂具有高产率、高收益的优点。以三辛胺、环己烷、异戊醇体积比 2：4：1 的混合体系作为萃

取剂制备 KH_2PO_4，在水相、有机相体积比为 1：2，反萃剂氨水的质量分数为 5%，常温反应 10min 等条件下，得到的 KH_2PO_4 的质量分数可达 99%左右，且该体系相对稳定，分相时间短，萃取率高，只需一次萃取即可完成[11]。湿法磷酸除杂后采用正丁醇作为萃取剂净化回收萃余酸中的 KH_2PO_4，此工艺简单，产品纯度高，经济性较好。

2）生产方法与工艺操作。

A. 有机溶剂萃取法萃取盐酸

生产工艺与控制。根据采用的萃取剂的不同而采取不同的工艺流程。萃取剂使用最多的溶剂是三乙胺、叔胺。

以三乙胺为萃取剂，有机溶剂萃取法生产磷酸二氢钾的工艺流程示意图见图 3-2。将固体氯化钾溶解，配制成接近饱和的氯化钾溶液，经抽出过滤后得合格碱液，将其送往高位计量槽备用，并将磷酸送往高位计量槽备用。将氯化钾溶液和磷酸放入萃取反应器中，氯化钾和磷酸反应，生成的盐酸被萃取到有机溶剂中，待分相、分离后磷酸二氢钾从水相中结晶出来，经洗涤、干燥后得到磷酸二氢钾产品。分离后的母液可以循环使用，盐酸由反萃剂从有机相中反萃出来，萃取剂在系统中循环使用。

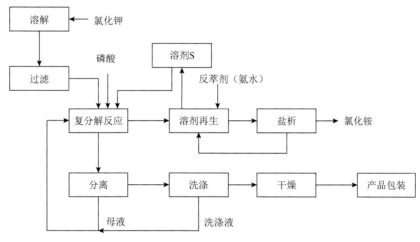

图 3-2　有机溶剂萃取法生产磷酸二氢钾的工艺流程示意图

工艺控制指标如下。

a. 原料配比（摩尔比）：KCl：H_3PO_4：S=1：1.05：1.05。

b. 磷酸浓度：75%～85% H_3PO_4。

c. 萃取反应温度：80℃，反应完全后温度降至 30℃，使磷酸二氢钾析出。

d. 萃取反应时间：40min。

云南省化工研究院发明了一种连续式制备磷酸二氢钾的方法[12]，该方法采用塔式萃取法，并将以叔胺为主的复配溶剂作为萃取剂，实现了磷酸二氢钾的连续生产，其工艺流程示意图见图 3-3。将湿法磷酸与氯化钾按摩尔比为 1：（0.8～1.2）配制成混合液，混合液与萃取剂分别泵入萃取塔，在 20～70℃的温度下进行逆流萃取，萃取剂不断萃取氯化钾中的氯离子，成为叔胺盐酸盐有机相；同时，氯化钾中的钾离子与磷酸不断结合成为磷酸二氢钾，铁、铝、钙、氟杂质离子不断生成固体沉淀，将从萃取塔下部流出的悬浮液进行过滤，滤饼用于生产肥料，滤液经浓缩、结晶、过滤、干燥，得到工业级磷酸二氢钾产品。

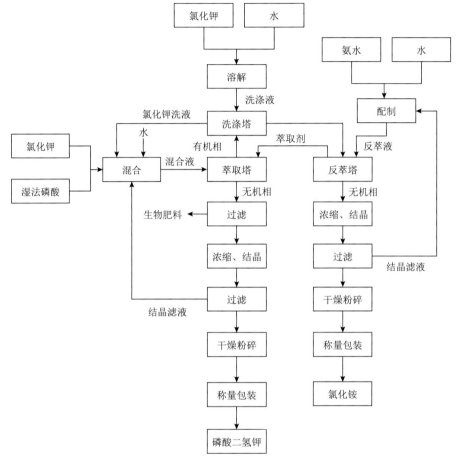

图 3-3　萃取法生产磷酸二氢钾的工艺流程示意图（以叔胺为主的复配溶剂作为萃取剂）

将从萃取塔上部流出的叔胺盐酸盐有机相泵入洗涤塔[13]，在 20～70℃温度下用洗涤液对其进行逆流洗涤，洗涤后的氯化钾洗液从洗涤塔下部流出，返回用于配制混合液。

从洗涤塔上部流出的叔胺盐酸盐有机相由泵泵入反萃塔中，同时将反萃液（氨水）泵入反萃塔中，叔胺盐酸盐有机相中氯离子与反萃液中氨的摩尔比为 1：（1.1～1.3），在 20～70℃温度下进行连续逆流反萃；所生成的氯化铵溶液从反萃塔下部流出，经浓缩结晶得到副产品氯化铵；反萃后的有机相（即再生后的萃取剂）从反萃塔上部流出，返回萃取塔循环使用。

工艺控制指标如下。

a. 预处理湿法磷酸浓度：5%～50% P_2O_5。

b. 混合液配比（摩尔比）：KCl：H_3PO_4=1：（0.8～1.2）。

c. 洗涤液：10%～26%的氯化钾溶液。

d. 反萃液（氨水）：5%～12%氨。

e. 萃取温度：20～70℃。

f. 混合液中氯离子与萃取剂的摩尔比：1：（1.9～3.0）。

g. 洗涤温度：20～70℃。

h. 叔胺盐酸盐有机相与氯化钾溶液的质量比：（8.85～13.8）：1。

i. 反萃温度：20～70℃。

j. 叔胺盐酸盐有机相中氯离子与反萃液中氨的摩尔比：1：（1.1～1.3）。

主要原料消耗定额：采用三乙胺和叔胺为萃取剂的主要原料消耗定额见表3-1。

表 3-1　采用三乙胺和叔胺为萃取剂的主要原料消耗定额　　　　（单位：t/t）

项目	原料消耗定额			
	氯化钾	磷酸	萃取剂	液氨
三乙胺法	0.6（95% KCl）	0.86（85% H_3PO_4）	0.02	0.282
叔胺法	0.64	0.66（100% P_2O_5）	0.004	0.185

B. 有机溶剂萃取法萃取磷酸

生产工艺与控制工艺流程示意图见图3-4。将固体氯化钾溶解，配制成接近饱和的氯化钾溶液，再与75%～85%磷酸混合，在混合液中滴加三乙胺，此时发生激烈的放热反应（磷酸先与三乙胺生产三乙胺磷酸盐，再与氯化钾发生复分解反应得到磷酸二氢钾和三乙胺盐酸盐），温度逐步上升到80℃，保持80℃并反应40min，然后冷却降温至30℃使大部分磷酸二氢钾析出，过滤并用少量的水或乙醇洗涤磷酸二氢钾晶体，晶体经过干燥后得到产品磷酸二氢钾。过滤后的母液与洗涤液一起送至蒸馏釜中，并加入三乙胺盐酸盐1.05倍的石灰乳进行蒸馏反应，蒸馏温度控制在80～120℃。蒸馏分离出的三乙胺进行循环使用。蒸馏后的釜底液为氯化钙和过量的石灰乳，用于加工成副产品氯化钙。

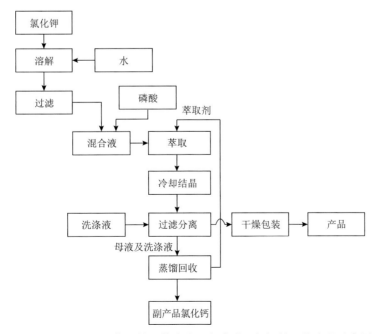

图 3-4　以三乙胺为萃取剂的萃取法生产磷酸二氢钾的工艺流程示意图

工艺控制指标如下。

a. 原料配比（摩尔比）：KCl：H_3PO_4：S=1：1.05：1.05（S 为萃取剂）。

b. 磷酸浓度（以 H_3PO_4 计）：85%。

c. 萃取反应温度：80℃，反应完全后温度降至 30℃，使磷酸二氢钾析出。

d. 萃取反应时间：40min。

原料消耗定额：每吨磷酸二氢钾消耗氯化钾（95% KCl）0.6t、磷酸（85% H_3PO_4）0.86t、萃取剂（三乙胺）0.02t、石灰 0.3t。

（3）离子交换法

1）生产原理。

离子交换法可分为阴离子交换法、阳离子交换法，笼统地说离子交换法制备 KH_2PO_4 是结合 $H_2PO_4^-$、K^+ 吸附、再生过程，利用阴离子交换树脂、阳离子交换树脂置换出 KH_2PO_4 的过程。阳离子交换法可大致分为 3 个阶段：转型阶段→离子交换阶段→产品后处理阶段。转型阶段又包括阳离子交换树脂经氨水转换为铵型及铵型通过 KCl 转换为钾型两个过程，离子交换阶段为先与 $NH_4H_2PO_4$ 溶液进行离子交换，制取 KH_2PO_4，重复钾型转换，再与 $NH_4H_2PO_4$ 溶液进行离子交换，只需消耗原料 $NH_4H_2PO_4$ 与 KCl 即可得到纯净的 KH_2PO_4 与 NH_4Cl，产品后处理阶段指 KH_2PO_4 料液经浓缩蒸发、冷却结晶、烘干，分析检测其纯度和 P_2O_5 含量等指标，即得成品 KH_2PO_4。与阳离子交换法相比，阴离子交换法采用弱碱性阴离子交换树脂置换 KH_2PO_4。阴离子交换法生产 KH_2PO_4，产品纯度高，污染小，但工艺复杂，能耗高，树脂昂贵，设备投资大，对操作人员素质要求高，弱碱性阴离子交换树脂对装置腐蚀相对严重，因此阴离子交换法的生产规模一般不大。

2）生产方法与工艺操作。

A. 生产工艺

离子交换法包括三个工段[14,15]：交换溶液的制备、离子交换、交换液的处理，见图 3-5。

新的磺化聚苯乙烯型阳离子交换树脂（含有酸性活性基团）使用前先用氟水稀溶液处理，使其变为铵型树脂，经水洗涤后才能交付使用。将氯化钾和磷酸二氢铵按要求浓度分别配制成溶液，经精制过滤除去杂质。将氯化钾溶液通入铵型树脂中，钾离子和铵进行交换，离子交换树脂由铵型树脂变成钾型树脂，铵离子和氯离子结合生成氯化铵，经加工得副产品。钾型树脂经水洗后，通过磷酸二氢铵溶液进行再生，磷酸二氢根与钾型树脂中的钾结合，生成磷酸二氢钾进入溶液，而铵离子进入树脂又再生为铵型树脂，再通入氯化钾溶液进行交换，如此反复循环。钾型树脂水洗后的磷酸二氢钾溶液，经蒸发浓缩、冷却结晶、分离脱水、干燥后制得磷酸二氢钾产品。

在不影响树脂交换性能的情况下，选择适宜的溶液浓度是节省能源的重要措施。采用稳定性强、交换性能好的离子交换树脂，是离子交换法的关键，使用磺化苯乙烯-二乙烯基苯型标准凝胶类阳离子交换树脂的效果较好，但稳定性差。二乙烯基苯含量高的粗网状树脂的效果更好。

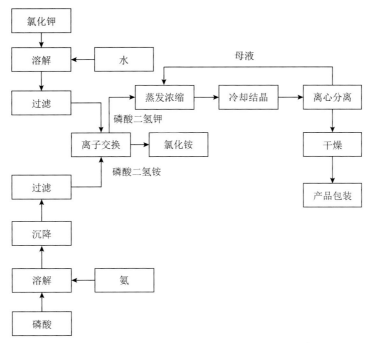

图 3-5　离子交换法生产磷酸二氢钾的工艺流程示意图

B. 原料消耗定额

每吨磷酸二氢钾消耗湿法磷酸（30% P_2O_5）2.4t、氯化钾（95% KCl）0.7t、液氨（99% NH_3）0.26t。

（4）复分解法

1）生产原理。

复分解法采用低成本的氯化钾代替氢氧化钾与磷酸或其磷酸盐作用生成磷酸二氢钾[16]，主要包括氯化钾与磷酸复分解法、氯化钾与磷酸盐复分解法。

A. 氯化钾与磷酸复分解法

该法在 20 世纪 60 年代前后曾引起人们的极大关注，其化学原理见反应式：

$$H_3PO_4 + KCl \Longrightarrow KH_2PO_4 + HCl\uparrow$$

该法以 H_3PO_4 与氯化钾为原料生成磷酸二氢钾和 HCl，为提高磷酸二氢钾产量，关键在于移除体系中的 HCl。升高温度有利于反应正向进行，从而提高原料转化率，但高温条件下 HCl 对设备的腐蚀加剧，对材料的耐腐蚀性能要求较高，增加了设备成本[17]。早期利用该法生产，采用的分解温度为 120～130℃。为达到较高的转化率，延长了反应时间。后来用添加有机物（如甲醇、脂肪烃、脂肪族醚、氯化烃、丁醇、乙醇、丙酮等）的方法来移除 HCl，这些有机物都要再生、循环使用；还有用吹气的办法来排除 HCl。随着新的防腐蚀材料的出现，反应温度提高到 130～200℃，有的甚至提高到 350～700℃。反应温度的提高有利于提高原料转化率，缩短反应时间。但是高温条件下 HCl 对设备的腐蚀加剧，产品磷酸二氢钾含量较高。

B. 磷酸二氢钠复分解法

氯化钾中的钾离子与正磷酸盐的磷酸二氢根发生复分解反应，生成磷酸二氢钾。

$$Na_2CO_3+2H_3PO_4 \Longrightarrow 2NaH_2PO_4+CO_2\uparrow+H_2O$$

$$NaH_2PO_4+KCl \Longrightarrow KH_2PO_4+NaCl$$

该法的特点是生产设备简单、反应条件平和、操作方便、没有污染、质量可靠，成本较中和法每吨下降 1000 元以上。但该法产生的副产品氯化钠价值太低，仍然影响磷酸二氢钾的综合效益。

C. 磷酸二氢铵复分解法

磷酸二氢铵与氯化钾发生复分解反应，生成磷酸二氢钾和氯化铵。

$$NH_4H_2PO_4+KCl \Longrightarrow KH_2PO_4+NH_4Cl$$

磷酸二氢铵复分解法生产磷酸二氢钾的实质是 $H_2PO_4^-$ 与 K^+ 发生复分解反应，该法存在的缺陷是生成 NH_4Cl 等副产品，使得磷酸二氢钾产品纯度不高。

英国 Acbright-Wison 公司最早用热法磷酸吸收氨生成磷酸二氢铵，磷酸二氢铵再与氯化钾在 80℃下进行复分解反应生成磷酸二氢钾。分离产品后的母液再与 CaO 反应，生成磷酸二氢钙，并从残渣中回收氨与氯化钾循环使用，该法磷酸二氢钾的收率较低，仅为 63%。

成战胜等[18]将氯化钾、液氨、湿法磷酸作为生产磷酸二氢钾的原料，向净化磷酸中通入液氨制得磷酸二氢铵溶液，然后向溶液中加入氯化钾水溶液，通过增加反应物氯化钾的浓度和减少存在于母液中磷酸二氢钾晶体的量，使反应平衡向正反应方向移动，趋于完成。磷酸二氢钾在水中由于同离子效应及温度的急剧下降，溶解度降低，磷酸二氢钾结晶的量也增加。过量的氯化钾和液氨转移到副产品氮磷钾复合肥中。该工艺流程简单，设备投资少，原料相对低廉，能耗低，综合利用效益高，无"三废"排放，可大规模生产。复分解法制备磷酸二氢钾的工艺流程示意图如图 3-6 所示。

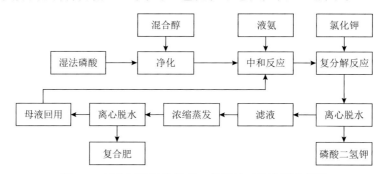

图 3-6　复分解法制备磷酸二氢钾的工艺流程示意图

孙健等[19]以氯化钾、磷酸一铵为原料生产磷酸二氢钾，将氯化钾加入磷酸一铵溶液中，混合均匀，溶解温度控制在 90℃，加料时间为 30min；溶解结束后，经冷却结晶、过滤、烘干得到磷酸二氢钾。该工艺方法的最佳条件：溶解温度 90℃，结晶终点温度 53℃，氯化钾和磷酸一铵的摩尔比为 1.45，磷酸一铵与水的质量比为 43.6%。在此工艺条件下得到的磷酸二氢钾纯度为 86.31%，磷收率为 75.80%。对复分解法得到的粗产品采用一次溶解重结晶法净化后，得到的磷酸二氢钾纯度为 98.67%。结晶母液可以直接进入氯基复合肥装置，或者经过处理后进行循环使用。与单一的复分解法生产磷酸二氢钾相比，发展低成本的复分解法结合湿法磷酸净化技术，满足工农业、医药和食品等相关行业对磷酸二氢钾的需求更受化工企业青睐。

2）生产方法与工艺操作。

A. 磷酸二氢钠复分解法

磷酸与碳酸钠中和反应制备磷酸二氢钠后再与氯化钾反应生成磷酸二氢钾的工艺流程见图 3-7、图 3-8。将碳酸钠溶液加入反应罐并配制为适宜浓度，再加入 85%磷酸，使溶液中和至 pH 为 4.1～4.3，制得磷酸二氢钠。在磷酸二氢钠溶液中加入 95%氯化钾，用夹套加热至沸点，进行复分解反应，保温半小时使其反应达到平衡。趁热放料进行真空抽滤，分离出杂质。滤液冷却至接近常温，加磷酸调 pH，用水调其相对密度，搅拌 30min 后形成含量在 96%以上的结晶。放料进行真空抽滤或离心分离即得磷酸二氢钾，母液蒸发至规定温度，料液自澄清转白色得氯化钠晶体，过滤除之，其滤液再冷却至室温，用磷酸调 pH，同时加入适量的氯化钾溶液，经搅拌后出料过滤，再得磷酸二氢钾结晶。液体送蒸发器加热，料液由澄清转白色时放料，分离再得氯化钠结晶、反复循环。

工艺控制指标如下。

a. 原料浓度：Na_2CO_3 配制成 30%的溶液；85% H_3PO_4；95% KCl 配成 30%饱和溶液。

b. 中和反应：原料配比（摩尔比）$Na_2CO_3 : H_3PO_4 = 1 : 2$；反应温度为 80～100℃；反应终点 pH=4。

c. 复分解反应：原料配比（摩尔比）$NaH_2PO_4 : KCl = 1 : 1$；反应温度为 90～100℃；反应时间为 30min。

d. 冷却结晶：用磷酸调节 pH=4.4～4.7；用水调节相对密度 1.274～1.285；结晶温度为 25℃；结晶时间为 30min。

e. 母液蒸发：蒸发温度为 108～109℃。

原料消耗定额：每吨磷酸二氢钾消耗 85% H_3PO_4 0.886～0.9t、30% Na_2CO_3 1.417～1.458t、95% KCl 0.625～0.650t。

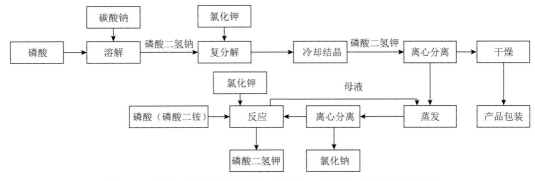

图 3-7　磷酸二氢钠复分解法生产磷酸二氢钾的工艺流程示意图

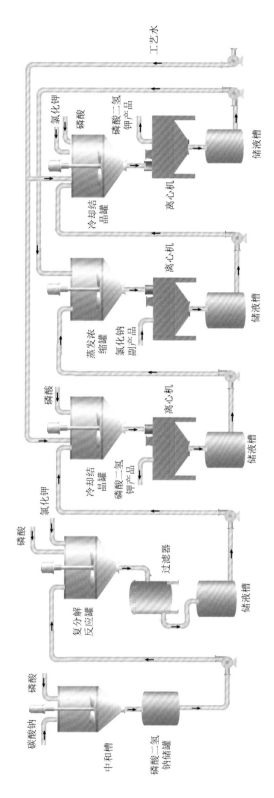

图3-8 磷酸二氢钠与氯化钾复分解法生产磷酸二氢钾的工艺流程示意图

B. 磷酸二氢铵复分解法

采用磷酸与碳酸氢铵反应制备磷酸二氢铵后再与氯化钾反应生成磷酸二氢钾的工艺流程。工艺流程基本同磷酸二氢钠复分解法，区别在于得到的副产品是氯化铵。

工艺控制指标如下。

a. 原料浓度：NH_4HCO_3 配制成 30% 的溶液；85% H_3PO_4；95% KCl 配成 30% 饱和溶液。

b. 中和反应：原料配比（摩尔比）NH_4HCO_3：H_3PO_4=1：1；反应温度为 80～100℃。

c. 复分解反应：原料配比（摩尔比）$NH_4H_2PO_4$：KCl=1：1；反应温度为 80℃；反应时间为 30min。

d. 冷却结晶：用磷酸调节 pH=4.2；结晶温度为 50℃；结晶时间为 30min。

e. 复分解反应：生成 KH_2PO_4 后用磷酸调节 pH=3～4；反应温度为 50℃；析出 NH_4Cl 后再用氨水调节 pH=7，反应温度为 20℃。

原料消耗定额：每吨磷酸二氢钾消耗 85% H_3PO_4 0.615t、30% NH_4HCO_3 1.527t、95% KCl 0.478t。

C. 磷酸和氯化钾复分解法

磷酸和氯化钾复分解法生产磷酸二氢钾的工艺流程示意图见图 3-9。将饱和氯化钾溶液与过量磷酸（75% H_3PO_4）在 120～130℃下进行复分解反应。反应中排出的氯化氢气体用水吸收得到 30% 左右的副产品盐酸。反应液中过量的磷酸再用氢氧化钾中和，控制溶液终点的 pH 在 4.2～4.6，然后冷却结晶、离心分离、干燥得到产品。母液循环使用。

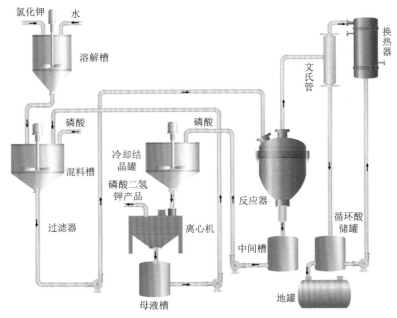

图 3-9　磷酸和氯化钾复分解法生产磷酸二氢钾的工艺流程示意图

工艺控制指标如下。

a. 原料浓度：85%磷酸（以 H_3PO_4 计）；95% KCl 溶解于 70～80℃热水中，配制成 30% H_3PO_4 饱和溶液。

b. 原料配比（摩尔比）：H_3PO_4：KCl=1.2：1。

c. 反应温度：120～130℃。

d. 反应时间：8～10h。

原料消耗定额：每吨磷酸二氢钾消耗 85% H_3PO_4 0.885t、95% KCl 0.635t、92% KOH 0.083t。

（5）直接法

1）生产原理。

以磷矿、硫酸和钾盐为原料生产磷酸二氢钾的工艺是在国际磷酸盐制造者协会的技术会议上，由爱尔兰哥尔丁肥料公司首次公布，被认为是生产磷酸二氢钾比较经济的方法，随后，以色列、美国、日本等国都相继进行了研究并有所发展。直接法采用 KCl 与 H_2SO_4 进行反应制取硫酸氢钾，然后同磷矿粉、硫酸进行萃取反应。该法无须先制造磷酸。

以色列 Rotem 公司于 1985 年由著名化学家亚历山大·约瑟夫领导开始研究该路线，首先用 Arad 工厂部分净化过的磷酸生产工业级磷酸二氢钾，后又开发了不用溶剂萃取湿法净化磷酸，而采取磷酸分离磷酸二氢钾的工艺。该技术 1987 年获得美国专利，1988 年进行中试，1990 年建成工业装置，1993 年 8 月投产。

2）生产方法与工艺操作。

A. 生产工艺与控制指标

直接法生产磷酸二氢钾的工艺流程示意图见图 3-10。硫酸与氯化钾反应生成硫酸氢钾和氯化氢，氯化氢经水吸收作为副产品盐酸；硫酸氢钾、过量的硫酸再与磷矿反应生成磷酸二氢钾、氢氟酸与磷酸的混合液及磷石膏，加入 SiO_2 脱氟得到的四氟化硅，用水（或氢氧化钠）吸收作为副产品氟硅酸（或氟硅酸钠）。将转化液过滤，滤渣为磷石膏，滤液为磷酸二氢钾与磷酸的混合液（简称磷钾液）。滤液用甲醇沉淀，得到磷酸二氢钾，再经过滤、洗涤、干燥得到产品磷酸二氢钾。滤液经蒸馏回收甲醇而得到较纯的磷酸。

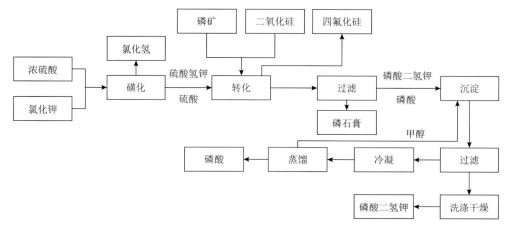

图 3-10　直接法生产磷酸二氢钾的工艺流程示意图

工艺控制指标如下。

a. 硫酸与 KCl 的配料比（摩尔比）：1.1：1。

b. 转化温度：70℃。

c. 反应时间：85min。

B. 原料消耗定额

每吨磷酸二氢钾消耗磷矿石 2.42t、95% KCl 0.6t、98% H_2SO_4 2.4t。

（6）电解法

1）生产原理。

电解法又称电渗析法，电渗析法生产磷酸二氢钾主要分两步进行[20]，一是在电解槽中完成电解，二是通过复分解反应制取 KH_2PO_4，化学反应式为

$$H^+ + H_2O + 2e = H_2 \uparrow + OH^-$$

$$OH^- + H_3PO_4 = H_2PO_4^- + H_2O$$

以氯化钾（或硫酸钾）和磷酸为原料，采用离子交换膜和电解的方法制备磷酸二氢钾。离子交换膜有选择性地允许 $H_2PO_4^-$ 或 K^+ 穿过膜层，分别在阴、阳极产生 H_2 和 Cl_2。反应温度为 80～99℃，产物磷酸二氢钾、H_2 和 Cl_2 的纯度高。主要原理如下：

$$H_3PO_4 + H_2O = H_2PO_4^- + H^+ + H_2O$$

$$KCl + H_2O = K^+ + Cl^- + H_2O$$

$$H_2PO_4^- + K^+ = KH_2PO_4$$

$$阴极：2H^+ + 2e = H_2 \uparrow$$

$$阳极：2Cl^- - 2e = Cl_2 \uparrow$$

该法工艺流程相对简单，电解较为完全，但由于工艺技术不够成熟，实际生产中仍存在很多问题。

2）生产方法与工艺操作。

A. 生产工艺与控制指标

电渗析生产工艺流程示意图见图 3-11。在电渗析器中设置阴离子渗透膜与阳离子渗透膜，膜安放在不同的料室，隔成阴极室、中和室和阳极室。氯化钾配制成溶液并加入电渗析器的阳极室，磷酸溶液加入电渗析器的阴极室，在电场作用下，让阴离子渗透膜有选择性地允许阴离子（$H_2PO_4^-$）穿过进入中和室，阳离子渗透膜有选择性地允许阳离子（K^+）穿过进入中和室，在中和室 $H_2PO_4^-$ 与 K^+ 生成磷酸二氢钾溶液。与 $H_2PO_4^-$ 对应离解的 H^+，移向阴极吸收电子生成氢气。而与 K^+ 对应离解的 Cl^-，移向阳极释放电子生成氯气。

工艺控制指标如下。

a. 原料浓度：磷酸溶液 196g/L；氯化钾溶液 149g/L。

b. 电解电压 6V；电解电流 5～10A。

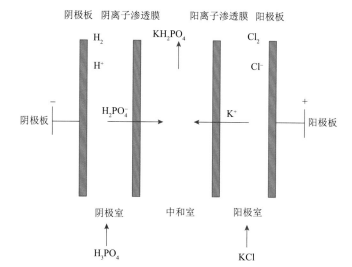

阴极板　阴离子渗透膜　　阳离子渗透膜　阳极板

图 3-11　电渗析生产工艺流程示意图

B. 原料消耗定额

每吨磷酸二氢钾消耗 95% KCl 0.595～0.6t、85% H_3PO_4 0.895～0.9t、电 1000kW·h。

（7）结晶法

结晶法制备磷酸二氢钾的反应原理如下：

$$H_3PO_4+KCl \Longrightarrow KH_2PO_4+HCl\uparrow$$

依据可逆反应特征，通过加大反应物磷酸的浓度，及时移除产物 HCl，促使反应正向移动，从而得到磷酸二氢钾产品。结晶法对反应物的浓度有一定的要求，反应物浓度过高会导致料浆黏度过大，阻碍 HCl 气体逸出，不利于反应进行，该法需要在酸性、较高温度条件下进行反应，HCl 对装置设备腐蚀严重，逸出的 HCl 气体会污染环境，需将其吸收后加以回收利用[21]。

一步结晶法制备磷酸二氢钾，反应原理如下：

$$KOH+H_3PO_4 \Longrightarrow KH_2PO_4+H_2O$$

$$K_2CO_3+2H_3PO_4 \Longrightarrow 2KH_2PO_4+H_2O+CO_2\uparrow$$

该工艺流程短，设备投资相对少，产品质量高，但反应原料价格昂贵，成本高。

2. 典型工业化生产工艺

（1）生产工艺原理

中和反应：

$$H_3PO_4+KOH \Longrightarrow KH_2PO_4+H_2O$$

聚合反应：

$$KH_2PO_4 \longrightarrow 脱水干燥成粉末$$

（2）工艺流程

验收合格的氢氧化钾和验收合格的磷酸按照一定的配比（磷酸 8000L 约 14t，48%

的氢氧化钾溶液 6600L 约 10t）加入中和反应釜，随后用蒸汽加热并搅拌反应约 3h，进一步浓缩检测 pH 和密度合格，干燥结晶生成磷酸二氢钾。物料经冷却至提升机提升至旋振筛进行筛分。筛下的物料经破碎机破碎至粒度符合计划要求，合格的产品经除铁器除铁后进入成品料仓，成品料仓内产品用验收合格并经过检查和消毒的包装袋进行包装，包装后的产品经窗口式金检机检测，合格的产品送仓库储存。

3.2.3 磷酸氢二钾

目前磷酸氢二钾的生产方法主要是中和法。

1. 生产原理

（1）三水磷酸氢二钾

采用的原料是热法磷酸和氢氧化钾或碳酸钾，利用酸碱中和原理，使氢氧化钾或碳酸钾对磷酸进行第二取代，生成的盐类即为磷酸氢二钾。

$$2KOH+H_3PO_4+H_2O \Longrightarrow K_2HPO_4 \cdot 3H_2O$$

$$K_2CO_3+H_3PO_4+2H_2O \Longrightarrow K_2HPO_4 \cdot 3H_2O+CO_2 \uparrow$$

1）氢氧化钾一步法。

将固体氢氧化钾配成 30% 水溶液，经澄清、过滤除去杂质，计量后加入耐腐蚀反应罐中，在搅拌下缓慢加入适量的 50% 磷酸溶液，在 90～100℃下进行中和反应，反应终点控制 pH 为 8.5～9.0（用酚酞作指示剂刚显红色为止）。加热至 120～124℃进行浓缩，至溶液浓度达到要求范围后过滤除去不溶物。澄清滤液经冷却至 20℃以下析出结晶，再经离心分离，稍加风干，制得磷酸氢二钾成品。其反应式如下：

$$2KOH+H_3PO_4+H_2O \Longrightarrow K_2HPO_4 \cdot 3H_2O$$

2）碳酸钾一步法。

在不断搅拌下，将碳酸钾溶液加入 30% 的磷酸溶液中反应，中和终点 pH 为 8.5～9.0（酚酞指示剂刚显红色）；中和液浓缩至 120～124℃后过滤除去不溶物，然后冷却至 20℃以下结晶；离心分离、干燥得产品，母液送至中和工序回用。

$$K_2CO_3+H_3PO_4+2H_2O \Longrightarrow K_2HPO_4 \cdot 3H_2O+CO_2 \uparrow$$

3）碳酸钾-氢氧化钾两步法。

原理同氢氧化钾或碳酸钾一步法，根据生产需要，先用碳酸钾溶液中和磷酸，后用氢氧化钾溶液中和而得。

4）磷酸二氢钾法。

磷酸二氢钾与氢氧化钾反应生成磷酸氢二钾，其化学反应式如下：

$$KH_2PO_4+KOH+2H_2O \Longrightarrow K_2HPO_4 \cdot 3H_2O$$

由于磷酸氢二钾易形成过饱和溶液，因此在结晶时应先将浓溶液冷却到 20℃以下，再加入磷酸氢二钾晶种，促进其结晶。

称取 1000kg 磷酸氢一钾置于反应釜中，加入 380kg 蒸馏水，再慢慢加入约 220kg

固体氢氧化钾，不断搅拌，利用其反应热将磷酸氢一钾和氢氧化钾溶解，继续加入氢氧化钾至该溶液对酚酞呈淡粉色为止，得到浓热磷酸氢二钾溶液。然后，将此浓热磷酸氢二钾溶液过滤去掉滤渣杂质。将滤液置于结晶釜中，不断搅拌，当溶液温度降到 15～20℃时，加入少许磷酸氢二钾晶种，继续搅拌，直到结晶完全、溶液冷却到 20℃左右时为止。将其结晶离心甩干得三水磷酸氢二钾。

（2）无水磷酸氢二钾

将合格的工业磷酸氢二钾结晶在120～130℃的干燥炉中脱水制得无水磷酸氢二钾。

2．生产方法和工艺操作

（1）生产工艺与控制指标

中和法生产磷酸氢二钾的工艺流程示意图见图 3-12。将固体氢氧化钾或碳酸钾溶解，配制成 30% 的溶液，过滤除去杂质得碱液，磷酸稀释至规定浓度；先在中和槽中加入计量的钾碱液，在搅拌下缓慢地加入酸液进行中和，控制反应温度和反应终点；开启夹套蒸汽，将中和液浓缩至要求范围，放出冷却，并加入 $K_2HPO_4 \cdot 3H_2O$ 晶种，静置冷却至 20℃以下得磷酸氢二钾结晶。将结晶液送往离心机中分离脱水而得三水磷酸氢二钾，干燥、包装。母液经过滤后循环使用。

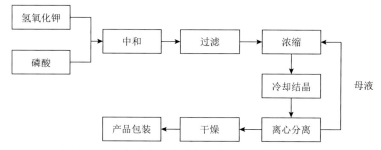

图 3-12　中和法生产磷酸氢二钾的工艺流程示意图

工艺控制指标如下。

1）配料指标：氢氧化钾或碳酸钾浓度 30%；磷酸浓度 50%。

2）中和工段：反应温度 90～100℃，反应终点 pH 8.5～9.0。

3）浓缩蒸发工段：夹套蒸汽温度 120～124℃。

4）冷却结晶工段：结晶温度 20℃。

（2）原料消耗定额

1）氢氧化钾法：每吨磷酸氢二钾消耗 92% 氢氧化钾 0.594t、85%磷酸 0.561t。

2）碳酸钾法：每吨磷酸氢二钾消耗 95% 碳酸钾 0.6t、85%磷酸 0.476t。

3．典型工业化工艺

（1）生产工艺原理

中和反应：

$$H_3PO_4 + 2KOH = K_2HPO_4 + 2H_2O$$

聚合反应：

$$K_2HPO_4 \longrightarrow 脱水干燥成粉末$$

（2）工艺流程

验收合格的氢氧化钾和验收合格的磷酸按照一定的配比（磷酸 9000L 约 15t，48%的氢氧化钾溶液 20000L 约 30t）加入中和反应釜中，随后用蒸汽加热并搅拌反应约 3h，后经板框压滤去除杂质打入料浆储罐，再通过离心泵匀速输送至聚合炉，在氢气燃烧提供热能的情况下，聚合为磷酸氢二钾。聚合炉的尾气经旋风分离在引风机的作用下至水洗塔，进入湿式静电除雾系统处理。聚合炉出来的物料经冷却至提升机提升至旋振筛进行筛分。筛下的物料经破碎机破碎至粒度符合计划要求，合格的产品经除铁器除铁后进入成品料仓，成品料仓内产品用验收合格并经过检查和消毒后的包装袋进行包装，包装后的产品经窗口式金检机检测，合格的产品送仓库储存。

3.2.4 磷酸三钾

磷酸三钾的生产方法主要是中和法。

1. 生产原理

（1）中和法

用碳酸钾或氢氧化钾先中和磷酸溶液至生成磷酸氢二钾。然后再在磷酸氢二钾溶液中加入氢氧化钾进行第二次中和，使其生成磷酸三钾。控制 pH 在 14 以上。然后将磷酸三钾溶液进行浓缩，至溶液温度达 146℃时为止，在冷却结晶器中稍加冷却后，离心分离即得成品。母液则返回浓缩器，也可不经过冷却结晶器而直接趁热把浓缩后的磷酸三钾溶液离心分离而得。

$$3KOH+H_3PO_4 =\!\!=\!\!= K_3PO_4+3H_2O$$

$$2K_2CO_3+2H_3PO_4+4H_2O =\!\!=\!\!= 2K_2HPO_4 \cdot 3H_2O+2CO_2\uparrow$$

$$K_2HPO_4+KOH =\!\!=\!\!= K_3PO_4+H_2O$$

（2）黄磷法

在燃烧磷和富氧空气的混合物中，吹入磨细的氯化钾和氧气，冷却熔体，同时加水溶解，然后进行结晶而得。

（3）煅烧法

将碳酸钾与含磷酸铝（或磷酸铁）的矿粉混合，于 600~800℃下煅烧，用水浸出熟料中的磷酸三钾，过滤，将滤渣进一步加工制得氧化铝，滤液经浓缩、结晶而得。

2. 生产方法和工艺操作

（1）生产工艺与控制指标

中和法生产磷酸钾的工艺流程示意图见图 3-13。将氢氧化钾、磷酸各配制成 30%的氢氧化钾溶液和 50%的磷酸溶液，用 30%的氢氧化钾溶液先中和 50%的磷酸溶液至生成磷酸氢二钾。然后再在磷酸氢二钾溶液中加入氢氧化钾进行二次中和，生成磷酸三钾。

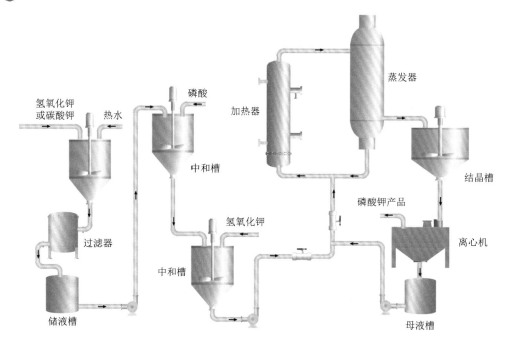

图 3-13　中和法生产磷酸钾的工艺流程示意图

工艺控制指标如下。

1）配料指标：氢氧化钾或碳酸钾浓度为 30%；磷酸浓度为 50%。

2）中和工段：反应温度 90～100℃；反应终点 OH⁻离子浓度≥1 mol/L。

3）浓缩蒸发工段：相对密度 1.38～1.4。

4）冷却结晶工段：结晶温度<60℃。

（2）原料消耗定额

1）氢氧化钾法：每吨磷酸三钾消耗 92% 氢氧化钾 0.757t、85%磷酸 0.478t。

2）碳酸钾法：每吨磷酸三钾消耗 95% 碳酸钾 1.03t、85%磷酸 0.544t。

3. 典型工业化工艺

（1）生产工艺原理

中和反应：

$$H_3PO_4+3KOH\Longrightarrow K_3PO_4+3H_2O$$

聚合反应：

$$K_3PO_4\longrightarrow 脱水干燥成粉末$$

（2）工艺流程

验收合格的氢氧化钾和验收合格的磷酸按照一定的配比（磷酸 7000L 约 12t，48%的氢氧化钾溶液 18000L 约 28t）加入中和反应釜中，再加入用蒸汽加热搅拌反应，进一步浓缩检测 pH 和密度合格，干燥结晶生成磷酸二氢钾和磷酸三钾。物料经冷却至提升机提升至旋振筛进行筛分。筛下的物料经破碎机破碎至粒度符合计划要求，合格的产品经除铁器除铁后进入成品料仓，成品料仓内产品用验收合格并经过检查和消毒的包装袋进行包装，包装后的产品经窗口式金检机检测，合格的产品送仓库储存。

3.2.5 钾系正磷酸盐的用途

1. 磷酸二氢钾的用途

（1）在化学工业生产领域的应用

磷酸二氢钾在化学工业生产领域主要作为偏磷酸钾、磷酸氢二钾、磷酸三钾和焦磷酸钾的原料。磷酸二氢钾主要用于化妆及洗涤用品。

（2）在医药领域的应用

磷酸二氢钾在医药领域主要用于细菌培养剂、营养剂、药物辅料、pH 调节剂和缓冲剂等方面。

（3）在食品生产领域的应用

磷酸二氢钾在食品生产领域用作合成清酒的调味剂，使用该方法酿造提炼的纯酒醇厚甘香，酒精转化率高，用作发酵工业细菌培养剂，常将其作为酸奶、乳酸菌等饮品的生产原料。此外，磷酸二氢钾常用于制造烤面包、蛋糕以及东方传统糕点等烘焙物，近年来又开始可以作为酸味剂和缓冲剂进行食品生产使用。

（4）在农业领域的应用

磷酸二氢钾化学性质稳定，无嗅、无味、无毒，易溶于水，吸湿性小，不结块，不含在土壤中能够累积和对作物有害的非营养离子等，适于各种土壤和作物。磷酸二氢钾是一种高浓度的磷钾复合肥、优质无氯钾肥和重要的植物生长调节剂。磷酸二氢钾的盐值极低，是理想的叶施肥料，能广泛用于浸种、浸根、药物拌种、浇灌和叶面喷施，在农作物加速灌浆、促进代谢、抵御干热风及防止倒伏等方面均有显著效果。用作农作物底肥及农作物中后期叶面喷肥，用于叶面喷施时吸收利用率高达 80%～90%，广泛施用于各种粮食和经济作物，对水果增加甜度和改善口感的作用甚佳，尤其适用于烟草、柑橘、茶叶、花卉等忌氯作物。随着设施农业、节水农业的发展，磷酸二氢钾在农业领域的应用将会迅速发展，是目前现代设施农业生产市场需求最旺盛的高纯磷钾肥产品。

（5）在饲料生产领域的应用

在饲料生产领域，磷酸二氢钾用作饲料添加剂，可以促使动物骨骼、牙齿、细胞膜核酸和血细胞增长。

（6）在试剂生产领域的应用

在试剂生产领域，磷酸二氢钾用作 pH 试纸、分析试剂、缓冲剂和软水剂等。

2. 磷酸氢二钾的用途

磷酸氢二钾是一种无机化合物，主要用作防冻剂的缓蚀剂、抗生素培养基的营养剂、发酵工业的磷钾调节剂、饲料添加剂，以及医药工业中的配料和添加剂等。

（1）在医药领域的应用

磷酸氢二钾是一种常用的药物助剂，可用于药物分子复合磷酸氢钾注射液的生产。复合磷酸氢钾注射液主要在完全胃肠外营养疗法中作为磷的补充剂，如中等以上手术或其他创伤需禁食 5 天以上患者的磷的补充剂，本品亦可用于某些疾病所致低磷血症。磷酸氢二钾用作细菌培养剂、营养剂，使其尿酸化，还用于青霉素、土霉素、肌苷等的生产；用作药物辅料、pH 调节剂和缓冲剂等。

（2）在食品生产领域的应用

在食品方面，按照国内现行的《食品安全国家标准 食品添加剂使用标准》（GB 2760—2014），磷酸氢二钾用作食品添加剂（其添加范围和用量不得超过国家规定的使用范围和最大使用量）。磷酸氢二钾主要用作合成清酒的调味剂、发酵工业细菌培养剂、制造烘焙物等，也可作为酸味剂和缓冲剂在干粉饮料中提供钾营养元素。磷酸氢二钾用作乳化剂和缓冲剂，可用于咖啡伴侣和低钠含量饮料中；也用作矿物补充剂。

（3）在农业领域的应用

磷酸氢二钾的作用是促进氮和磷吸收、促进光合作用、提高作物抗逆能力、提高果品品质和调节作物平衡生长等。

（4）在化学工业领域的应用

磷酸氢二钾在化学工业领域可以作为水质的微生物处理剂、菌类培养剂，还可以用作滑石粉的脱铁剂。此外，磷酸氢二钾可以作为生物化学中的萃取剂，以磷酸氢二钾水溶液为萃取剂，对自然水体中培养的生物膜胞外聚合物进行了萃取和分离。

3. 磷酸三钾的用途

（1）在化学工业领域的应用

磷酸三钾用于制备液体肥皂、优质纸张、精制汽油；用作锅炉水的软化剂；在合成橡胶生产中从酸性气体中回收硫的助剂。

（2）在食品生产领域的应用

根据国内现行的《食品安全国家标准 食品添加剂使用标准》（GB 2760—2014），磷酸三钾可以用作食品添加剂，但其添加范围和用量必须严格控制在国家规定的使用范围和最大使用量之内。在食品工业中，磷酸三钾主要用作乳化剂、钾的强化剂、食品膨松剂、调味剂、肉类黏结剂，以及作为营养物质、酸度调节剂。它还用于配制面食制品所用的碱水，以及作为缓冲剂、抗氧化增效剂和螯合剂。

（3）在医药领域的应用

磷酸三钾在医药领域可以用作医药辅料和化学试剂。医学上治疗磷酸盐缺乏症时，可以静脉注射磷酸三钾，因为磷酸三钾会破坏人体的钙含量，所以患者必须在服用前和服用过程中测量钙和磷含量，除了可预防的钙失衡之外，磷酸钾的主要副作用是注射部位的烧灼感。

（4）在农业领域的应用

磷酸三钾在农业领域可用作制造磷钾肥料。

3.3　钾系焦磷酸盐

3.3.1　理化性质

焦磷酸钾盐的化合物形态有焦磷酸钾 $K_4P_2O_7$（无水物、一水合物、三水合物和 3.5 水合物）、焦磷酸三钾 $K_3HP_2O_7$（无水物、半水合物）、焦磷酸二氢钾 $K_2H_2P_2O_7$（无水物、半水合物，又称酸式焦磷酸钾）、焦磷酸三氢钾 $KH_3P_2O_7$ 等，其中在工业广泛应用的是焦磷酸钾。

焦磷酸钾又名一缩二磷酸钾，通常为无色块状（或粉末状）晶体，极易吸湿而潮解，易溶于水而不溶于乙醇，25℃时在 100g 水中的溶解度为 187g。浓度为 1%的水溶液 pH 为 10.2。其无水物熔点为 1109℃（其中Ⅰ型为 1090℃），相对密度为 2.534。随着温度的升高，含水结晶物逐渐失水形成不同的变体，三水合物在 180℃失去两个结晶水，300℃时失去全部结晶水。无水焦磷酸钾有两种晶型，Ⅰ型向Ⅱ型的转变温度为 278℃。

焦磷酸钾具有钾离子（K^+）和焦磷酸根离子（$P_2O_7^{4-}$）的各种化学特性。

3.3.2　生产原理

焦磷酸钾可由磷酸钾盐聚合制得，也有以焦磷酸为原料的，但工业化不易实施。

1. 焦磷酸钾

磷酸氢二钾从 282℃开始分解脱水，形成焦磷酸钾。但工业上为了得到较纯的焦磷酸钾，转化温度控制在 350～400℃：

$$2K_2HPO_4 \xrightarrow{350\sim400℃} K_4P_2O_7 + H_2O$$

无水焦磷酸钾溶于水，可以获得不同结晶水的焦磷酸钾。从 79℃开始将 $K_4P_2O_7 \cdot 3.5H_2O$ 加热，到 155℃以上，则经过三水合物、一水合物，变成无水物：

$$K_4P_2O_7 + 3.5H_2O \xrightarrow{0\sim79℃} K_4P_2O_7 \cdot 3.5H_2O$$

$$K_4P_2O_7 \cdot 3.5H_2O \xrightarrow{79℃} K_4P_2O_7 \cdot 3H_2O + 0.5H_2O$$

$$K_4P_2O_7 \cdot 3H_2O \xrightarrow{<155℃} K_4P_2O_7 \cdot H_2O + 2H_2O$$

$$K_4P_2O_7 \cdot H_2O \xrightarrow{>155℃} K_4P_2O_7 + H_2O$$

2. 酸式焦磷酸钾

以磷酸二氢钾为原料，将其加热到 200℃时发生脱水反应，失去结晶水，生成酸式焦磷酸钾。

$$2KH_2PO_4 \xrightarrow{200℃} K_2H_2P_2O_7 + H_2O$$

在 240～260℃时，磷酸二氢钾发生聚合反应生成偏磷酸钾，因此以磷酸二氢钾为原料制取酸式焦磷酸钾，必须严格控制反应温度。

$$nKH_2PO_4 \xrightarrow{200℃} (KPO_3)_n + nH_2O$$

3.3.3 生产方法

焦磷酸钾和酸式焦磷酸钾均以正磷酸钾盐为原料经煅烧聚合制得。正磷酸钾盐一般以氢氧化钾（碳酸钾）和磷酸为原料，经中和反应制得。目前工业生产多以氢氧化钾（碳酸钾）和磷酸反应工艺为主[22]。

$$K_2CO_3 + H_3PO_4 \xrightarrow{pH=8.4} K_2HPO_4 + H_2O + CO_2\uparrow$$

$$2KOH + H_3PO_4 \xrightarrow{pH=8.4} K_2HPO_4 + 2H_2O$$

$$K_2CO_3 + 2H_3PO_4 \xrightarrow{pH=4.6} 2KH_2PO_4 + H_2O + CO_2\uparrow$$

$$KOH + H_3PO_4 \xrightarrow{pH=4.6} KH_2PO_4 + H_2O$$

1. 焦磷酸钾

焦磷酸钾的生产方法有卧式聚合炉一步法与中和煅烧两步法，以磷酸氢二钾为原料聚合而得。

卧式聚合炉一步法是指磷酸氢二钾的干燥和聚合在转炉内同时完成，即将中和好的磷酸氢二钾溶液通过高压泵喷嘴雾化喷入转炉内，与炉头燃烧室来的热气混合，其水分迅速蒸发并由引风机带走，得到的磷酸氢二钾颗粒在一定的时间和温度下聚合得到焦磷酸钾。尾气中夹带的磷酸氢二钾粉末通过洗气塔回收，返回中和釜。其优点是设备紧凑，投资少；缺点是磷酸氢二钾雾化后的颗粒非常细而轻，物料聚合时间得不到充分保证，产品质量不稳定，含量偏低；尾气回收系统负担较重，很难达到环保排放要求。

中和煅烧两步法工艺是将磷酸氢二钾溶液用刮片干燥机干燥成片状或颗粒状，再将物料送入聚合转炉，用来自热风炉的热风将其加热聚合，得到焦磷酸钾，经冷却、粉碎、包装制得成品。中和煅烧两步法工艺在磷酸氢二钾溶液干燥制片（粒）过程不产生任何粉尘，在转炉内的聚合时间和温度可以精确控制，产品质量稳定；尾气中粉尘含量低。图 3-14 给出了中和煅烧两步法生产焦磷酸钾的工艺流程示意图。

将氢氧化钾（或碳酸钾）投入中和槽中，加水溶解，在搅拌过程中加入磷酸中和，控制 pH 在 8.4 左右，得到磷酸氢二钾溶液；溶液通过喷雾干燥得到磷酸氢二钾粉料，再通过回转焦化炉煅烧聚合得焦磷酸钾成品。

中和是制备合格焦磷酸钾的关键步骤之一。严格的工艺条件、保证原料质量是焦磷酸钾质量控制的关键。为得到高纯度的焦磷酸钾，必须先制得高纯度的磷酸氢二钾。如果磷酸氢二钾中含有少量磷酸二氢钾，在聚合时会有部分偏磷酸钾生成；若磷酸氢二钾中含有少量磷酸三钾，即使在高温下也无法聚合。当焦磷酸钾用于电镀时，若产品中含有偏磷酸钾和磷酸三钾，则这些物质会进入溶液，破坏电镀液的电化学性质，影响电镀效果。实践证明，中和终点控制 pH 在 8.4 为好；如果中和反应加碱过量（pH>8.8），则可能有磷酸三钾产生，导致煅烧过程中产品变黑。

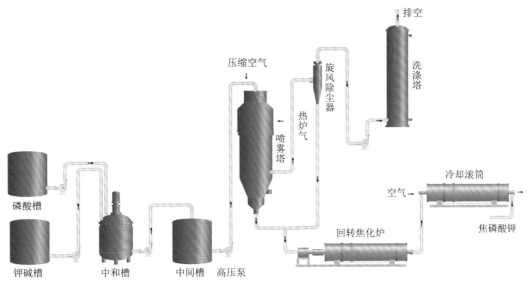

图 3-14　中和煅烧两步法生产焦磷酸钾的工艺流程示意图

聚合转化温度与反应终点的控制也是产品质量控制的关键。理论上磷酸氢二钾聚合转化为焦磷酸钾的温度为 350～400℃。在生产中往往因为回转焦化炉温度与物料有一定的温差，需要进行温度校正，实际炉温一般为 400～500℃，温度太高，生成的产品外观虽然色泽洁白，但水不溶物含量增加，且无法处理，生产上称为"烧死"，产品质量不合格。反应完全后用硝酸盐试剂检验产品质量：将煅烧后的物料取出少许冷却后，滴加硝酸银试剂，不产生黄色沉淀则意味着转化完全。

蔡毅[23]公开了一种两步法连续生产焦磷酸钾的方法。带有滚筒刮板干燥机的两步法连续生产焦磷酸钾的工艺流程示意图如图 3-15 所示。具体步骤：将磷酸和氢氧化钾

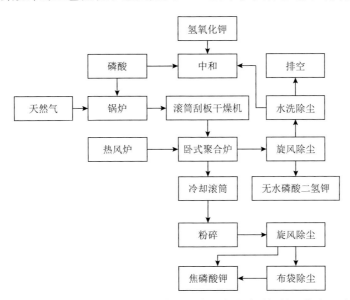

图 3-15　带有滚筒刮板干燥机的两步法连续生产焦磷酸钾的工艺流程示意图

在中和釜中反应得到磷酸氢二钾溶液；磷酸氢二钾溶液喷淋或浸附于不断转动的滚筒刮板干燥机，滚筒表面形成厚度为 0.5~1.5mm 的料膜，将高温导热油（200~340℃）作为传热介质，对滚筒表面的料膜进行加热，使物料中 92%~97%水分蒸发，得到含水量在 3%~8%相对湿润的粒状或片状的固态磷酸氢二钾，由刮刀刮下并连续送入旋转的卧式聚合炉中与热风炉产生的燃烧气或热空气在 500~600℃高温下连续脱水、聚合，经冷却、粉碎、包装得到产品焦磷酸钾。

2. 酸式焦磷酸钾

酸式焦磷酸钾和焦磷酸钾的生产工艺流程与设备相同，其差异在于原料不同，工艺控制条件不同（表 3-2）。

表 3-2 中和煅烧两步法生产焦磷酸钾或酸式焦磷酸钾的工艺控制条件比较

项目产物	中和 pH	反应温度/℃	结晶温度/℃	聚合温度
酸式焦磷酸钾	4.2~4.6	85~100	<36	200℃，不得超过 230℃
焦磷酸钾	8.5~9.0	90~100	<20（三水焦磷酸钾）	500℃，不得超过 600℃

工业上生产酸式焦磷酸钾，既可以用磷酸二氢钾作原料，又可以用碳酸钾或氢氧化钾作原料。但工业磷酸二氢钾的纯度达不到要求，常含有少量磷酸氢二钾，将导致在聚合时产生焦磷酸钾或焦磷酸三钾，影响产品纯度，因此常利用碳酸钾（或者氢氧化钾）和磷酸反应，生成质量较好的磷酸二氢钾。

3.3.4 原料消耗定额

目前国内外企业以氢氧化钾和磷酸为原料生产焦磷酸钾的原料消耗定额见表 3-3[24]。

表 3-3 以氢氧化钾和磷酸为原料生产焦磷酸钾的原料消耗定额 （单位：kg/t）

原料名称	国内平均单耗	法国罗纳-普朗克化学公司单耗	食品级焦磷酸钾单耗
氢氧化钾（95%）	760	722	760
85%磷酸	749	730	750

3.3.5 典型工业化工艺

1. 生产工艺原理

中和反应：

$$H_3PO_4+2KOH ==== K_2HPO_4+2H_2O$$

聚合反应：

$$2K_2HPO_4 ==== K_4P_2O_7+H_2O$$

2. 工艺流程

验收合格的氢氧化钾和验收合格的磷酸按照一定的配比（磷酸 9000L 约 15t，48%

的氢氧化钾溶液 20000L 约 30t）加入中和锅，再加入去离子水，用蒸汽加热搅拌反应约 3h，检测 pH 和密度合格后经板框压滤去除杂质打入料浆储罐，再通过离心泵匀速输送至聚合炉，在氢气燃烧提供热能的情况下聚合为焦磷酸钾。在引风机的作用下，聚合炉的尾气被引导至水洗塔静电除雾处理系统。一次聚合炉产出的物料由提升机提升至二次聚合分料环节，其中一部分物料返回一次聚合炉，而另一部分物料则经过冷却滚筒送至旋振筛进行筛分。筛下的物料经破碎机破碎至粒度符合计划要求，合格的产品经除铁器除铁后进入成品料仓，成品料仓内的产品用验收合格并经过检查和消毒的包装袋进行包装，包装后的产品经窗口式金检机检测，合格的产品送仓库储存。

3.3.6 焦磷酸钾盐的用途

1. 焦磷酸钾的用途

国外焦磷酸钾主要作为咖啡乳化的缓冲剂及运动员饮料的电解质来源；其次用于食品；工业上，焦磷酸钾使用最多的领域是水处理。国内焦磷酸钾主要用于表面处理、高档洗涤剂、油漆涂料、清洁剂、分散剂、缓冲剂等；在食品工业中用作乳化剂、组织改进剂、螯合剂、品质改良剂等。

2. 酸式焦磷酸钾的用途

酸式焦磷酸钾在食品工业中作为快速发酵剂、品质改良剂等，用于面包、糕点等合成膨松剂的酸性成分；与其他磷酸盐复配可用于午餐肉、热火腿、肉类罐头等肉制品的保水剂；方便面的复水剂等。

3.4 三聚磷酸钾

三聚磷酸钾，其分子式为 $K_5P_3O_{10}$，相对分子质量为 448.35。它对泥土、油类有悬浮、分散、胶溶及乳化作用，可用于土壤改良、油类的乳化，其 pH 可在宽广的范围内调节，可作液体洗涤剂（如洗发露）的缓冲剂，也是高效的植物营养剂。

3.4.1 理化性质

链状缩合磷酸盐结构，由阴离子部分与氧原子相互化合组成无支链的四面体 PO_4，其结构如下：

$$\begin{array}{ccccccc}
& O & & O & & O & \\
& \| & & \| & & \| & \\
KO- & P & -O- & P & -O- & P & -OK \\
& | & & | & & | & \\
& OK & & OK & & OK &
\end{array}$$

其通式为 $M_{n+2}P_nO_{3n+1}$，式中，M 为金属离子，n 为缩聚度，可为 $1 \sim 10^6$。

其为白色结晶体，相对密度 2.54，熔点 620～640℃，水溶液呈碱性，在水中会逐

渐水解生成正磷酸盐，水解速率与 pH、浓度和温度有关。

$$K_5P_3O_{10}+H_2O=\!=\!=K_3HP_2O_7+K_2HPO_4$$

$$K_3HP_2O_7+H_2O=\!=\!=K_2HPO_4+KH_2PO_4$$

三聚磷酸钾具有良好的络合金属离子的能力，生成可溶性的络合物——$MK_3P_3O_{10}$（M 为金属离子），是一种优良的金属络合剂。

$$K_5P_3O_{10}+M^{2+}=\!=\!=MK_3P_3O_{10}+2K^+$$

3.4.2 制备技术

1. 缩聚磷酸一步法

将钾盐（KOH、K_2CO_3、KCl 或 KNO_3 等）溶解成钾盐溶液，加入带有搅拌和加热装置的中和反应器内，在搅拌下缓慢加入缩聚磷酸进行中和反应，要求生成的料液 K_2O/P_2O_5（摩尔比）比值为 1.667 ± 0.003，经高位槽进入回转聚合反应炉，经干燥聚合一步合成三聚磷酸钾，经冷却、粉碎制得工业级三聚磷酸钾成品。

$$H_5P_3O_{10}+5KOH=\!=\!=K_5P_3O_{10}+5H_2O$$

$$2H_5P_3O_{10}+5K_2CO_3=\!=\!=2K_5P_3O_{10}+5H_2O+5CO_2\uparrow$$

$$H_5P_3O_{10}+5KCl=\!=\!=K_5P_3O_{10}+5HCl$$

$$H_5P_3O_{10}+5KNO_3=\!=\!=K_5P_3O_{10}+5HNO_3$$

2. 二、二、一料液法

二、二、一料液法也称磷酸二步法，是将热法磷酸或净化后的湿法磷酸与碳酸钾或氢氧化钾进行中和反应，磷酸与氢氧化钾中和后的料液控制分子组成是两分子磷酸氢二钾、一分子磷酸二氢钾（两个二钾盐、一个一钾盐）溶液，此溶液经过喷雾干燥、回转炉聚合，两步合成三聚磷酸钾。

$$3H_3PO_4+5KOH=\!=\!=2K_2HPO_4+KH_2PO_4+5H_2O$$

$$6H_3PO_4+5K_2CO_3=\!=\!=4K_2HPO_4+2KH_2PO_4+5H_2O+5CO_2\uparrow$$

$$4K_2HPO_4+2KH_2PO_4=\!=\!=2K_4P_2O_7+K_2H_2P_2O_7+3H_2O$$

$$2K_4P_2O_7+K_2H_2P_2O_7=\!=\!=2K_5P_3O_{10}+H_2O$$

若将热法磷酸（50%～60%溶液）经计量后加入中和槽中，在搅拌条件下缓慢地加入碳酸钾进行中和反应，控制 pH 在 6.7～7.0，使槽中中和后的料液维持 2mol 磷酸氢二钾和 1mol 磷酸二氢钾的比例，中和后的溶液经高位槽进入喷雾干燥塔进行干燥得到干粉，干料由塔底排出，经料仓进入回转聚合炉，在 400℃左右进行聚合反应，生成三聚磷酸钾，经冷却、粉碎制得工业级三聚磷酸钾成品。

3. 磷铁烧结法

将磷铁粉碎至 120 目，与碳酸钾进行混合，混合料中钾磷比（摩尔比）要达到磷酸三钾的需要量，把混合均匀的粉碎物料加入转速为 3～5r/min 的滚筒式磷铁煅烧炉内加热进行煅烧，当温度达到 700～900℃时，物料呈现良好的流动性，可停止煅烧，由炉尾部出料口放出物料，热物料加入浸取池内用水浸取，同时用压缩空气不断搅拌4h，过滤，用磷酸中和调整料液达到 2mol 磷酸氢二钾和 1mol 磷酸二氢钾的比例要求后，料液经高位槽进入喷雾干燥塔进行干燥，得到干粉，由塔底排出，经料仓进入回转聚合炉，于 400℃进行聚合反应，经冷却、粉碎制得工业级三聚磷酸钾成品[24]。

4. 煅烧水解法

将未净化的湿法磷酸和硫酸钾混合，在回转聚合炉内经 870℃煅烧 1h 后用水浸取，并保持 190℃的湿度水解 15min，加入一定量的硅藻土混合后过滤，滤液送至高位储槽备用，固体物质转入燃烧炉内经 600℃、1h 的燃烧，再用水溶液浸取，过滤除去硫酸铝、硫酸铁等杂质，此滤液同第一次滤液混合，在中和槽内用氢氧化钾溶液调整氧化钾与五氧化二磷的摩尔比为 1.667±0.003。以下工艺按二、二、一料液法即得成品三聚磷酸钾。煅烧水解法制三聚磷酸钾的工艺流程示意图见图 3-16[24]。

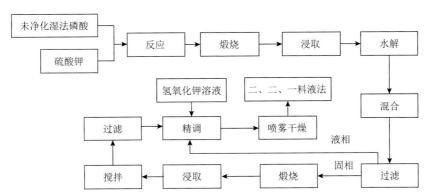

图 3-16 煅烧水解法制三聚磷酸钾的工艺流程示意图

5. 过磷酸钙和重过磷酸钙法

将重过磷酸钙和硫酸与碳酸钾混合的溶解液在反应釜内加热至 70℃，反应 30 min，使生成的硫酸钙完全沉淀，以除去钙离子，液相物质中的五氧化二磷全部转变成正磷酸钾盐，经压滤使液固分离，分离出的液相原液用碳酸钾中和为磷酸氢二钾溶液，压滤的洗液返回反应釜内与重过磷酸钙混合，代替溶解用水。在反应釜内将过磷酸钙与碳酸钾溶液混合，加热至 75～95℃，反应 30 min 以上生成磷酸二氢钾溶液，以压滤机将液固分离，制得磷酸二氢钾溶液，洗水返回反应釜内代替溶解用水，滤渣的主要成分是硫酸钙。

将制取的磷酸氢二钾和磷酸二氢钾溶液，按摩尔比 2：1 配制成混合液后，再用二、二、一料液法生产三聚磷酸钾，过磷酸钙与重过磷酸钙法制三聚磷酸钾的工艺流程示意图见图 3-17[24]。

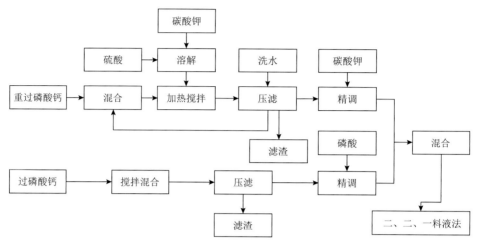

图 3-17 过磷酸钙与重过磷酸钙法制三聚磷酸钾的工艺流程示意图

6. 磷酐法

燃烧黄磷和富氧干燥空气，吹入磨细的氧化钾使其在专用的高温窑炉内熔融，然后冷却熔体，同时加水溶解，使其生成磷酸三钾溶液，再加入磷酐调整其摩尔比。然后按二、二、一料液法生产工艺和设备进行生产，即得成品三聚磷酸钾。

7. 磷灰石烧结

将磷灰石磨细同氢氧化钾混合均匀，在 750～800℃ 的高温烧结炉中煅烧，烧结物置于浸取池内用水浸取，浸取液经过滤除去固相物等杂质，液相物用热法磷酸调整至二、二、一料液要求，按二、二、一料液法生产成品三聚磷酸钾。

8. 电解法

将精制的氯化钾溶液加入适当比例的热法磷酸，预热 40～50℃ 后于电解槽内以隔膜法进行电解。电解液为磷酸钾溶液，再用热法磷酸调整其摩尔比得二、二、一溶液，按二、二、一料液法生产三聚磷酸钾成品，其反应式如下，具体工艺流程示意图见图 3-18[24]。

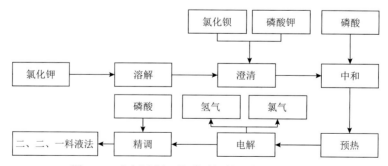

图 3-18 电解法制三聚磷酸钾的工艺流程示意图

$$2KCl+2H_2O \rightleftharpoons 2KOH+Cl_2\uparrow+H_2\uparrow$$

$$2KOH+H_3PO_4+H_2O \rightleftharpoons K_2HPO_4+3H_2O$$

$$KOH+H_3PO_4+H_2O=\!=\!=\!=KH_2PO_4+2H_2O$$

$$2K_2HPO_4+KH_2PO_4=\!=\!=\!=K_5P_3O_{10}+2H_2O$$

3.4.3 原料消耗定额

成品三聚磷酸钾的主要原料消耗定额见表 3-4。

表 3-4 成品三聚磷酸钾的主要原料消耗定额 （单位：t/t）

原料	原料消耗定额	
	缩聚磷酸一步法	二、二、一料液法
过磷酸（P_2O_5，80%）	0.60	
钾碱（KOH，80%）	0.72	
磷酸（H_3PO_4，85%）		1.67
碳酸钾（K_2CO_3，99%）		1.70

3.4.4 三聚磷酸钾的用途

工业级三聚磷酸钾广泛应用于金属表面处理、油漆涂料、洗涤用品、锅炉脱垢、油井钻探、印染助剂等领域。三聚磷酸钾也可用作高效植物营养剂、金属络合剂和土壤改良剂。

食品级三聚磷酸钾在食品工业中用作组织改进剂、螯合剂和水分保持剂。与传统的磷酸钠盐相比其溶解性好，三聚磷酸钾应用于肉制品、鱼、虾和奶制品中口感尤佳。

3.5 亚磷酸二氢钾

3.5.1 理化性质

亚磷酸二氢钾，分子式为 KH_2PO_3，相对分子质量为 120.08。亚磷酸二氢钾为白色晶体，易溶解，易溶于水。

3.5.2 制备技术

1. 碳酸钾法

赵金华[25]公开了一种亚磷酸二氢钾的生产方法，即亚磷酸和碳酸钾在稳定剂存在的条件下进行反应，得亚磷酸二氢钾，反应式为

$$2H_3PO_3+K_2CO_3=\!=\!=\!=2KH_2PO_3+H_2O+CO_2\uparrow$$

碳酸钾和亚磷酸的摩尔比是 1∶（1.5～2.5），在 70～100℃反应 8～15h；将经上述反应得到的亚磷酸二氢钾溶液在 85～130℃条件下进行浓缩处理，再进行动态结晶，然

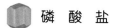

后进行离心处理，取沉淀，即得亚磷酸二氢钾固体。

2. 钾碱醇溶液法

罗宗恬等[26]提出了一种制备亚磷酸二氢钾的方法，该发明包括：固体氢氧化钾经醇溶剂溶解、加入固体亚磷酸、中和反应、固液分离、干燥制得高纯度亚磷酸二氢钾；固液分离后得到的液体经精馏回收醇，回收的醇循环利用，精馏后的母液返回中和反应中循环利用。该发明利用醇与水溶解性的差异，减少了亚磷酸二氢钾的结晶步骤，可制得高纯度的亚磷酸二氢钾，简化了生产工序；同时无废水、废气、固体废弃物外排，又实现了醇的循环利用，达到循环清洁生产的效果。

3.5.3　亚磷酸二氢钾的用途

亚磷酸二氢钾为白色晶体，是一种重要的精细无机盐产品，易溶于水，在工业上循环水系统中直接使用，有杀菌和络合钙、镁离子的作用，可代替有机磷水处理剂，减少环境污染。在农药领域是集杀菌、杀虫剂和药肥于一体的重要产品。亚磷酸二氢钾可作为作物杀菌、抗病的药剂，或者作为水处理剂用于杀绿藻等。研究表明，亚磷酸二氢钾可控制大豆的霜霉病，提高作物产量；对马铃薯进行叶面喷施可增强抗病作用，减轻干腐病。亚磷酸二氢钾对菠萝心腐病、对梨和葡萄的根腐烂病等都有良好的防治效果。

近年来，在欧美和中东地区，亚磷酸二氢钾已广泛应用于农药领域，作为杀虫剂和杀菌剂的重要中间体，同时是高效复合肥料的成分。它不仅能提供农作物生长所必需的磷和钾，又能杀死植物的真菌，而且无毒、无残留；特别是杀灭灰葡萄孢菌、尖镰孢菌黄瓜专化型，以及尖镰孢菌西瓜专化型、玉蜀黍赤霉、瓜果腐霉、禾谷丝核菌、核盘菌、大丽轮枝菌的效果显著，是药肥一体的新产品。亚磷酸二氢钾应用于大棚农作物更具有优越性，具有农药和肥料的双重功效，是一种高效的绿色环保产品。

3.6　次磷酸钾

3.6.1　理化性质

次磷酸钾分子式为 KH_2PO_2，相对分子质量为 104.08，外观为白色粒状结晶体，无气味，咸味，有潮解性，易溶于热水，溶于冷水，微溶于无水乙醇、氨，不溶于乙醚。其水溶液呈中性或微碱性。25℃时，100g 水中可溶解 2g 次磷酸钾；100℃时，100g 水中可溶解 330g 次磷酸钾。次磷酸钾遇强热迅速分解出磷化氢，与氯酸盐或其他氧化剂研磨能发生爆炸。

3.6.2　工业制法

次磷酸钾由黄磷、石灰和氢氧化钾一步反应制得，也可以由次磷酸和氢氧化钾或碳酸钾反应制得。

3.6.3 次磷酸钾的用途

次磷酸钾可用于医药；可用作分析试剂、氧化剂；可用作测定砷和碘酸盐；可作为还原剂，应用于医药、食品、化学镀等领域。

参 考 文 献

[1] Makoto W. Production of Ⅵ type ammonium polyphosphate[P]: JP, 2000-109307A. 2000.

[2] Chakrabarti P M, Sienkowski K J. Anionic surfactant surface modified ammonium polyphosphate[P]: US, 5164437. 1992.

[3] 范玉桥, 李晨阳, 蔡东明, 等. 磷酸二氢钾的制备与提纯[J]. 广州化工, 2015, 43(17): 7-8, 63.

[4] 李纪伟, 王睿. 磷酸二氢钾的生产工艺研究及探讨[J]. 广东化工, 2014, 41(16): 94-95, 245.

[5] 樊蕾, 赵建国. 我国磷酸二氢钾现状与前景展望[J]. 磷肥与复肥, 2006(3): 34-37.

[6] 罗建洪, 李军, 王英豪, 等. 磷酸二氢钾的生产技术[J]. 磷肥与复肥, 2012, 27(2): 4-6, 28.

[7] 胡丰原, 廖志敏, 周贵云, 等. 用湿法磷酸生产工业级磷酸二氢钾工艺技术的研究[J]. 磷肥与复肥, 2014, 29(3): 22-23, 84.

[8] 韩喜超, 杨心师. 工业净化磷酸生产磷酸二氢钾的工艺技术研究[J]. 磷肥与复肥, 2015, 30(10): 26-28.

[9] 李海丽, 曾波. 萃取法生产磷酸二氢钾工艺[J]. 云南化工, 2001(1): 14-16.

[10] 向群, 龚勇. 萃取法制备磷酸二氢钾[J]. 广东化工, 2011, 38(11): 218-219, 221.

[11] 陈若愚, 王国平, 朱建飞, 等. 萃取法制备磷酸二氢钾新工艺研究[J]. 化工矿物与加工, 2001(11): 5-7.

[12] 李海丽, 曾波, 杨燕. 一种连续式制备磷酸二氢钾的方法[P]:CN, 1830762A. 2006-03-30.

[13] 李海丽, 曾波. 萃取法生产磷酸二氢钾工艺[J]. 云南化工, 2001(1): 14-16.

[14] 湖北省化学研究所无机室. 离子交换法生产磷酸二氢钾[J]. 化肥工业, 1982(2): 25-28, 51.

[15] 李新民, 阴离子交换法生产磷酸二氢钾的研究[J]. 无机盐工业, 1990(6): 30-33, 36.

[16] 陈红琼. 磷酸二氢钾的制备方法[J]. 四川化工, 2013, 16(5): 16-19.

[17] 刘倩. 复分解法与结晶法联合制备磷酸二氢钾的研究[D]. 上海: 华东理工大学, 2014: 6-8.

[18] 成战胜, 行春丽, 王拥军, 等. 复分解法生产磷酸二氢钾的新工艺[J]. 无机盐工业, 2005(8): 36-37, 40.

[19] 孙健, 周贵云, 吴岩, 等. 磷铵法生产工业级磷酸二氢钾工艺技术的研究[J]. 磷肥与复肥, 2015, 30(5): 5-8.

[20] 廖辉伟. 电解法一步制取磷酸二氢钾的研究[J]. 化学工业与工程, 2001(6): 421-422, 426.

[21] 史兰香, 陈向民, 张宝华, 等. 磷酸二氢钾的制备工艺[J]. 河北工业科技, 2004(5): 60-63.

[22] 尤芳雯. 焦磷酸钾产品市场状况调查[J]. 磷酸盐工业, 2007(1): 12-16.

[23] 蔡毅. 一种两步法连续生产焦磷酸钾的方法[P]: CN, 102001639A. 2011-04-06.

[24] 陈嘉甫, 谭光薰. 无机盐工业技术丛书之二: 磷酸盐的生产和应用[M]. 成都: 成都科技大学出版社, 1989.

[25] 赵金华. 亚磷酸二氢钾及其生产方法[P]: CN, 01134148. 2001-11-4.

[26] 罗宗恬, 黄钰雪, 杜星, 等. 一种制备亚磷酸二氢钾的方法[P]: CN, 106672929A. 2017-01-17.

第 4 章
铵系磷酸盐

4.1 铵系磷酸盐概述

铵系磷酸盐是磷酸盐系列产品中的一类重要产品，主要有磷酸二氢铵、磷酸氢二铵和磷酸铵等，还有聚合态聚磷酸铵，聚磷酸铵又分低聚合度聚磷酸铵和高聚合度聚磷酸铵。铵系磷酸盐具有良好的热稳定性，主要用作肥料、新能源材料磷酸铁原料，医药、阻燃剂、磷酸铵盐干粉灭火剂的主要成分，还可以用于饲料添加剂、医药和印刷工业等。

铵系正磷酸盐通常指正磷酸的铵盐，由氨中和磷酸制得，磷酸是三元酸，用氨中和时可以生成三种正磷酸铵盐，即磷酸二氢铵（$NH_4H_2PO_4$）、磷酸氢二铵[$(NH_4)_2HPO_4$]和磷酸铵[$(NH_4)_3PO_4$]。磷酸铵极不稳定，常温下在空气中易分解放出氨气而转变为磷酸氢二铵。磷酸氢二铵比较稳定，但当温度高于 70℃时，也会分解放出部分氨气而转变为磷酸二氢铵。磷酸二氢铵相当稳定，只有当温度高于 130℃时才会分解。当过热时，磷酸二氢铵分解放出氨气，进而转变为焦磷酸，甚至转变成偏磷酸，磷酸二氢铵的吸湿性很小，不结块，具有良好的储存运输性质。磷酸氢二铵吸湿性也较小，不易结块，但比磷酸二氢铵稍逊。磷酸氢二铵中混有一定量的磷酸二氢铵时，其稳定性和吸湿性比单独的磷酸氢二铵好，氨损失也小。

铵系聚磷酸盐主要为 APP，白色结晶或无定形微细粉末。目前已知的 APP 有五种不同的晶体结构：Ⅰ型、Ⅱ型、Ⅲ型、Ⅳ型、Ⅴ型。APP 的水溶性和吸湿性随聚合物含量增加而降低。国内按聚合度 n 的不同可分为水溶性（$n=10\sim20$，相对分子质量为 $1000\sim2000$）和水不溶性（$n>20$，相对分子质量大于 2000）两种。n 可大于 1000。国外把 $n<100$ 的 APP 称为结晶相Ⅰ聚磷酸铵（APP Ⅰ），把 $n>1000$ 的带支链的 APP 称为结晶相Ⅱ聚磷酸铵（APP Ⅱ）。$n<100$ 的短链 APP 对水的敏感性（可水解性）比超长链（$n>1000$）APP 大，而后者的热稳定性和耐水解性较高。长链 APP 在 300℃以上才开始分解成磷酸和氨气，而短链 APP 在 150℃以上就开始分解。

APP 主要应用于阻燃、防火领域与肥料领域，其中用于阻燃、灭火的比例显著高于肥料应用比例。作为近年来迅速发展起来的磷系无机阻燃剂，特别是高聚合度的聚磷酸铵，在材料、涂料等许多领域得到了广泛应用。APP 作为膨胀型阻燃剂的基础材料被广泛应用于阻燃领域，随着全球阻燃剂朝无卤化方向发展，以 APP 为主要原料的膨胀型阻燃剂成为产业的热点，特别是需求较大的聚合度高的结晶相 II 聚磷酸铵。

4.2 铵系正磷酸盐

4.2.1 组成和特性

磷酸一、二、三取代铵盐所形成的酸式盐和正磷酸盐分别称为磷酸二氢铵（$NH_4H_2PO_4$，俗称磷酸一铵，英文缩写为 MAP）、磷酸氢二铵[$(NH_4)_2HPO_4$，俗称磷酸二铵，英文缩写为 DAP]、磷酸铵[$(NH_4)_3PO_4$，俗称磷酸三铵或者正磷酸铵]。

纯净磷酸铵盐（磷酸二氢铵、磷酸氢二铵及磷酸铵）的化学组成见表 4-1。

表 4-1 纯净磷酸铵盐的化学组成

磷酸铵盐名称	分子式	相对分子质量	化学组成/%		
			P_2O_5	NH_3	N
磷酸二氢铵	$NH_4H_2PO_4$	115.03	61.72	14.78	12.18
磷酸氢二铵	$(NH_4)_2HPO_4$	132.06	53.76	25.75	21.21
磷酸铵	$(NH_4)_3PO_4 \cdot 3H_2O$	203.13	34.98	25.11	20.68

磷酸二氢铵为无色透明正方晶系晶体，易溶于水，微溶于醇，不溶于丙酮。磷酸氢二铵为无色透明单斜晶系晶体或白色粉末，易溶于水，不溶于醇；置空气中逐渐失去氨而成磷酸二氢铵；水溶液呈碱性。纯净磷酸铵盐（磷酸二氢铵、磷酸氢二铵及磷酸铵）的性质见表 4-2。

表 4-2 纯净磷酸铵盐的性质

项目	性质		
	$NH_4H_2PO_4$	$(NH_4)_2HPO_4$	$(NH_4)_3PO_4 \cdot 3H_2O$
结晶形态	正方晶系	单斜晶系	斜方晶系
密度（19℃）/(kg/m³)	1.803	1.619	—
比热容（25℃）/[kJ/(mol·K)]	0.1424	0.1821	0.2301
熔融温度/℃	190.5	155	分解
熔融热/(kJ/mol)	35.6	—	—
生成热/(kJ/mol)	1451	1574	1673
溶解热/(kJ/mol)	16		
临界相对湿度（30℃）/%	91.6	82.5	—
1%溶液的 pH	4.5	8.0	9.0

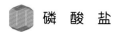

4.2.2 生产原理

磷酸铵盐由磷酸与氨气反应制得，磷酸分子的氢离子依次被氨气中和，生成磷酸二氢铵、磷酸氢二铵和磷酸铵。

$$H_3PO_4(l)+NH_3(g)\Longrightarrow NH_4H_2PO_4(s)$$

$$H_3PO_4(l)+2NH_3(g)\Longrightarrow (NH_4)_2HPO_4(s)$$

$$H_3PO_4(l)+3NH_3(g)\Longrightarrow (NH_4)_3PO_4(s)$$

4.2.3 磷酸二氢铵

1. 生产方法与工艺操作[1,2]

磷酸二氢铵是化学性质较为稳定的一种铵盐。磷酸二氢铵生产方法有中和法和复分解法两大类。工业级以上品质磷酸二氢铵产品的生产按原料磷酸的不同可分为热法磷酸中和法及湿法磷酸净化中和法。中和法中有磷酸与液氨中和法、磷酸与氨水中和法、磷酸与磷酸氢二铵反应法、磷酸与磷酸铵反应法、磷酸与碳酸氢铵反应法等。其中，以磷酸与液氨中和法最为常用，由于采用了管道反应器，该方法容易获得较纯的产品，消耗低，有利于保护环境，生产过程基本上可连续进行。其他工艺方法虽然流程简单，但是消耗较高，不能连续生产。

复分解法是以磷酸二氢钙与硫酸铵两种盐进行复分解反应。若直接用工业级别的两种原料生产，生产成本太高，若通过磷矿粉与硫酸反应生成磷酸二氢钙，虽然生产成本低，但是产品要达到工业级纯度困难，所以该方法现已不采用。

（1）热法磷酸中和法

热法磷酸中和法按原料不同可分为以磷酸和液氨为原料的工艺路线、以磷酸和氨水为原料的工艺路线、以磷酸和磷酸氢二铵为原料的工艺路线、以磷酸和磷酸铵为原料的工艺路线。现在一般使用以磷酸和液氨或氨水为原料的工艺路线。

1）以磷酸和液氨为原料的工艺路线根据反应器的不同又可分为带夹套搅拌浆的反应釜和管式反应器工艺。采用常规反应釜工艺时，将磷酸按需要配制为 50%～55% 浓度，计量后送入反应器，在搅拌的情况下，通过氨气分布器缓慢通氨气中和，至反应液 pH 为 4.2～4.6 时趁热过滤，滤液送入冷却结晶器，冷却至温度为 26℃左右，结晶并分离得到磷酸二氢铵，再经干燥即得成品。分离机脱出的母液送入除铁器中加硫化铵除铁，过滤后，送至调酸罐中调整酸度至 pH 为 4.4～4.6，供循环使用。热法磷酸常规工艺生产工业级磷酸二氢铵的工艺流程示意图见图 4-1。

使用管式反应器为反应设备时，将磷酸按需要配制为 50%～55% 浓度，经计量泵计量后，送入管式反应器，与通入的氨气充分均匀混合和反应。反应完成后进入循环反应罐中，合格的反应液可直接送入调酸罐中调整酸度后，趁热过滤，精调后的溶液 pH 在 4.4～4.6，磷酸二氢铵的热溶液在结晶器中冷却至 26℃左右，大量结晶析出。分离脱水后，送往干燥器中进行干燥，干燥后即得成品磷酸二氢铵。母液送入除铁器中加硫化铵除铁，过滤后，送至调酸罐中调整酸度至 pH 为 4.4～4.6，供循环使用。

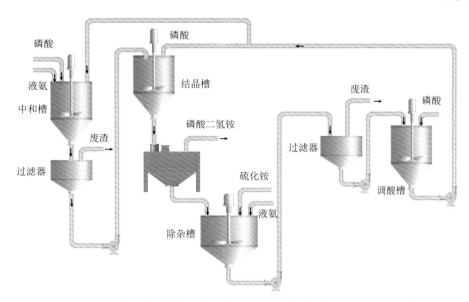

图 4-1　热法磷酸常规工艺生产工业级磷酸二氢铵的工艺流程示意图

2）以磷酸和氨水为原料的工艺路线中磷酸和氨水的反应是液相和液相的化合反应，反应过程中放出大量热，为加快反应速度和保证反应的进行，需要不断搅拌和冷却，反应设备一般采用带有搅拌和夹套的不锈钢或搪瓷反应釜。将 85%磷酸和循环母液分别计量后送入反应釜中，在搅拌条件下缓慢加入经过计量的浓度为 28%左右的氨水，反应液相对密度为 1.35 左右，反应终点 pH 为 4.4～4.6，蒸发反应液至表面出现结晶膜时，放出冷却至 26℃左右，结晶、分离得到磷酸二氢铵，干燥即得成品。母液送入母液罐中加硫化铵除铁、过滤后循环使用。

（2）湿法磷酸中和法

利用湿法萃取净化磷酸取代热法磷酸为原料，可以制取成本更为低廉的工业级品质以上的磷酸铵盐产品。由于湿法萃取净化磷酸中含有铁、铝、镁、二氧化硅、氟、钙等杂质，在生产过程中会生成一系列复杂的化合物，对生产操作控制及产品质量有较大影响，必须先将湿法萃取净化磷酸中的杂质有效地去除后再使用。湿法磷酸净化有多种技术路线，如溶剂萃取法、溶剂沉淀法、化学沉淀法等。利用湿法磷酸与氨气中和会使其所含杂质形成非水溶性化合物的特性，可以实现对湿法磷酸的净化。图 4-2 给出了这一路线的工艺流程示意图，该路线副产品为肥料级磷铵。

将含 25%～35% P_2O_5 的湿法萃取净化磷酸加入反应容器，在一定温度下，加入计算量的碳酸钙（或碳酸钡）脱硫，搅拌反应一定时间后，加氨气（或氨水）中和至 pH 为 4～4.5，反应一定时间后对料浆进行液固分离（过滤或沉降），滤饼（或底流料浆）返回肥料级磷酸二氢铵生产系统，磷酸二氢铵溶液经蒸发浓缩至相对密度为 1.34～1.36 后送入冷却结晶器在 40～45℃进行结晶，结晶料浆用离心机离心分离后，经干燥得到工业级磷酸二氢铵成品。分离母液一部分去浓缩系统再浓缩，另一部分则返回磷酸脱硫槽或者去肥料级磷酸二氢铵生产系统。

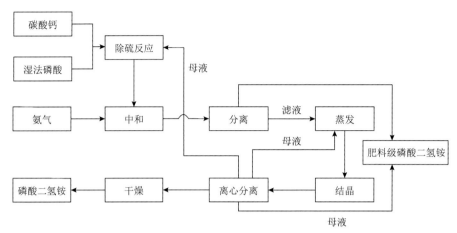

图 4-2　湿法磷酸生产工业级磷酸二氢铵的工艺流程示意图

2. 原料消耗定额

1）热法磷酸中和法以磷酸和液氨为原料的主要原料消耗定额：每吨磷酸二氢铵消耗 85%磷酸 1.10t、液氨（100% NH_3）0.16t。以磷酸和氨水为原料的主要原料消耗定额：每吨磷酸二氢铵消耗 85%磷酸 1.10t、28%氨水 1.15t。

2）湿法磷酸中和法主要原料消耗定额：每吨磷酸二氢铵消耗湿法磷酸（48% P_2O_5）1.70t、液氨（100% NH_3）0.18t。

4.2.4　磷酸氢二铵

1. 生产方法与工艺操作[1,2]

磷酸氢二铵的生产工艺路线与磷酸二氢铵的方法相似，主要是热法磷酸（或者湿法萃取净化磷酸）和氨气反应的中和法路线。

（1）热法磷酸和氨气反应的中和法路线

热法磷酸和氨气反应的工艺路线与前述用管式反应器生产磷酸二氢铵的方法相似。采用二段管式反应器，磷酸与氨气在管式反应器中分段充分均匀混合反应，送入调酸罐中调整酸度，控制反应终点 pH 为 8～9，再经过蒸发浓缩，磷酸氢二铵的热溶液在结晶器中冷却并析出结晶，分离脱水后，经干燥得到成品磷酸氢二铵。母液经除杂后送至调酸罐中循环使用。

热法磷酸与氨气生产磷酸氢二铵的管式反应流程示意图见图 4-3。

（2）湿法萃取净化磷酸和氨气反应的中和法路线

湿法萃取净化磷酸和氨气反应的工艺路线与前述用湿法萃取净化磷酸生产磷酸二氢铵的方法相似。关键是获得符合生产磷酸氢二铵的湿法萃取净化磷酸，湿法萃取净化磷酸可以采用与热法磷酸和氨气反应的中和法路线类似的方法获得磷酸氢二铵产品。

1983 年西班牙开发了 ERT/ESPINDESA 磷酸氢二铵低循环工艺，可以采用符合生产磷酸氢二铵的湿法萃取净化磷酸和氨气反应生产磷酸氢二铵颗粒状产品。ERT/ESPINDESA 磷酸氢二铵低循环工艺流程示意图见图 4-4。

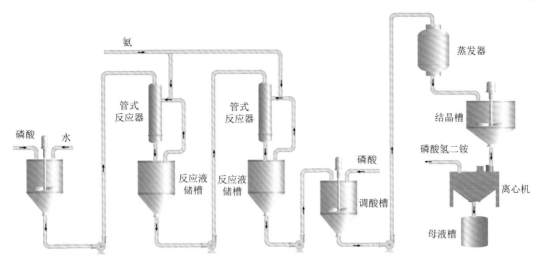

图 4-3 热法磷酸与氨气生产磷酸氢二铵的管式反应流程示意图

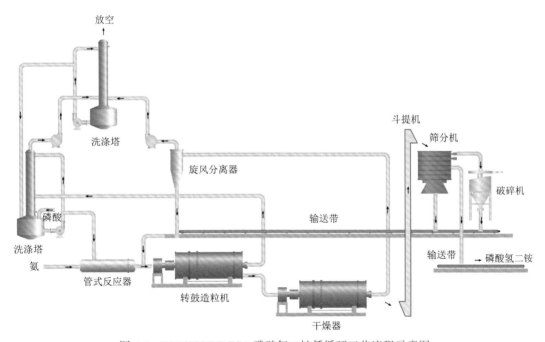

图 4-4 ERT/ESPINDESA 磷酸氢二铵低循环工艺流程示意图

在系统内配制成含 40%～42% P_2O_5 的净化磷酸，经过两级氨洗涤器吸收造粒机中挥发的氨气后，泵入管式反应器与液氨反应，控制管式反应器内料浆中和度在 1.75～1.85；管式反应器内料浆被喷洒到转筒造粒机内物料床层上进行喷浆造粒，同时通入液氨进行二次氨化，使出造粒机物料的中和度达到 1.85～1.95；再经干燥、破碎、筛分、冷却等工序，制得粒状磷酸氢二铵成品。

2. 原料消耗定额

1）热法磷酸和氨气反应的中和法路线主要原料消耗定额：每吨磷酸氢二铵耗磷酸（85%）0.88t、液氨（100% NH_3）0.24t。

2）湿法萃取净化磷酸和氨气反应的中和法路线主要原料消耗定额：每吨磷酸氢二铵耗湿法磷酸（48% P_2O_5）2.00t、液氨（100% NH_3）0.34 t。

4.2.5　主要生产设备

1. 管式反应器

管式反应器是一种呈管状、长径比很大的连续式反应器。物料的流动可近似地视为平推流。管式反应器返混小，因而容积效率（单位容积生产能力）高。管式反应器适用于酸碱中和、反应迅速且激烈的场合，是一种高效的快速混合部件。制备磷酸铵盐的管式反应器一般采用 316L 不锈钢制作。

2. 中和反应器

釜式加压中和反应器（即反应釜）是一台带搅拌桨和夹套（加热/冷却）的压力容器。反应釜内的磷酸与氨气在搅拌桨的搅拌下充分混合反应。该容器一般采用 316L 不锈钢制作。

3. 喷雾流化干燥塔

喷雾流化干燥塔是流化床干燥技术的一种创新性应用，喷雾流化床干燥塔通常适用于粉粒状固体物料的直接干燥，而喷雾流化造粒干燥塔专门用于液体物料的直接干燥和造粒，喷雾流化造粒干燥塔生产能力大，不同于制药领域常用的间歇操作式的一步造粒干燥塔，通常用于大规模连续化工业生产作业。在喷雾流化造粒干燥塔的流化段内设置热交换器，可以形成内加热喷雾流化床干燥塔，可以实现节能降耗，并大幅度减小设备体积。

喷雾流化造粒干燥塔工作原理为液体物料通过气流式雾化器（又称为喷嘴）雾化，喷射到干燥室内处于流化状态的固体颗粒（称为晶种）表面，被热介质快速干燥，溶剂迅速蒸发，而干物质留在晶种颗粒表面。干燥后的颗粒又再次作为晶种被新的液体物料涂层、干燥，经过反复涂层和干燥，当颗粒达到一定的粒度后完成干燥过程，从出料口排出。

喷雾流化造粒干燥塔专门用于特种液体物料的干燥，将溶液、悬浮物、糊状液体物料一步直接干燥成颗粒成品，特别适合强吸潮、高黏度液体物料的干燥，这类物料通常由于黏壁、排料不畅等现象在喷雾干燥塔中无法实现干燥。最终产品几乎全部为致密的球形颗粒，粒径分布集中，流动性好。产品无粉尘，高密度，不易吸潮。蒸发强度高，设备体积小，相同蒸发量的条件下，其体积仅为喷雾干燥塔的1/20～1/10。

在铵系磷酸盐生产中克服了传统工艺中并流软休塔干燥的产品水分含量较高，必须增加转筒干燥设备的缺点，并使产品自然分级，优化了生产流程，降低了投资和能耗。

4. 外环流氨化反应器[3]

外环流氨化反应器是磷铵生产一体化装置。由蒸发分离器、循环管与反应管串联组装成环形密封体系。蒸发分离器开有料浆出料管、料浆入口和蒸汽出口及进酸管,循环管上设有进酸管,反应管上设置有一个或者一个以上通氨口和蒸汽喷头,反应管与循环管交界部位开有排污管,该装置集中和、浓缩功能于一体,密封性好,省去了中和槽。该装置广泛应用于氨酸中和反应。设备结构示意图见图4-5。

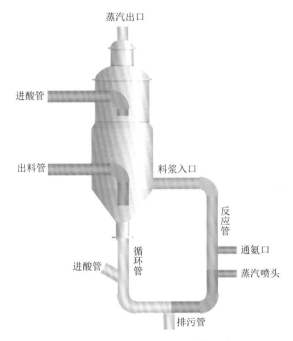

图 4-5　外环流氨化反应器结构示意图

4.2.6　铵系正磷酸盐的用途

1. 磷酸二氢铵的用途

根据国家标准,磷酸二氢铵可以分为肥料级磷酸二氢铵、工业级磷酸二氢铵和食品级磷酸二氢铵。工业级磷酸二氢铵是一种很好的阻燃剂、灭火剂,广泛用于木材、纸张、织物的阻燃,纤维加工和染料工业的分散剂、搪瓷用釉剂、防火涂料的配合剂、干粉灭火剂。此外,在食品工业中用作膨松剂、面团调节剂、酵母养料、酿造发酵助剂和饲料添加剂,医药和印刷工业等也有使用,同时用作高档肥料,是配制 N、P、K 三元复混肥的优质基础原料。

（1）在消防领域的应用

磷酸二氢铵干粉灭火剂高效、安全清洁、普适性强,同时对环境友好,受到了国内外消防界的普遍欢迎。目前,国内应用的磷酸铵盐干粉灭火剂执行的标准是《干粉灭火剂　第 2 部分:ABC 干粉灭火剂》(GB 4066.2—2017)。其主要灭火组分是磷酸二氢铵,其中磷酸二氢铵含量大于 75%。

磷酸二氢铵作为制备新型优良无机阻燃剂聚磷酸铵或复合阻燃剂的一种基本原料，在阻燃剂领域里有着较广泛的应用。

（2）在玻璃材料领域的应用

磷酸盐玻璃由于具有玻璃转变温度低、声子能量适中、热膨胀系数高、对稀土离子溶解度高、稀土离子在其中的光谱性能好、非线性折射率低、透紫外线、低色散等优点，成为使用较多的光学玻璃介质，在有色滤光、光导纤维及激光材料等领域广泛应用；但磷酸盐玻璃熔制时对耐火坩埚的侵蚀作用较大且稳定性较差，在一定程度上阻碍了它们的应用。实验研究表明，改变玻璃成分，引入铝、硼和稀土元素等能有效提高磷酸盐玻璃的化学稳定性。

（3）在锂电池领域的应用

新能源电池行业迅速发展，工业级磷酸二氢铵作为磷酸铁锂前驱体磷酸铁的重要原料，以"磷矿石-磷酸-磷酸铁-磷酸铁锂"为路线的电子用磷化工产品获得增量应用市场。以磷酸二氢铵、磷酸氢二铵、磷酸二氢锂等中的一种或几种为磷源，以碳源为添加剂，按磷源、铁源、锂源的摩尔比为 1∶1∶（1～1.05）进行混合，在保护气氛下进行两次烧结制得磷酸铁锂。该法制备的产品能很好地兼顾高体积比容量和优良的大电流放电性能。

（4）在基体改进剂领域的应用

原子吸收光谱法测定恒量金属时，钯、氯化钯等过渡金属或过渡金属盐常用作基体改进剂，但重金属离子容易对环境造成危害，而且价格昂贵。磷酸二氢铵作为基体改进剂，在原子吸收光谱法测定铅和镉等元素时，能有效地消除基体干扰，提高被测元素的灰化温度，减少分析元素灰化损失，显著提高测量准确度和抗干扰能力，同时对环境友好，成本低廉。

（5）在食品领域的应用

在食品工业中，按照国内现行的《食品安全国家标准 食品添加剂使用标准》（GB 2760—2014），磷酸氢二铵作为碱度剂、缓冲剂并可提供营养物质使用。

（6）在农业领域的应用

工业级磷酸铵盐产品的主要特点是杂质含量少，养分浓度高，产品溶解性好。与设施农业配套，采用滴灌方式对作物施肥，肥效好，元素利用率高。随着设施农业、滴灌肥以及经济作物专用肥等的发展，工业级磷酸铵盐开始大量用于农业植物生长。

2. 磷酸氢二铵的用途

（1）在食品工业领域的应用

磷酸氢二铵在食品工业中用作食品膨松剂、面团调节剂、缓冲剂、酵母食料、面包改进剂及酿造用发酵助剂，也可用于精制糖。

（2）在农牧业领域的应用

磷酸氢二铵是含氮、磷两种营养成分的复合肥，是一种高浓度的速效肥料，溶解后固形物较少，适用于各种作物和土壤，特别适用于喜氮需磷的作物，作基肥或追肥均可，施在酸性土壤上可以减少铁、铝对磷的固定，使磷保持较高的有效性，宜深施。在畜牧业可用作反刍动物的饲料添加剂。

（3）在化工领域的应用

磷酸氢二铵用于织物、纸张、木材和植物纤维的阻燃处理，灯芯的浸渍处理，以增加其耐用性和火柴点燃后的自熄火处理。其可用作干粉灭火剂和荧光灯中的磷素；可用作锡、铜、青铜和锌的焊接熔料；还用于印刷制版、电子管制造业及陶瓷与搪瓷业等领域；在印染行业用于毛织物的铬染；军工用作火箭发动机马达隔热材料的阻燃剂。

（4）在水处理领域的应用

磷酸氢二铵在水处理领域主要作为缓蚀剂以及废水生化处理中的细菌养料，也用作锅炉水的软水剂组分。

（5）在实验室的应用

磷酸氢二铵在实验室可用于配制缓冲液和培养基，是酵母的培养养料，也可用作分析试剂，用于镁、锌、镍、铀等的沉淀和 pH 缓冲剂，在电化学分析中可用作支持电解质。

4.3 聚磷酸铵

4.3.1 发展概况

APP 与通常所说的碳碳间通过共价键连接的聚合物不同，是由磷酸通过分子间缩合，磷原子和氧原子通过共价键连接而成的直链型结构分子。可以将聚磷酸铵严格地定义为由磷酸缩聚形成的直链型聚磷酸与铵离子形成的盐，也可称作线型聚磷酸铵（ammoniumcatena-polyphosphate）。

APP，最早被认为是由 Schiff 于 1857 年将 P_2O_5 与 NH_3 反应制得的，并将生成物称为 phosphaminsaanre[4]。1892 年，Tammann 用聚磷酸铜或聚磷酸铅与硫酸铵反应首次制得高相对分子质量的水不溶性 APP，但他错误地将其命名为十偏磷酸铵。此后也有用三偏磷酸铵或四偏磷酸铵在 200～250℃下热处理等方法制备 APP，但这些方法制得的 APP 都不纯。20 世纪初，APP 并没有得到很快的发展，而与之具有相似结构的聚磷酸钠则被认为是最早发现的可溶性的聚电解质，并对其进行了大量的理论研究，为此后聚电解质的发展奠定了基础。直到 20 世纪 50～60 年代，随着人们认识到 APP 作为肥料的潜在价值，以及传统的磷酸铵组成的膨胀阻燃体系存在水溶性大、耐候性差、不再能满足日益提高的阻燃要求的问题，APP 迎来快速发展。

20 世纪 50～60 年代，主要采用湿法磷酸与氨气制备 APP，制备得到的 APP 被应用于农业领域，这一方面是由于湿法磷酸被认为是一种廉价的磷肥原料；另一方面是用该法制得的低聚合度的 APP 在水中的溶解度要比磷酸铵大，更易制备高浓度的磷氮液体肥料，该法主要经历了从釜式法到管式法的发展过程，并在其中解决了除杂、除炭、防垢、防腐等方面的问题[5,6]。该法制得的 APP 初期也被用于阻燃领域，来替代磷酸铵使用，但是由于 APP 聚合度低，只有几到十几，且其中往往还掺杂未聚合的磷酸盐，水溶性大，依然不能满足耐水性方面的要求，因此其很快被阻燃领域摒弃。但是该法在制备 APP 及聚磷酸铵钾等液体复合肥料方面有着很大的优势，因此在农业领域依然有很好的应用前景。

20 世纪 60 年代末 70 年代初，随着 APP 在阻燃行业广泛应用，原有的磷酸与氨气反应制得 APP 的水溶性大，已经不能满足要求，使研究者开始改进磷酸与氨气反应的工艺条件，或者考虑其他的制备体系，而其中的研究热点就是通过磷酸与尿素反应来制备 APP，该过程中往往也要用到氨气。尿素在其中起到了脱水、缩合和氨源三方面的作用，使制得的 APP 的聚合度有了一定程度的提高，从而也降低了其在水中的溶解度。

这一阶段也是制备 APP 的大部分基础理论形成的时期。1965 年，Frazier 等[7]用聚磷酸和氨气反应制得了结晶型长链 APP，并给出了 APP 的粉末 X 射线衍射（XRD）数据。1969 年，Shen 等[8]系统地总结了磷酸铵与尿素制备 APP 的工作，给出了 I ～ V 型结晶型 APP 的制备方法，以及各晶型间相互转化的方法，公布了它们的粉末 XRD 数据，并给出了磷酸与尿素反应制备 APP 的反应机理。

1976 年，Waerstad 和 Mcclellan[9]通过五氧化二磷与乙醚反应，后经氨气处理，也制得了不同晶型的 APP，并首次发现结晶Ⅵ型 APP，给出了粉末 XRD 数据，并提出各晶型间相互转化的方法，与 Shen 等所得的结论基本一致。

在这一时期，Sears 和 Shen 也提出了 APP 的制备过程中氨化缩聚剂的选取原则[10,11]，以及反应过程中氨气分压和水分压的控制对 APP 品质的影响。与磷酸-尿素体系几乎同一时期发展的还有磷酸铵-尿素体系，此法在反应机理上基本与磷酸-尿素体系相同。但这一体系使 APP 的制备从水溶液过渡为固相反应，使制得 APP 的聚合度有了明显的增长。

20 世纪 70 年代后，用于农业和阻燃两个领域的 APP，在制备方法上逐渐走向分化。在农业领域人们依然通过磷酸与氨气反应制备 APP。而在阻燃领域，由于对耐水性和耐候性要求的不断提高，APP 的制备方法主要经历了磷酸-尿素体系、磷酸铵-尿素体系和五氧化二磷-磷酸铵体系等时期。

其中，五氧化二磷-磷酸铵体系最早是由 Hoechst 公司在 Heymer 等[12]工作的基础上经过改良提出的。后经 Schrödter 等[13,14]通过铵盐的选取、缩聚剂的选取、摩尔配比的优化、工艺条件的优化和反应设备的改进等诸多方面的研究，成为目前制备结晶Ⅱ型 APP 的主要方法。该方法制得的 APP 具有结晶度高、晶型纯、聚合度高、水溶性小等优点。到 20 世纪 90 年代初，已经形成了规模生产。

日本对 APP 的研究虽起步较晚，但发展较快。从 20 世纪 90 年代到 2000 年左右，针对磷酸铵-尿素体系，就磷酸铵的选取、摩尔配比和温度的控制、晶型的控制、粒度的控制等诸多方面开展了大量的工作，并申请了大量专利[15]。

我国 APP 的研制始于 1978 年，APP 最早由成都化工研究所（现成都化工研究设计院）与公安部消防研究所共同开发。这与国外开始大规模研究用于阻燃剂的 APP 的制备基本处在一个时期。

1981 年 3 月由成都市科委（今成都市科学技术局）组织对其进行了鉴定，并获成都市科技成果奖。该成果在该院第二实验基地建成中试装置。该 APP 生产技术主要是以磷酸二氢铵与尿素在高温下熔融聚合成 APP[16]。随后，该工艺改进为以磷酸为原料、以尿素为聚合促进剂同时提供氨源，来增大 APP 的聚合度，降低溶解度。

此后，上海无机化工研究所[17]、天津合成材料研究所（今天津市合成材料工业研究所有限公司）[18]、浙江省化工研究院[19]等单位分别进行了研制，并涌现出大量制备 APP 的企业，集中在四川、云南，以及长江三角洲（简称长三角）等地。但基本依据磷酸体系，制得 APP 的聚合度低、水溶性较大、性能不稳定，只能低价出售。也曾出现日本等国低价购买我国生产的品质较差的 APP，经二次加工，制备高聚合度的 APP，再高价打入我国市场的情况。而我国 APP 生产落后的直接原因是长期滞留于磷酸体系。在这一时期，APP 也被认为是唯一一种国内不能模仿，与国际存在明显差距的阻燃剂。其间，国内研究者虽然也接触到五氧化二磷体系的相关信息，但是认为五氧化二磷体系存在腐蚀性强、毒性大、安全隐患大，且制备成本高等缺点，并未被国内研究者采用。

直到 2000 年左右，研究者才陆续尝试其他的体系。例如，浙江省化工研究院的楼芳彪等[20]采用硫酸铵、三聚氰胺、碳酸氢铵作为缩聚剂，制备 APP。将等摩尔的五氧化二磷、磷酸氢二铵及适量的缩聚剂在 100～200℃下预热 5～15min。物料熔融后通入氨气结晶 1～2h，温度控制在 200～350℃，最好不超过 350℃。接着继续通入氨气熟化 2～3h，温度控制在 200～300℃，最后冷却出料。

2004 年上半年，浙江省化工研究院年产 800t 结晶Ⅱ型 APP 中试项目通过鉴定[21]，并在国内首次公开提出了结晶Ⅱ型 APP 的质量指标，如表 4-3 所示。

表 4-3 国内结晶Ⅱ型 APP 的质量指标

检测内容	质量指标
聚合度 n	>1000
外观	白色粉末
磷含量（质量分数）/%	31～32
氮含量（质量分数）/%	14～15
分解温度/℃	≥275
密度（25℃）/（g/cm³）	1.85～2.00
溶解度（25℃）/（g/100mL H₂O）	≤0.5
pH（10%水溶液）	5.5～7.5
水分（质量分数）/%	≤0.25
细度/μm	约 15

虽国内许多厂家表明其生产 APP 的聚合度>1000，但大部分企业生产的 APP 的聚合度并未达到 1000 以上。因此，市面上销售 APP 的聚合度还值得商榷[22]。

现在，国内也有少数几家企业如杭州捷尔思阻燃化工有限公司和山东潍坊杜得利化学工业有限公司等能够制备高聚合度、低水溶性的结晶Ⅱ型 APP。

杨荣杰团队自 2002 年开始研究 APP 的制备，先后进行了磷酸体系、磷酸铵体系、五氧化二磷扩链低聚合度 APP、五氧化二磷体系，以及基于五氧化二磷体系制备 APP/黏土纳米复合物等多方面的研究[23-31]。现在已经在山东、湖北和四川等地建立生产线。

在这一时期，由于研究者摆脱磷酸体系，采用磷酸盐体系和五氧化二磷体系，我国 APP 快速发展，与国际的差距日趋减小，并且在某些方面出现领先的情况。

4.3.2 理化性质

APP 的化学式为$(NH_4)_{n+2}P_nO_{3n+1}$，当 n 很大时，可写为$(NH_4PO_3)_n$。通常地，低聚合度的水溶性的 APP 主要用作肥料，聚合度高的水难溶性的长链 APP 作为阻燃剂。当 $n=10\sim20$ 时，为短链 APP（水溶性 APP），相对分子质量为 1000～2000；当 $n>20$（工业级 APP 的 n 已可大于 2000）时，称长链 APP（水不溶性 APP），相对分子质量在 2000 以上。

$$NH_4^+O^- \!-\! \underset{\underset{NH_4^+}{\overset{\|}{\underset{O^-}{P}}}}{\overset{O}{\|}} \!-\! O \!-\! \left[\underset{\underset{NH_4^+}{\overset{\|}{\underset{O^-}{P}}}}{\overset{O}{\|}}\!-\!O\right]_{n-2}\!\!\!\underset{\underset{NH_4^+}{\overset{\|}{\underset{O^-}{P}}}}{\overset{O}{\|}}\!-\!O^-NH_4^+$$

APP 有结晶型和无定形两种固体形态，结晶型 APP 为白色粉末，在常温下较稳定，无气味。目前已知的结晶型 APP 共有六种晶型（Ⅰ、Ⅱ、Ⅲ、Ⅳ、Ⅴ和Ⅵ型）[8,9]，其中只有结晶Ⅱ型和Ⅳ型得到了确切的晶体结构。在一定条件下，几种晶体结构之间可以相互转换。目前常用的 APP 为Ⅰ型、Ⅱ型。结晶Ⅱ型 APP 的结构通过粉末 XRD 谱图的精修得到，属正交晶系，空间群为 $P2_12_12_1$，晶胞参数为：$a=1207.9(1)$pm，$b=648.87(8)$pm，$c=426.20(4)$pm。其中，聚磷酸阴离子平行于最短的轴排列，呈螺旋结构，重复周期为 2，而铵根离子则分布在扭曲的磷酸正四面体周围的氧原子附近，H···O 之间的距离为 285～292pm，属于中等强度的氢键[32]。结晶Ⅳ型 APP 通过单晶 XRD 的数据得到，属单斜晶系，空间群为 $P2_1/c$，晶胞参数为：$a=2270.3(5)$pm，$b=458.14(9)$pm，$c=1445.1(3)$pm，$\beta=108.56(3)°$，其聚磷酸链在晶胞中的排列较结晶Ⅱ型伸展[33]。Ⅰ型为一个亚稳定状态，且Ⅰ型是一种不稳定的过渡态，Ⅴ型是高温下的产物。

Shen 等[8]研究认为，依温度变化，APP 的各晶型之间存在一定的相互转化关系，如表 4-4 所示。

表 4-4 不同温度下 APP 晶型转化情况

温度/℃	晶型	晶型转化	晶型
100～200	Ⅴ	→	Ⅰ+Ⅱ
200～375	Ⅰ	→	Ⅱ
250～300	Ⅴ	→	Ⅱ
300	Ⅰ	→	Ⅲ（中间体）→Ⅱ
300～375	Ⅳ	→	Ⅱ
330～420	Ⅰ	→	Ⅴ
385	Ⅱ	→	Ⅴ
450～470	Ⅰ 或 Ⅱ	→	Ⅳ+玻璃态 APP

此外，Waerstad 和 Mcclellan[9]给出了在氨压为 1.013×10^5Pa 下 APP 各晶型之间的转化关系，如表 4-5 所示。

表 4-5　氨压为 1.013×10^5 Pa 下 APP 各晶型转化情况

温度/℃	晶型	晶型转化	晶型
250~270		→	
300~325		→	V
340~350	V	→	VI

但是这种转化是单向的、不可逆的过程，并且 APP 晶型间的转化是一个较慢的过程，通常需要在通氨气条件下几十小时才能够转化完全。

APP 的聚合度一般在几十到几千，有报道甚至达到了上万。目前，主要的方法有端基滴定法[10,11]，或者将 APP 通过离子交换树脂转化成其他形式的聚磷酸盐或聚磷酸，用可溶性聚磷酸盐的测试方法如光散射法[34,35]、黏度法[36]、^{31}P 核磁共振法[37]、凝胶色谱法[38-40]、离子色谱法[41]、超速离心法[42]等来进行测试。但是 APP 作为一种特殊的聚电解质，特别是高聚合度的 APP，在常温下并无良溶剂，使上述测试方法的测试范围受限，使聚合度的测定成为一个难点。

杨荣杰等在 APP 的聚合度测定方面做了大量的工作，对端基滴定法测定 APP 聚合度的影响因素进行了较全面的分析研究。首次把 Pfanstiel 测定聚磷酸钾聚合度的方法和 Strauss 测定聚磷酸钠聚合度的方法用于 APP 聚合度的测定，并用 P 核磁共振法的测定结果建立了 APP 的 Mark-Houwink 方程和其增比黏度与聚合度间的关系式[43-45]。

APP 热稳定性好，但不同晶型的 APP，其热稳定性不同。常见的结晶 I 型和结晶 II 型分解温度分别在 250℃和 280℃左右。当 APP 不纯时，其热稳定性一般会降低。APP 受热分解，在 250~500℃主要产生氨气和水，并生成聚磷酸，在 500℃以上，则主要分解放出磷氧类物质。Camino 和 Luda[46]通过在氮气气流（60mL/min）中，以 10℃/min 的升温速率进行热重和微商热重分析发现，I 型 APP 热降解分为三个步骤（T_{max} 分别为 335℃、620℃和 835℃），II 型 APP 热降解分为两个步骤（T_{max} 分别为 370℃和 640℃）。两者在 400~500℃均发生恒速降解，两者最明显的区别在最后一步，I 型 APP 在 835℃下的残余物质量分数为 17%，II 型 APP 在该温度下的残余物质量分数仅为 3.5%（非常依赖制备条件，残余物质量分数在百分之几到 20%之间波动）。

4.3.3　制备技术

1. 磷酸及磷酸盐体系

聚磷酸铵作为一种聚电解质、重要的阻燃剂、肥料和多形态的无机聚合物，其制备一直受到人们的关注，迄今已出现了多种制备方法，如磷酸-氨气-尿素法、磷酸-五氧化二磷-氨气法、氨水-氨气-三氯氧磷法、焦磷酸铵-五氧化二磷法[47]、磷酸盐-氨气法、磷酸盐-尿素法、磷酸盐-五氧化二磷-氨气法、磷酸盐-五氧化二磷-尿素法，以及五氧化二磷与乙醚反应、五氧化二磷-磷酸盐法等。而其中，以磷酸-氨气法、磷酸-尿素法、磷酸盐-尿素法和五氧化二磷-磷酸盐法为主。根据以上几种制备聚磷酸铵方法中所用的含磷化合物的不同，又可概括为磷酸、磷酸盐和五氧化二磷三个体系。其中，磷酸体系和磷酸盐体系在很长的一段时间内对聚磷酸铵的研究与发展起着指导作用，通过无数研究者的努力，也从设备上、工艺上积累了非常丰富的经验。本节主要介绍利用磷酸及磷酸盐体系来制备聚磷酸铵。

（1）概述

磷酸体系制备聚磷酸铵是早期湿法技术。制得的聚磷酸铵相对分子质量较低、水溶性较大，该体系制备的聚磷酸铵主要应用于农业领域。

磷酸盐体系制备聚磷酸铵是在磷酸体系的基础上发展而来的，制得的聚磷酸铵的相对分子质量有较大的提高，根据条件的不同，可以制备各种晶型的聚磷酸铵，水溶性也较磷酸体系有所降低。

（2）磷酸体系

1）磷酸与氨气反应。

采用湿法磷酸与氨气制备聚磷酸铵起源于 20 世纪 50~60 年代，最早被应用于农业领域。这一方面是由于湿法磷酸被认为是一种廉价的磷肥原料[48]；另一方面是低相对分子质量的聚磷酸铵在水中的溶解度比磷酸铵大，更易制备高浓度的磷氮液体肥料[49,50]。除此之外，这一体系制备的聚磷酸铵也被用于阻燃领域。但是随着膨胀阻燃体系的发展，对聚磷酸铵的耐水性要求日益提高。随着时代的发展，农业领域要求制得的聚磷酸铵有很好的水溶性，能够形成稳定的溶液，而阻燃领域要求聚磷酸铵的水溶性小。这使两个应用领域对聚磷酸铵的要求差别越来越大，制备聚磷酸铵工艺的差距也越来越大。从最初的聚磷酸铵液体肥料，到现在聚磷酸铵钾缓释肥料的发展，农业领域一直都青睐于湿法磷酸体系。阻燃领域在用此法制备聚磷酸铵时，受到方法本身的局限性，制得的聚磷酸铵的水溶性依然很大，因此向其他的制备体系发展，这也成就了其他制备聚磷酸铵的体系如磷酸盐体系、五氧化二磷体系等在工业上的发展。

磷酸体系制备聚磷酸铵的步骤简单。Hookey 和 Pearce[51]将浓缩好的湿法磷酸（P_2O_5 45%~56%）从反应器的顶端注入，氨气从反应釜的底端通入，进行快速氨化，保持氨化反应的温度在 170~230℃，常压连续化生产，制得的聚磷酸铵从反应器的底端排出。

磷酸体系因浓缩湿法磷酸的浓度并不是足够高，制得的产物主要含约 60%磷酸铵盐、15%~30%焦磷酸铵，而聚磷酸铵的量不足 10%，聚合度仅在几到十几之间，并且产生大量的不溶性杂质，这直接给制得的产品带来了很大的影响。此体系的核心思路是将湿法磷酸浓缩，使其成为过磷酸或者聚磷酸，再对过磷酸或聚磷酸进行氨化。发展早期浓缩和氨化是两个独立的过程。湿法磷酸浓缩需要消耗大量的热量和特殊的设备，通过大量的研究将两个独立的过程合二为一，在浓缩的同时进行氨化，而且氨化的过程也由一个变成了多个，以达到更好地浓缩和氨化的目的。Getsinger[52]等研究者在这方面进行了大量的研究，通过两个反应器中的两级氨化来实现磷酸的浓缩与氨化。其具体的操作过程如图 4-6 所示。

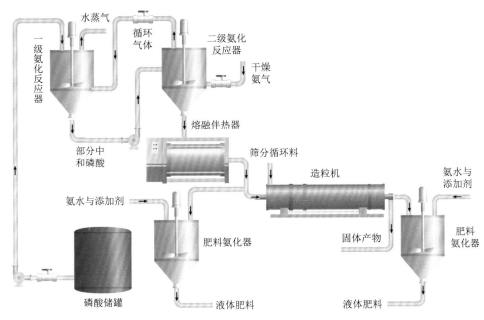

图 4-6　湿法磷酸两级氨化制备聚磷酸铵肥料流程图

该工艺主要有两个氨化反应器，工业级的湿法磷酸通过管线先被泵入一级氨化反应器，反应一定时间后被泵入二级氨化反应器。干燥的氨气从二级氨化反应器的底端进入，未反应的氨气以及水蒸气通过管线从一级氨化反应器的底端进入。因此，一级氨化反应器的主要作用是用工业级湿法磷酸来吸收过量的或者未反应的氨气，成为部分氨化的湿法磷酸，与此同时，湿法磷酸得到了进一步浓缩。而部分氨化的湿法磷酸被泵入二级氨化反应器后，在搅拌的作用下，与干燥的氨气发生逆向的气液相互作用来进行氨化和浓缩。并且在一级氨化反应器中还将湿法磷酸进行了预热。而由二级氨化反应器制得的聚磷酸铵熔体被送入熔融伴热器中，熔融伴热器中的物料可以进行干燥造粒生产固体聚磷酸铵，或者添加氨水和添加剂制备成液体肥料。其中一级氨化反应器和二级氨化反应器中的温度、物料停留时间、压力以及搅拌速度等如表 4-6 所示。

表 4-6　湿法磷酸两级氨化制备聚磷酸铵肥料的工艺参数

反应参数	一级氨化反应器	二级氨化反应器
温度/℃	100～200	150～315
优化温度/℃	120～180	200～260
停留时间/min	1～180	1～180
优化停留时间/min	2～60	2～30
压力/kPa	3～300	3～7000
优化压力/kPa	3～300	300
搅拌速度/（r/min）	100～300	100～3000
优化搅拌速度/（r/min）	100～1000	1000～2500

该工艺在磷酸脱水方面表现彻底，且氨化过程充分。从理论上看，多阶段组合氨化浓缩对体系是有利的。然而，随着阶段的增多，体系的黏度也不断上升，这给生产的连续性带来了很大的不便。随着磷酸体系的发展，研究发现，采用管式反应器进行连续的浓缩和氨化是最为合理的选择。Meline 和 Lee[53]采用了管式反应器来改进氨化湿法磷酸制备聚磷酸铵肥料的方法，如图 4-7 和图 4-8 所示。

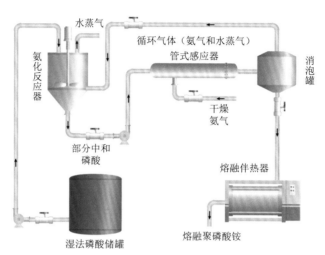

图 4-7　管式反应器氨化湿法磷酸制备固体聚磷酸铵流程图

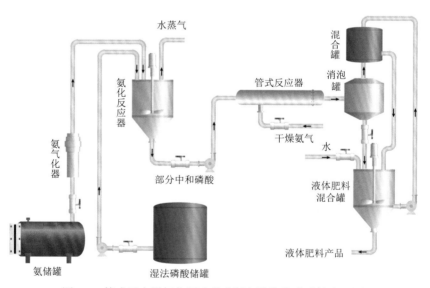

图 4-8　管式反应器氨化湿法磷酸制备液体聚磷酸铵流程图

图 4-7 和图 4-8 分别为制备固体聚磷酸铵和液体聚磷酸铵的两个工艺过程，与此前的专利相比，其最大的特点在于将二级氨化的釜式反应器换成了管式反应器。

在制备固体聚磷酸铵时，湿法磷酸被泵入氨化反应器中，吸收剩余的氨气后，经管线泵入管式反应器，在管式反应器中进行中和氨化处理，后经管线进入消泡罐中，消泡后的聚磷酸铵熔体通入熔融伴热器中备用。而氨气从第二阶段的管式反应器进入与部分氨化的磷酸反应，多余的氨气和水蒸气消泡后，通过管线返回氨化反应器中，未反应的氨气在此被吸收，水蒸气从氨化反应器的顶端排出。

在制备液体聚磷酸铵时，两个阶段的反应器都有单独供氨步骤，第一反应器中的氨气流量相对较少，被全部吸收，排出的是水蒸气，第二阶段管式反应器中的氨气过量，未反应的氨气经过消泡处理再通到制备液体聚磷酸铵的反应器中，形成氨水，有利于聚磷酸铵的溶解。

将预热到 90℃浓缩的湿法磷酸（P_2O_5 54%）和预热到 170℃的氨气进行氨化。在第一阶段氨化反应器中的温度维持在 140℃，第二阶段管式反应器中的温度维持在 250℃。制得的产物中聚磷酸铵的含量大约在 50%。

Hicks 和 Megar[54]对管式反应器制备固体聚磷酸铵的装置进行了改进，如图 4-9 所示。从图 4-9 可以看出，前半段基本与之前的方法类似，湿法磷酸经管线泵入氨化反应器中，吸收来自管式反应器的氨气，水蒸气从氨化反应器的顶端排出。来自部分氨化的磷酸与经管线通入的干燥氨气一同进入管式反应器中，管式反应器的温度设定在 260～315℃。而反应后得到的聚磷酸铵熔体通过管线进入预冷器中，预冷器中的温度维持在 150～180℃。后经管线进入冷却器，冷却器的温度设定在 10～80℃。冷却后的聚磷酸铵固体经粉碎机粉碎，粉碎后物料经旋振筛筛选后得到固体粉末状的聚磷酸铵产品。而较大的聚磷酸铵颗粒则经管线循环进入预冷器，进行再次处理。制得的产品中聚磷酸铵的含量在 27%～54%。

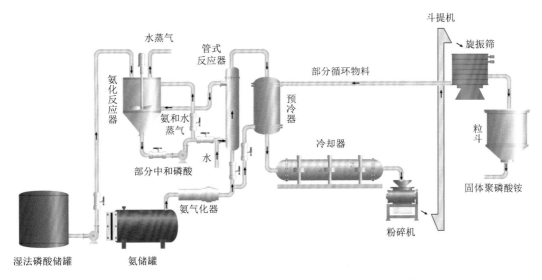

图 4-9 改进的管式反应器氨化湿法磷酸制备固体聚磷酸铵流程图

在 1970 年，美国 W. R. Grace & Co. in Tennessee 流域管理局工作的基础上，采用了管式反应器来进行氨化处理，其具体流程如图 4-10 所示。

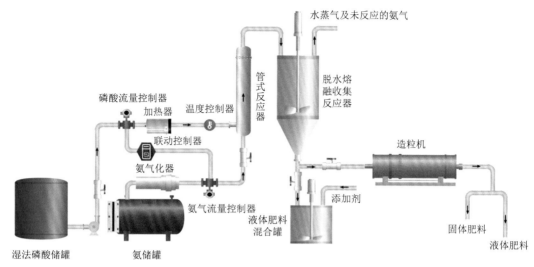

图 4-10　管式反应器氨化湿法磷酸制备聚磷酸铵肥料流程图

湿法磷酸储罐中的湿法磷酸通过酸流量控制器、加热器和温度控制器后进入管式反应器的进口。在管式反应器的进口中有用于通氨气的喷口，深入磷酸通路中。氨储罐中的氨气经过氨气流量控制器控制，经喷口通入管式反应器中。其中酸流量控制器和氨气流量控制器之间有联动控制器来控制磷酸与氨气的流量比。管式反应器是绝热的，以减少热量的损失。管式反应器末端的喷口将氨化的磷酸从脱水熔融收集反应器的顶端喷入。脱水熔融收集反应器的作用是闪蒸自由水和进行分子脱水，使气体与熔体分离。其中脱水熔融收集反应器中的氨化磷酸通过不断地搅拌混合产生的水蒸气和未反应的氨气则经脱水熔融收集反应器顶端的排气管排出。经过干燥的熔体从位于脱水熔融收集反应器底端的管线排出。一部分制成溶液或悬浮液的液体肥料，另一部分通过粉碎制备固体肥料，或再将制成的固体粉末溶解制备液体肥料。

因制备方法和用途两方面因素的限制，制得的产品大多是含 20%～56%聚磷酸铵与磷酸铵的混合物。湿法磷酸氨化制备聚磷酸铵经历了一个由釜式反应器到管式反应器的发展过程。但在制备聚磷酸铵的过程中，无论是采用分段的釜式反应器还是管式反应器，磷酸体系都存在不溶性杂质的问题以及对设备的腐蚀问题，这两个问题亟待解决。由磷矿石制得的湿法磷酸中的杂质主要有铁、铝、镁、钙、氟等离子，当与聚磷酸作用生成聚磷酸盐时，常会形成不溶物或者胶状物。制备的高浓度的液体肥料在储存期内由湿法磷酸引进的金属离子如铁、铝、镁、钙等离子与聚磷酸形成沉淀，破坏聚磷酸铵溶液的稳定性。

Allied Chemical 公司的 MacGregor 等[55]，利用与此前 Tennessee 流域管理局等 Getsinger[56]基本类似的过程来制备聚磷酸铵肥料，在制备部分两者是相同的，都是将预热好的干燥的氨气从第二反应器的底部通入，对磷酸进行氨化。而未反应完的或者过量的氨气和水蒸气则被通入第一反应器中，与预热的磷酸进行反应。但其对制得的聚磷酸铵的后处理方法有所不同，具体为将制得的聚磷酸铵熔体直接用氨水溶解成溶液，再通过控制温度和循环过滤将制得的聚磷酸铵中的不溶物进行过滤，提高制得的磷酸水溶液的稳定性。Allied Chemical 公司湿法磷酸氨化制备聚磷酸铵肥料及除杂工艺流程图如图 4-11 所示。

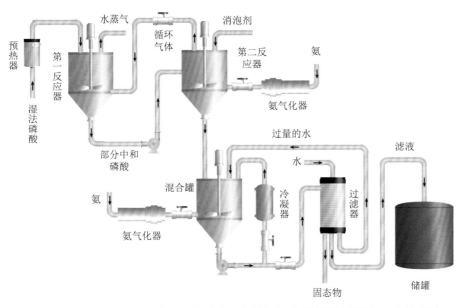

图 4-11　Allied Chemical 公司湿法磷酸氨化制备聚磷酸铵肥料及除杂工艺流程图

磷矿石中不仅含有铁、镁、铝、钙、氟等离子，还经常含有天然的黑色有机碳，导致制得的聚磷酸水溶液大多是黑色的。为制得澄清的聚磷酸铵水溶液，采用浮选法脱除黑色炭质[57]。具体为，制得的黑色聚磷酸铵熔体用氨水溶解，制成液体肥料，然后进入混合器与絮凝剂混合，再通入浮选机中，反浮选的有机碳漂浮在顶端浮选机顶部溢流排出，而下层澄清的聚磷酸铵水溶液则从浮选机底部流排出。步骤如图 4-12 所示[58,59]。

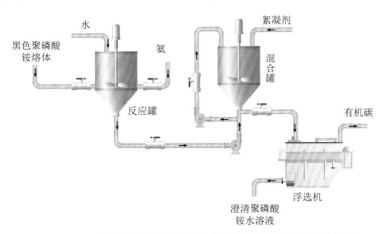

图 4-12　湿法磷酸制备聚磷酸铵肥料过程中的除碳过程示意图

随着湿法磷酸制备工艺的进步，湿法净化磷酸已能满足聚磷酸铵的生产要求。但设备内垢和腐蚀的问题成为制约磷酸体系的另一重要因素。尤其是管式反应器由于管径细，反应过程中的温度高，而在高温下极易产生环状偏磷酸盐，与磷酸中的金属离子反应生成盐，沉积在管内壁上，使反应器堵塞，无法连续生产。为了解决这一问题需要加强工艺条件控制，严格控制反应温度，减少高温生成偏磷酸盐的量，减少内垢和腐蚀。例如，Allied Chemical 公司 MacGregor 等的工作中提到，在反应过程中，反应的温度应不低于 205℃ 且不应超过 300℃，以保证聚磷酸铵的形成并防止偏磷酸盐杂质形成。

Harbolt 和 Young[60]等利用大内径反应器，让磷酸喷洒进反应器中，减少磷酸与器壁接触，使与反应器壁作用的磷酸的量占总磷酸的 20% 左右，防止内垢的生成和腐蚀的发生。其反应装置如图 4-13 所示。

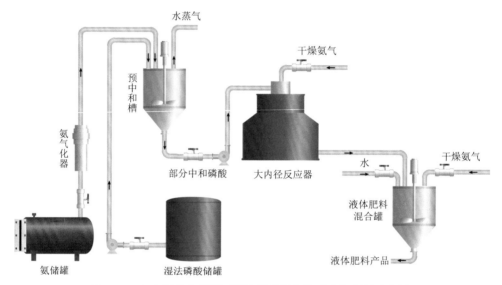

图 4-13   大内径反应器用于湿法磷酸制备聚磷酸铵肥料流程图

Hahn 等[61]用多级下降式膜反应器来制备聚磷酸铵，将湿法磷酸（P_2O_5 28%～32%）从多级反应器的顶端喷入，而氨气预热后从多级反应器的底端进入（温度在 150～200℃），形成逆流体系。磷酸与氨气发生中和反应放出的热量可进一步浓缩磷酸，反应器各段的温度自上而下依次升高。反应器的各段由温度不同的导热油系统控制。从底端通入的氨气也可以带有其他载气，如氮气、空气等。反应后的气体从多级反应器的顶端排出，这部分气体中含有氨气、水蒸气，以及磷酸中的氟离子与氨气生成的氟化铵和其他一些氟化物。尾气中的这些氟化物通过喷洒碳酸氢钠溶液进行分离，而氨气则通过酸吸收。其反应装置如图 4-14 所示。

磷酸体系制得的聚磷酸铵因聚合度低、水溶性大而无法满足阻燃方面的要求，但是此体系成本低、能耗小，且随着湿法磷酸净化技术的进步，对于制备用于农业领域的液体聚磷酸铵或聚磷酸铵钾等肥料非常适用。磷酸体系在农业领域采用湿法磷酸制备液体肥料具有广阔前景。

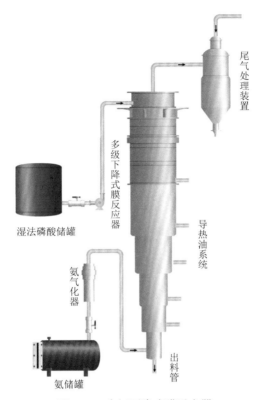

图 4-14　多级下降式膜反应器

2）磷酸与尿素反应。

在磷酸与氨气反应制备聚磷酸铵方法的基础上改进工艺采用磷酸与尿素反应来制备聚磷酸铵。尿素起脱水缩合的作用，使制得的聚磷酸铵的聚合度有了一定程度的提高，从而降低了其在水中的溶解度。在制备后期通入氨气进一步氨化，以降低聚磷酸铵的水溶性。

美国 Monsanto 公司采用这一体系进行了大量的研究，系统地研究了各种晶型的聚磷酸铵的制备和转化关系，给出了各种晶型聚磷酸铵的 XRD 谱图，并提出了磷酸与尿素的反应机理，为聚磷酸铵的制备提供了一定的理论基础。Monsanto 公司公开了多篇磷酸与尿素法相关专利，主要涉及流化床和炉式反应器制备聚磷酸铵的工艺[62-64]。

Shen[65]将 1000 份磷酸（P_2O_5 含量为 85%）与 1020 份干燥的尿素在 45℃下混合 2h，当生成磷酸脲以后，将其与等量的水不溶性的Ⅲ型聚磷酸铵混合，并升温到 350℃ 反应 2h，最终得到Ⅱ型聚磷酸铵 840 份。

Shen[62]主要改进为控制反应气氛中的氨气分压。具体为，将磷酸（P_2O_5 含量为 76%）与熔融的尿素在一个反应罐中混合，控制尿素与磷酸的摩尔比在（0.75~0.8）∶1，将混合好的溶液保持在 100℃，通入带有聚磷酸铵颗粒的移动床上面，床温保持在 250℃。整个反应过程中的气氛不能被加热或空气污染，气氛中不能含有水蒸气，并保持氨气分压为 0.04MPa，这部分氨气由反应放出的氨气来维持，加热是通过一个间接加热的煅烧炉实现的，这使反应的物料在接触到移动床上面的聚磷酸铵后可以迅速升温到

250℃。将反应所得的聚磷酸铵卸出，然后再进行下次制备。反应所得的聚磷酸铵的水溶解度为 1g/100mL H_2O。

除尿素外，Sears 和 Vandersall[63,64]公开了可以用作氨化缩合剂的类型。这种含氮化合物中至少要有一个氨基型的氮，能够在 170~260℃与磷酸发生缩合反应。但综合技术因素与经济因素，尿素仍是最佳的选择。

其中，对尿素与磷酸的摩尔比有了更进一步的描述，认为尿素与磷酸的摩尔比应该在（1~5）:1，最好在（1~3）:1。对于反应的温度也有了更明确的说明，认为其反应温度最低不要低于 180℃，低于该温度时不会形成聚磷酸铵，而反应的温度不应该高于 260℃，高于该温度时形成的长链聚磷酸会断链分解。为使原料完全反应，当反应的温度在 210~240℃时，需要反应 30~90min；当反应温度为 255℃时，需要反应 5~30min；当反应温度为 180℃时，通常需要反应 3~4h。

具体实施例如下：将磷酸（P_2O_5 含量为 76%）加入反应釜中，搅拌，并缓慢加入尿素反应，具体数据如表 4-7 所示。此时，所得的产物主要为短链聚磷酸铵，平均聚合度一般不超过 10，并且易吸湿，水溶性大。

表 4-7 预反应阶段不同工艺参数下制得聚磷酸铵的平均链长（聚合度）

序号	N/P 的摩尔比	铵态氮与磷酸的摩尔比	温度/℃	平均链长（聚合度）
（1）	1.00	0.78	150	3.0
（2）	1.25	0.93	150	4.8
（3）	1.46	0.81	140	4.8
（4）	1.75	0.87	140	3.7
（5）	2.00	0.97	130	3.9
（6）	2.50	0.96	130	3.9

将表 4-7 中所得的产物，在特定的温度下反应 1h，得到聚磷酸铵产品，其具体数据如表 4-8 所示。

表 4-8 不同热处理温度下制得聚磷酸铵的结构与性质

序号	温度/℃	铵态氮与磷酸的摩尔比	平均链长（聚合度）	溶解度/（g/100mL H_2O）
（1）	200	0.78	48	8.9
（2）	235	0.75	70	2.6
（3）	235	0.82	70	2.6
（4）	225	0.92	110	6.0
（5）	210	0.87	45	2.4
（6）	200	0.87	166	3.7

由表 4-7 和表 4-8 中的数据可以看出，增加尿素的量或提高反应的温度，可以提高

聚磷酸铵的聚合度，而所得聚磷酸铵的溶解度既与聚合度相关，又与制得的聚磷酸铵中铵态氮的量有关。

以上几位研究者都给出了一个聚磷酸铵的化学式：

$$H_{(n-m)+2}(NH_4)_mP_nO_{3n+1}$$

m/n 的值在 0.7～1.1，m 的最大值为 $n+2$。依据此法制得的聚磷酸铵的聚合度在几十到几百。

Monsanto 公司专利中除了采用尿素与磷酸反应来制备聚磷酸铵外还公开了一些衍生体系，如磷酸脲与尿素反应、磷酸铵与尿素反应等。在磷酸与尿素反应的过程中，一般分为两个阶段：第一阶段温度一般维持在 40～150℃，主要为预混，其实在这一阶段主要生成磷酸脲，以及一些低聚合度的磷酸盐的脲盐。第二阶段一般维持在 180～350℃，具体的反应时间与实施的温度有着很大的关联，温度越高，反应时间越短，其间可以用特定晶型的聚磷酸铵作为晶种来控制所得聚磷酸铵的晶型。

采用磷酸与尿素、磷酸脲与尿素、磷酸铵盐与尿素制备聚磷酸铵的反应机理基本相同，在反应过程中都会生成磷酸脲或磷酸铵。磷酸中水的存在使聚磷酸铵的聚合度较低，对聚磷酸铵的制备有很大的阻碍。

我国对聚磷酸铵的制备研究起始于磷酸、尿素及其衍生体系。成都化工研究设计院、上海无机化工研究所、天津合成材料研究所（今天津市合成材料工业研究所有限公司）、浙江省化工研究院等多家单位也进行了研究。自 20 世纪 80 年代以来，这些单位对以磷酸与尿素为原料制备聚磷酸铵进行了大量的研究。但大多数只得到了聚合度较低的产品，并且该体系持续了相当长的一段时间，致使该时期我国生产的聚磷酸铵的聚合度普遍较低、水溶性较大、性能不稳定。聚磷酸铵的制备最先于 1978 年由成都化工研究所（现成都化工研究设计院）与公安部消防科研所共同开发研制，在成都化工研究所第二实验基地建成中试装置。该技术制备的聚磷酸铵主要是以磷酸二氢铵与尿素在高温下熔融聚合而成的[4]。反应式如下：

$$nNH_4H_2PO_4+(n-1)CO(NH_2)_2 \longrightarrow H_{(n-m)+2}(NH_4)_mP_nO_{3n+1}+(n-1)CO_2\uparrow+(3n-m-2)NH_3$$

随后，该工艺改进为以磷酸为原料，以尿素为聚合促进剂同时提供氨源，来增大聚磷酸铵的聚合度，降低溶解度。其反应过程为

$$nH_3PO_4+(n-1)CO(NH_2)_2 \longrightarrow (NH_4)_{n+2}P_nO_{3n+1}+(n-1)CO_2\uparrow+(n-4)NH_3$$

大多数国内的研究者在用磷酸-尿素法制备聚磷酸铵时，其工艺都比较简单，即先将磷酸与尿素在一定的温度下混合搅拌，然后将熔体放入特定温度的烘箱中反应，制得聚磷酸铵。其工艺流程示意图大致如图 4-15 所示[66]。

研究者认为磷酸（85%）与尿素最适宜的摩尔比应在 1∶（1.2～2.0），最适宜的反应温度应为 200～250℃。若反应温度高于 300℃，则产品发生局部分解反应，生成磷酸、氨气和水，使产品颜色变黄、发黏，pH 明显下降。反应时间 30～60min。在该工艺条件下聚磷酸铵产率为 49.0%～49.3%。通过分析得到的聚磷酸铵产品，含 P_2O_5 60%～67%，含氮 13.2%～13.4%，平均聚合度为 21～25[66,67]。

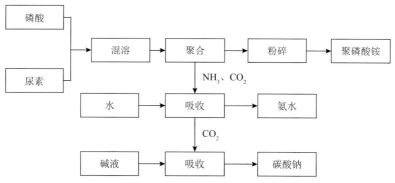

图 4-15　磷酸-尿素法制备聚磷酸铵的工艺流程示意图

此外，有研究者考虑到磷酸与尿素在反应初期，首先是生成磷酸脲，然后再进行反应，因此直接利用磷酸脲和尿素反应来制备聚磷酸铵[68]。通过系统地研究认为磷酸脲与尿素的摩尔比应控制在 1∶（1.2～1.4），升温的速率控制在 2～3℃/min，最高温度在 220～340℃。其中，在高温段通入的气氛中，NH_3 分压应在 0.06～0.1MPa，CO_2 的分压在 0.02～0.04MPa。而认为水汽的存在会降低制得聚磷酸铵的品质，为不利因素。

这种方法从反应的机理来说，与磷酸-尿素法一致，但是由于采用磷酸脲替代磷酸，杜绝了反应中水的存在，同时杜绝了磷酸中的其他杂质，有其自身特点。

对于这一体系，由于大量尿素的使用，体系的产气量很大，一般废气包括氨气、二氧化碳和水蒸气。大体上，尾气的处理分为两种：一种是将尾气中的水蒸气吸收后，循环利用氨气和二氧化碳的混合气；另一种是将氨气吸收后，排空二氧化碳与水蒸气。

第一种方法在流化床的使用上可谓非常巧妙和适用，但随着循环次数的增加，混合气中的氨气被吸收，而使二氧化碳的浓度越来越高，使混合气中氨气的分压下降。

第二种方法也是普遍采用的一种方法，主要分为水吸收和酸吸收两种，用水吸收生成氨水用于农业灌溉。酸吸收则是将氨气用磷酸的水溶液来吸收，然后再用部分氨化的磷酸或磷酸盐的水溶液来充当原料。

磷酸-尿素法的关键控制因素是所用磷酸的浓度，随着磷酸浓度的升高，制得的聚磷酸铵的质量也相应提高。除此之外，尿素的用量也非常关键，优化的尿素与磷酸之间的摩尔比为（1～3）∶1，尿素的用量随着磷酸浓度的增加而减少。

3）过磷酸、聚磷酸法。

过磷酸主要通过热磷酸或湿法磷酸的浓缩处理来制得，是一种含有正磷酸、焦磷酸以及具有 $H_{n+2}P_nO_{3n+1}$ 化学式的聚磷酸的混合物，各个组分的分布随过磷酸的浓度变化而变化。

无论是磷酸与氨气反应，还是磷酸与尿素反应，都需要对湿法磷酸进行浓缩，而浓缩是为了让磷酸在浓缩的过程中形成过磷酸或者聚磷酸，然后进行氨化，来制备聚磷酸铵。因此，采用过磷酸或聚磷酸体系，实际上是从磷酸法中衍生出的一种方法。直接使用过磷酸或者聚磷酸，生产成本较高，随着磷酸浓缩工业的发展，由于过磷酸和聚磷酸的成本降低，该方法得到了快速发展。

过磷酸、聚磷酸法大致与磷酸与氨气和磷酸与尿素的反应相同，主要优点是不需要在磷酸的浓缩方面投入很大的精力，有的研究者的做法甚至是直接向过磷酸或聚磷酸的水溶液中通氨气氨化来制备聚磷酸铵。这种方法依然存在着和磷酸体系一样的缺点。但是这种方法研究者制备了一些相对较纯的聚磷酸铵晶体，对于聚磷酸铵后期的发展有一定的指导意义。

我国在这方面也有专利报道，做法相对较为简单，就是对聚磷酸的水溶液直接进行氨化。例如，云南省化工研究院的古思廉等以聚磷酸为原料，加入缩合剂，聚磷酸与缩合剂的质量比为 1:1，将两者混匀后，加入连续式合成反应器中，在 100～500℃、氨气分压 0.01～0.35MPa 条件下，持续反应 5～210min，得到高聚合度的聚磷酸铵，认为聚合度大于 250。使用的缩合剂为尿素、碳酸氢铵、三聚氰胺、双氰胺和硫酸铵中的一种或多种组成。

（3）磷酸铵体系

聚磷酸钠可以在特定的温度下通过加热磷酸钠直接制得，但是用同样的方法并不能制得聚磷酸铵，这是由于聚磷酸铵在高温下会发生分解，生成聚磷酸并放出氨气。

有研究者发现[69]，加热尿素和聚磷酸可以制得聚磷酸铵，在此，尿素分解生成的氨气用来中和酸。此法虽然制得了聚磷酸铵，但是产生了大量的副产物，主要是氰尿酸。也有人用磷酸盐直接在通氨气的情况下制备聚磷酸铵，并制得结晶Ⅳ型聚磷酸铵单晶[70,71]。具体做法是，将磷酸二氢铵在 530℃下加热，并维持氨气分压为 90Pa。

目前，用三种形式的磷酸铵与尿素反应都可以得到聚磷酸铵，但在磷酸铵-尿素法中，用磷酸二氢铵最佳。磷酸二氢铵与其他两种磷酸铵盐相比，其保持了相对较强的酸性，有利于聚合反应顺利进行，制得聚磷酸铵的聚合度会有很大程度的提高。

Knollmucller[69]用磷酸盐和尿素来制备无水聚磷酸铵，认为处理温度应该控制在130～200℃，最好的处理温度是 145～160℃，而磷酸铵和尿素的摩尔比应该控制在（1～1.2）:1。当尿素过多时，产生大量氰尿酸；当磷酸铵过量时，产生很多低聚物。Knollmucller 认为减压对生成长链聚磷酸铵有加速作用。

Makoto[72]等用磷酸铵-尿素体系来制备结晶Ⅱ型聚磷酸铵，核心技术是在反应过程中通入湿氨并投放结晶Ⅱ型聚磷酸铵晶种。其中，磷酸铵可以是磷酸二氢铵、磷酸氢二铵、磷酸铵、氨基磷酸铵、磷酸脲，或者是带有如下化学式的磷酸铵化合物：$xA_2O \cdot yP_2O_5$，其中，A 是 H 或者 NH_4 基团，$R=x/y$，$0<R\leq2$。所用的缩合剂可以是尿素、碳酸铵、缩二脲、脒基脲、甲基脲、氨基脲、1,3-二氨基脲和联二脲等。磷酸铵与缩合剂的摩尔比在0.2～2，而反应物料与投放晶种的摩尔比在 0.5～50。通入的湿氨中，氨气的体积分数为 0.05%～10%，水的体积分数为 1%～30%。反应的温度维持在 250～320℃。

采用磷酸氢二铵或磷酸二氢铵，在采用通湿氨的情况下都能制得高纯度的结晶Ⅱ型聚磷酸铵。而直接通干燥的氨气时，则制得以结晶Ⅰ型聚磷酸铵为主的产品。

由通湿氨制得的结晶Ⅱ型聚磷酸铵的粒径较小，可以制得粒径在 5μm 以下的结晶Ⅱ型聚磷酸铵。例如，Makoto[73]采用等摩尔的磷酸二氢铵与尿素反应，通入湿氨，制得结晶Ⅱ型聚磷酸铵的纯度高、平均粒径小，而当通入湿氨的时间延长时，制得结晶Ⅱ型聚磷酸铵的纯度降低、粒径增大。国内研究者也针对这一体系进行了大量的研究。陈嘉甫和郑惠侬[74]通过扩大实验，提出了用环盘式聚合器，由磷酸铵和尿素缩合成长链

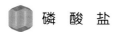

聚磷酸铵的方法。

宋文玉等[75]提出了由磷酸二氢铵和尿素在液体石蜡溶剂中缩合制得聚磷酸铵的方法。将磷酸二氢铵与尿素悬浮在液体石蜡中进行聚合，制备工艺方法较新颖。但液体石蜡的引入使后处理步骤烦琐，且使聚磷酸铵中往往残留有石蜡成分，对产品的品质有影响，并不适于工业化。

马庆文[76]在磷酸二氢铵与尿素摩尔比为 1∶1.2 的条件下，研究了升温速率、高温段维持温度、氨气分压、氨化时间对聚磷酸铵的聚合度的影响。

McCullough 和 Sheridan[70]直接将磷酸铵在 250～400℃、氨气流中热缩合反应 1～16h，制得聚磷酸铵。其实施例如下：20g 磷酸二氢铵，加热到 250℃，在缓慢的氨气流中热处理 8h，得到 13.4g 结晶聚磷酸铵产品，由 XRD 分析可知，结晶聚磷酸铵产品为结晶Ⅰ型、Ⅱ型和Ⅴ型聚磷酸铵的混合物。

1.5g 磷酸氢二铵，加热到 275℃，在氨气流下，反应 4h，得到长链聚磷酸铵 1.2g，经分析其中 70%为结晶Ⅱ型聚磷酸铵，30%为结晶Ⅰ型聚磷酸铵。制得的聚磷酸铵具有如下的通式：$(NH_4)_mH_{(n+m)+2}P_nO_{3n+1}$，其中聚合度 n 大于 50，m/n 的值为 0.85～10.4。

Stefan 和 Wolfgang[71]将磷酸二氢铵粉末放入铝舟中，然后置于一个电加热的硅玻璃管中，在通氨气的情况下缓慢加热到 530℃，氨气分压为 950Pa，得到结晶Ⅳ型聚磷酸铵的单品。

该磷酸铵-尿素法不适于高起始温度反应，起始温度过高导致尿素直接分解，或生成副产物，特别是易生成三聚氰胺，这样不利于尿素与磷酸铵之间的相互作用。因此，针对这一体系，主要采用逐步升温或分段式升温方式。

磷酸铵-尿素体系中磷酸铵的选取，主要采用磷酸二氢铵，研究发现磷酸铵-尿素法中选用的磷酸铵带有一定的酸性有助于反应生成聚磷酸铵，当选用的磷酸铵酸性较低时，其不易与尿素反应，生成中间产物磷酸脲，而促使尿素直接分解。因此，从选用磷酸铵的酸性考虑，其反应活性顺序应为磷酸二氢铵>磷酸氢二铵>磷酸铵。

对于缩聚剂的选取，在选用尿素的同时，也可以选取一些不同温度段分解的、有类似于尿素结构的缩聚剂，其分解温度应该控制在 200～300℃。

采用该体系制备纯Ⅰ型或Ⅱ型聚磷酸铵较困难，一般得到的都是两者的混合物。根据 Shen 等的工作，认为一般需要十几甚至几十个小时的氨化，Ⅱ型结晶才能彻底地转化为Ⅰ型结晶，不适用于工业化。因此，在实际的应用中，如何在较短的时间内制备较纯晶型的聚磷酸铵成为核心技术。废气的处理和聚磷酸铵水溶性的问题也成为技术难题。

2. 五氧化二磷体系

以五氧化二磷体系制备聚磷酸铵的主流体系为：五氧化二磷-磷酸铵-氨气体系、五氧化二磷-磷酸铵-尿素体系以及五氧化二磷改进磷酸铵-尿素体系等。

（1）五氧化二磷-磷酸铵-氨气体系

五氧化二磷-磷酸铵-氨气体系最早是由 Hoechst 公司在 Heymer 等[12]工作的基础上改良提出的。Schrödter[77]将等摩尔的磷酸氢二铵和五氧化二磷在具有混合捏合和粉碎功能的捏合机中反应，并在氨气气氛下制备水不溶链型聚磷酸铵，所用设备如图 4-16 所示。

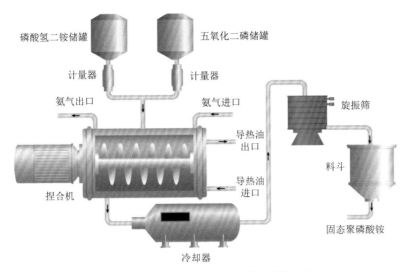

图 4-16 Schrödter 用于制备聚磷酸铵的捏合机

磷酸氢二铵和五氧化二磷分别从各自的储罐通过计量器称量后加入捏合机中。捏合机夹套通过导热油进行循环加热。氨气从捏合机的一侧进入反应后经另一侧排出。反应后制得的聚磷酸铵经捏合机放料口进入冷却器,冷却后进入旋振筛中筛分,最后较细的聚磷酸铵在料斗中进行收集打包。

其中,捏合机是带有加热夹层的密闭反应器,夹套中的导热油经进口和出口循环流动。其中捏合机中有两个水平平行放置的带有 Z 形浆的旋转轴。该旋转轴可以使物料水平移动到反应器的中心位置,并且使积存在转轴上的物料被推向反应器壁,可以减少对转轴的机械应力。

本工艺将等摩尔的磷酸氢二铵和五氧化二磷在通氨气的条件下加热至 180～350℃,物料混合物的物相经历固体块状化物、带有固体块的浆或浆状物变化。在这一阶段,需要较大功率的旋转轴才能搅动,所以要求有较低的转速。此后,熔融物料逐渐固化,固化硬质物料被旋转轴捏合粉碎,这时加大转速,让粉末物料在高速转动的情况下,形成一种类流体的状态,这可使物料受热均匀,在较短的时间内制得聚磷酸铵。

制得的聚磷酸铵的化学式为 $(NH_4PO_3)_{10\sim1000}$,反应方程式如下:

$$(NH_4)_2HPO_4 + P_2O_5 + NH_3 \Longrightarrow (3/n)(NH_4PO_3)_n$$

Schrödter[77]的专利所述的工艺具有如下的优点:①可直接粉碎结块的物料;②采用单反应器反应,避免了采用多反应器和多阶段反应给温度设定带来的诸多问题;③在反应器内,物料不断被搅动翻滚,使物料和 NH_3 接触均匀;④由于整个过程只用 NH_3,因此避免了其他类废气的处理,如使用尿素时产生的 CO_2 等;⑤根据预先设定的工艺参数,可以制备具有不同性质和不同溶解度的产品,来满足不同的用户,产品的性能稳定;⑥反应结束后得到的产品粉碎度较好,只需简单筛分就可直接使用。

Schrödter 和 Maurer[78]将磷酸铵与五氧化二磷的反应分为两个阶段,第一个阶段是在 50～150℃下预热反应,第二阶段是在 170～350℃下反应。先将磷酸氢二铵与五氧化二磷按照摩尔比 1:(0.9～1.1)投入捏合机中,加热到 50～150℃,再以较大通量通氨气反应一段时间，然后升温到 170～350℃，继续通氨气反应。在整个反应过程中通氨气保证氨气分压维持在 $1 \times 10^2 \sim 2 \times 10^2 Pa$。最后得到结晶聚磷酸铵。

Staffel 和 Adrian[79]依据磷酸铵和五氧化二磷体系，制备了低悬浮液黏度的聚磷酸铵。具体为，在 60℃下制备的 20%的聚磷酸铵水性悬浮液在 20℃下的黏度小于 100 mPa·s，使正磷酸铵和五氧化二磷在 100～300℃，优选 150～280℃，在易碎相中以高混合强度充分反应 10～60min，优选 20～30min，然后在氨气气氛下，在 200～300℃，优选 250～280℃，以已知方式将反应材料热处理 100～120min。

实施对比例参照专利 US3978195 制备的聚磷酸铵，其悬浮液的黏度为 800mPa·s。具体的做法是，将 2640g 磷酸氢二铵和 2840g P_2O_5 投入捏合机，加热到 150℃，并在通氨气的情况下反应 1h，消耗 400L 氨气，该阶段转轴的速度为 30r/min，再通氨气处理 1h，消耗氨气 100L，转速为 150r/min。从其产物的 XRD 来看，制得的是结晶 I 型聚磷酸铵。

改进对比例的具体实例如下：将 1160g 磷酸氢二铵和 1220g P_2O_5 投入双轴捏合机，调整转速为 150r/min，加热到 150℃，通入氨气。然后将温度升高到 280℃，反应物变成易碎的状态，20min 后变成粉末状态。之后在 250～280℃下热处理 100min。得到的聚磷酸铵的悬浮液黏度为 50mPa·s，且产物为结晶 II 型聚磷酸铵。

Hoechst 公司后续对该法又进行了过量的或未反应氨气的处理和氨化热处理等两方面重点研究。

Staffel 和 Adrian[80]采用聚磷酸来吸收多余的氨气，具体为将 2.84kg 五氧化二磷和 2.64kg 磷酸氢二铵的混合物在反应器（容量为 10L 的双 Z 轴捏合机）中于 200℃下熔融。在将氨气通入反应器的同时将熔体加热至 280℃，并将内容物在该温度下保持 30min。然后在 170℃下添加 1.4kg 部分氨化的多磷酸（P_2O_5 含量为 84%）。经过 4h 的总反应时间后，获得了具有以下性质的聚磷酸铵。聚磷酸来吸收多余的氨气制备聚磷酸铵的工艺流程示意图如图 4-17 所示。其性质如下：pH 为 6.8，酸值为 0.2mg KOH/g，水悬浮液黏度为 32mPa·s，水溶物含量为 7.2%，平均链长大于 1000，经 XRD 分析为结晶 II 型聚磷酸铵。

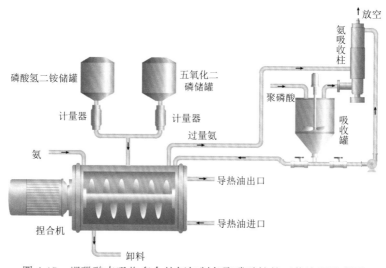

图 4-17　聚磷酸来吸收多余的氨气制备聚磷酸铵的工艺流程示意图

或将 4.8 kg 结晶 I 型聚磷酸铵加入预热至 150℃的反应器（容量为 10L 的双 Z 轴捏合机）中。然后在 160℃下加入 2.9 kg 部分氨化的多磷酸（P_2O_5 含量为 84%）。在氨气气氛下于 280℃反应 3.5h 后，获得具有以下性质的粉状聚磷酸铵：pH 为 6.6，酸值为 0.64mg KOH/g，水悬浮液黏度为 22mPa·s，水溶物含量为 6.0%，平均链长为 45，经 XRD 分析为结晶 I 型聚磷酸铵。

Staffel 等[81]提供了一种在一个反应系统中由等摩尔量的磷酸氢二铵和五氧化二磷生产基本不溶于水的聚磷酸铵的方法，该方法在氨气流的存在下实现连续混合、捏合和粉碎。他们还公开了用于实施该方法的设备，该系统将水从含有水蒸气的氨气中分离出来，并使干燥的氨气再次流过该系统来实现，达到既不将含氨气的尾气排放到大气中，又不产生干扰生物废水处理设备的含氨液体的效果。氨气流循环装置制备聚磷酸铵的工艺流程示意图如图 4-18 所示。

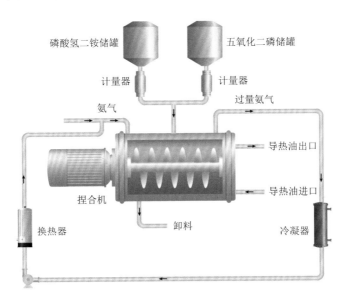

图 4-18　氨气流循环装置制备聚磷酸铵的工艺流程示意图

Hoechst 公司制备聚磷酸铵的过程中发现在反应后期通氨气热处理一段时间可以显著降低制得聚磷酸铵的水溶性，正磷酸铵和五氧化二磷的混合以及对于糊状物质的第一阶段使用昂贵的捏合机是必需的，但是在糊状物质分解成易碎产品后，在第二阶段继续留在高成本、高能耗的捏合机中进行通氨气热处理是完全没有必要的，采用较为便宜的设备就可以完成。Staffel 等[82]将氨化热处理步骤单独分离出来，采用较为便宜的反应器来完成这一步骤。第一阶段反应同前序研究，区别是待反应物料在捏合机中反应经过两个电流高峰后将粉末状的物料卸出，经中转罐进入氨化回转炉进行进一步氨化。聚磷酸铵氨化热处理工艺流程图如图 4-19 所示。

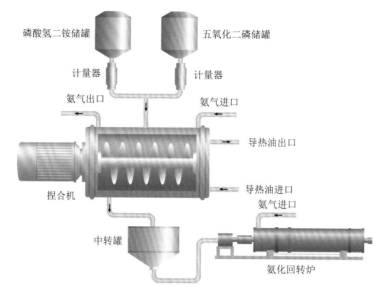

图 4-19　聚磷酸铵氨化热处理工艺流程图

氨化热处理设备还可以是盘式干燥器、流化床反应器和捏合机等。Staffel 等[83]公开了反应第二阶段用盘式干燥器氨化热处理的方法及装置。详细地涉及制备基本不溶于水的长链多磷酸铵的方法，其中，在第一阶段，正磷酸铵和五氧化二磷在氨气存在时在具有混合、捏合和粉碎集成功能的捏合机反应。在第二阶段，从反应器排出的物料被送入盘式干燥器，其中物料以 5~20mm 的层厚覆盖盘式干燥器的盘；其中盘式干燥机的加热盘的温度保持在 240~300℃，而其下冷却盘的温度保持在 5~45℃。其中物料在盘式干燥器中的停留时间为 35~70min；含氨气体连续通过盘式干燥器；离开盘式干燥器的含氨气体通过冷凝除去其中所含的水蒸气；并且含氨气体在进入盘式干燥器之前被加热。

我国也对这个体系进行了研究，例如黄祖狄等[84]提出了由磷酸铵和五氧化二磷在氨气存在的条件下制取聚磷酸铵，并设计了特定的反应器结构。磷酸氢二铵和五氧化二磷按一定配比加入反应器内，进行混合研磨，然后升温，通入氨气并保持一定分压，在 240~340℃下反应 1~3h，得白色粉末。经冷却、过筛得成品。成品一次通过 80 目筛者>70%，粗筛物返回循环。聚磷酸铵总收率可达 100%。

梅毅等[85]公开了一种Ⅱ型聚磷酸铵的制备方法，以偏磷酸铵、五氧化二磷、磷酸氢二铵为原料，将偏磷酸铵、五氧化二磷、磷酸氢二铵混合均匀后加热聚合反应，通入氨气再反应，所得物料经冷却得到高聚合度、低水溶性结晶Ⅱ型聚磷酸铵。与现有技术相比，合成的Ⅱ型聚磷酸铵聚合度大于 2000，解决了传统工艺路线五氧化二磷-磷酸氢二铵聚合法难以合成聚合度大于 2000 的Ⅱ型聚磷酸铵的难题。合成出的Ⅱ型聚磷酸铵白度好、粒径小、热稳定性好、水溶性小、黏度低、纯度高、晶型稳定。反应物料在预聚合阶段产生水分少，对反应器的腐蚀小。合成Ⅱ型聚磷酸铵的生产过程没有副产物生成，原料利用率高。反应过程用气量小，反应时间短，生产成本低。反应条件容易控制，易实现工业化生产。

陈志钊和周侃[86]等公开了一种高聚合度聚磷酸铵的制备方法，包括以下步骤：将五氧化二磷和磷酸氢二铵加入捏合机进行捏合，通入氮气并加热，捏合机内温度升高至 80～150℃时停止通入氮气和加热；通入氨气，控制捏合机内的温度为 150～350℃，反应 3～8h；将捏合机内的温度降至 150～250℃，停止通入氨气，再通入氮气，并向捏合机内喷洒多环氧化合物，控制捏合机内的温度为 180～250℃，反应 1～5h，得到高聚合度聚磷酸铵。

该工艺同以往该体系的工艺路线相似，主要区别是在第二阶段氨化热处理阶段通氨气结束后通氮的同时喷洒多环氧化合物提高了聚合度。

谢思正和周侃[87]等公开了一种低黏度高聚合度结晶Ⅱ型聚磷酸铵的制备方法，包括以下步骤：将摩尔比为 1:（0.8～1.0）:（0～0.2）的五氧化二磷、磷酸氢二铵、磷酸二氢铵投入捏合器中进行混合，升温到 80～180℃，开始向捏合器中通入氨气启动反应；通入氨气的同时向捏合器中通入氮气，控制此步反应温度在 180～250℃，反应时间为 150～240min；停止通氮气，维持通氨气，将三聚氰胺在外界加热的条件下升华进入捏合器中；继续反应、冷却、出料，得到产物。该工艺与以往该体系的工艺路线相似，主要区别是在第二阶段氨化热处理阶段通氨气结束后加入了三聚氰胺进行交联。制得的聚磷酸铵聚合度大于 2000。

裘雪阳等[88]等公开了一种聚磷酸铵制备细粒径控制方法及其应用。方法包括反应步骤、冷却步骤及粉碎步骤。反应步骤：将摩尔比为 1:1 的五氧化二磷和磷酸氢二铵搅拌均匀，加热并通氨气，通氨气量为 0.5～2.5m³/h，升温到 150～200℃后，调节通氨气量为 1.0～4.0m³/h，继续温度升到 260～310℃，反应 2～5h；当反应物内温稳定了 5～15min 后，加入 0.5%～3%的缺氨聚磷酸铵粉末。冷却步骤：停止加热，降低通氨气量，通氨气量为 0.2～1m³/h，冷却 1～2h，得到聚磷酸铵粗产品。粉碎步骤：采用空气分级磨粉碎机粉碎聚磷酸铵粗产品，得到控制细粒径的结晶Ⅱ型聚磷酸铵产品。

其中缺氨聚磷酸铵粉末由以下方法制备得到。在捏合机中加入五氧化二磷 120kg、磷酸氢二铵 113kg，转速 60r/min 下搅拌均匀后，升温并通氨气，氨气通量为 8.0m³/h，当温度升到 250℃时，成黏稠糖浆状液体，反应最终温度达到 300℃，保持 2h；降低通氨气量为 1.5 m³/h，反应 3h，反应温度逐渐降低到 240℃，得到白色结晶Ⅱ型多聚磷酸铵固体粉末；将白色结晶Ⅱ型多聚磷酸铵固体粉末加入捏合机中，搅拌速度为 150r/min，通入氮气，其流量为 0.3m³/h，在温度升到 220℃后，保温 3h，冷却、粉碎得到缺氨聚磷酸铵粉末。

该技术不需要通入大量的惰性气体，并且不需要通入含有大量水分的尿素，更不需要对原材料进行研磨，就可以控制最终产品的细粒径的比例。

（2）五氧化二磷-磷酸铵-尿素体系

五氧化二磷-磷酸铵-尿素体系的提出，最早是由 Heymer 等[12]从磷酸铵与尿素生产长链聚磷酸铵的困难入手引出的，借鉴其他聚磷酸盐的制备方法，用正磷酸铵、五氧化二磷和尿素在氨气存在的条件下，制备聚磷酸铵，其通式为$(NH_4PO_3)_n$，平均聚合度 n 为 10～400。研究发现三者的摩尔比为正磷酸铵:五氧化二磷:尿素=1:（0.5～1）:（0～0.5），尿素的优选比例为 0.05～0.25。物料在通氨气的情况下，在 200～340℃下反应 10~60min。当尿素的比例小于 0.25 时，应在低于 190℃下和氨气气氛下预反应 5~10min。热处理时，当温度在 20~300℃时，氨的分压至少为 60kPa；当反应的温度高于 300℃时，氨气的分压至少为 90kPa。该工艺技术还公开了优选的新型设备隧道炉，与先前已知的装置相比，可以显著简化用于实施该方法的装置。此外，不再需要用于处理大量氨气和二氧化碳或用于去除由此产生的副产物所需的装置。该方法的另一个优点是它可以在一个步骤中进行而无须分离任何中间产物。当粉末混合物加热至高于 190℃时，物料熔融反应时体系体积没有显著增加。在给定合适的物料配比的情况下浓缩正磷酸盐时释放的水立即被熔融物料中的五氧化二磷吸收，使五氧化二磷转化为长链多磷酸盐离子。换言之，在高温下不需要从混合物中移出水。在本方法中，添加少量尿素并非像已知方法那样是为了结合反应过程中产生的水，而是旨在通过释放二氧化碳在主要反应过程中引起产物的一些轻微分解，从而生成一种既坚硬又多孔、易破碎和研磨的产物。

除此之外，反应装置也可用回转炉型的，其基本原理与之前的隧道炉类似，回转炉中设置四个不同的温度区，分别用来进行预热、预反应、聚合度控制和冷却四个阶段。

这一体系与五氧化二磷-磷酸铵-氨气体系没有本质的区别，但尿素的加入使这一体系的反应原理与之略有不同。除了五氧化二磷与磷酸铵之间的反应外，还有磷酸铵与尿素之间的反应。

因此，结合五氧化二磷与磷酸铵的反应和磷酸铵与尿素的反应，其反应大致原理为

$$2(NH_4)_2HPO_4 + P_4O_{10} \xrightarrow{N_2O} HO-\overset{\overset{O}{\|}}{\underset{OH}{P}}-O-\left[\overset{\overset{O}{\|}}{\underset{O^-}{P}}-O\right]_4-\overset{\overset{O}{\|}}{\underset{OH}{P}}-OH \quad NH_4^+$$

产物可能是二聚体~六聚体，这主要由 P_4O_{10} 水解断链方式的不同而定。尤以生成环-四偏磷酸铵为主，后经开环生成聚磷酸铵，在所制的聚磷酸铵样品中检测到这种中间产物。

当采用磷酸二氢铵时，主要会形成二聚体和环-三偏磷酸铵[89]，这对进一步聚合非常不利。五氧化二磷与磷酸氢二铵之间的反应，都带有除水的作用，这个环节中的水可能是磷酸氢二铵的结晶水，也可能是磷酸氢二铵之间热缩聚产生的水，但是在这个环节中并没有必要刻意去加水，只需要极少量的水就可以促进这个环节的进行，而当水过量时，则主要进行五氧化二磷与水之间的反应，不利于聚磷酸的缩聚。

与此同时，产物可以继续与五氧化二磷、磷酸氢二铵以及尿素发生反应，但主要的反应是生成的聚磷酸、五氧化二磷和磷酸氢二铵之间的相互作用。尿素在这一反应中扮演着双重角色：一方面促进聚磷酸的聚合，另一方面产生的氨气用于部分中和聚磷酸[90]。

之后进行一系列类似的反应，使聚合度提高，直至尿素和五氧化二磷消耗完。以上反应主要发生在反应的前期。后期的反应主要是在通氨气条件下，聚磷酸中和为聚磷酸铵。在高温下，聚磷酸铵中的氨又部分脱除，发生聚磷酸链之间的热缩聚。反应过程如图 4-20 所示。

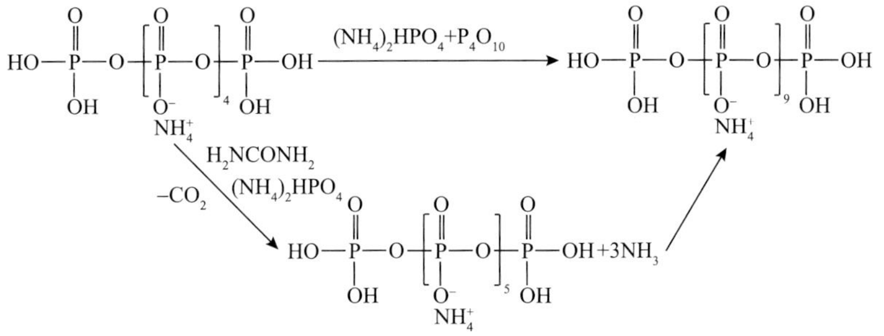

$$\text{HO–P–O–P–O–}\Big[\text{P–O}\Big]_4\text{–P–OH} \xrightarrow{(NH_4)_2HPO_4 + P_4O_{10}} \text{HO–P–O–P–O–}\Big[\text{P–O}\Big]_9\text{–P–OH}$$

$$\Big\downarrow \begin{array}{c} H_2NCONH_2 \\ (NH_4)_2HPO_4 \\ -CO_2 \end{array}$$

$$\text{HO–P–O–}\Big[\text{P–O}\Big]_5\text{–P–OH} + 3NH_3$$

图 4-20　五氧化二磷-磷酸铵-尿素体系热缩聚反应过程图

　　梅村俊光和白岩伸二[91]公开了一种粒状聚磷酸铵结晶的制造方法，即将五氧化二磷、尿素、三聚氰胺等缩合剂和磷酸铵、碳酸铵、碳酸氢铵等氨化剂相对于氮磷摩尔比1.2 以上的比例混合，加热到 270～320℃，在干燥空气中进行固相反应工序，并在氨气和水蒸气的混合气氛中重复热处理 5～12 次，制得直径在 3～15μm 分布的直径为 10μm以下且表面平滑的米粒状聚磷酸铵结晶。

　　浙江省化工研究院的楼芳彪等[20]公开了一种无机高效阻燃剂结晶Ⅱ型聚磷酸铵的制备方法，选用等摩尔的五氧化二磷和磷酸氢二铵在 150～350℃温度下，添加硫酸铵、三聚氰胺或碳酸氢铵缩聚剂，在氨气气氛下经混合、熔融、结晶、粉碎制得结晶Ⅱ型聚磷酸铵。采用这种方法可以制得高纯度的结晶Ⅱ型聚磷酸铵，但是硫酸铵的加入，混入了硫酸盐。

　　杨晓龙等[92]公开了一种低黏度、低水溶性结晶Ⅱ型聚磷酸铵的制备方法。该方法以五氧化二磷、磷酸氢二铵、磷酸二氢铵、尿素以及三聚氰胺为原料，将五氧化二磷、磷酸氢二铵、磷酸二氢铵、尿素按 1∶（1.4～2.0）∶（0～0.5）∶（0.04～0.15）的质量比同时加入捏合机中，搅拌混合，再向其中加入适量多聚磷酸。升温至 100～180℃并通入氮气反应 10～30min，然后改通氨气，控温 200～250℃反应 100～180min，停止加热和通氨气，再加入三聚氰胺反应 10～30min，冷却、出料、粉碎即得成品。具有方法简单易行，反应温度易控，原料反应充分，所得产品具有黏度、水溶性低，性能卓越等优点。

　　陈钢[93]公开了一种高耐热性结晶Ⅱ型聚磷酸铵的制备方法，该方法选用摩尔比1∶（0.9～1）的五氧化二磷和磷酸氢二铵投入反应器中，将反应器继续升温到 270～290℃时，反应器中通入氨气，同时喷淋尿素溶液，尿素溶液中尿素与磷酸氢二铵的摩尔比为 1∶2，尿素溶液温度为 80℃，质量分数为 80%，喷完后继续通氨气反应 3～4h；反应后的物料进入熟化炉，熟化炉温度控制在 280～300℃，同时持续通氨气熟化1～3h，冷却后即得成品。该方法生产的产品粒径小、粒子表面平滑、热分解温度高、聚合度高，最终产物纯度高。

　　古思廉等[94]公开了一种分段合成结晶Ⅱ型聚磷酸铵的制备方法。该方法以五氧化二磷为原料，经过两段反应得到晶型稳定的结晶Ⅱ型聚磷酸铵。五氧化二磷与尿素和三聚氰胺中的一种或两种混合，混合均匀后在聚合反应器中于 160～330℃进行反应聚合后，完成一段反应。再将一段反应产物与五氧化二磷以及磷酸铵盐（磷酸二氢铵或磷酸氢二铵中的一种）进行混合，确保三种物料均匀混合后，将其置于压力聚合釜中，在

260～350℃的温度下进行二段反应。反应完成后，进行冷却、出料、破碎处理，最终得到晶型稳定的结晶Ⅱ型聚磷酸铵产品。本发明提出的结晶Ⅱ型聚磷酸铵合成方法，通过简单易操作的两段式反应，相比其他制备方法，能够在较短的反应时间内合成晶型稳定的结晶Ⅱ型聚磷酸铵产品。

杨荣杰等[30]公开了结晶Ⅱ型聚磷酸铵的制备方法，将摩尔比为 1:（1～10）:（0.1～1）的五氧化二磷、磷酸氢二铵和尿素加入反应釜，升温至 150～300℃后开始通氨气，氨气分压维持在常压至 0.3MPa，升温至 200～350℃，同时加入水，并控制加水量为 0.1～0.5mol 水/mol 五氧化二磷，然后保持温度，转晶氨化 30～200min，得到结晶Ⅱ型聚磷酸铵。其优点是：通过加入特定量的水和调节氨气分压来加速转晶，制备Ⅱ型聚磷酸铵，缩短了生产时间，工艺简单，原料简单，成本低。

Kensho 和 Masami[95]以磷酸铵与尿素体系为基础，在后期加入一定量的五氧化二磷或者五氧化二磷与磷酸铵的混合物。其具体做法分为两个阶段：第一阶段，控制磷酸铵与尿素的摩尔比在（5:3）～（30:1），在 150～300℃下加热反应一段时间。第二阶段，将一定量的五氧化二磷、五氧化二磷与磷酸铵的混合物或熔体加入第一阶段的产物中，在 250～320℃下反应，制得结晶Ⅱ型聚磷酸铵。

其中，所用的磷酸铵可以是磷酸二氢铵、磷酸氢二铵或磷酸铵。整个过程中所用的磷酸铵与五氧化二磷的摩尔比在（6:5）～（30:1）；优选摩尔比在（7:4）～（10:1）。以往用五氧化二磷与磷酸铵体系反应制备聚磷酸铵，所用的磷酸铵与五氧化二磷的摩尔比在 1:（0.7～1.2），而该方法通过在第二阶段加入五氧化二磷来制备结晶Ⅱ型聚磷酸铵，所用的五氧化二磷的量减少。

4.3.4 聚磷酸铵的用途

聚磷酸铵就物质含量来说，不仅含磷量高，而且含氮量高。此外，其具有热稳定性好、吸湿性小、分散性好、毒性低、抑烟等特点，因此具有天生作为阻燃剂使用的优势，还可以与其他阻燃剂混合，同时价格便宜，使用安全，在阻燃领域中得到广泛应用。然而，对于不同聚合度的聚磷酸铵而言，其应用的领域略有不同，低聚合度和中聚合度的聚磷酸铵主要用于复合肥以及各种灭火剂等，而高聚合度的聚磷酸铵主要用于合成材料（塑料、橡胶、合成纤维等）的阻燃剂。

1. 在肥料领域的应用

聚磷酸铵含有农作物生长所需的氮、磷两种元素，其中氮的质量分数为 14.6%～22.8%、P_2O_5 的质量分数为 57.7%～73.2%，是一种高浓度氮磷复合肥料。由于低聚合度聚磷酸铵水溶性好，其养分易被作物吸收利用，常制成农用固体肥料和液体肥料。聚磷酸铵不能被植物直接吸收，而是在土壤中缓慢水解成正磷酸盐后，才能被植物吸收，水解速率随温度和时间的增加而增加。国外常见的聚磷酸铵肥料是液体浓缩物形式肥料，如牌号 CL-10-34-0、CL-8-24-0 等。在聚磷酸铵生产工艺中，熔融态产品固化前加水冷却过滤，低聚合度的滤液可用作液体肥料，其具有氮磷含量高、pH 近乎中性、盐析温度低、对一些金属离子有螯合作用等特点，可以作为基肥添加一些微量元素提高肥效。研究发现，施于土壤表面的聚磷酸铵液体肥料，经过一段时间后有效磷向土壤深层迁移，最大深度可达 15cm。通过对比重钙（TSP）、磷酸氢二铵（DAP）、硝酸磷肥（NP）、固体聚磷酸铵和液体聚磷酸铵等肥料的小麦肥效试验，表明施用固体聚磷酸铵的小麦产量高于施用磷酸氢二铵和硝酸磷肥的小麦产量。

2. 在灭火剂和阻燃剂领域的应用

聚磷酸铵分解温度大于 250℃，具有较高的热稳定性，因此也常作为灭火剂和阻燃剂使用。可以配制成溶液或干粉型灭火剂，还可用于膨胀型防火涂料、膨胀型阻燃体系等。采用聚合度大于 50 的聚磷酸铵作为干粉灭火剂，其灭火效能和覆盖能力均优于通用干粉灭火剂，但是聚磷酸铵作为灭火剂并没有被推广，成本太高是一个主要原因。聚磷酸铵为无机添加型阻燃剂，用于制造阻燃涂料、阻燃塑料和阻燃橡胶制品等，主要用于膨胀型防火涂料和热固性树脂（如聚氨酯硬泡、不饱和聚酯树脂、环氧树脂等）中，还可用于纤维、木材和橡塑制品的阻燃。特别是高聚磷酸铵（聚合度 $n>1000$）具有高相对分子质量和高稳定性，故其也可作为膨胀型阻燃热塑性塑料的主要有效成分，尤其适用于制造满足 UL 94-V0 标准的电子部件中的 PP 材料。

4.4 偏磷酸铵

4.4.1 理化性质

偏磷酸铵（ammonium metaphosphate）分子式为 NH_4PO_3。工业品偏磷酸铵为粒状，不是纯品，一般含 80%～86% NH_4PO_3，约含 N 16.7% 和 P_2O_5 73%，其中 51% 为水溶性，22% 为枸溶性。偏磷酸铵易溶于水，其水溶液呈微酸性，pH 为 6.0～6.5，稍有吸湿性，不结块，松密度为 $0.4g/cm^3$，无腐蚀性，在常温下不挥发，不分解，有良好的化学稳定性。

4.4.2 生产方法

1916 年美国农业部 Ross 等提出专利，P_2O_5、NH_3 和不同量的水蒸气进行反应，生成偏磷酸铵、焦磷酸铵和正磷酸铵，化学反应式如下：

$$P_2O_5 + H_2O + 2NH_3 =\!=\!= 2NH_4PO_3$$

$$P_2O_5 + 2H_2O + 2NH_3 =\!=\!= (NH_4)_2H_2P_2O_7$$

$$P_2O_5 + 3H_2O + 2NH_3 =\!=\!= 2NH_4H_2PO_4$$

但是制得的产物通常为无定形的，不能获得较纯的偏磷酸铵。1941 年 Fischer 提出，在不同条件下 P_2O_5 与 NH_3 作用可以制得具有重现性组成的产品，但是仍不能得到符合分子式的产品组成。1951 年 Rice 提出专利，P_2O_5、NH_3 和水蒸气相互反应的产物迅速冷却，能制得结晶状偏磷酸铵。假如反应产物在高温（315℃）下停留几秒，制得的产物就很吸湿。1955 年 Driskell 提出专利，在干空气中燃烧元素磷，将反应产物冷却到 288～

371℃，按 NH_3 与 P_2O_5 摩尔比为 2.1～2.7 进行反应，反应过程是分几步进行的。

第一步是按下列反应式生成磷氮酸：

$$P_2O_5+2NH_3 \Longrightarrow 2(OH)_2PN+H_2O$$

第二步是生成的水与磷氮酸按下列反应式生成偏磷酸铵：

$$(OH)_2PN +H_2O \Longrightarrow NH_4PO_3$$

第三步是磷氮酸与 NH_3 之间进行副反应生成磷氮酸铵：

$$(OH)_2PN+NH_3 \Longrightarrow NH_4OOHPN$$

第四步是磷氮酸铵与水按下列反应生成 NH_4PO_3 和 NH_3：

$$NH_4OOHPN+H_2O \Longrightarrow NH_4PO_3 +NH_3$$

试验是在实验室装置上进行的，反应产物通过电收尘器进行收集。最终得到的产品是水溶性的，呈白色松散粉状。含 N 16.4%～18.8% 和 P 32.5%～34.1%（P_2O_5 74.4%～78.1%）。产品组成的计算值为 60%～70% NH_4PO_3，1%～19% 磷氮酸和 10%～30% 磷氮酸铵。美国 TVA Stinson 等在规模不大的中间试验装置上进行了研究。其中间试验的工艺流程为：将液态磷加到磷气化器中进行气化，在燃烧室中与干空气作用生成 P_2O_5，于 315～535℃ 高温下，P_2O_5 与 NH_3 在反应室中进行反应，生成一定的 N、P 摩尔比的中间产物；用电收尘器收集中间产物，将其导入旋转振荡器，并通入水蒸气，于 120℃ 下发生水解作用，生成 NH_4PO_3；从旋转振荡器流出的偏磷酸铵粗粒子，经过冷却，在粉碎机中磨细，并进行筛分，细粒子返回旋转振荡器，合格成品粒度为 –6～+35 目。产品代表性组成为：总 N 17%、NH_4^+-N 14%、总 P_2O_5 73%，其中柠檬酸盐溶性 P_2O_5 占 96%。根据化学分析的计算含 NH_4PO_3 约为 80%。

对中间试验装置进行适当的修改，就可以生产含 N 11% 和 P_2O_5 40% 的液体肥料。

美国 TVA Hauston 认为，虽然该工艺可以生产高浓度 N-P 或 N-P-K 固体混合肥料或液体肥料，但与湿法磷酸或湿法过磷酸氨化制取混合肥料或复合肥料工艺流程相比，该工艺没有优越性：由于以昂贵的黄磷为原料，产品价格一直较高，因此这么多年来，该工艺一直未能得到发展。

4.4.3　制备技术及工艺流程

1. 一步法

将液态黄磷在燃烧室内借助压缩空气供氧进行喷雾燃烧，生成的五氧化二磷经冷却进入反应器与氨气在水蒸气存在下进行反应，再经空气冷却器冷却，于其底部收集偏磷酸铵产品。带有粉状产品的出口炉气导入箱式收集器和扩散式收集器加以收集，并将含有残余粉状偏磷酸铵气体通过袋式过滤器进一步加以收集，制得偏磷酸铵成品，如图 4-21 所示。其反应式如下：

$$P_2O_5+ 2NH_3+H_2O \Longrightarrow 2NH_4PO_3$$

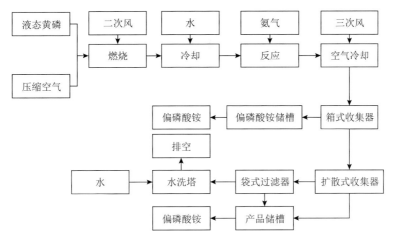

图 4-21　一步法制备偏磷酸铵的工艺流程示意图

2. 两步法

液态黄磷在气化器中经气化后与干空气在燃烧室中燃烧，生成气态五氧化二磷，然后进入反应室与氨气在 315～535℃高温下进行反应，生成中间产物。将在电除尘器中收集的中间产物导入旋振筛，使其在 120℃下与通入的水蒸气发生水解，生成偏磷酸铵粗粒子，再经粉碎、筛分，细粒子送至旋转振动器继续参与反应，制得偏磷酸铵成品，如图 4-22 所示。其反应式如下：

$$P_2O_5 + 2NH_3 + H_2O \longrightarrow 2NH_4PO_3$$

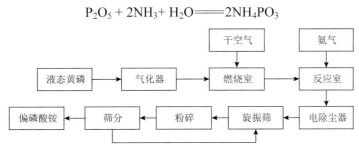

图 4-22　两步法制备偏磷酸铵的工艺流程示意图

4.4.4　偏磷酸铵的用途

偏磷酸铵是一种高浓度氮磷复合肥料，也是混合肥料的基础肥料。偏磷酸铵也是一种无机磷阻燃剂。将元素磷在空气中燃烧生成 P_2O_5，再在高温和水蒸气存在下与氨气作用，即可制得偏磷酸铵。

■ 4.5　焦磷酸铵

4.5.1　理化性质

焦磷酸铵（ammonium pyrophosphate，APY）也称焦磷酸四铵，分子式为

$(NH_4)_4P_2O_7$，相对分子质量为246.11，理论磷含量为25.17%，理论氮含量为22.77%。

工业上生产几种不同浓度的焦磷酸铵水溶液，其中三种改性焦磷酸铵水溶液的技术规格见表4-9。

表4-9　三种改性焦磷酸铵水溶液的技术规格

技术规格	FR CROS 134	FR CROS 334	FR CROS 349
外观	透明淡绿色溶液	透明淡绿色溶液	透明淡绿色溶液
氮含量/%	10	5	6
五氧化二磷含量/%	34	16	15
pH	6	5	6
密度（25℃）/（g/cm³）	1.37	1.2	1.25
结晶点/℃	−5	−5	−5

4.5.2　制备技术

可由磷酸三聚氰胺分解为焦磷酸三聚氰胺，后者再用氨气中和制得，反应式如下：

$$2C_3H_6N_6+2H_3PO_4 \longrightarrow 2C_3H_6N_6 \cdot H_3PO_4 \xrightarrow{-H_2O} 2C_3H_6N_6 \cdot H_4P_2O_7 \xrightarrow{4NH_3} 2C_3H_6N_6+(NH_4)_4P_2O_7$$

制备焦磷酸铵的操作如下。令含 P_2O_5 30%的磷酸与三聚氰胺在55℃下反应，过滤出产品，干燥后将其在250℃的烘箱中处理1h，再用浓氨水溶液处理，过滤，滤液用甲醇稀释，得焦磷酸铵。此产品是75% $(NH_4)_4P_2O_7$ 与25% $(NH_4)_4P_2O_7 \cdot H_2O$ 的混合物，其中 P_2O_5 含量为53.1%。

4.5.3　焦磷酸铵的用途

常配成溶液，用其阻燃纤维素材料，如木材、纸张及纺织品，可采用浸渍喷涂或滚压等工艺施工。当材料中含 P_2O_5 6%～7%时，一般可达不燃级。

4.6　亚磷酸铵盐

4.6.1　亚磷酸氢二铵

1. 理化性质

亚磷酸氢二铵分子式为 $(NH_4)_2HPO_3 \cdot H_2O$，相对分子质量为134，白色粉末或无色块状结晶，其晶体为四斜棱晶，很易潮解，易溶于水。0℃时100g水可溶解171g亚磷酸氢二铵，114.5℃时溶解190g亚磷酸氢二铵，31℃时溶解260g亚磷酸氢二铵。亚磷酸氢二铵在100℃以下是稳定的，但在123℃时熔化，在120℃下伴随部分分解而熔化，痕量水的存在可降低其熔点，当其被加热时，其就会失去氨，在45℃开始分解。

2. 制备技术

亚磷酸水溶液通氨气至饱和、蒸发浓缩制得亚磷酸氢二铵。

3. 亚磷酸氢二铵的用途

亚磷酸氢二铵是高效铵磷肥和化学试剂，亦可用作还原剂，能将金属盐还原为相应的金属。

4.6.2 亚磷酸二氢铵

1. 理化性质

亚磷酸二氢铵分子式为 $NH_4H_2PO_3$，相对分子质量为 99.03，无色单斜棱柱晶体，熔点为 123℃，加热至 145℃时分解，易溶于水，不溶于乙醇。

2. 制备技术

亚磷酸二氢铵由浓氨水与晶态亚磷酸相互作用而制得。

$$NH_4OH + H_3PO_3 \Longrightarrow H_2O + NH_4H_2PO_3$$

3. 亚磷酸二氢铵的用途

亚磷酸二氢铵主要用于金属电镀。

4.7 次磷酸铵

4.7.1 理化性质

次磷酸铵分子式为 $NH_4H_2PO_2$，相对分子质量为 83.04。次磷酸铵为无色斜方片状颗粒结晶，易潮解，密度为 1.634g/cm^3，熔点为 200℃，溶于水、醇、胺，不溶于丙酮。其水溶液呈中性。次磷酸铵加热至 240℃时分解，并放出磷化氢。

次磷酸铵为强还原剂，能还原金、银、铂、汞、铜、镍盐为相应的金属，在空气中易吸潮，易被空气中的氧气氧化。

4.7.2 工业制法

次磷酸铵由黄磷、石灰乳、氨水经两次反应制得或由次磷酸和氨水中和反应制得。

4.7.3 次磷酸铵的用途

次磷酸铵具有强还原性，可以作为化学镀镍的还原剂，在肉制品中替代亚硝酸盐作为防腐剂、抗氧剂，在电子工业中作为电容器级电解液原料，还可用于制药工业、化学试剂。此外，次磷酸铵用于制软焊剂（焊接不锈钢等）和聚酰胺催化剂等。

参 考 文 献

[1] 陈伍平. 无机化工工艺学[M]. 北京: 化学工业出版社, 1980.

[2] 周连江, 乐志强, 天津化工研究院, 等. 无机盐工业手册[M]. 2版. 北京: 化学工业出版社, 1996.

[3] 刘期崇, 夏代宽, 傅红梅. 外环流氨化反应器[P]: CN, 2286752Y. 1997-02-13.

[4] 刘树春. 聚磷酸铵的生产和应用[J]. 磷酸盐工业, 2001(3): 9-14.

[5] Meline R S, Lee R G. Process for the production of ammonium polyphosphate[P]: US, 3733191. 1973-05-15.

[6] Hicks G C, Megar G H. Production of solid ammonium polyphosphate by controlled cooling[P]: US, 4237106. 1980-12-02.

[7] Frazier A W, Smith J P, Lehr J R. Fertilizer materials, characterization of some ammonium polyphosphates[J]. Journal of Agricultural and Food Chemistry, 1965, 13(4): 316-322.

[8] Shen C Y, Stahlheber N E, Dyroff D R. Preparation and characterization of crystalline long-chain ammonium polyphosphates[J]. Journal of the American Chemical Society, 1969, 91(1): 62-67.

[9] Waerstad K R, Mcclellan G. Process for producing ammonium polyphosphate[J]. Journal of Agricultural and Food Chemistry, 1976, 24(2): 412-415.

[10] Sears P G, Vandersall H L. Water-insoluble ammonium polyphosphates as fire-retardant additives[P]: US, 3562197. 1971-02-09.

[11] 陈平初, 朱为民, 徐丽君. 长链聚磷酸铵聚合度的快速测定方法[J]. 分析化学, 1993, 21(50): 578-580.

[12] Heymer G, Gerhardt W, Harnisch H. Process for the manufacture of ammonium polyphosphates[P]: US, 3653821. 1972-04-04.

[13] Schrödter H. Process for the production of substantially water-insoluble linear ammonium polyphosphates[P]: US, 3978195. 1976-08-31.

[14] Schrödter K, Maurer A. Liner. substantially water insoluble ammonium polyphosphates and process for making them[P]: US, 4511546. 1985-04-16.

[15] Kimitaka K. Method for manufacturing Ⅱ type ammonium polyphosphate[P]:JP, 31456699A. 2001-05-22.

[16] Miyajima T, Yamauchi K, Ohashi S. Characterization of inorganic long-chain polyphosphate by a sephadex G-100 column combined with an autoanalyzer detector[J]. Journal of Liquid Chromatography & Related Technologies, 1981, 4(11): 1891-1901.

[17] 印其山, 杨汉定, 黄碧萍, 等. 阻燃剂聚磷酸铵的性能和应用[J]. 化学世界, 1985(3): 85-86.

[18] 丁著明. 新型阻燃剂聚磷酸铵[J]. 化学工程师, 1988(4): 35-38.

[19] 姚晓雯, 周大成. 长链聚磷酸铵的制备和应用[J]. 浙江化工, 1992(4): 29-31.

[20] 楼芳彪, 陆凤英, 白瑞瑜, 等. 结晶Ⅱ型聚磷酸铵的制备方法及检测方法[P]: CN, 1629070A. 2003-12-16.

[21] 浙江省化工研究院. 浙化院高效阻燃剂结晶 APP 通过技术鉴定[J]. 阻燃材料与技术, 2004(3): 22.

[22] 王清才, 杨荣杰. 关于工业聚磷酸铵国家行业标准的讨论[J]. 无机盐工业, 2006(2): 57-59.

[23] 李蕾, 杨荣杰, 王雨钧. 聚磷酸铵(APP)的合成与改性研究进展[J]. 消防技术与产品信息, 2003(6): 43-45.

[24] 章元春, 杨荣杰. 低水溶解度聚磷酸铵的制备与表征[J]. 无机盐工业, 2005(3): 52-54.

[25] 章元春, 杨荣杰. 聚磷酸铵研究进展[J]. 无机盐工业, 2004(4): 16-19.

[26] Yi D Q, Yang R J. Ammonium polyphosphate/montmorillonite nanocompounds in polypropylene[J]. Journal of Applied Polymer Science, 2010, 118(2): 834-840.

[27] Yi D Q, Yang R J. Study of crystal defects and spectroscopy characteristics of ammonium polyphosphate[J]. Journal of Beijing Institute of Technology, 2009, 18（2）: 238-240.

[28] 仪德启, 杨荣杰. 结晶 II 型聚磷酸铵制备过程中氨的作用研究[J]. 无机盐工业, 2008, 40（3）: 35-37.

[29] 仪德启, 杨荣杰. 水在制备结晶 I 型聚磷酸铵中的作用研究[J]. 无机盐工业, 2010（1）: 34-36.

[30] 杨荣杰, 仪德启, 李向梅. 一种结晶 II 型聚磷酸铵的制备方法[P]: CN, 101439851. 2009-05-27.

[31] 杨荣杰, 仪德启. 一种聚磷酸铵与蒙脱土纳米复合物及其制备方法[P]: CN, 101348721. 2009-01-21.

[32] Brühne B, Jansen M. Kristallstrukturanalyse von ammonium-catena-polyphosphat II mit röntgenpulvertechniken[J]. Zeitschrift für anorganische und allgemeine Chemie, 2004, 620（5）: 931-935.

[33] Sedlmaier S J, Schnick W. Crystal structure of ammonium catena-polyphosphate IV [NH₄PO₃]ₓ[J]. Zeitschrift für anorganische und allgemeine Chemie, 2008, 634: 1501-1505.

[34] Strauss U P, Smith E H, Wineman P L. Polyphosphates as polyelectrolytes: Light scattering and viscosity of sodium polyphosphates in electrolyte solutions[J]. Journal of the American Chemical Society, 1953, 75: 3935-3940.

[35] Nakahara H, Kobayashi E, Hattori S. et al. Solution behavior of polyphosphate compounds: 1. Molecular weight and intrinsic viscosity of ammonium polyphosphate[J]. The Chemical Society of Japan, 1978（11）: 1556-1560.

[36] Wazer J R. Structure and properties of the condensed phosphates-molecular weight of the polyphosphates from viscosity data[J]. Journal of the American Chemical Society, 1950, 72: 906-908.

[37] Callis C F, Wazer J R, Shoolery J N, et al. Principles of phosphorus chemistry: III. Structure proofs by nuclear magnetic resonance[J]. Journal of the American Chemical Society, 1957, 78: 2719-2726.

[38] Chrches G K, Pechkovskii V V, Kazmenkov M I. Relation of the degree of polymerization fluent volume in gel chromatography of polyphosphates[J]. Zhurnal Analiticheskoi Khimii, 1977, 32（1）: 33-37.

[39] Pechkovskii V V, Cherches G K, Kazmenkov M I. Gel chromatography of condensed phosphates[J]. Uspekhi Khimii, 1975, 44（1）: 86-96.

[40] Miyajima T, Yamauchi K, Ohashi S. Characterization of inorganic long-chain polyphosphate by a sephadex G-100 column combined with an autoanalyzer detector[J]. Journal of Liquid Chromatography & Related Technologies, 1981, 4（11）: 1891-1901.

[41] Baluyot E S, Hartford C G. Comparison of polyphosphate analysis by ion chromatography and by modified end-group titration[J]. Journal of Chromatography A, 1996, 739: 217-222.

[42] Callis C F, Wazer J R, Arvan Peter G. The inorganic phosphates as polyelectrolytes[J]. Chemical Reviews, 1954, 54: 777-796.

[43] 王清才, 杨荣杰. 无机聚磷酸盐相对分子质量测定方法[J]. 无机盐工业, 2005（12）: 53-56.

[44] 王清才, 杨荣杰. 关于工业聚磷酸铵国家行业标准的讨论[J]. 无机盐工业, 2006（2）: 57-59.

[45] 王清才, 杨荣杰, 何吉宇, 等. 粘度法间接测定聚磷酸铵聚合度研究[J]. 无机盐工业, 2007（3）: 55-57.

[46] Camino G, Luda M P. Mechanistic study on intumescence//Bras M L, Camino G, Bourbigots, et al. Fire Retardancy of Polymers: The Use of Intumescence. Cambridge: The Royal Society of Chemistry, 1998: 48-73.

[47] Shen C Y. Ammonium polyphosphates[P]: US, 3397035. 1968-08-13.

[48] MacGregor R R, Stanley A J, Moore W P. Production of ammonium polyphosphates[P]: US, 3492087. 1970-06-27.

[49] Gittenait M. Reaction of phosphoric acid, urea, and ammonia[P]: US, 3713802. 1973-06-30.

[50] Young D C, Harbolt B A. Production of ammonium polyphosphates[P]: US, 3949058. 1976-04-06.

[51] Hookey J B, Pearce B B. Ammonium polyphosphate preparation[P]: US, 3375063. 1968-03-26.

[52] Getsinger J G. Production of ammonium polyphosphates from wet process phosphoric acid[P]: US, 3382059. 1968-05-07.

[53] Meline R S, Lee R G. Process for the production of ammonium polyphosphate[P]: US, 3733191. 1973-05-15.

[54] Hicks G C, Megar G H. Production of solid ammonium polyphosphate by controlled cooling[P]: US, 4237106. 1980-12-02.

[55] MacGregor R R, Stanley A J, Moore W P. Production of ammonium polyphosphates[P]: US, 3492087. 1970-06-27.

[56] Getsinger J G. Production of ammonium polyphosphates from wet process phosphoric acid[P]: US, 3382059. 1968-05-07.

[57] Burkert G M, Nickerson J D. Clarification of ammonium polyphosphate solutions[P]: US, 3630711. 1970-06-30.

[58] Stinson J M, Mann H C, Johnson D H. Removal of carbonaceous matter from ammonium polyphosphate liquids[P]: US, 3969483. 1976-07-13.

[59] Mann H C, McGill K E. Clarification of black ammonium polyphosphate liquids-recycling of by product "TOPS"[P]: US, 4427432. 1984-06-24.

[60] Harbolt B A, Young D C. Method of producing ammonium polyphosphate[P]: US, 4011300. 1977-03-08.

[61] Hahn H, Heumann H, Liebing H, et al. Process for the manufacture of ammonium polyphosphate[P]: US, 4104362. 1978-08-01.

[62] Shen C Y. Ammonium polyphosphate process[P]: US, 3495937. 1970-02-17.

[63] Sears P G, Vandersall H L. Water-insoluble ammonium polyphosphates as fire-retardant additives[P]: US, 3562197. 1971-02-09.

[64] Sears P G, Vandersall H L. Ammonium polyphosphate materials and processes for preparing the same[P]: US, 3723074. 1973-03-27.

[65] Shen C Y. Ammonium polyphosphates[P]: US, 3397035. 1968-08-13.

[66] 张文昭, 陈晓元, 瞿谷仁, 等. 聚磷酸铵的合成研究及其应用[J]. 江苏化工, 1994（22）: 6-9.

[67] 冯指南. 水难溶性聚磷酸铵的制备[J]. 阻燃材料与技术, 1992（2）: 4-5, 19.

[68] 张健. 聚磷酸铵合成工艺研究[D]. 成都: 四川大学, 2005.

[69] Knollmueller K O. Anhydrous ammonium polyphosphate process[P]: US, 3333921. 1967-08-01.

[70] McCullough J F, Sheridan R C. Ammonium polyphosphates[P]: US, 3912802. 1975-10-14.

[71] Stefan J S, Wolfgang S. Crystal structure of ammonium catena-polyphosphate Ⅳ [NH$_4$PO$_3$]$_x$[J]. Zeitschrift Fur Anorganische Und Allgemeine Chemie, 2008, 634: 1501-1505.

[72] Makoto W. Process for producing ammonium polyphosphate of crystalline form Ⅱ [P]: US, 5718875（A）. 1998-02-17.

[73] Makoto W. Production of Ⅱ type polyphosphoric acid ammonium fine particle[P]: JP, 7315817. 1995-12-05.

[74] 陈嘉甫, 郑惠侬. 难溶性阻燃剂聚磷酸铵的制备[J]. 无机盐工业, 1981（5）: 22-26.

[75] 宋文玉, 张金贵, 石俊瑞, 等. 长链聚磷酸铵的制备[J]. 化学世界, 1985, 26（9）: 324-326.

[76] 马庆文. 高聚合度聚磷酸铵（APP）的制备[D]. 昆明: 昆明理工大学, 2007.

[77] Schrödter H. Process for the production of substantially water insoluble linear ammonium polyphosphates[P]: US, 3978195. 1976-08-31.

[78] Schrodter K, Maurer A. Liner, substantially water insoluble ammonium polyphosphates and process for making them[P]: US, 4511546. 1985-04-16.

[79] Staffel T, Adrian R. Process for producing ammonium polyphosphate which gives a low-viscosity aqueous suspension[P]: US, 5043151. 1991-08-27.

[80] Staffel T, Adrian R. Process for the preparation of ammonium polyphosphate[P]: US, 5139758. 1992-08-18.

[81] Staffel T, Gradl R, Becker W, et al. Process for producing ammonium polyphosphate[P]: US, 5165904. 1992-11-24.

[82] Staffel T, Schimmel G, Buhl H, et al. Plant for producing ammonium polyphosphate[P]: US, 5158752. 1992-10-27.

[83] Staffel T, Becker W, Neumann H. Process for the preparation of ammonium polyphosphate[P]: US, 5277887. 1994-01-11.

[84] 黄祖狄, 赵光琪, 王兰香, 等. 长链聚磷酸铵的合成[J]. 化学世界, 1986(11): 483-484.

[85] 梅毅, 者加云, 谢德龙, 等. 一种Ⅱ型聚磷酸铵的制备方法[P]: CN, 109607504A. 2019-01-15.

[86] 陈志钊, 周侃. 一种高聚合度聚磷酸铵阻燃剂的制备方法[P]: CN, 107760319A. 2018-03-06.

[87] 谢思正, 周侃. 种低粘度高聚合度结晶Ⅱ型聚磷酸铵的制备方法[P]: CN, 103466585A. 2013-12-25.

[88] 裴雪阳, 朱峰, 徐玲, 等. 聚磷酸铵制备细粒径控制方法及其应用[P]: CN, 111807343A. 2020-10-23.

[89] Greenwood N N, Earnshow A. 元素化学(中册) [M]. 李学同, 孙玲, 单辉, 等, 译. 北京: 人民教育出版社, 1996: 198.

[90] 仪德启. 结晶Ⅱ型聚磷酸铵的制备及晶体结构研究[D]. 北京: 北京理工大学, 2010.

[91] 梅村俊光, 白岩伸二. 制备粒状聚磷酸铵晶体的方法[P]: JP, 19449692A. 2002-01-28.

[92] 杨晓龙, 黄跃川, 陈建江, 等. 一种低黏度、低水溶性结晶Ⅱ型聚磷酸铵的制备方法[P]: CN, 107746043A. 2018-03-02.

[93] 陈钢. 高耐热性结晶Ⅱ型聚磷酸铵的制备方法[P]: CN, 101254908A. 2008-09-03.

[94] 古思廉, 刘晨曦, 梁雪松, 等. 一种分段合成结晶Ⅱ型聚磷酸铵的制备方法[P]: CN, 104401952A.2015-03-11.

[95] Kensho N, Masami W. Production of type ammonium polyphosphate[P]: JP, 11302006. 1999-11-02.

第 5 章
钙系磷酸盐

■ 5.1 钙系磷酸盐概述

磷酸钙盐行业经过多年的发展，产品不断成熟，在食品、医药及饲料领域都有广泛的应用。根据不同应用领域的产品要求标准的不同，磷酸钙盐产品可分为三大类：一是食品级磷酸钙盐，二是医药级磷酸钙盐，三是饲料级磷酸钙盐。另外，根据化工产品类别来分，磷酸钙盐包括磷酸氢钙、磷酸二氢钙、磷酸三钙、焦磷酸钙等产品。

■ 5.2 钙系正磷酸盐

正磷酸钙盐是正磷酸中的氢离子被钙离子取代生成的酸式盐、正盐及碱式盐。按正磷酸中氢离子被取代的程度，正磷酸钙盐分为磷酸二氢钙、磷酸氢钙、磷酸三钙和羟基磷酸钙。

5.2.1 组成和特性

磷酸二氢钙，又称磷酸一钙，有一水物和无水物，外观为白色结晶粉末，都属于三斜晶系。一水磷酸二氢钙[$Ca(H_2PO_4)_2 \cdot H_2O$]，相对密度为 2.22，稍吸湿，易溶于盐酸、硝酸，不溶于乙醇，30℃时在水中的溶解度为 18g/L，水溶液显酸性。加热至 109℃时，一水磷酸二氢钙失去结晶水生成无水物[$Ca(H_2PO_4)_2$]，继续加热至 200℃，则进一步失水，生成酸式焦磷酸钙（$CaH_2P_2O_7$）。磷酸二氢钙易水解，一水物的水解见反应式：

$$Ca(H_2PO_4)_2 \cdot H_2O + H_2O =\!=\!= CaHPO_4 \cdot 2H_2O + H_3PO_4$$

磷酸氢钙，又称磷酸二钙，有二水物和无水物，均为无嗅无味的白色结晶粉末。二水磷酸氢钙（$CaHPO_4 \cdot 2H_2O$）为单斜晶系，相对密度为 2.31，在空气中稳定，25℃在水中的溶解度为 0.2g/L，不溶于乙醇，但易溶于稀盐酸、稀硝酸和乙酸。无水磷酸氢钙（$CaHPO_4$）三斜晶系，相对密度为 2.89。二水磷酸氢钙加热至 115~120℃不可逆地失去结晶水成为无水物，继续加热至 430℃时则进一步失水生成焦磷酸钙（$Ca_2P_2O_7$）。

磷酸氢钙也可水解，二水物的水解见反应式：

$$3(CaHPO_4 \cdot 2H_2O) == Ca_3(PO_4)_2 + H_3PO_4 + 6H_2O$$

磷酸三钙$[Ca_3(PO_4)_2]$，又称磷酸钙，为无嗅无味的白色结晶或无定形粉末，相对密度为 3.18，熔点为 1670℃，不溶于乙醇，易溶于稀盐酸和稀硝酸，微溶于水。已知磷酸三钙有无定形、α 型（单斜晶系，在 1180～1430℃稳定）、β 型（三斜晶系，在 1180℃以下稳定）和 α′型（在 1430℃以上稳定）[1,2]。磷酸三钙的水解反应活性为无定形>α 型>β 型，其中无定形和 α 型在室温即可水解，水解见反应式：

$$5Ca_3(PO_4)_2 + 3H_2O == 3Ca_5(PO_4)_3OH + H_3PO_4$$

羟基磷酸钙$[Ca_5(PO_4)_3OH]$，又称羟基磷灰石，为白色粉末，六方晶系，相对密度为 3.16，微溶于水，水溶液呈弱碱性，难溶于碱、醇，易溶于酸。其 CaO/P_2O_5 的理论值为 1.317，与该值接近的组成物可耐高温、难以脱水分解，低于该值的组成物结构柔软、吸附性强，加热时较低温度即分解[3]。

5.2.2 生产原理

生产磷酸钙盐的方法有两种：一是氯化钙或硝酸钙与磷酸钠盐或磷酸铵盐的复分解法，二是磷酸与石灰（氢氧化钙）或方解石粉（碳酸钙）的中和法。其中，复分解法的原料可配成溶液提纯精制，反应容易控制，不易包裹，但会产生大量含盐废水。因此，除某些特定用途的产品外，目前绝大部分产品都用中和法生产。

用石灰乳或方解石粉的悬浮液（以下称石粉浆）与磷酸进行中和，控制反应物料的 CaO/P_2O_5（质量比）以及反应浓度、温度与时间，可依次得到磷酸二氢钙、磷酸氢钙、磷酸三钙和羟基磷酸钙。

当反应物料的 CaO/P_2O_5 控制为 0.395 左右且 CaO-P_2O_5-H_2O 物系的水含量≤45%（超出该范围磷酸二氢钙将明显水解）时，得到磷酸二氢钙：

$$Ca(OH)_2 + 2H_3PO_4 == Ca(H_2PO_4)_2 \cdot H_2O \downarrow + H_2O$$

$$CaCO_3 + 2H_3PO_4 == Ca(H_2PO_4)_2 \cdot H_2O \downarrow + CO_2 \uparrow$$

继续中和，当反应物料的 CaO/P_2O_5 达到 0.790 左右时，视反应温度得到二水磷酸氢钙或无水磷酸氢钙：

反应温度≤45℃时，

$$Ca(H_2PO_4)_2 \cdot H_2O + CaCO_3 + 2H_2O == 2CaHPO_4 \cdot 2H_2O \downarrow + CO_2 \uparrow$$

$$Ca(H_2PO_4)_2 \cdot H_2O + Ca(OH)_2 + H_2O == 2CaHPO_4 \cdot 2H_2O \downarrow$$

反应温度≥60℃时，

$$Ca(H_2PO_4)_2 \cdot H_2O + CaCO_3 == 2CaHPO_4 \downarrow + CO_2 \uparrow + 2H_2O$$

$$Ca(H_2PO_4)_2 \cdot H_2O + Ca(OH)_2 == 2CaHPO_4 \downarrow + 3H_2O$$

进一步中和使磷酸氢钙发生水解，当反应物料的 CaO/P_2O_5 达到 1.185 左右时，得到磷酸三钙：

$$3Ca(OH)_2 + 2H_3PO_4 == Ca_3(PO_4)_2 \downarrow + 6H_2O$$

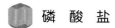

反应产物再经煅烧可得到结晶完善的 α-磷酸三钙（1200℃煅烧、迅速冷却）或 β-磷酸三钙（900℃煅烧、缓慢冷却），再进行中和可使磷酸三钙水解，当反应物料的 CaO/P_2O_5 达到 1.317 左右时得到羟基磷酸钙：

$$5Ca(OH)_2 + 3H_3PO_4 === Ca_5(PO_4)_3OH\downarrow + 9H_2O$$

所得产物经过高温煅烧，可以得到结晶完善的羟基磷酸钙。

用磷酸分解磷酸氢钙、磷酸三钙或羟基磷酸钙，控制反应物料的 CaO/P_2O_5 和水含量至适当值时，也可制得一水磷酸二氢钙。

中和法生成磷酸钙盐的过程，既是酸碱的固液中和反应过程，又是由反应产生过饱和度、形成产品晶粒的结晶过程，即固液反应结晶过程。与其他结晶方式相比，具有过饱和度常为不可逆、初始过饱和度高导致爆发性成核以及结晶过程不易调控等特点[4]。

在磷酸钙盐的生产中，需控制反应工艺参数，使过饱和度处于介稳定区内的适当位置，从而能以较高的产能得到纯度、粒度和性能合乎预定要求的晶体产品。

磷酸氢钙有二水物和无水物两种晶型。其结晶过程符合水合结晶的一般规律：体系温度升高时趋向生成含结晶水少的晶型，反之趋向生成含结晶水多的晶型；体系浓度降低（游离水含量增加）时趋向生成含结晶水多的晶型，反之趋向生成含结晶水少的晶型。

二水磷酸氢钙的晶体结构是 $CaPO_4$ 层与 H_2O 层交替构成的层状结构，而无水磷酸氢钙的晶体结构是在 PO_4^{3-} 四面体的三维网状结构中插入 Ca^{2+}，晶体结构的差异使得后者的抗水解性明显高于前者[5,6]。磷酸氢钙水解见反应式：

$$5CaHPO_4·2H_2O === Ca_5(PO_4)_3OH + 2H_3PO_4 + 9H_2O$$

$$5CaHPO_4 + H_2O === Ca_5(PO_4)_3OH + 2H_3PO_4$$

控制水解现象的发生，对于牙膏用二水磷酸氢钙尤为重要。牙膏是由磨料粒子、十二烷基硫酸钠乳化的香精油滴、溶剂化的增稠剂三维网络等悬浮、分散于可溶性盐-多元醇-水溶液中所构成的悬乳胶体，二水磷酸氢钙水解出的磷酸可使牙膏膏体的 pH 下降，同时溶解未水解的二水磷酸氢钙形成游离钙离子，沉淀牙膏膏体中的可溶性氟化物、阴离子型有机增稠剂和十二烷基硫酸钠，导致牙膏膏体出现增稠、发硬、分液、可溶性氟含量下降等变质现象而失去使用价值[7]。为使牙膏用二水磷酸氢钙产品具有优良的应用性能，制备过程中应通过控制工艺条件尽量保持产品结晶水完整、减少晶体缺陷与"包裹现象"的产生，并加入稳定剂以提高产品的抗水解性，确保用其生产出的牙膏有足够的稳定期。

5.2.3　磷酸氢钙

1. 饲料用二水磷酸氢钙

目前生产饲料用二水磷酸氢钙的方法有四种：稀磷酸法、浓磷酸法、过磷酸钙法和盐酸法。

（1）制备技术

1）稀磷酸法。

稀磷酸法以萃取磷酸为原料，通过磷酸净化、一段中和、二段中和、脱水干燥得到饲料用二水磷酸氢钙，稀磷酸法制备饲料用二水磷酸氢钙的工艺流程示意图见图 5-1。

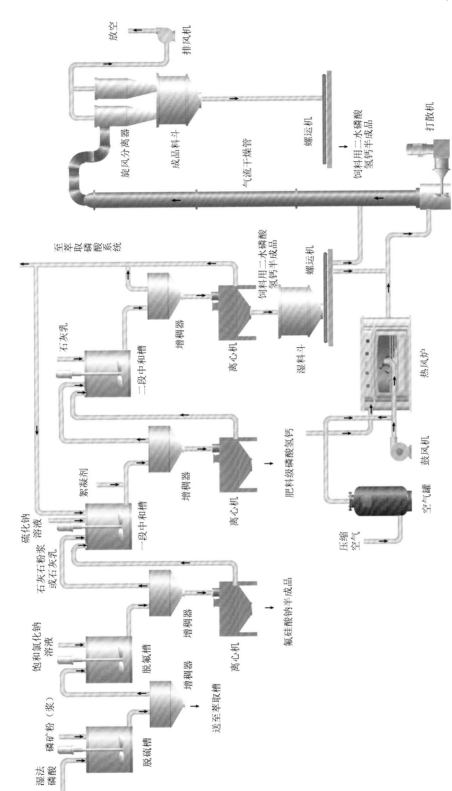

图5-1 稀磷酸法制备饲料用二水磷酸氢钙的工艺流程示意图

湿法磷酸和磷矿粉（浆）按比例送入脱硫槽，反应料浆流入增稠器进行沉降，底部浓浆送回湿法磷酸萃取槽，上部清液送至脱氟槽与经计量的饱和氯化钠溶液反应，所得料浆流入增稠器进行沉降，底部浓浆经离心机过滤、洗涤得到的氟硅酸钠（Na_2SiF_6）滤饼送气流干燥机烘干，上部清液及滤液、洗液送到一段中和槽。

向一段中和槽加入经计量的由二段中和返回的工艺水（将磷酸稀释到 7.5%～8.5%）以及石灰石粉浆或石灰乳，控制 pH 为 2.7～2.9，加入硫化钠溶液。在料浆出口处加入絮凝剂，反应料浆流入增稠器进行沉降，底部浓浆经离心机过滤，滤饼送回转干燥机烘干成肥料级磷酸氢钙；增稠器上部清液及离心过滤的滤液、洗液送到二段中和槽。

向二段中和槽加入石灰乳，控制 pH 为 5.7～5.9，所得料浆流入增稠器进行沉降，底部浓浆经离心机过滤得到饲料用二水磷酸氢钙滤饼，增稠器上部清液及离心过滤的滤液、洗液返回一段中和槽或送至湿法磷酸装置。

饲料用二水磷酸氢钙滤饼用螺运机送入气流干燥设备（二水磷酸氢钙干燥的方式有回转干燥、气流干燥、旋转闪蒸干燥等。采用气流干燥的装置较多，旋转闪蒸干燥是近几年才发展起来的方法）中被热风烘干，以燃气或燃油为燃料可直接用烟气作热风，烧煤时烟气应通过换热器加热空气形成热风，产品用旋风分离器和袋式过滤器收集并计量、包装，检验合格后出厂。

二水磷酸氢钙在干燥时失水的温度和速度与晶体的大小、形状相关。在干燥过程中，物料温度不应大于 80℃，防止转变为无水物。因二水磷酸氢钙的结晶较细，采用气流或旋转闪蒸干燥时，必须加脉冲布袋捕集产品。

稀磷酸净化稀磷酸法生产饲料用二水磷酸氢钙通常以湿法磷酸为原料。湿法磷酸中，常含有 As、Hg、Pb、Cd 等对动物有毒的元素；还含有一些虽属动物所必需，但摄入稍多就会中毒的元素，如 F、S、An、Mo 等；其中一些元素对动物虽无大碍，但不除去则会降低饲料用二水磷酸氢钙的有效成分。因此，在二段中和前，即用石灰乳与磷酸反应沉淀出饲料用二水磷酸氢钙前，必须对磷酸进行净化处理。饲料级磷酸的关键质量指标是 As、Hg、Pb、Cd 和磷氟质量比（P_2O_5/F），国内饲料级磷酸的一般质量指标如表 5-1 所示。

表 5-1 国内饲料级磷酸的一般质量指标

项目	一般质量指标值	
	稀磷酸	浓磷酸
磷酸（P_2O_5）/%	24.5～28.0	42.0～50.0
砷（As）/(mg/kg)	≤4	≤10
铅（Pb）/(mg/kg)	≤4	≤10
硫酸根（SO_4^{2-}）/%	≤1.5	≤3.0
固相物/%	≤0.5	≤1.0
磷氟质量比（P_2O_5/F）	≥250	≥250
MER（$Fe_2O_3+Al_2O_3+MgO/P_2O_5$）	≤0.09	≤0.09
氧化钙（CaO）/%	≤0.25	≤0.25
氯（Cl^-）/(mg/kg)	≤200	≤400

脱硫：磷酸中的硫主要以硫酸根形式存在，通常以活性较好、细度稍细的磷矿粉或碳酸钡（$BaCO_3$）为脱硫剂。生产饲料用二水磷酸氢钙时，采用磷矿粉[主要成分 $Ca_5F(PO_4)_3$]即可满足要求，还可提高磷酸浓度，降低脱硫成本。

$$Ca_5F(PO_4)_3+5H_2SO_4+2H_2O=\!=\!=3H_3PO_4+5CaSO_4 \cdot 2H_2O\downarrow+HF$$

当采用碳酸钡脱硫时，形成硫酸钡沉淀：

$$H_2SO_4+BaCO_3=\!=\!=BaSO_4\downarrow+H_2O+CO_2\uparrow$$

预脱氟：磷酸中的氟主要以 SiF_6^{2-} 形式存在。初步脱除磷酸中的氟可采用能与氟硅酸（H_2SiF_6）反应生成氟硅酸钠（Na_2SiF_6）或氟硅酸钾（K_2SiF_6）的盐类和碱类。通常地，钾盐和碱的价格较高，一般将氯化钠（NaCl）作为预脱氟剂。

$$H_2SiF_6+2NaCl=\!=\!=Na_2SiF_6\downarrow+2HCl$$

$$H_2SiF_6+2KCl=\!=\!=K_2SiF_6\downarrow+2HCl$$

脱砷和重金属：脱除磷酸中的砷和重金属通常采用硫化钠（Na_2S）、硫化氢（H_2S）或硫化磷（P_2S_5）。生产饲料用二水磷酸氢钙时，因硫化钠价廉，一般采用硫化钠作为脱除剂。硫化钠与磷酸反应生成磷酸二氢钠和硫化氢，硫化氢再与磷酸中的砷酸（H_3AsO_4）、亚砷酸（H_3AsO_3）反应，生成不溶于酸性溶液的硫化砷（As_2S_5、As_2S_3）而沉淀出来。

$$Na_2S+2H_3PO_4=\!=\!=H_2S+2NaH_2PO_4$$

$$2H_3AsO_4+5H_2S=\!=\!=8H_2O+As_2S_5\downarrow$$

$$2H_3AsO_3+3H_2S=\!=\!=6H_2O+As_2S_3\downarrow$$

硫化氢还能与磷酸中的许多金属和重金属反应，生成难溶于水和酸的硫化物而沉淀出来。沉淀金属硫化物的 pH 列于表 5-2。

表 5-2 可被硫化氢沉淀的金属及 pH

项目	pH			
	1	2～3	5～6	>7
被硫化氢沉淀的金属	铜组 Cu^{2+}、Ag^+、Hg^+、Pb^{2+}、Bi^{3+}、Cd^{2+} 砷组 As^{3+}、As^{5+}、Au^+、Pt^{2+}、Sb^{3+}、Mo^{5+}	Zn^{2+}、Ti^{4+}	Co^{2+}、Ni^{2+}	Mn^{2+}、Fe^{3+}、Fe^{2+}

一段中和净化磷酸工序虽然初步除去了磷酸中的硫、氟、砷、铅等元素，但仍不能满足生产饲料用二水磷酸氢钙的品质要求，必须进一步除去有害元素。许多盐类化合物和金属氢氧化物溶于酸，但难溶于水，而且它们的溶解度随溶液酸性的减弱（pH 升高）而降低。一段中和工序正是利用这一原理，用碳酸钙粉浆或石灰乳来中和磷酸，深度除去磷酸中的有害元素，得到纯度满足要求的磷酸和磷酸二氢钙的混合溶液，并产生副产品肥料级二水磷酸氢钙（俗称肥钙）。

一段中和可以用石灰石粉浆，也可以用石灰乳，终点 pH 通常控制在 2.8 左右：

$$2H_3PO_4+Ca(OH)_2=\!=\!=Ca(H_2PO_4)_2+2H_2O$$

$$2H_3PO_4+CaCO_3=\!=\!=Ca(H_2PO_4)_2+H_2O+CO_2\uparrow$$

随着石灰石粉浆或石灰乳的加入，pH 逐渐升高，一些有害元素进一步沉淀出来：

$$H_2SiF_6+Ca(OH)_2=\!=\!=CaSiF_6\downarrow+2H_2O$$

$$2HF+Ca(OH)_2=\!=\!=CaF_2\downarrow+2H_2O$$

$$2As^{3+}+3S^{2-}=\!=\!=As_2S_3\downarrow$$

$$2As^{5+}+5S^{2-}=\!=\!=As_2S_5\downarrow$$

$$Pb^{2+}+S^{2-}=\!=\!=PbS\downarrow$$

$$Al^{3+}+HPO_4^{2-}+(H_2PO_4)^-+nH_2O=\!=\!=AlH_3(PO_4)_2\cdot nH_2O\downarrow$$

$$2Al^{3+}+3HPO_4^{2-}+nH_2O=\!=\!=Al_2(PO_4)_3\cdot nH_2O\downarrow$$

$$Fe^{3+}+HPO_4^{2-}+H_2PO_4^-+nH_2O=\!=\!=FeH_3(PO_4)_2\cdot nH_2O\downarrow$$

$$2Fe^{3+}+3HPO_4^{2-}+nH_2O=\!=\!=Fe_2(PO_4)_3\cdot nH_2O\downarrow$$

一段中和发生的化学反应非常复杂，至今还不能完整、准确地写出所有反应式。

一段中和反应的主产物是 $Ca(H_2PO_4)_2$，其重要性质之一是易发生水解反应：

$$Ca(H_2PO_4)_2\cdot H_2O+H_2O=\!=\!=CaHPO_4\cdot 2H_2O\downarrow+H_3PO_4$$

因此，一段中和的终点 pH 虽然低于 $Ca(H_2PO_4)_2\cdot H_2O$ 饱和溶液的 pH（约为 3），但已经有大量的 $CaHPO_4\cdot 2H_2O$ 沉淀出来。而且 $Ca(H_2PO_4)_2$ 的水解率在一定范围内随磷酸的浓度、温度升高而增加。磷酸浓度越高、温度越高，在一段中和工序沉淀出的 $CaHPO_4\cdot 2H_2O$ 的量越大，即转变为肥料用二水磷酸氢钙的比例越高。

二段中和必须采用石灰乳。因为石灰石粉的碱性很弱，pH 高于 3.8 后，它和磷酸反应的速度急剧降低，不能满足要求。二段中和的终点 pH 控制在 5.8 左右、温度控制在 40～50℃，以沉淀出介稳的二水磷酸氢钙：

$$2H_3PO_4+2Ca(OH)_2=\!=\!=2CaHPO_4\cdot 2H_2O\downarrow$$

稀磷酸法主要控制指标如下。

原料：磷酸浓度（P_2O_5，8.0%±0.5%）；磷矿浆固相浓度 55%～60%，细度过 150μm 筛≥85%；石灰石粉浆液固比（质量比）（3～2）∶1；石灰石粉 $CaCO_3$ 含量≥98%；石灰乳 CaO 含量 70～90g/L。

配料：磷矿粉（浆）、氯化钠、硫化钠的加入量分别是硫酸、氟硅酸、砷所需理论量的 1～12 倍、2～22.5 倍、3～5 倍。

主要工艺控制指标：脱硫反应时间 90min，沉降时间 60min；预脱氟反应时间 45min，沉降时间 45min；一段中和反应时间 45min，沉降时间 90min，pH=2.7～2.9，清液含氟（F）≤0.5%，反应温度≤40℃；二段中和反应时间 30min，沉降时间 120min；pH=5.7～5.9，清液磷氟质量比（P_2O_5/F）≥230，反应温度≤50℃；肥料用二水磷酸氢钙半成品水分含量≤40%；饲料用二水磷酸氢钙半成品水分含量≤28%；干燥管热风进口温度 500～600℃；干燥尾气温度 90～110℃。

在稀磷酸法二段中和流程的基础上，我国开发出了稀磷酸法三段中和流程。即将一段中和分成两步进行：第一步中和的固相物的磷氟质量比低，作为肥料用二水磷酸氢钙产出；第二步中和的固相物的磷氟质量比相对较高，返回系统回收其中的磷。稀磷酸法三段中和流程是迄今达到的主产品饲料用二水磷酸氢钙磷收率（一般大于 83%）最高的流程。我国目前生产饲料二水磷酸氢钙 DCP 的大型企业多数采用此流程。其基本工艺过程如下：①用理论量 10 倍以上的磷矿粉（浆）脱硫。液固分离后，固相被送到萃取磷酸槽进一步反应，液相被送到一段中和工序。②用石灰石粉浆进行一段中和脱氟，控制终点 pH 在 2.1～2.3。液固分离后，固相作为半成品沉淀磷肥产出，液相被送到二段中和工序。③用石灰乳进行二段中和脱氟，控制终点 pH 在 2.6～2.8。液固分离后，固相用经脱硫的磷酸分解后返回一段中和，液相被送到三段中和工序。④用石灰乳进行三段中和，控制终点 pH 在 6.0～6.3。液固分离后，固相作为饲料用二水磷酸氢钙半成品产出，液相被送到中和母液工序。⑤用石灰乳中和母液，控制终点 pH 在 7.5 左右。液固分离后，固相可进入肥料用二水磷酸氢钙半成品，也可进入饲料用二水磷酸氢钙半成品，液相被送到萃取磷酸装置。

稀磷酸法三段中和流程主要控制指标如下：①萃取磷酸用磷矿 P_2O_5 含量≥28.0%，倍半氧化物含量≤3.0%，MgO 含量≤1.5%。②脱硫。磷矿加入量为生产磷酸用磷矿量的 1/3～1/2，脱硫后 SO_3 浓度≤4g/L。③一段中和。磷酸含量 8.0%±0.5% P_2O_5，终点 pH 在 2.1～2.3。④二段中和。终点 pH 在 2.6～2.8，液相磷氟质量比（P_2O_5/F）为 230～260。⑤三段中和。终点 pH 在 6.0～6.3，不得大于 6.3。⑥中和母液。终点 pH 在 7.0～7.5，液相 P_2O_5 浓度≤0.4g/L。⑦饲料用二水磷酸氢钙半成品游离水含量≤28%。⑧肥料用二水磷酸氢钙半成品游离水含量≤40%。⑨干燥热风进口温度 600～800℃，尾气温度 90～110℃，饲料用二水磷酸氢钙产品游离水含量≤1.0%。

2）浓磷酸法。

浓磷酸法早期以热法磷酸为原料，现都已改用湿法净化磷酸，即以湿法浓磷酸为原料，净化处理得到品质合格的浓磷酸，再用石灰石粉中和浓磷酸得到饲料用二水磷酸氢钙，干燥得产品。湿法浓磷酸净化：45%～52% P_2O_5 的湿法磷酸在搅拌下加入理论量 3～4 倍的硫化钠溶液，反应约 1h 后澄清（除去砷、部分重金属、部分氟硅酸；要求澄清液中的 As 浓度≤5mg/kg）。在脱砷磷酸中加入磷酸含量 1.1%～1.7% 的硅藻土，在脱氟槽内于搅拌条件下通蒸汽脱氟，控制温度 95℃，时间不少于 8h；然后澄清，按饲料用二水磷酸氢钙要求的磷氟质量比（P_2O_5/F）确定澄清液的磷氟质量比；一般控制磷酸中的磷氟质量比≥300 产品品质要求较高时，则要求氟含量≤0.12%、磷氟质量比≥344。逸出的含氟气体处理与湿法磷酸生产相同。脱砷、脱氟的沉渣送到磷肥系统加以利用。

中和、干燥：净化后的 45%～52% P_2O_5 湿法磷酸预热到 80～85℃，与石灰石粉在混合器中混合反应约 3min，随后进入回转干燥窑，干燥物料经过筛分、破碎，粒径符合要求的送入成品仓，小于要求粒径的返回混合器。干燥尾气经旋风分离器和布袋除尘器回收产品后排放。该方法反应式如下：

$$2H_3PO_4 + CaCO_3 + H_2O \!=\!=\!= Ca(H_2PO_4)_2 \cdot 2H_2O + CO_2 \uparrow$$

3）过磷酸钙法。

用水萃取普钙或重钙中的 $Ca(H_2PO_4)_2 \cdot H_2O$，得到磷酸二氢钙水溶液。之后，脱除磷酸二氢钙水溶液中的氟硅酸根、砷和部分重金属，一段中和、二段中和的方法均与稀

磷酸法相同。

以普钙为原料生产饲料用二水磷酸氢钙时，先用水浸出普钙中的 $Ca(H_2PO_4)_2 \cdot H_2O$，通过脱除氟硅酸根、脱除砷和部分重金属、一段中和、二段中和、脱水干燥得到产品。普钙法与稀磷酸法基本相同，但要注意以下各点：①在常温、搅拌条件下浸出普钙中的 $Ca(H_2PO_4)_2 \cdot H_2O$；液固比控制在 1:1，即一份质量的水加入一份质量的普钙；浸取时间控制在 20min 之内。磷的浸出率随液固比升高而升高，但液固比过高，设备能力降低，动力消耗增加；液固比过低，$Ca(H_2PO_4)_2 \cdot H_2O$ 的水解率增大，磷的浸出率降低。②温度升高，浸出速度增大，但 $Ca(H_2PO_4)_2 \cdot H_2O$ 水解率也增加，磷的浸出率降低。一般在常温下浸取。③$Ca(H_2PO_4)_2 \cdot H_2O$ 在浸取液中仍会发生缓慢的水解反应。因此，浸取液不宜长时间存储。④浸取过程中，普钙中氟的溶出率与普钙的熟化时间相关。熟化时间越长，氟的溶出率越低，饲肥比越大，主产品饲料用二水磷酸氢钙产率越高。

4）盐酸法。

盐酸法用盐酸分解磷矿粉，得到稀磷酸和氯化钙的混合溶液，净化混合溶液（预脱氟、脱砷及重金属）、一段中和、二段中和、脱水干燥得到饲料用二水磷酸氢钙。脱除混合溶液中的氟硅酸根、砷和部分重金属、残留的氟的方法与稀磷酸法相同。

盐酸法与稀磷酸法有许多相似之处，其特点如下：①用盐酸分解磷矿得到的磷酸中含大量 $CaCl_2$。其盐析作用使一段中和及二段中和的终点 pH 低于稀磷酸法。一段中和的终点 pH 一般控制在 1.5～2.0，二段中和的终点 pH 控制在 4.8 左右。②盐酸法沉淀出饲料用二水磷酸氢钙的母液为 $CaCl_2$ 溶液，需要对母液进行进一步的净化、浓缩、喷雾干燥等处理，才可得到副产品 $CaCl_2$。净化母液的方法是用石灰乳将其 pH 中和到 8.5～9.5，此时母液中的 Mg^{2+}、Fe^{2+}、Al^{3+} 等杂质离子就会沉析出来而被除去。③因磷酸中含大量 $CaCl_2$，生产过程应注意避开生成氯化磷酸二氢钙（$CaClH_2PO_4 \cdot H_2O$）沉淀而使主产品饲料用二水磷酸氢钙产率降低。④在过滤饲料用二水磷酸氢钙料浆时，液相为 $CaCl_2$ 溶液，应将其洗涤干净，否则将影响产品质量。⑤分解磷矿的盐酸浓度一般控制在 15%～20%，加入量可按磷矿中的总 CaO 量计算，通常过量 5%～10%。盐酸加入量不足，产生 $CaClH_2PO_4 \cdot H_2O$ 沉淀。

（2）原料消耗定额

1）稀磷酸法（以 1t 含 18% P 的实物二水磷酸氢钙计）。

磷酸（H_3PO_4）0.52t；石灰（≥85% CaO）0.75t；燃煤（$q^①$≥25000kJ/kg）0.15t；电 105kW·h；副产沉淀磷肥（含有效磷 22% P_2O_5）0.47t。

2）浓磷酸法（以 1t 含 18% P 的实物二水磷酸氢钙计）。

磷酸（P_2O_5 含量≥46.0%，含固量≤2.0%）0.43t；石灰石粉（$CaCO_3$ 含量≥98%，细度过 150μm 筛≥85%）0.65t；硅藻土（SiO_2 含量≥80%，细度过 150μm 筛≥95%）15kg；蒸汽（0.45MPa）0.5t；重油 90kg；电 60kW·h。

3）过磷酸钙法（以 1t 含 18% P 的实物二水磷酸氢钙计）。

普通过磷酸钙（有效 P_2O_5 含量≥16.0%）3.45t；石灰（CaO 含量≥85%）0.60t；燃

---

① q 表示燃煤的热值。

煤（$q \geqslant 25000 \mathrm{kJ/kg}$）0.15t；电 $60 \mathrm{kW \cdot h}$；副产沉淀磷肥（含有效磷 22% P_2O_5）0.64t。

4）盐酸法（以 1t 含 18% P 的实物二水磷酸氢钙计）。

磷矿粉（P_2O_5 含量 $\geqslant 26.0\%$）2.65t；盐酸（HCl 含量 $\geqslant 31\%$）4.20t；石灰（CaO 含量 $\geqslant 85\%$）0.85t；燃煤（$q \geqslant 25000 \mathrm{kJ/kg}$）0.15t；电 $150 \mathrm{kW \cdot h}$；副产沉淀磷肥（含有效磷 22% P_2O_5）1.2t。

2. 牙膏用二水磷酸氢钙

牙膏用二水磷酸氢钙的生产技术经历了三个阶段。第一代为复分解法，包括氯化钙-磷酸-碳酸钠法以及骨炭法；第二代为磷酸与石灰中和法；第三代为磷酸与方解石中和法。

复分解法产生大量含盐废水；磷酸与石灰中和法反应放热剧烈、石灰乳不易净化而难以制取高品质的产品，因此均被淘汰。国内目前采用第三代工艺即磷酸与方解石中和法进行生产。第三代工艺具有以下优点：方解石经天然结晶纯化；碱性弱，反应温和；中和放出的 CO_2 可移去部分反应热，减少产品结晶水的损失，同时起到辅助搅拌的作用；易制得白度高、结晶水完整的产品。

牙膏用二水磷酸氢钙的生产原理同饲料级磷酸氢钙的生产原理。

（1）生产方法与工艺操作

食品级磷酸溶液在搅拌条件下先用石粉浆，后用石灰乳进行中和并加入稳定剂，熟化后的中和料浆进行机械脱水，所得滤饼经过气流干燥、气流粉碎、过筛和包装即得成品。磷酸与方解石中和法制牙膏用二水磷酸氢钙生产工艺流程详见图5-2。

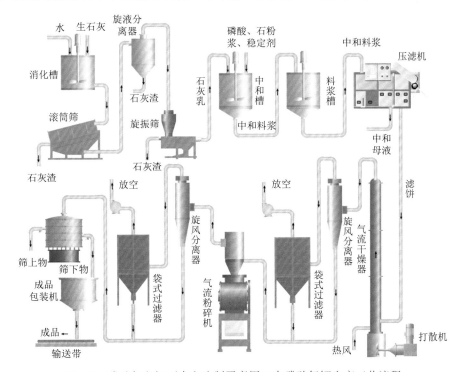

图 5-2　磷酸与方解石中和法制牙膏用二水磷酸氢钙生产工艺流程

1）料液制备。①磷酸溶液：75%～86%浓度的食品级磷酸加水（或中和母液）配制到规定浓度。②石粉浆：方解石粉（QB/T 2317—2012）加水（或中和母液）配制到规定浓度。③石灰乳：钙质生石灰（JC/T 479—2013）与水以 1 :（3～4）的质量比混合、消化 8h，再加水搅拌成浆，依次过 10mm 筛、旋液分离器和 75μm 筛除去未消化的石灰渣，再加水配制成规定浓度的石灰乳。

2）中和：中和釜应配有水冷却管与夹套、底挡板、壁挡板、搅拌桨、加料管、排气管以及温度计、流量计。其中，壁挡板应离壁安装，以免挡板后形成停滞区导致晶粒积聚；加料管出口应在搅拌桨附近，以使加入的石粉浆或石灰乳能尽快分散；中和釜及其内部构件宜采用 316L 制作。

牙膏用二水磷酸氢钙的中和过程是生产的关键工序，应通过控制反应条件产生适当的过饱和度，并选择合适的反应终点以减少副产物，加入稳定剂以提高产品的抗水解性，从而获得纯度高、粒形与粒度适宜、结晶完整、稳定性高和氟化物稳定性好的高品质产品。

（2）原料消耗定额

牙膏用二水磷酸氢钙原料消耗定额见表 5-3。

表 5-3　牙膏用二水磷酸氢钙原料消耗定额

项目	原料消耗定额	备注
85%食品磷酸/（t/t）	0.670～0.700	
方解石粉（$CaCO_3$ 含量≥98%）/（t/t）	0.560～0.600	
钙质生石灰/（t/t）	0.015～0.030	
稳定剂/（t/t）	0.020～0.060	因原材料品质、生产工艺和产品品质不同，各项消耗可能超出所列范围
水/（m^3/t）	1.5～2.5	
煤（t/t）	0.150～0.200	
电/（kW·h/t）	345～370	

3. 食品与医药用二水磷酸氢钙

食品、医药用二水磷酸氢钙的生产现在多采用磷酸与方解石粉中和法，其工艺流程与牙膏用二水磷酸氢钙相似，只是根据产品的纯度、粒度要求，中和过程应对中和参数进行适当调整，并少加甚至不添加稳定剂，干燥后无须粉碎、直接过筛进行包装。适量添加稳定剂有利于产品在储存中保持松散的性状。

常规工艺生产的医药用二水磷酸氢钙为粉状，用作赋形剂必须经过造粒才可用于压制药片，以确保药片的保存期、增加其抗磨损性。直接压片使用的是粒状二水磷酸氢钙。根据反应结晶的原理，通过调整反应工艺参数降低反应结晶过程的过饱和度，即可增加产品的粒度；因此在常规工艺的基础上，中和过程采取降低反应浓度、提高反应温度、减缓加料速度、添加晶种、适当调低搅拌转速和反应终点等措施，同时在后续工序中尽量避免产品晶粒的破碎，例如使用压滤机进行机械脱水而不用刮刀卸料的过滤离心机（刮刀卸料时会打碎晶粒），并利用干燥的旋风分离器进行风力分选以及其后的旋振筛进行筛分，也能生产出可供直接压片的粒状二水磷酸氢钙（45～425μm 的晶粒需达到 65%以上）。

一种可供直接压片的粒状二水磷酸氢钙的制备方法[8,9] 如下：将 30%磷酸溶液投入具有最佳长径比的立式反应釜中，并开启搅拌器，先快后慢、分阶段匀速注入经过净化和特殊处理的 30g CaO/L 石灰溶液，中和至 pH 为 3.5 时加入晶种以及产品理论产量 2%的粒度促进剂（碳酸钾或氢氧化钾），搅拌转速由 300r/min 降至 200r/min，以免产生剧烈的湍流，控制反应温度为 42℃、反应总时间为 2.5～3.0h，反应终点 pH 为 5.6～6.2，熟化后放料进行水洗和干燥，产品由干燥的旋风分离器进行风力分选：绝大部分收集在料仓中，45～425μm 晶粒达到 98%以上的球状大颗粒二水磷酸氢钙，包装为成品；其余极少部分粒径很小的产品收集在袋式过滤器中，可用磷酸溶液溶解后回收使用。

4. 无水磷酸氢钙

（1）牙膏、食品和医药用无水磷酸氢钙

无水磷酸氢钙目前多采用磷酸与方解石中和法生产，其工艺流程与牙膏用二水磷酸氢钙相似。但晶体结构的差异使得无水磷酸氢钙的抗水解性明显高于二水磷酸氢钙，故生产无水磷酸氢钙时不需要添加稳定剂，只需将中和反应温度调整到 60～90℃，就可直接生成无水磷酸氢钙。反应温度越高，产品残留的结晶水就越少，灼烧失量也越低；其他工艺因素对产品性能的影响及控制方法类似二水磷酸氢钙。

磷酸与方解石中和法生产无水磷酸氢钙的难点在于解决高温酸性物料磨蚀反应釜对产品白度的不利影响。即便使用耐腐蚀性较好的 316L 不锈钢制作反应釜，生产出的无水磷酸氢钙产品的白度仍然欠佳。采用耐热、抗磨蚀的玻璃钢对反应釜进行内部防腐处理并经充分固化，能够解决高温酸性物料磨蚀反应釜而影响产品白度的难题，可以生产出白度好的无水磷酸氢钙产品。

牙膏用无水磷酸氢钙原料消耗定额见表 5-4。

表 5-4　牙膏用无水磷酸氢钙原料消耗定额

项目	原料消耗定额	备注
85%食品磷酸/（t/t）	0.840～0.880	
方解石粉（CaCO₃ 含量≥98%）/（t/t）	0.700～0.740	
钙质生石灰/（t/t）	0.020～0.040	因原材料品质、生产工艺和产品品质不同，各项消耗可能超出所列范围
水/（m³/t）	2.0～2.5	
煤/（t/t）	0.200～0.250	
电/（kW·h/t）	420～480	

（2）荧光粉用无水磷酸氢钙

荧光粉用无水磷酸氢钙产品要求纯度高、钙磷比例精确、杂质限量严格。荧光粉用无水磷酸氢钙以氯化钙、氨水和磷酸为原料，分别配制成氯化钙溶液和磷酸氢二铵溶

液进行提纯，再用复分解法进行制备。

1）生产方法[10]。复分解连续法制备荧光粉用无水磷酸氢钙的生产工艺流程示意图见图 5-3，提纯精制的氯化钙溶液和磷酸氢二铵溶液从各自的储罐分别用泵打入相应的高位槽并通过回流以保持槽内液位的稳定，槽内溶液通过转子流量计严格按比例进入带搅拌的反应器内进行复分解反应，生成的二水磷酸氢钙料浆从反应器上部的溢流管进入反应釜，经反应釜缓冲后离心脱水，滤饼用去离子水稀释，用泵打入反应釜内加热转型为无水磷酸氢钙，再经离心脱水、烘干和过筛得到产品。该流程采用恒流速、小容量的反应条件进行二水磷酸氢钙的连续沉淀，从而确保了反应过程的稳定性和均匀性。

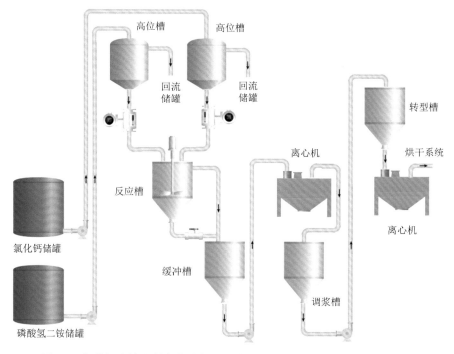

图 5-3　复分解连续法制备荧光粉用无水磷酸氢钙的生产工艺流程示意图

2）工艺控制。料液制备如下。

a. CaCl$_2$ 料液：一定浓度的 CaCl$_2$ 溶液内加入适量 CaO，调节 pH 至弱碱性以沉淀 Mg^{2+}、Fe^{3+} 等杂质，过滤，滤液用盐酸调节 pH 至弱酸性，再加入适量的 (NH$_4$)$_2$S 和活性炭，静置 12h 后过滤，滤液用盐酸和去离子水调节 pH 为强酸性，并将其密度控制在一定范围内。

b. (NH$_4$)$_2$HPO$_4$ 料液：分析纯磷酸与 99.8% 含量的氨水在搅拌下按照一定比例混合，调节 pH 为 7.0～7.2，再加入适量的 (NH$_4$)$_2$S 和活性炭，静置 12h 后过滤，滤液用去离子水调节密度至 1.13～1.16g/cm^3。

沉淀反应控制反应器搅拌桨转速，保证两种溶液充分接触，保持物系 pH、沉淀物二水磷酸氢钙的晶核形成、晶体生长和组成一致及稳定。试验表明：转速过高，沉淀的晶体太碎小，不易离心脱水；转速过低，两种溶液不能均匀接触，影响沉淀物的生成，造成底部粉浆浓度越来越大，最后以结晶形式析出。适宜的搅拌速度为 100r/min。

转型反应产品晶粒随反应温度的升高而增大；搅拌时间过短或过长均使产品晶粒大小不一；陈化时间太短，则产品晶粒偏小且大小不一，陈化时间太长，则产品晶粒偏大、偏厚。在加热蒸汽压力为 0.3～0.4MPa 时，适宜的转型反应温度为 90℃、搅拌时间为 10min、陈化时间为 10min，可得到中心粒径为 6～9μm、粒度分布窄的片状无水磷酸氢钙。

与间歇沉淀法的产品相比，上述连续沉淀法生产的无水磷酸氢钙其粒度较细并更为合适、均匀、稳定，不仅缩短了卤磷酸钙荧光粉制作的球磨时间，而且极大地改善了荧光灯管的涂层性能，从而减轻了荧光灯使用中的光衰现象。

5. 典型工业化工艺

（1）生产工艺原理

以食品级磷酸、碳酸钙和氧化钙为原材料生产食品级或医药级二水磷酸氢钙和无水磷酸氢钙。

二水磷酸氢钙和无水磷酸氢钙中和反应：

$$CaO+H_2O =\!=\!= Ca(OH)_2$$

$$2H_3PO_4+CaCO_3 =\!=\!= Ca(H_2PO_4)_2 \cdot H_2O+CO_2\uparrow$$

$$Ca(H_2PO_4)_2 \cdot H_2O+CaCO_3+2H_2O =\!=\!= 2CaHPO_4 \cdot 2H_2O+CO_2\uparrow$$

$$Ca(H_2PO_4)_2 \cdot H_2O+Ca(OH)_2+H_2O =\!=\!= 2CaHPO_4 \cdot 2H_2O$$

无水磷酸氢钙干燥反应：

$$CaHPO_4 \cdot 2H_2O =\!=\!= CaHPO_4+2H_2O\uparrow$$

以食品级磷酸、碳酸钙和氧化钙为原材料生产牙膏级二水磷酸氢钙。

二水磷酸氢钙中和反应：原理同食品级或医药级。

稳定剂三水磷酸氢镁中和反应：

$$MgO+H_2O =\!=\!= Mg(OH)_2$$

$$2H_3PO_4+Mg(OH)_2 =\!=\!= Mg(H_2PO_4)_2 \cdot 2H_2O$$

$$Mg(H_2PO_4)_2 \cdot 2H_2O+Mg(OH)_2+2H_2O =\!=\!= 2MgHPO_4 \cdot 3H_2O$$

（2）工艺流程

以牙膏工业用二水磷酸氢钙为例，其工艺流程为以食品级磷酸、方解石粉和石灰为原材料进行中和反应，或者以食品级磷酸和石灰为原材料进行中和反应，通过控制反应时间和 pH，生产出二水磷酸氢钙半成品，加入一定量的磷酸氢镁和焦磷酸钠作为体系的稳定剂，经压滤脱水、气流烘干、粉碎制得成品牙膏工业用二水磷酸氢钙。

食品级和医药级二水磷酸氢钙工艺流程与牙膏工业用二水磷酸氢钙工艺流程极其相似，只是没有加入稳定剂；无水磷酸氢钙工艺流程只是在食品级二水磷酸氢钙工艺流程的基础上改变了中和烘干工艺参数。

（3）工艺操作及控制指标

1）石灰乳配制。工艺指标如下：熟化温度≥90℃；熟化时间≥2h；陈化时间≥36h；石灰乳浓度5～6°Bé。

2）方解石乳液配制。工艺指标如下：方解石乳液浓度16～20°Bé。

方解石乳液的配制：在方解石配制釜中加入定量的清水，在搅拌的情况下，用气流输送机将方解石粉输送到方解石计量罐。通过螺旋输送机加入方解石乳液配制釜中，控制方解石乳液浓度为16～20°Bé，启动方解石乳液转料泵，将方解石乳液输送到方解石乳液过滤器、方解石乳液储罐中，复测方解石乳液浓度，供中和工序使用。

3）磷钙液配制。工艺指标如下：料液外观清澈透明无杂质；pH为1.0～1.2；磷钙液浓度20～24°Bé。

磷钙液配制：向磷钙液配制釜中加入定量的食品级磷酸，搅拌情况下向磷钙液配制釜中缓慢均匀地加入方解石乳液，边加边搅拌，调节磷钙液pH为1.0～1.2，至混合液澄清时，用生产工艺水稀释至浓度为20～24°Bé。压滤除渣得到合格的磷钙液，并输送到磷钙液储罐供中和使用。

4）稳定剂配制。工艺指标如下：磷酸氢镁乳液pH5.0～6.0；氧化镁用量2.0～3.0kg/m³磷钙液；焦磷酸钠溶液浓度8～12°Bé；焦磷酸钠用量4～7kg/m³磷钙液。

焦磷酸钠溶液的配制：先加入一定量的生产工艺水，开启搅拌后，温度控制在15～60℃。缓慢加入焦磷酸钠，保证焦磷酸钠全部溶解完全，控制焦磷酸钠溶液浓度为8～12°Bé。配制过程完成后，在接到中和工段的通知后，再将焦磷酸钠溶液加入中和反应釜内。

磷酸氢镁乳液配制：在氧化镁溶解釜先加生产工艺水，开启搅拌后，加入氧化镁，过滤到氧化镁过滤釜；打开磷酸氢镁乳液配制釜搅拌，整个反应属于双滴加，反应最高温度控制为50～70℃，流量控制根据pH来调节。溶解釜氧化镁全部加完后，调节pH至5.0～6.0，熟化至少20min，配制过程完成后，在接到中和工段的通知后，再将磷酸氢镁乳液加入中和反应釜内。

5）中和反应。工艺指标如下：中和温度30～40℃；中和第一终点pH3.6～4.0；中和第二终点pH6.0～7.0。

中和反应：打开中和釜磷钙液进料阀，进料磷钙液至工艺规定用量后控温至30～40℃，开启方解石乳液储罐出料阀，均匀加入方解石乳液。当第一终点pH达3.6～4.0时，停止进料方解石乳液，熟化不少于30min，取样检测料浆碳酸盐至合格后打开石灰乳出料阀，然后均匀加入石灰乳，控制第二终点pH为6.0～7.0，反应终点时停止石灰乳进料。当pH稳定在6.0～7.0时，熟化不少于30min，加入焦磷酸钠溶液，间隔不少于30min，加入磷酸氢镁乳液，熟化不少于30min，中和反应结束。启动中和转料泵，将合格料浆打入料浆中转釜供压滤使用。

6）压滤。操作压力和设备参数范围如下：进浆阶段压力≤0.6MPa；加压阶段压力≤1.0MPa；风干阶段压力≥0.3MPa。

7）烘干。工艺指标如下：烘干进风温度100～200℃；烘干出口温度40～70℃。

8）粉碎筛分。工艺指标如下：325目筛通过≥99.5%。

5.2.4　磷酸二氢钙

1. 饲料用一水磷酸二氢钙

饲料用一水磷酸二氢钙目前的生产方法主要有两种：石灰石粉法和磷酸氢钙法。为避免水解影响产品纯度并减少干燥能耗，两种方法都是以浓磷酸为原料，与石灰石粉或饲料用二水磷酸氢钙进行中和，再经干燥制得饲料用 MCP。磷酸又可分为热法磷酸和湿法磷酸，湿法浓磷酸取代热法磷酸是必然趋势。湿法浓磷酸都需要净化处理，其处理方式与前述的浓磷酸法生产饲料用二水磷酸氢钙的流程相同。

（1）生产方法与工艺控制

1）石灰石粉法。石灰石粉法生产饲料用一水磷酸二氢钙的过程与浓磷酸法生产饲料用二水磷酸氢钙的过程基本相同[主要差别是酸矿比（P_2O_5/CaO）和返料比不同]；即先对湿法浓磷酸进行净化处理，得到品质合格的浓磷酸，再与石灰石粉中和得到饲料用一水磷酸二氢钙。

$$2H_3PO_4+CaCO_3\xlongequal{\quad\quad}Ca(H_2PO_4)_2 \cdot H_2O+CO_2\uparrow$$

2）磷酸氢钙法。磷酸氢钙法是采用净化处理后的湿法浓磷酸与饲料用二水磷酸氢钙反应得到饲料用一水磷酸二氢钙。磷酸氢钙法是目前国内生产饲料用一水磷酸二氢钙和饲料用 MDCP（二水磷酸氢钙与一水磷酸二氢钙的混合物）的主要方法，其生产的工艺流程与控制亦和前述的浓磷酸法生产饲料用二水磷酸氢钙基本相同，主要差别是用饲料用二水磷酸氢钙替换石灰石粉。

$$H_3PO_4+CaHPO_4 \cdot 2H_2O\xlongequal{\quad\quad}Ca(H_2PO_4)_2 \cdot H_2O+H_2O$$

（2）原料消耗定额

1）石灰石粉法（以 1t 含 22% P 的实物一水磷酸二氢钙计）的原料消耗定额：湿法磷酸（P_2O_5 含量≥46.0%，含固量≤2.0%）0.53t P_2O_5；石灰石粉（$CaCO_3$ 含量≥98%，细度过 150μm 筛≥85%）0.42t；硅藻土（SiO_2 含量≥80%，细度过 150μm 筛≥95%）28kg；蒸汽（0.45MPa）1.0t。

2）磷酸氢钙法（以 1t 含 22% P 的实物一水磷酸二氢钙计）的原料消耗定额：湿法磷酸（P_2O_5 含量≥46%，含固量≤2.0%）0.28t P_2O_5；磷酸氢钙（P 含量≥16.5%）0.72t；硅藻土（SiO_2 含量≥80%，细度过 150μm 筛≥95%）15kg；蒸汽（0.45MPa）0.5t。

2. 食品级磷酸二氢钙

（1）一水磷酸二氢钙

食品级一水磷酸二氢钙通常采用食品级磷酸中和方解石粉或用食品级磷酸分解食品级二水磷酸氢钙的方法进行生产。两种方法都是在常温下进行反应。为解决一水磷酸二氢钙在含水较多的物系中易水解、影响产品纯度的问题，先后开发出多种反应方式进行食品级一水磷酸二氢钙的生产。

1）湿法。食品级磷酸与方解石粉以水为反应介质，在低浓度、酸过量的条件下进行反应，所得中和料浆先加热浓缩，蒸发出大量水分以减轻水解对产品纯度的影响，再冷却结晶以析出一水磷酸二氢钙晶体，此后进行过滤脱水、干燥和粉碎得到产品。此法流程长、能耗高，酸过量系数、过滤料浆浓度和滤饼水分三者控制准确、搭配合适时才能得到较为纯净的产品。

2）干法。将 75%～87%（以 H_3PO_4 计）的食品级磷酸雾化后喷入混合器内不断搅拌的方解石粉中，在混合器中生成磷酸二氢钙粉状料，再经干燥和粉碎得到产品。此法通过尽量减少物系中的水分控制水解对产品纯度的影响，其优点是流程短、能耗低，但因物系中水分太少，反应不易完全、产品残留有碳酸钙，同时反应中释放出大量含尘的二氧化碳，需要进行除尘处理才能达标排放。以食品级二水磷酸氢钙取代方解石粉进行生产时，产品中虽无碳酸钙残留，也不释放二氧化碳，但仍存在反应不完全的问题，同时生产成本有所增加。

3）有机介质法[11,12]。将 85%（以 H_3PO_4 计）食品级磷酸与方解石粉在 30%～100%乙醇（最佳浓度 70%～75%）中于 10～30℃进行反应，乙醇溶液的用量为 85%食品级磷酸用量的 3～8 倍，在搅拌下将磷酸与乙醇溶液混合均匀后缓缓加入方解石粉中，加完方解石粉熟化 1h，过滤、干燥得到纯度好、收率高、颗粒柔细疏松的产品，滤出的乙醇溶液可循环使用。该法利用一水磷酸二氢钙不溶于乙醇的特性，以乙醇为反应介质避免了水解对产品纯度的影响，因此无须浓缩结晶，流程较为简洁且产品应用性能好，但生产中需要注意乙醇使用和回收的安全问题。

4）浓浆法[13]。将磷酸加入石粉浆中于外框-内涡轮共轴搅拌反应釜内按化学计量比进行反应，制备一水磷酸二氢钙浓浆，加酸的速度先慢后快，耗时控制为 30～120min，反应温度为室温至 85℃，加完磷酸继续搅拌熟化 15～75min，控制反应终点浆料的 CaO/P_2O_5 质量比为 0.385～0.415、游离水分含量为 30%～40%（CaO-P_2O_5-H_2O 物系的对应水分含量为 45%～53%），所得浓浆不分离液相，用强力干燥粉碎机直接干燥粉碎，得到一水磷酸二氢钙产品。该法通过实验确定的反应物浓度既使中和搅拌易进行，又不过多地增加其后的干燥能耗；所用反应釜不存在搅拌死角，有利于浓浆状的反应物料充分混合并打碎可能出现的团块；生成的浓浆直接用集干燥、粉碎、分级于一体的强力干燥粉碎机进行处理，避免了水解或液相分离对产品纯度的影响，且干燥效率高、不易局部过热、无须另设粉碎机，因而具有产品品质高、生产能耗低、流程简洁等特点，有望实现工业化生产。

应该注意的是，尽管上述生产方法都属于酸碱中和反应，但由于一水磷酸二氢钙生成快、易水解以及反应方式的特殊性，因此反应过程不宜用反应物料的 pH 进行控制，而应以反应物料的 CaO/P_2O_5 为主，结合反应时间进行控制。

（2）无水磷酸二氢钙

食品级无水磷酸二氢钙的生产是将食品级一水磷酸二氢钙在煅烧炉内加热至适当温度，脱去结晶水制得。若加热过度，产品将进一步脱水生成酸式焦磷酸钙。

3. 典型工业化工艺

（1）生产工艺原理

以食品级磷酸和碳酸钙为原材料生产食品级一水磷酸二氢钙和无水磷酸二氢钙。

制备一水磷酸二氢钙的中和反应：

$$2H_3PO_4+CaCO_3 = Ca(H_2PO_4)_2 \cdot H_2O+CO_2 \uparrow$$

制备无水磷酸二氢钙的干燥反应：

$$Ca(H_2PO_4)_2 \cdot H_2O = Ca(H_2PO_4)_2+H_2O \uparrow$$

（2）工艺流程

以食品级磷酸、方解石粉或磷酸氢钙为原材料进行中和反应，控制终点 pH 为 3.2，经浓缩后冷却结晶，再经压滤脱水、烘干、粉碎制得食品级一水磷酸二氢钙。

食品级无水磷酸二氢钙工艺流程只是在食品级一水磷酸二氢钙工艺流程的基础上改变了烘干模式，增加了干燥脱除结晶水这一工艺步骤。

（3）工艺操作及控制指标

1）方解石乳液配制。工艺指标如下：方解石乳液浓度 15～17°Bé。

方解石乳液的配制：在方解石配制釜中加入定量的清水，在搅拌的情况下，用气流输送机将方解石粉输送到方解石计量罐。通过螺旋输送机加入方解石配制釜中，控制方解石乳液浓度为 15～17°Bé，启动方解石乳液转料泵，将方解石乳液输送到方解石乳液过滤器、方解石乳液储罐中，复测方解石乳浓度，供中和工序使用。

2）中和反应。工艺指标如下：中和温度 30～70℃；中和反应终点 pH3.2。

中和反应：打开中和釜磷酸进料阀，打开磷酸流量计，进料磷酸至工艺规定量，控温 30℃，进料方解石乳液，先慢后快再慢地均匀加入方解石乳液，控制中和反应温度在 30～70℃范围。当反应终点 pH 达到 3.2 时，停止进料，继续熟化 60min。

3）蒸发浓缩。工艺指标如下：Ⅱ效出料浓度 40～45°Bé；采用三效蒸发工艺，当Ⅱ效出料浓度达到 40～45°Bé 时，放料液至结晶釜。

4）结晶工艺指标如下。冷却结晶终点温度：0～5℃。

5）压滤。操作压力和设备参数范围如下：进浆阶段压力≤0.6MPa；加压阶段压力≤1.0MPa；风干阶段压力≥0.3MPa。

6）烘干工艺指标如下：烘干进风温度 100～200℃；烘干出口温度 40～70℃。

7）粉碎筛分工艺指标如下：325 目筛通过≥99.5%。

5.2.5 磷酸三钙、羟基磷酸钙

1. 饲料用脱氟磷酸三钙

饲料用脱氟磷酸三钙的生产方法主要有两种：酸热法（转窑烧结脱氟法）和水热法（旋风炉熔融脱氟法）。水热法因产品磷含量低、能耗高，现已基本被淘汰。与水热法相比，酸热法工艺流程简单、能耗低、产品磷含量高。

（1）制备技术

高温下对磷矿进行酸热处理或水热处理都可得到饲料用脱氟磷酸三钙。高温下，尤其在有添加剂存在的情况下，磷矿的晶格被破坏，氟被脱除，同时生成磷酸三钙 $[Ca_3(PO_4)_2]$。酸热法是在 1250～1350℃的温度条件下，使磷酸与磷矿发生反应，生成磷酸二氢钙以脱除磷矿中的氟，磷酸二氢钙进一步脱水得到磷酸三钙。该法不能脱除重金

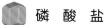 磷 酸 盐

属，因此对磷矿原料有较高要求。

$$Ca_{10}(PO_4)_6F_2+14H_3PO_4+10H_2O =\!=\!= 10Ca(H_2PO_4)_2 \cdot H_2O+2HF\uparrow$$

$$3Ca(H_2PO_4)_2 \cdot H_2O =\!=\!= Ca_3(PO_4)_2+3H_2O+4H_3PO_4$$

$$Ca_{10}(PO_4)_6F_2+4H_3PO_4 =\!=\!= 5Ca_2P_2O_7+2HF\uparrow+5H_2O$$

$$Ca_{10}(PO_4)_6F_2+Ca_2P_2O_7+H_2O =\!=\!= 4Ca_3(PO_4)_2+2HF\uparrow$$

物料中配入少量硅酸盐、钠盐、铵盐可以降低脱氟温度。

采用酸热法生产饲料用脱氟磷酸三钙应选用熔点较高、品位高的磷矿为原料。主要生产过程为：磷矿石与磷酸、脱氟助剂（硅酸盐、钠盐、铵盐）混合、造粒、干燥后，入回转窑于 1250～1350℃下烧结脱氟，烧成料用回转冷却机进行风冷，再粉碎、包装得到产品。酸热法生产饲料用脱氟磷酸三钙的主要设备为回转窑，年产 5 万 t 实物脱氟磷酸三钙回转窑的主要参数如下：φ3.5m×100m；转速 0.2～2r/min；窑倾斜度 2%～3%；物料在窑中高温带烧结的停留时间 45～60min。

（2）原料消耗定额（以 1t 含 41.4% P_2O_5 的酸法实物脱氟磷酸三钙计）

磷矿（含 30.4% P_2O_5）0.965t；磷酸（P_2O_5 浓度为 52%）0.25t；石灰石（含 96% $CaCO_3$）29kg；蒸汽（1.4MPa）1t；标准煤 0.29t；电 180kW·h。

2. 食品、医药用羟基磷酸钙以及活性羟基磷酸钙

食品、医药用羟基磷酸钙也称食品磷酸三钙、活性磷酸钙。X-射线衍射检测结果证实其主成分都是羟基磷酸钙。目前羟基磷酸钙一般用湿法进行制备。不同湿法制备羟基磷酸钙的特点见表 5-5。其中，两段中和法是在石粉浆中先加过量的磷酸与之反应，再用石灰乳中和至终点[14]。

表 5-5　不同湿法制备羟基磷酸钙的特点

制备方法		特点
复分解法		反应最快，工艺稳定，产品粒度细而均匀、纯度高；但胶体现象导致产品的收率低、成本高，且产生含盐废水
中和法	石灰中和法	反应较快，产品粒度较细、收率高，成本较低，三废较少；但要求生石灰纯度高、活性好，产品中有害杂质多
	方解石中和法	反应最慢，产品粒度最粗、收率高、有害杂质少，成本最低，三废最少；但产品中有碳酸钙残留
	两段中和法	反应较慢，产品粒度居中、收率高、纯度高、有害杂质较少；装置投资略高，工艺稍复杂

工业生产现在多采用中和法。该法因反应的过程复杂、速度较慢，磷酸第三个氢离子中和的 pH 突跃小，故反应过程应以反应物料的 CaO/P_2O_5 为主，结合反应时间、pH 等进行控制，同时在高温下反应以加速羟基磷酸钙的生成。

（1）食品、医药用羟基磷酸钙

食品、医药用羟基磷酸钙对产品纯度和有害杂质含量都有严格要求，因此宜用两

段中和法生产，其生产工艺流程示意图见图 5-4。

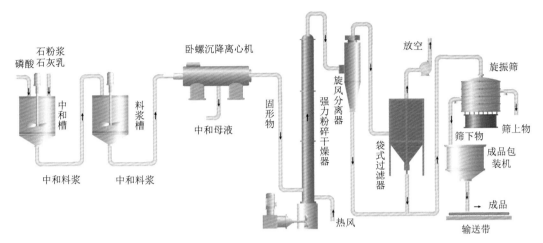

图 5-4　两段中和法制备羟基磷酸钙的生产工艺流程示意图

两段中和法的工艺控制如下。

1）原料液制备：原料规格以及制备方法同牙膏用二水磷酸氢钙。

2）中和：25%～35%浓度的石粉浆计量后置中和槽内，开启中和搅拌，用蒸汽加热并在反应期间保持物料温度为 80～100℃，随后用约 120min 先快后慢、分段匀速加入 75%～87%浓度的磷酸（以 H$_3$PO$_4$ 计）溶液，至反应物料 CaO/P$_2$O$_5$ 达 1.00～1.15，熟化 120min，再用约 120min 匀速加入 8%～12%浓度的石灰乳，至反应物料的 CaO/P$_2$O$_5$ 达到产品要求的范围，再熟化 60min 即可。

3）机械脱水：由于中和生成的羟基磷酸钙粒度较细，中位粒径仅为 10μm 左右，因此难以用过滤方式对中和料浆进行机械脱水，宜用卧螺沉降离心机，其操作连续、控制简便、工艺顺畅、固体回收率高。

4）干燥粉碎：机械脱水后的羟基磷酸钙湿物料呈不易松散的膏团状，宜用集干燥、粉碎、分级于一体的强力粉碎干燥器进行边烘干、边粉碎，可大大加快干燥中的传热、传质，干燥效率高，不易发生局部过热，而且无须另设粉碎机。

5）筛分、包装：同牙膏用二水磷酸氢钙。

（2）活性羟基磷酸钙

活性羟基磷酸钙要求产品粒度细而均匀，但对有害杂质要求不高，多用石灰中和法进行生产，近来有用纳米碳酸钙中和法进行制备的研究报道。中和过程中需加入焦磷酸钠（TSPP）和十二烷基苯磺酸钠（SDBS）对羟基磷酸钙颗粒进行表面改性。其中，TSPP 的作用是吸附于颗粒表面，避免其互相黏结以使成品粉体保持松散状态，SDBS则是键合于颗粒的局部表面、赋予其适当的亲油性即表面活性。

1）石灰中和法其工艺流程与食品、医药用羟基磷酸钙的两段中和法相似，不同之处在于以下两点。

a. 中和：8%～12%浓度的石灰乳计量后置中和釜内，用蒸汽加热并在反应期间使物料温度达 70～100℃，开启中和搅拌，用 60～90min 匀速加入 30%～35%浓度的磷酸溶液并计量，至反应物料的 CaO/P_2O_5 达到产品要求的范围再熟化 60min；以产品量为基准，熟化 15min 时加 0.3%~0.9%的 TSPP，熟化 30min 时加 0.002%~0.01%的 SDBS。

　　b. 干燥、粉碎：为避免活性羟基磷酸钙颗粒表面键合的 SDBS 受热分解，在强力粉碎干燥中应使物料温度低于 SDBS 的热分解温度；为确保产品细度能够满足使用要求，在强力粉碎干燥工序与筛分包装工序之间需增加气流粉碎工序。

　　2）纳米碳酸钙中和法[15,16]将平均粒径为 0.08μm、未经表面处理的自制碳酸钙配成浓度为 90g/L 的水悬浮液 300mL，置于配有锚式搅拌桨的三口烧瓶内，搅拌升温至 50℃，保温搅拌数小时以使碳酸钙充分分散，再于 1150r/min 搅拌转速下用 3h 匀速滴加浓度为 1.0mol/L 的磷酸水溶液，至物系的 Ca∶P 原子比达到 1.70 左右，反应中不断释放出的 CO_2 使得生成的羟基磷酸钙微粒具有多孔结构，反应期间物料温度保持为 50℃并加入 0%~0.04%的 SDBS，磷酸加完后于 50℃熟化 3h，降温出料，经过滤、40℃真空干燥及研磨，得到具有多孔结构、近似球形、粒度均匀（介于 1~10μm）的活性羟基磷酸钙，其比表面积为 100~110 m²/g，约为日本产品及国内市售产品比表面积的 1.5~1.8 倍。悬浮聚合试验证实该产品表面活性高、微粒间不易团聚、悬浮分散性优良且添加量少，能明显提高悬浮聚合物珠粒的各项指标，有效抑制黏釜现象。

　　用于制备生物材料用纳米羟基磷灰石[$Ca_{10}(PO_4)_6(OH)_2$]的方法还有水热反应法、溶胶-凝胶法、共沉淀法、酸碱反应法、气溶胶分解法、微乳液法等。

　　3. 典型工业化工艺

　　（1）生产工艺原理

　　以食品级磷酸和氧化钙为原材料生产食品级磷酸三钙。

　　中和反应：

$$CaO+H_2O \Longrightarrow Ca(OH)_2$$

$$2H_3PO_4+3Ca(OH)_2 \Longrightarrow Ca_3(PO_4)_2 \cdot H_2O+5H_2O$$

　　干燥反应：

$$Ca_3(PO_4)_2 \cdot H_2O \Longrightarrow Ca_3(PO_4)_2+H_2O\uparrow$$

　　（2）工艺流程

　　采用食品级磷酸和石灰为原材料进行两段中和反应，第一段中和反应控制反应物料 CaO/P_2O_5 为 1.00~1.15，第二段中和反应控制反应物料 CaO/P_2O_5 为 1.30~1.40，反应温度控制在 80~100℃，中和料浆经机械脱水、干燥粉碎、筛分包装后得到成品食品级磷酸三钙。

　　（3）工艺操作及控制指标

　　1）石灰乳配制。工艺指标如下：熟化温度≥90℃；熟化时间≥2h；陈化时间≥36h；石灰浆浓度 20~30°Bé。石灰乳浓度 6~10°Bé。

　　石灰乳配制：将生石灰投料消化后开启熟化釜搅拌，对石灰进行加热熟化。待石灰熟化釜料浆温度≥90℃，再至少煮 2h 后，过滤后陈化 36h 及以上供中和使用。

2）中和反应。工艺指标如下：中和温度 80～100℃；第一段中和反应反应物料 CaO/P_2O_5 1.00～1.15；第二段中和反应反应物料 CaO/P_2O_5 1.30～1.40。

石灰浆进料，待石灰浆至工艺规定投料量后，在搅拌状态下，蒸气升温至 80～100℃，开始投加磷酸，先快后慢、分段均匀加入磷酸。当第一段中和反应反应物料 CaO/P_2O_5 达 1.00～1.15 后，停止投料。熟化 120min 后继续均匀加入石灰乳，第二段中和反应反应物料 CaO/P_2O_5 达 1.30～1.40 后继续熟化 60min，供离心使用。

3）卧螺沉降离心。

4）烘干工艺指标如下：烘干进风温 200～300℃；烘干出口温度 100～160℃。

5）粉碎筛分工艺指标：325 目筛通过≥99.5%。

4. 典型工业次磷酸钠副产品饲料级磷酸三钙生产工艺及设备

（1）原材料

原材料为黄磷尾气、次磷酸钠渣。

（2）生产设备

生产设备有原料池、进料机、旋转反应器、冷却滚筒、破碎机、进料刮板输送机、雷磨机、球磨机、旋风分离器、螺旋输送机、成品刮板输送机、旋振筛、除铁器。

（3）反应原理

反应原理如下：

$$8CaHPO_3 \rightleftharpoons 2Ca_3(PO_4)_2 + Ca_2P_2O_7 + H_2O + 2PH_3$$

$$2PH_3 + 4O_2 \rightleftharpoons 2H_3PO_4$$

$$2H_3PO_4 + 3Ca(OH)_2 \rightleftharpoons Ca_3(PO_4)_2 + 6H_2O$$

（4）反应过程

次磷酸钠渣经压滤机过滤至原料池内，经抓渣行车提升至进料机内，然后进入旋转反应器内。以黄磷尾气为热源，原料在炉内经高温煅烧发生化学反应生成磷酸三钙，然后直接进入冷却滚筒内降温，燃烧产生的尾气经旋风分离器、水洗除尘后烟气进入静电除雾器排放。水洗过滤机定时清理，废料返入原料池内。物料被冷却后经破碎机粉碎，经刮板输送机传送，除铁器除铁后进入粉碎料仓内。通过开启高压磨粉机（或球磨机），其中高压磨粉机出来的物料经旋风分离器后进入刮板输送机，物料经刮板输送机进入成品料仓，进行产品包装。

（5）工艺流程图

饲料级磷酸三钙工艺流程示意图如图 5-5 所示。

（6）工艺指标以及参数

炉头温度：300～900℃；煤气压力：2.5～7.0kPa；旋转反应器出口物料颜色目测为白色，旋转反应器转速根据炉内物料颜色微调；成品外观：白色粉末；细度：（过 0.50mm 试验筛）≥95.0%。

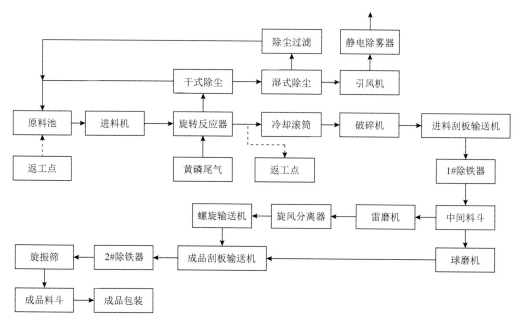

图 5-5　饲料级磷酸三钙工艺流程示意图

5.2.6　钙系正磷酸盐的用途

正磷酸钙盐目前已广泛应用于饲料、牙膏、食品、医药、化工和材料等领域。

1. 磷酸氢钙的用途

1）磷酸氢钙可以作为强化剂（补充钙）和膨松剂，我国规定其可用于饼干、婴幼儿配方食品，其最大使用量为 1.0g/kg；磷酸氢钙也可作为品质改良剂，用于发酵面制品，按生产需要适量使用。

2）磷酸氢钙作为食品饲料添加剂，以补充禽畜饲料中的磷、钙元素。

3）磷酸氢钙在食品工业用作疏松剂，用于饼干、代乳品，使用量按正常生产需要；还用作面包制造用酵母培养剂、面团改良剂、营养增补剂；用作饲料添加剂，以补充禽、畜饲料中的磷、钙元素。

4）磷酸氢钙可以用作家禽的辅助饲料，能促使饲料消化，使家禽体重增加，以增加产肉量、产乳量、产蛋量，同时还可治疗牲畜的佝偻病、软骨病、贫血症等。

5）磷酸氢钙可以用作分析试剂、塑料稳定剂、食品和饲料添加剂，还用于玻璃工业。

6）磷酸氢钙用作牙膏磨料，在牙膏中作为磨料的磷酸钙盐品种有二水磷酸氢钙、无水磷酸氢钙和焦磷酸钙，目前的用量以二水磷酸氢钙最大，无水磷酸氢钙次之，焦磷酸钙最小。纳米羟基磷酸钙作为牙膏中的功效性成分，国内尚处于研发阶段，但在日本含羟基磷酸钙的牙膏已经投放市场。

牙膏磨料在牙膏中的功能是通过摩擦的方式清除并分散牙齿表面的牙垢（软性沉积物-脱落组织、食物残渣与菌斑的混合物）和牙结石（硬性沉积物-钙化的牙垢），故要求牙膏磨料安全无毒、外观洁白、无嗅无味，具有适中的硬度、粒度、pH 和摩擦值，同时溶度积小、化学稳定性好、不与牙膏内的其他组分发生作用。

2. 磷酸一钙的用途

1）磷酸一钙用作膨松剂、面团调节剂、缓冲剂、营养增补剂、乳化剂、稳定剂等品质改良剂，有提高食品的络合金属离子、pH、增加离子强度等的作用，可以改善食品的黏着力和持水性。用于面粉、蛋糕、糕点、焙制品、油炸食品、饼干、奶粉、冷饮、冰淇淋等。我国规定，用于面包、饼干、发酵粉磷酸一钙的最大使用量为 4.0g/kg（以磷酸计）；固体饮料中磷酸一钙的最大使用量为 8.0g/kg；小麦粉可按生产需要适量使用磷酸一钙的。

2）磷酸一钙用作分析试剂。

3）磷酸一钙广泛用于水产养殖动物及畜禽养殖动物的饲料添加剂。磷酸一钙在饲料中的添加量一般在 1%～2%。

4）磷酸一钙用于耐火工业、污水处理等，用作食品的膨松剂与钙强化剂、酒的调味剂、发酵促进剂等。

5）磷酸一钙用作分析试剂及塑料固定剂。

6）磷酸一钙用作塑料稳定剂和生产玻璃的添加剂，在食品工业中用作焙粉发酵剂、酵母养料、钙质营养补充剂和疏松剂。

3. 磷酸一二钙的用途

饲料级磷酸一二钙在性能上介于饲料级磷酸二氢钙与饲料级磷酸氢钙之间，其基本组成为磷酸氢钙与磷酸二氢钙的矿物质饲料添加剂，磷酸一二钙由于在磷的组成上既含有水溶磷，又含有枸溶磷，因此在适用范围上既适用畜禽饲料，又可作为水产饲料的矿物质饲料添加剂，尤其在畜禽饲料中与磷酸氢钙相比磷的消化利用率高出 7%～14%。该品种在国内已逐步得到推广，在国外已得到广泛应用。

4. 羟基磷酸钙的用途

羟基磷酸钙可广泛用于聚苯乙烯（PS）和可发性聚苯乙烯（EPS）、聚氯乙烯（PVC），以及 ABS、聚甲基丙烯酸甲酯（PMMA）、丙烯腈-苯乙烯共聚物（SAN）珠料的聚合，也用于树脂防黏结的隔离剂、生物材料、水处理剂、染料、橡胶、制药等领域。

活性羟基磷酸钙作为悬浮聚合的无机分散剂，主要用于可发性聚苯乙烯（EPS）、苯乙烯共聚物以及聚甲基丙烯酸甲酯的悬浮聚合，以获得珠状聚合物产品。与有机分散剂相比，活性羟基磷酸钙具有用量小、聚合的温度和压力变化平稳、物料黏釜少且聚合产物圆润透明、后处理简便、粒度分布窄等优点。EPS 是活性羟基磷酸钙用量最大的领域。

羟基磷灰石（简称 HA 或 HAP）是人体和动物骨骼、牙齿的重要无机成分，具有良好的生物相容性和生物活性，能与骨形成很强的化学结合，在体液的作用下，会发生部分降解，游离出钙和磷并被人体组织吸收、利用、生长出新的组织，从而产生骨传导作用，因而引起了全世界材料和医学工作者的广泛关注，是近年来的研究热点之一。目前不仅合成出了纯度很高的 HAP 单晶，还利用陶瓷致密的烧结工艺，烧制出了与人体牙齿的强度和韧性均相近的 HAP 多晶体，并在医药临床上得到了广泛应用。但 HAP 还存在强度低、韧性差的问题，限制了它在承载部位骨修复中的应用，随着 HAP 生物活性材料制备与应用技术的不断进展，HAP 在生物材料上将具有广阔的市场前景。

5.3 焦磷酸钙盐

焦磷酸钙盐是焦磷酸（$H_4P_2O_7$）中的氢离子被钙离子取代生成的缩聚磷酸盐，按焦磷酸中氢离子被取代的程度，焦磷酸钙盐分为酸式焦磷酸钙（又称焦磷酸二氢钙或者焦磷酸二钙）和焦磷酸钙（又称焦磷酸四钙）。

5.3.1 理化性质

1. 焦磷酸钙

焦磷酸钙，$Ca_2P_2O_7$，白色粉末，晶体相对密度为 3.09，熔点为 1230℃，10%悬浮液的 pH 为 5.5～7.0，不溶于水和醇，可溶于稀盐酸或稀硝酸。焦磷酸钙有四水物、二水物和无水物，其中无水物又有无定形以及 α、β、γ 三种晶型。在不同温度下，可形成三个不同的晶型。焦磷酸钙的水合状况及晶型随温度的变化如图 5-6 所示。

$$Ca_2P_2O_7 \cdot 4H_2O \xrightarrow{>45℃} Ca_2P_2O_7 \cdot 2H_2O \xrightarrow{>80℃} 无定形Ca_2P_2O_7 \xrightarrow{>400℃} \gamma\text{-}Ca_2P_2O_7 \xrightarrow{>700℃} \beta\text{-}Ca_2P_2O_7 \xrightarrow{>1140℃} \alpha\text{-}Ca_2P_2O_7$$

图 5-6 焦磷酸钙的水合状况及晶型随温度的变化

2. 酸式焦磷酸钙

酸式焦磷酸钙($CaH_2P_2O_7$)为白色粉末，可溶于稀盐酸或稀硝酸，微溶于水，其水溶液呈酸性。因酸式焦磷酸钙在水中可降解为正磷酸盐和磷酸，故也可用作食品加工的发酵酸。

5.3.2 生产原理

焦磷酸钙和焦磷酸二氢钙一般都由磷酸氢钙脱水而得。在加热过程中，磷酸氢钙首先失去结晶水，当温度提高到 430℃以上时，无水磷酸氢钙分子中失去半个水分子，形成焦磷酸钙：

$$2CaHPO_4 = Ca_2P_2O_7 + H_2O$$

磷酸氢钙结晶水的失去率和失去速度与加热温度的高低有着直接的关系。当温度在 80℃以下时，加热 3～4h 磷酸氢钙也不会失去结晶水，但当温度升高到 100℃时，磷酸氢钙便会失去大量结晶水，2～3h 就可以脱掉占试样质量 18%的结晶水，即脱除率可达 90%左右，当温度升高到 150～300℃时，磷酸氢钙在几分钟内结晶水的脱除率可达到 100%，成为无水磷酸氢钙。如果温度进一步提高，磷酸氢钙分子就会失去半分子的化合水，转变成焦磷酸钙。

$$CaHPO_4·2H_2O = CaHPO_4·H_2O + H_2O$$

$$CaHPO_4·H_2O = CaHPO_4 + H_2O$$

$$2CaHPO_4 = Ca_2P_2O_7 + H_2O$$

焦磷酸钙可以由焦磷酸与氢氧化钙直接合成。用焦磷酸与 $Ca(OH)_2$ 在液相中直接反应得到的焦磷酸钙，随反应温度可形成不同的水合物。反应温度在 0～10℃时，生成焦磷酸钙的四水物；反应温度在 45～60℃时，生成焦磷酸钙的二水物；反应温度在 80～100℃时，才生成无水焦磷酸钙。但在液相反应中生成的无水物是无定形焦磷酸钙，其晶型将随温度的升高而变化。将无定形焦磷酸钙加热到 400℃就会出现 $γ-Ca_2P_2O_7$，与无定形共存。当加热到 500℃时，$β-Ca_2P_2O_7$ 出现，与 $γ-Ca_2P_2O_7$ 共存。继续加热到 700℃，则 $β-Ca_2P_2O_7$ 上升为主相，$γ-Ca_2P_2O_7$ 下降为副相。若温度进一步提高，还可能出现 $α-Ca_2P_2O_7$。

Trommer 等[17]通过一水磷酸二氢钙的 DSC-TGA 研究发现，一水磷酸二氢钙在约 140℃时出现第一个吸热峰，迅速脱去结晶水，生成无水磷酸二氢钙；在约 261℃时出现第二个吸热峰，迅速脱去分子内的化合水，生成酸式焦磷酸钙；超过 350℃时，则继续缓慢吸热，逐渐脱去分子间水，生成聚磷酸钙；实验中发现 800℃以上反应体系为液态。将磷酸二氢钙在 200～250℃保温 12h 以上得到 $CaH_2P_2O_7$，并通过 X 光衍射图谱证实了其晶体结构。

$$Ca(H_2PO_4)_2·H_2O = Ca(H_2PO_4)_2 + H_2O$$

$$Ca(H_2PO_4)_2 = CaH_2P_2O_7 + H_2O$$

$$nCaH_2P_2O_7 = Ca_nH_2P_{2n}O_{6n+1} + (n-1)H_2O \ (n \geqslant 2)$$

5.3.3 生产方法和工艺操作

1. 焦磷酸钙

焦磷酸钙可以用磷酸氢钙煅烧法、焦磷酸中和法、焦磷酸钠与氯化钙复分解法，以及焦磷酸与石灰乳中和法进行制备。

（1）利用焦磷酸生成焦磷酸钙

1）固体焦磷酸制备。将熔点为 71℃的晶体状焦磷酸与含 $P_2O_5$78%～92%的黏稠状的焦磷酸以（1∶4）～（1∶20）（质量比）的比例混合，在搅拌条件下加料，控制温度在 50～65℃，因为此时焦磷酸恒温性极强，必须保持空气干燥，可以搅拌到全部物料变成固体。

2）合成。将上述固体焦磷酸溶于水中，使其成为 85%～95%的水溶液，然后用

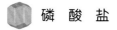

Ca(OH)$_2$ 直接中和，发生下列反应：

$$H_4P_2O_7+2Ca(OH)_2 === Ca_2P_2O_7+4H_2O$$

3）脱水煅烧。在溶液中合成的焦磷酸钙，由于控制条件不同，带有不同分子的结晶水，可采用箱式煅烧炉对钙盐进行脱水和转化，然后用粉碎机粉碎得到一定晶型而细微的焦磷酸钙成品。

但该法难以获得高纯度的焦磷酸，加上焦磷酸的水解性，使得制备的焦磷酸钙产品不够纯净，因此该法要实现工业生产尚有许多技术问题需要解决。

（2）以磷酸氢钙为原料煅烧制备焦磷酸钙

将磷酸氢钙进行加热煅烧，选择适当的煅烧温度即可获得特定品型的产品。由于二水磷酸氢钙在煅烧中需要分步脱除结晶水与化合水，不仅能耗高，而且水分释放量大，易出现结块现象，导致转化不匀，并给后续的粉碎加工带来困难。因此，牙膏、食品级焦磷酸钙的煅烧制备宜以相应品级的无水磷酸氢钙为原料。

该工艺仅需一个箱式煅烧炉或回转煅烧炉和粉碎分级设备即可。煅烧的温度、升温速度和成品的粒度对产品质量有直接影响，在箱式煅烧炉中生产焦磷酸钙的煅烧实验表明应控制在 550℃左右，此时的焦磷酸钙的摩擦值适中，氟相溶度较高，是一种优质牙膏摩擦剂，煅烧升温温度一般控制在 20～50℃即可。对于粉粒与颗粒选择，一般牙膏用焦磷酸钙要粉碎至通过 325 目筛。

因 β-焦磷酸钙的摩擦值过高、无定形焦磷酸钙的氟相容度较低，故牙膏用焦磷酸钙要求晶型以 γ 相为主、β 相为辅，并且细度为 99.0%以上过 45μm 筛。针对产品要求，根据表 5-6 的煅烧实验数据以及焦磷酸钙硬度大、不易粉碎的特点，应以同一细度的无水磷酸氢钙为原料，置煅烧炉内逐步升温至 550～650℃煅烧，冷却后再粉碎。

表 5-6 煅烧温度对焦磷酸钙晶型的影响

煅烧温度/℃	灼烧失量/%	主相品型	次相品型	氟相容度/%
700	0.07	β	γ	
600	0.37	γ	β	98.24
500	0.47	γ	β	94.40
450	1.09	γ	无定形明显	71.36
400	3.20	γ	无定形较多	65.60

注：煅烧条件为升温速度 8℃/min，转化时间 1/3h。

（3）复分解或中和反应制备焦磷酸钙

将氯化钙溶解，加漂白粉、活性炭除铁、脱色并过滤，所得溶液置反应釜内，搅拌条件下加入化学计量比的焦磷酸钠溶液进行复分解反应，控制反应温度在 70℃左右，首先获得二水焦磷酸钙。反应完成后，将反应物料放入离心过滤机内脱水，滤饼经过水洗、干燥、煅烧和粉碎即得成品。具体如下。

1）原料的精制：由于牙膏级焦磷酸钙要求纯度高，原料必须精制。将工业焦磷酸钠进行重结晶，使其达到相应于食品级的要求，并配制成一定浓度的溶液。将工业氯化钙溶解，除去重金属离子和有害杂质，必要时进行脱色处理。

2）复分解反应：将 $CaCl_2$ 溶液加入反应器中，在搅拌条件下加入 $Na_4P_2O_7$ 溶液，使其摩尔比 $Na_4P_2O_7:CaCl_2=1:2$，控制反应温度在 70℃左右，生成二水合焦磷酸钙。反应完成后，放掉上层清液，水洗 3～5 次以脱除 NaCl。

$$Na_4P_2O_7+2CaCl_2+2H_2O=\!=\!=Ca_2P_2O_7\cdot2H_2O\downarrow+4NaCl$$

3）后处理：将二水合焦磷酸钙进行干燥、煅烧转化成一定的晶型，粉碎过筛，即得成品。

该工艺原料易得、生产条件稳定、操作简单，是一种制备焦磷酸钙的较好的方法，但是其工艺路线较长，一次性投资费用较大，成本高且产生含盐废水，已很少被采用。

2. 酸式焦磷酸钙

以一水磷酸二氢钙为原料，在煅烧炉内先加热至 135～150℃脱除结晶水，再加热至 250℃脱除分子内化合水。煅烧过程中应控制升温速度，以使物料均匀受热并分步脱除结晶水与化合水。升温过快，水分释放太快，容易造成物料结块而转化不匀。煅烧小批量物料采用间歇操作的箱式炉，大规模生产时则采用连续操作的回转炉。

5.3.4　原料消耗定额

每生产 1t 焦磷酸钙约需消耗无水磷酸氢钙原料 1.071t。
每生产 1t 酸式焦磷酸钙约需消耗一水磷酸二氢钙原料 1.167t。

5.3.5　焦磷酸钙盐的用途

1. 焦磷酸钙的用途

焦磷酸钙可用于牙膏磨料、涂料填料、电工器材荧光体；食品级焦磷酸钙用于缓冲剂、中和剂、营养增补剂、酵母剂、拮抗剂、助滤剂。

作为牙膏磨料使用的焦磷酸钙，晶型以 γ 相为主、β 相为辅最为适宜，其氟相容度高、摩擦值较为适中。与二水磷酸氢钙相比，焦磷酸钙的稳定性好、溶度积小、摩擦值高，与可溶性氟化物制成的含氟牙膏可溶性氟保持率高、洁齿力强，20 世纪 50～80 年代焦磷酸钙含氟牙膏是其鼎盛时期，被国际名牌产品普遍采用，焦磷酸钙的生产也因此得到相应发展。但是随着牙膏用二水磷酸氢钙产品质量的提高及其与无水磷酸氢钙复配使用，焦磷酸钙由于硬度偏大、长期使用使牙齿表面失去光泽、生产成本高等因素，作为牙膏磨料已无明显的技术和成本优势，因此焦磷酸钙现在已不单独用作牙膏磨料，而是与软性磨料配合使用。

2. 酸式焦磷酸钙的用途

在食品加工业中用作水分保持剂。可用于面包、饼干、发酵粉、固体饮料、小麦粉、干酪释放剂、缓冲剂、面团调节剂、固化剂、膨松剂、酵母食料、螯合剂、抗氧化增效剂、组织改进剂。传统使用的发酵酸，如酸式焦磷酸钠、酸式磷酸铝钠

[NaAl$_3$H$_{14}$(PO$_4$)$_8\cdot$4H$_2$O(SALP)]、硫酸铝钾、硫酸铝钠、硫酸铝铵等钠、铝含量较高，人体易摄入过量而影响身体健康。以酸式磷酸钙盐（一水磷酸二氢钙 MCPM、无水磷酸二氢钙 MCPA、酸式焦磷酸钙 CAPP、磷酸氢钙 DCPD 及其混合物）为发酵酸，不仅能够解决传统发酵酸容易导致"钠、铝超标"的困扰，而且还有强化营养的功效。因此，尽管目前酸式磷酸钙盐作为发酵酸还不能在使用性能上完全替代酸式焦磷酸钠，但受"高钙、低钠、无铝"健康饮食观念的影响，取代传统的"高铝、高钠"发酵酸已经成为烘焙食品行业发展的一种趋势。随着国内外对食品酸式磷酸钙盐新品种的开发、生产及其应用日趋重视，酸式磷酸钙盐在发酵粉中的应用范围会越来越广，比例会越来越高。

5.4 聚磷酸钙

5.4.1 理化性质

聚磷酸钙（calciumpolyphosphate，CPP），无色晶体或粉末，密度为 2.85g/cm^3，无臭，不完全溶于水，溶于酸性介质。聚磷酸钙是一种特殊的钙磷类生物陶瓷，随着 Ca/P 值的降低，可形成三维笼状结构（超磷酸盐）、环状结构[18]（偏磷酸盐）和直链结构[19-21]（聚磷酸盐）。通常情况下，只有链状结构被称为聚磷酸钙，常被称为无机聚合物，其 n(Ca)/n(P)=0.5，分子式为[Ca(PO$_3$)$_2$]$_n$，其主链是通过四面体结构的 PO$_4$ 共用一个氧原子形成的螺旋结构。Dion 等[22]利用核磁共振（NMR）和拉曼光谱法对聚磷酸钙的结构进行了研究，证实了聚磷酸钙的直链结构。聚磷酸钙的聚合物主链以—P—O—P 为主，其结构如下所示：

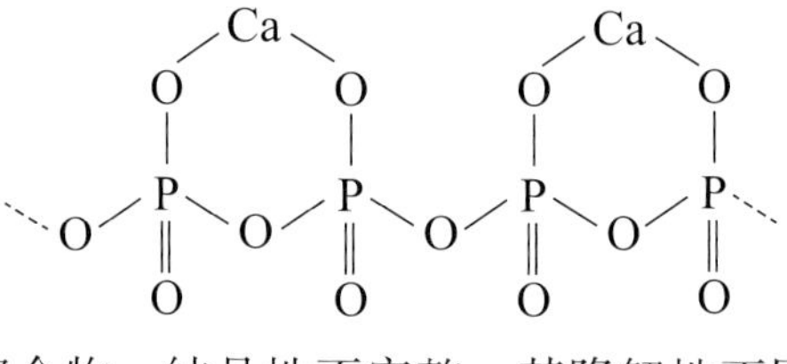

聚磷酸钙属于无机聚合物，结晶性不完整，其降解性不同于一般的无机物和有机物。随着聚合度的增加，材料的抗压强度增大，降解速率变小；不同晶型的材料具有不同的降解速率，降解速率为非晶 CPP>γ-CPP>β-CPP>α-CPP。有研究[23,24]表明，非晶聚磷酸钙约在第 17 天完全降解，γ-CPP 约在第 25 天完全降解，β-CPP 和 α-CPP 降解缓慢，在第 30 天时才分别降解了大约 12%和 5%。常青等[25]通过实验证明，聚磷酸钙 纤维在中性介质中仅发生缓慢降解，在酸性介质中将会使降解加速，在碱性介质中降解速率最大。直链聚磷酸盐在水中缓慢水解而发生化学降解，其反应如下：

$$[\text{Ca(PO}_3)_2]_n \xrightarrow{+\text{H}_2\text{O}} \text{CaH}_2\text{P}_2\text{O}_7 \xrightarrow{+\text{H}_2\text{O}} \text{Ca(H}_2\text{PO}_4)_2$$

　　聚磷酸钙　　　　焦磷酸二氢钙　　　磷酸二氢钙

Pilliar 等[26]把聚磷酸钙生物陶瓷的降解分为两个阶段：①在降解前期，无定形或结晶度小的区域发生快速降解，此区域内的力学强度丧失得非常快，此过程大概持续 1天；②第二阶段是材料的高结晶区域发生降解，降解速率减缓，力学强度缓慢降低，到30 天时材料抗压强度损失了 2/3。姚康德和尹玉姬[27]报道，多孔聚磷酸钙支架在体内的降解速率比体外的缓冲液（pH=7.4）快一个数量级，这是由于无机材料在体内的降解与细胞活性有关。总之，无定形材料降解最快，α 型材料降解最慢；气孔率越大，其降解越快。聚磷酸钙生物陶瓷的降解速率与材料颗粒大小、晶型、聚合度、气孔率、孔径大小等因素有关。

聚磷酸钙是一种新型人工骨修复生物陶瓷材料，其元素组成与自然骨的无机质相似，具有良好的生物相容性、生物可降解性和适当的力学性能。它具有无机陶瓷材料的优点，基本物理性质与天然骨类似。聚磷酸钙可以通过加入微量元素制备成聚磷酸钙纤维以及与其他材料复合来改善其性能，使其同时具有其他高分子物质的特性；还可以通过改变其分子聚合度、晶型等对材料的性能进行调节，调节后的聚磷酸钙可用作骨修复、替代或填充材料。

5.4.2 生产原理

聚磷酸钙一般由磷酸二氢钙通过分子间缩聚生成，制备聚磷酸钙多数采用两步法[19-21,28,29]，即首先将磷酸二氢钙在 500℃下缩聚 5～10h，然后在 1100～1200℃下将产物熔融后淬火，得到无定形聚磷酸钙。聚磷酸钙是通过加热处理使磷酸二氢钙分子间进行缩聚反应而生成的，其 Ca/P 摩尔比的理论值为 0.5。

涉及的主要化学反应如下所示：

$$Ca(H_2PO_4)_2 \cdot H_2O = Ca(H_2PO_4)_2 + H_2O$$

$$Ca(H_2PO_4)_2 = CaH_2P_2O_7 + H_2O$$

$$nCaH_2P_2O_7 = H\text{-}[Ca(PO_3)_2]_n\text{-}OH + (n-1)H_2O$$

总反应式为

$$nCa(H_2PO_4)_2 \cdot H_2O \longrightarrow H\text{-}[Ca(PO_3)_2]_n\text{-}OH + (3n-1)H_2O$$

在 0～1000℃，聚磷酸钙经历了 3 次晶型转变，分别为 γ-CPP、β-CPP、α-CPP。即聚磷酸钙在 300～350℃发生从无定形相到 γ-CPP 的转变，在 350~400℃保持 γ-CPP 不变，在 400～550℃发生从 γ-CPP 到 β-CPP 的转变，在 550～950℃聚磷酸钙保持为 β-CPP，在 950～970℃发生从 β-CPP 到 α-CPP 的转变，当温度继续升高至 1000℃，聚磷酸钙发生熔化，变成玻璃态。随着热处理温度的不同，生成的聚磷酸钙形态不一、分子链长短不一即聚合度不同[30]。

5.4.3 生产方法

在 300～500℃条件下煅烧磷酸二氢钙，将煅烧后的磷酸二氢钙与未煅烧的磷酸二氢钙按质量比为 1∶（0.5～4）混合均匀，在 650～750℃条件下将得到的混合物在高温

下烧结 1～2h。将烧结得到的混合物进行研磨，研磨后的粉料过筛，取粒径为 100～500μm 的粉料放入坩埚内压实，加热至 950～970℃，保温 1～2h 制得聚磷酸钙[31]。

5.4.4 聚磷酸钙的用途

1. 生物功能性材料

聚磷酸钙作为新型的生物材料，主要用作支架材料、增强材料、骨修复材料、药物控释系统材料等[32,33]。

聚磷酸钙作为一种新型的无机骨修复材料具有相当的优势：具有良好的生物相容性、生物活性、良好的骨传导性、可生物降解性、降解可控性和适当的力学性能；聚磷酸钙降解后释放的钙离子和磷酸根离子参与体内钙磷代谢，被重新沉积到骨组织中，可以加速骨组织矿化、诱导骨的生成；具有高的强度和耐磨、耐蚀性，化学稳定性等。但聚磷酸钙也存在抗压强度低、脆性大、降解率慢等问题，因此单一的聚磷酸钙材料还不能完全满足临床应用的要求。

2. 食品添加剂

聚磷酸钙还可用于食品加工制造，在食品中用作乳化剂、保水剂、螯合剂、组织改进剂、营养增补剂、固化剂等。

5.5 亚磷酸钙

5.5.1 理化性质

亚磷酸钙通常为三水合物形式（$2CaHPO_3 \cdot 3H_2O$），亚磷酸钙为无色粉末，无毒，无味，不溶于水，在 205℃时失去结晶水。亚磷酸钙可由亚磷酸和生石灰氧化钙（或熟石灰氢氧化钙）直接中和制得，也可由次磷酸钠生产的废渣制得。亚磷酸钙是一种无毒防锈颜料，具有防腐防锈功能，适应于任何油漆涂料中作为防锈防腐颜料使用，能够完全取代磷酸锌、磷酸铝、红丹、偏硼酸钡等传统防锈颜料。此外，亚磷酸钙还具有高遮盖力和着色力，以及阻燃功能。

5.5.2 生产方法

利用一种制取次磷酸钠所排出渣料生产亚磷酸钙的方法，渣料中氢氧化钙和碳酸钙与亚磷酸反应生成一水亚磷酸钙，按渣料中氢氧化钙含量 35.48%、碳酸钙含量 10.91%的质量配亚磷酸，在一定的温度、搅拌的条件下生成亚磷酸钙，调整 pH 后经过洗涤、过滤、烘干、粉碎即得纯净的亚磷酸钙[34]。制取次磷酸钠所排出渣料生产亚磷酸钙的生产工艺流程示意图如图 5-7 所示，具体如下。

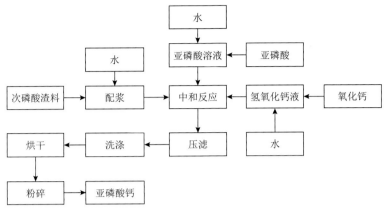

图 5-7 制取次磷酸钠所排出渣料生产亚磷酸钙的生产工艺流程示意图

1）配制料液：将次磷酸钠生产排出渣料收集于装有搅拌的釜内，先注入定量的母液或水，边搅拌边进料，当达到一定的容积时，测量料液的密度，使其达到 26°Bé，或者按照干渣料与液体质量比为 1:2 的比例进行配制，并搅拌成糊状。

2）配制亚磷酸溶液：选取一种耐腐蚀装有搅拌的釜，注入定量的母液或水，搅拌时投入定量的亚磷酸，溶解后待用。

3）配制氢氧化钙溶液：将水注入有搅拌的釜内，投入定量的氧化钙进行搅拌，澄清后取清液待用。

4）中和反应：将配制好的料送往配有夹套耐腐蚀装有搅拌的反应釜内，开启搅拌，缓慢加入亚磷酸溶液，并向反应釜的夹套加入蒸汽进行加热，亚磷酸加完后保温 80℃反应 2h 结束。

5）调 pH：取配制好的氢氧化钙溶液补加入料液中，测试料液 pH，达中性后继续搅拌反应并保持 pH 不变。

6）压滤、洗涤、烘干、粉碎得亚磷酸钙成品。

具体实施方式如下。配制料液：向釜内注入水 2000kg，启动搅拌后加干渣 1000kg搅拌成糊状即可，待用。配制亚磷酸溶液：向釜内加入 400kg 水，启动搅拌后加 400kg亚磷酸，溶解待用。配制氢氧化钙溶液：向釜内加水 50kg、氧化钙 20kg，搅拌后澄清待用。配好的料液（渣料）被送往反应釜，启动搅拌后加入亚磷酸溶液，慢加，加完后测试料液 pH 为 2，pH 大于 3 时应补加亚磷酸溶液降低料液的 pH，再开蒸汽阀门升温，待料液温度为 80℃时保温 2h，向料液中加入氢氧化钙清液，当釜内物料 pH =7 时为合格，反应结束；脱水、洗涤、烘干；将料液通过压滤机分离出水后，用清水洗涤物料，再压干，卸出产品，进入烘箱干燥，在 95～105℃干燥 6h；粉碎，包装。

5.5.3 亚磷酸钙的用途

用亚磷酸钙配制的防锈涂料具有无毒、附着力强、柔韧性好、遮盖力强、耐盐水性好等优点，其防锈性能与传统的红丹防锈涂料相当，优于锌铬黄、磷酸锌、磷酸铝等防腐涂料。另外，亚磷酸钙可作为聚合反应的催化剂和肥料。用作食品添加剂和动物营养剂，用于制造医药品，并可作抗氧化剂、分析试剂。

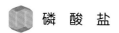

5.6 次磷酸钙

5.6.1 理化性质

次磷酸钙分子式为 $Ca(H_2PO_2)_2$，相对分子质量为 170.07。次磷酸钙为白色或灰白色单斜晶体，溶于水，不溶于乙醇。常温时次磷酸钙在水中的溶解度为 16.7g，其水溶液呈现弱酸性。

5.6.2 生产方法

次磷酸钙的生产有黄磷石灰合成法和中和法两种。

1. 黄磷石灰合成法

将黄磷和熟石灰水反应直接合成次磷酸钙，其反应式为

$$3Ca(OH)_2 +2P_4 +6H_2O\!=\!\!=\!\!=\!3Ca(H_2PO_2)_2 +2PH_3\uparrow$$

图 5-8 是黄磷石灰合成法的工艺流程简图。

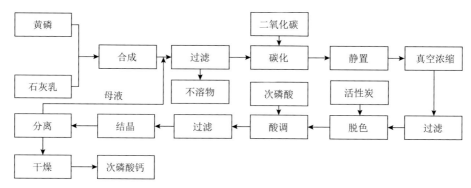

图 5-8　黄磷石灰合成法的工艺流程简图

将熟石灰水计量后放入密闭反应釜中，通入水蒸气赶净反应釜内的空气，将计量后的黄磷投入反应釜，开启搅拌装置，升高反应温度进行反应。反应过程中有磷化氢气体生成，用尾气管道引入磷酸装置制工业磷酸或水洗后进入磷化氢气柜作有机磷阻燃剂原料。反应完全、不再有磷化氢气体产生后把反应料液送入压滤机进行压滤。滤液进入碳化釜，通入二氧化碳进行碳化，以除去料液中的氢氧化钙。碳化完成后静置，取其清液进行真空浓缩，达到一定浓度后进行过滤处理，然后加入活性炭脱色。将脱完色的料液过滤得到次磷酸钙溶液，加入一定量的次磷酸调节溶液 pH，再次过滤后浓缩，当溶液中的次磷酸钙晶体达到一定时，停止浓缩。浓缩完成后将含有次磷酸钙晶体的悬浮液放入冷却结晶釜降温结晶，再用离心机分离，得到次磷酸钙甩干品，经烘干机干燥得到成品。

2. 中和法

次磷酸和石灰乳中和得到次磷酸钙，中和法的制备原理为

$$2H_3PO_2 +Ca(OH)_2 =\!=\!= Ca(H_2PO_2)_2 +2H_2O$$

图 5-9 是中和法制次磷酸钙的工艺流程简图。中和法制次磷酸钙的具体流程如下。

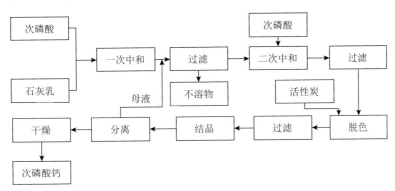

图 5-9   中和法制次磷酸钙的工艺流程简图

1）配料：在配料槽内先加入去离子水，在搅拌条件下加入计量后的生石灰粉，配好石灰乳，用泵将石灰乳打到反应釜内，备用。

2）第一次中和反应：启动反应釜搅拌，在不断搅拌的情况下，将浓度为 50%的次磷酸加入反应釜内，进行酸碱中和反应，直到石灰乳液 pH 在 2h 内稳定在 9.0～9.5 时为第一次中和终点。

3）第二次中和反应：将一次中和反应后的料液进行过滤，除去生石灰带入的杂质，将滤液打到第二次中和反应釜内，在搅拌条件下，缓慢加入浓度为 50%的次磷酸，调节料液 pH 到 3.5～4.0 且保持 60min 稳定不再变化时为第二次中和终点。第二次中和反应结束，停止搅拌，用泵将料液打入过滤器进行过滤，除去料液中的杂质。

4）脱色浓缩和结晶：在浓缩釜内真空状态下进行两次浓缩，第一次浓缩后加入活性炭脱色处理，过滤后再次浓缩，在浓缩过程中不断地有次磷酸钙产品析出，补充料液，观察浓缩釜内析出的次磷酸钙量达到规定量时，浓缩结束。将物料放入冷却釜内，启动搅拌，打开冷却釜冷却水进行降温。

5）烘干包装：当冷却釜内料液温度<60℃时，将料液放入离心机内甩干，得92%～95%的次磷酸钙成品，然后将物料放入烘干机，用 60～80℃热空气烘干 20～25min，得到含量大于 99.0%的精品次磷酸钙成品。

5.6.3   次磷酸钙的用途

次磷酸钙主要用作制备其他次磷酸盐的基本原料。例如，与碳酸钠或碳酸钠钾作用，可制得次磷酸钠或次磷酸钾；与硫酸锰或氯化铁作用，可制得次磷酸锰或次磷酸铁；与硫酸或草酸作用，可制得次亚磷酸。这些产品在化学分析上可用作还原剂；在试剂上可用作稳定剂；用作分析试剂，如砷的测定；也可用于医药、化学镀镍等。次磷酸钙用作化学镀、食品添加剂和动物营养剂，用于制造医药品。

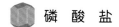

参 考 文 献

[1] 李延报, 李东旭, 翁文剑. 无定形磷酸钙及其在生物医学中的应用[J]. 无机材料学报, 2007, 22(5): 775-782.

[2] 李延报, 李东旭, 张熙之, 等. 无定形磷酸钙为先驱体低温制备 α 磷酸三钙超细粉末[J]. 无机化学学报, 2008, 24(6): 986-989.

[3] 胡春圃. 材料科学与工程[M]. 北京: 科学出版社, 2007:267-268, 282.

[4] 张纲, 王静康, 熊晖. 沉淀结晶过程中的添加晶种技术[J]. 化学世界, 2002(6): 326-328.

[5] 顾学民. 铍碱土金属//张青莲, 申泮文. 无机化学丛书: 第 2 卷[M]. 北京: 科学出版社, 1990: 200-211.

[6] 黄千钧, 张丽. 单氟磷酸钠纯度对牙膏用磷酸氢钙的氟离子保持率测定的影响[J]. 牙膏工业, 2007, 17(2): 43-45.

[7] 黄千钧, 张丽. 磷酸氢钙牙膏膏体稳定性的研究[J]. 牙膏工业, 2003, 13(2): 29-31.

[8] 张伟, 刘铁军. 大颗粒磷酸氢钙(药品级)生产新工艺[J]. 无机盐工业, 2002(5): 44, 46.

[9] 张伟. 大颗粒磷酸氢钙(药品级)生产颗粒促进剂的研究[J]. 贵州化工, 2003(4): 11-13.

[10] 路愉琴. 连续沉淀法制备新型磷酸氢钙[J]. 光电技术, 2009, 51(2): 27-30.

[11] 马蔷. 用于食品膨松剂的磷酸二氢钙的生产方法[P]: CN, 1066430A. 1992-11-25.

[12] 贾振宇, 陈朴. 食用级磷酸二氢钙合成新技术的研究[J]. 湖北化工, 2001(5): 14.

[13] 黄千钧, 杨陆华, 谢美芬, 等. 高效低耗制备高品质一水磷酸一钙的浓浆法[P]: CN, 102079515A. 2011-06-01.

[14] 杨陆华, 吴建军, 黄千钧, 等. 一种高品质磷酸三钙的生产方法[P]: CN, 101362594. 2009-02-11.

[15] 徐家乐. 多孔 HAP 悬浮聚合分散剂的合成工艺研究[D]. 成都: 四川大学, 2006.

[16] 徐卡秋, 徐家乐, 王渝红. 多孔活性磷酸钙悬浮聚合分散剂的制备及性能研究[J]. 四川大学学报: 工程科学版, 2006, 38(6): 73-78.

[17] Trommer J, Schneider M, Worzala H, et al. Stnucture determination of $CaH_2P_2O_7$ from in situ powder diffraction data[J]. European Powder Difraction, 2000, 321-324(6): 374-379.

[18] Lee J S, Hsu C K. A study on thermal properties of β-$Ca(PO_3)_2$ whiskers and on devitrification mechanism of calcium phosphate glass system[J]. Thermochimica Acta, 1999, 339(1/2): 103-109.

[19] Grynpas M D, Pilliar R M, Kandel R A, et al. Porous calcium polyphosphate scaffolds for bone substitute applications *in vivo* studies[J]. Biomaterials, 2002, 23(9): 2063-2070.

[20] Qiu K, Wan C X, Zhao C S. Fabrication and characterization of porous calcium polyphosphate scaffolds[J]. Journal of Materials Science, 2006, 41(8): 2429-2434.

[21] Ding Y L, Chen Y W, Qin Y J, et al. Effect of polymerization degree of calcium polyphosphate on its microstructure and in vitro degradation performance[J]. Journal of Materials Science: Materials in Medicine, 2008, 19(3): 1291-1295.

[22] Dion A, Berno B, Hall G, et al. The effect of processing on the structural characteristics of vancomycin-loaded amorphous calcium phosphate matrices[J]. Biomaterials, 2005, 26: 4486-4494.

[23] Qiu K, Wan C X, Zhao C S, et al. Fabrication and characterization of porous calcium polyphosphate scaffolds[J]. Journal of Materials Science, 2006, 41(8): 2429-2434.

[24] 陈芳萍, 王凯, 刘昌胜, 等. 聚磷酸钙骨支架材料的可控降解性和细胞毒性研究[J]. 无机化学学报, 2008(1): 88-92.

[25] 常青, 石宗利, 李重庵. 聚磷酸钙可降解纤维研究[J]. 环境科学, 1997, 2: 52-53, 57.

[26] Pilliar R M, Filiaggi M J, Wells J D, et al. Porous calcium polyphosphate scaffolds for bone substitute applications-in vitro characterization[J]. Biomaterials, 2001, 22: 963-972.

[27] 姚康德, 尹玉姬. 组织工程相关生物材料[M]. 北京: 化学工业出版社, 2003.

[28] Wang K, Chen F P, Liu C S, et al. The effect of polymeric chain-like structure on the degradation and cellular biocompatibility of calcium polyphosphate[J]. Materials Science and Engineering C, 2008, 28(8): 1572-1578.

[29] Song W, Tian M, Chen F, et al. The study on the degradation and mineralization mechanism of ion-doped calcium polyphosphate *in vitro*[J]. Journal of Biomedical Materials Research Part B: Applied Biomaterials, 2009, 89B(2): 430-438.

[30] 唐昌伟. 生物医用高分子材料[D]. 成都: 四川大学, 2005.

[31] 范长春, 郑凯, 刘德军, 等. 多孔聚磷酸钙生物材料制备方法[P]: CN, 103641466A. 2014-3-19.

[32] 徐晓虹, 李坤, 吴建锋, 等. 多孔聚磷酸钙生物陶瓷的研究与应用[J]. 佛山陶瓷, 2009(2): 45-49.

[33] 冯超阳, 崔园园, 张琳琳, 等. 聚磷酸钙及其复合材料的研究进展[J]. 材料导报, 2009, 23(12): 43-46.

[34] 王军民, 吴树平. 制取次磷酸钠所排出渣料生产亚磷酸钙的方法[P]: CN, 103058156A. 2011-10-18.

第 6 章
铝系磷酸盐

6.1　铝系磷酸盐概述

磷酸铝盐类是磷酸与 $Al(OH)_3$、Al_2O_3、铝矾土等反应而制得的一类磷酸盐。因反应条件不同，可得到多种磷酸铝盐，主要有磷酸二氢铝$[Al(H_2PO_4)_3]$、磷酸一氢铝$[Al_2(HPO_4)_3]$、正磷酸铝$(AlPO_4)$、焦磷酸铝$[Al_8H_{12}(P_2O_7)_9]$、三聚磷酸铝（$AlH_2P_3O_{10}$）、偏磷酸铝$[Al(PO_3)_3]$。另外，铝源和次磷酸根、亚磷酸根还能分别生成次磷酸铝和亚磷酸铝。

6.2　铝系正磷酸盐

6.2.1　组成和特性

1. 组成和结构

正磷酸铝盐是由 Al^{3+}和 PO_4^{3-}、$H_2PO_4^-$、HPO_4^{2-} 组成的无机磷酸盐，有磷酸铝、酸式磷酸铝和碱式磷酸铝三种。

磷酸铝$(AlPO_4)$有无水到 4 水不同结晶水的品种共 12 个。

酸式磷酸铝：以 $H_2PO_4^-$、HPO_4^{2-} 和$[H_3(PO_4)_2]^{3-}$为酸根，共有含不同结晶水的品种 13 个，即无水至 3 水的 $Al(H_2PO_4)_3$、2.5～8.5 水的 $Al_2(HPO_4)_3$ 和无水至 3 水的 $AlH_3(PO_4)_2$。

碱式磷酸铝：同时含有 PO_4^{3-} 和 OH^-，共 7 个品种。

表 6-1 给出了磷酸铝盐自然界存在的物质组成，目前可工业合成的产品仅有磷酸二氢铝和磷酸铝两个品种，表 6-2 给出了磷酸铝盐分子结构表。磷酸二氢铝以液体物和粉状无水物多见，磷酸铝以二水物和 3.5 水物多见。

表 6-1 正磷酸铝盐品种

磷酸铝	酸式磷酸铝	碱式磷酸铝
AlPO$_4$ Berlinitl A、B、C、D、E 型	Al(H$_2$PO$_4$)$_3$，A、B、C、D 型	
AlPO$_4$·H$_2$O	Al(H$_2$PO$_4$)$_3$·1.5H$_2$O	
AlPO$_4$·1.1～1.3H$_2$O	Al(H$_2$PO$_4$)$_3$·3H$_2$O	
AlPO$_4$·1.3～1.45H$_2$O	Al$_2$(HPO$_4$)$_3$·2.5H$_2$O	2AlPO$_4$·Al(OH)$_3$·nH$_2$O
AlPO$_4$·1.5H$_2$O	Al$_2$(HPO$_4$)$_3$·3H$_2$O	Al$_6$(PO$_4$)$_4$(OH)$_6$·5H$_2$O Sterretite
AlPO$_4$·1.67H$_2$O	Al$_2$(HPO$_4$)$_3$·3.5H$_2$O	Al$_3$(PO$_4$)$_2$(OH)$_3$·9H$_2$O Kingite
AlPO$_4$·2H$_2$O，AB 型	Al$_2$(HPO$_4$)$_3$·6.5H$_2$O	Al$_2$PO$_4$(OH)$_3$ Augelite
AlPO$_4$·≥2H$_2$O	Al$_2$(HPO$_4$)$_3$·8.5H$_2$O	Al$_2$PO$_4$(OH)$_3$·nH$_2$O Eolirarite
AlPO$_4$·2.5H$_2$O，Kaliais 型	AlH$_3$(PO$_4$)$_2$	Al$_2$PO$_4$(OH)$_3$·2.5H$_2$O
AlPO$_4$·3H$_2$O epharorichite	AlH$_3$(PO$_4$)$_2$·0.5H$_2$O	AlPO$_4$·2Al(OH)$_3$·6H$_2$O Eransite
AlPO$_4$·3.5H$_2$O Minerrite	AlH$_3$(PO$_4$)$_2$·H$_2$O	
AlPO$_4$·4H$_2$O Richmonolite	AlH$_3$(PO$_4$)$_2$·2.5H$_2$O	
	AlH$_3$(PO$_4$)$_2$·3H$_2$O	

表 6-2 磷酸铝盐分子结构表

产品名称	分子式	CAS 编号
磷酸二氢铝	Al(H$_2$PO$_4$)$_3$	13530-50-2（粉状磷酸二氢铝）；7732-18-5（液体磷酸二氢铝）
磷酸铝	AlPO$_4$	13765-93-0；7784-30-7

2. 理化性质

磷酸二氢铝有两种产品形态——液体和粉体。液体产品是一种无色无味、极黏稠的产品；粉体产品为白色粉末，晶体为针状或棒状结构，呈六方晶系，易吸潮，易溶于水，水溶液呈酸性，1%水溶液 pH 为 2.4。磷酸二氢铝在 230～290℃下形成熔融态的玻璃状，进一步加热，则生成偏磷酸铝盐（Al$_2$O$_3$·3P$_2$O$_5$）。磷酸二氢铝有强的化学黏合力，常温下也可固化。

48%～50%的液体磷酸二氢铝密度为 1.44～1.47g/cm^3（25℃），25℃下的黏度为 3.1×10^{-6} m^2/s，常压下沸点为 105℃，结晶温度为–10℃，烧失量为58.5%。粉状磷酸二氢铝的密度为 2.19g/cm^3（25℃）。磷酸铝为白色斜方晶体或粉末，不溶于水，但可溶于浓盐酸、浓硝酸和浓碱等强酸、强碱以及醇类物。在室温至 1200℃，磷酸铝有四种不同的晶型结构，天然物常见的为 α 型，工业品多为 C 型。无水磷酸铝十分稳定，具有类似二氧化硅的晶型结构，1400℃高温下不熔融而成为胶状体。磷酸铝在高温下的晶型转变十分缓慢，温度变化没有突跃点，因此很难用一般的差热分析（DTA）方法观察与检测。磷酸铝与石英有着极其相似的热变态过程，不同的加热和冷却程序下可形成 7 种不同的热变态物。

α 型←（580±5）℃→β 型（750±5）℃→鳞石英型（T 型）→（1047±5）℃→方石英型（C 型）>1600℃→熔融

α 型和 β 型 AlPO$_4$ 在 580～750℃的晶型转变温度下可相互逆变；鳞石英型磷酸铝的形成不具有逆变性，它是将 AlPO$_4$ 加热到 1100℃以上形成方石英型后，以缓慢冷却的方式形成的。不同温度下的相变，会形成不同晶型结构的磷酸铝，对其密度和物化性质产生影响，例如在不同温度下形成的不同晶型结构的磷酸铝的密度存在一定差异：六方晶型的磷酸铝（柏林石型）的密度为 2.64g/cm^3，低温正方晶型的磷酸铝的密度为

$2.28g/cm^3$，高温正六面体晶型的磷酸铝的密度为 $2.31g/cm^3$。由于磷酸铝的晶型结构与二氧化硅非常相似，其硬度较高，莫氏硬度达到 6～7，接近石英的莫氏硬度（7）。磷酸铝的熔点也很高，但低于鳞石英型 SiO_2 的熔点（1670℃）。磷酸铝结构稳定，在酸碱中的溶解度都很小。

原始组成 M（P_2O_5/Al_2O_3 摩尔比）=2.33 的为磷酸铝结合剂，是一种热固性材料，其胶结机理属于缩聚结合。磷酸铝结合剂耐火材料受热时酸式磷酸铝分解脱水而聚合，产生黏结作用。温变小于 600℃时，坯体已具有较高的强度，600～1000℃（或1100℃）时的热态强度继续增大，900℃时的热态强度基本达到最大值。1000～1300℃（或 1300～1500℃）时坯体开始烧结，此时结合剂中的 $AlH_3(PO_4)_2\cdot3H_2O$ 已变为 $AlPO_4$，而 $Al(H_2PO_4)_3$ 和 $Al_2(HPO_4)_3$ 已分解为 $AlPO_4$（鳞石英型）和 P_2O_5，P_2O_5 挥发排出，坯体逐步由化学结合转变为陶瓷结合。$AlPO_4$ 在加热到 1760℃以上时也会逐渐分解成 Al_2O_3，并逸出 P_2O_5。图 6-1 为磷酸铝结合剂在加热过程中的变化情况。

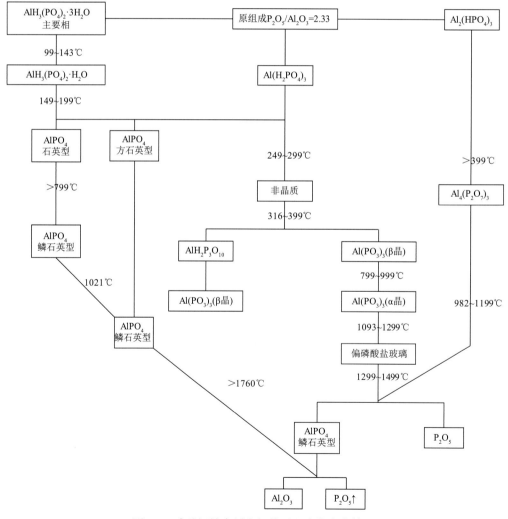

图 6-1　磷酸铝结合剂在加热过程中的变化情况

磷酸铝结合的不定形耐火材料在中温区间（1100～1200℃）也存在强度下降的问题，这主要是由于在该温度范围内，随着 P_2O_5 的逸出，化学结合逐渐减弱，而陶瓷结合尚未形成，同时 $AlPO_4$ 的晶型转变也导致了坯体强度的下降。无论是高温耐压强度还是烧后耐压强度，在超过 1350℃（特别是在 1350～1400℃）时也有所下降，这是 $AlPO_4$ 大量分解，排出 P_2O_5 使坯体结构疏松而引起的。不烧磷酸铝结合耐火砖的烘烤温度一般在 600℃左右。

磷酸铝系分子筛是 20 世纪 80 年代首先由美国 UOP 公司开发出来的，目前已报道的不同结构的磷酸盐分子筛有 28 种。在磷酸铝分子筛 $AlPO_4$ 的基础上，以 Co、Fe、Mg、Zn、Ba、Ga、Ge、Li、Ti 等金属离子和 B、Si 等化学元素改性的磷酸铝类分子筛有 13 种，并且还在开发更多新型的磷酸铝分子筛。

3. 产品规格

磷酸二氢铝产品分为工业级、医药级和试剂级，常见产品有 $Al(H_2PO_4)_3$、$Al(H_2PO_4)_3 \cdot 1.5H_2O$ 和 $Al(H_2PO_4)_3 \cdot 3H_2O$，磷酸二氢铝酸性较强。磷酸铝产品主要分为工业级和医药级，常见产品有 $AlPO_4$ 和 $AlPO_4 \cdot 2H_2O$。

6.2.2 磷酸二氢铝

1. 生产原理

磷酸二氢铝主要制备方法为中和法，是由磷酸与氢氧化铝进行酸碱中和反应制得的。根据磷酸与氢氧化铝不同的摩尔比和酸度控制，可以生成不同的磷酸铝盐。当以 H_3PO_4 与 $Al(OH)_3$ 摩尔比 3∶1 反应时，生成磷酸二氢铝。反应温度与生成物密切相关，反应温度不同，可形成 4 种不同的磷酸铝盐变体。当温度在 140～200℃时，反应生成 C 型磷酸二氢铝，其结构最为稳定；当温度低于 100℃时，则生成酸式磷酸铝盐 $[AlH_3(PO_4)_2 \cdot 3H_2O]$；当温度在 200～456℃时，所生成的磷酸二氢铝发生脱水聚合反应，生成三聚磷酸铝（$AlH_2P_3O_{10} \cdot 2H_2O$）；当温度进一步升高，大于 1350℃时，又会发生烧结反应，形成结构交联的聚磷酸铝晶体。

中和法制备磷酸二氢铝：

$$3H_3PO_4 + Al(OH)_3 \longrightarrow Al(H_2PO_4)_3 + 3H_2O$$

$Al(OH)_3$ 与 H_3PO_4 反应是一个酸碱中和的过程，反应初始阶段，溶液呈酸性体系，首先生成的是酸式磷酸铝。随着中和度的提高，磷酸二氢铝逐渐形成，在 140～200℃下，反应体系的密度、黏度逐步提高，至全部生成磷酸二氢铝。中和法制备磷酸二氢铝除原料配比必须准确控制以外，更需要特别强调反应温度、干燥温度的控制。工业生产中，要得到常用的 C 型磷酸二氢铝产品，反应温度和干燥温度都应控制在 140～200℃。

2. 生产方法和工艺操作

（1）生产工艺与控制

磷酸二氢铝生产工艺流程示意图见图 6-2。

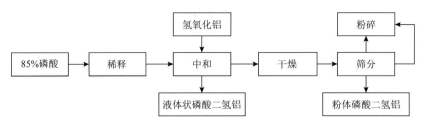

图 6-2　磷酸二氢铝生产工艺流程示意图

将 85%的磷酸（以 H_3PO_4 计）稀释成 40%～55%的溶液，加入带夹套的搪瓷反应釜内，加热升温至 90～110℃，缓慢加入 96%～98%的氢氧化铝粉，并使反应温度保持在 100～110℃，反应 1h，调整 pH 和密度，当密度达到 1.38g/cm³ 左右时出料，冷却，得到含 48%～50% 磷酸二氢铝的液体状磷酸二氢铝。若要得到粉体磷酸二氢铝，需进行脱水处理，浓缩过程中需严格控制温度，防止产生不溶性磷酸铝盐。为防止生成不溶物，反应过程中，可使磷酸适当过量 2%～8%。

磷酸二氢铝溶液黏度高、吸湿性强，快速脱水干燥是生产粉状产品的关键。工业上可采用喷雾干燥或真空干燥的方式实现快速脱水。真空干燥可在低氧、低温下脱除水分，防止产品氧化，具有干燥快速、稳定的特点，可较好地保持磷酸二氢铝的结构不发生变化。真空度一般控制在 26.7～33.3kPa。但真空干燥能耗较大，设备投资较高。

离心喷雾干燥塔是在传统喷雾干燥塔的基础上发展起来的，它是通过空气分配器产生均匀旋转的气流，与离心雾化器产生的雾化料液大面积接触，瞬间蒸发水分，达到快速脱水的目的。采用离心喷雾干燥，喷雾塔控制为微负压操作，喷头高速旋转，转速一般在 14000r/min 以上，尾气温度要低于物流干燥温度，一般<130℃。干燥后的物料被送入粉碎机粉碎至所需细度，筛分后包装储存。废气经旋风分离后排空。

（2）主要设备

磷酸二氢铝主要生产设备包括中和反应釜、喷雾干燥塔或真空干燥机、粉碎机，这些设备均已实现国产化，有许多定型设备可选。设备材质需耐磷酸腐蚀，可采用 316L 不锈钢或采用搪瓷反应釜。

（3）原料消耗定额

48%～50%磷酸二氢铝（液态）产品原料消耗定额：工业氢氧化铝[$Al(OH)_3$ 含量为 96%]0.146t；工业磷酸(H_3PO_4 含量为 85%) 0.544t。

6.2.3　磷酸铝

1. 生产原理

磷酸铝的制备可分为复分解法和酸碱中和法。

复分解法制备磷酸铝，是通过三种可溶性的含铝盐[$Al_2(SO_4)_3$、$Al(NO_3)_3$、$NaAlO_2$] 或 $Al(OH)_3$ 与含磷酸根的盐[Na_3PO_4、$NH_4H_2PO_4$、$(NH_4)_2HPO_4$]进行置换反应，生成凝胶状难溶性磷酸铝，再进行固液分离制得的。通常工业生产通过用磷酸钠和硫酸铝进行复分解反应，生成磷酸铝沉淀和水溶性硫酸钠，过滤使沉淀与可溶性硫酸钠盐分离，得到磷酸铝。

$$Al_2(SO_4)_3+2Na_3PO_4 = 2AlPO_4\downarrow+3Na_2SO_4$$

以氢氧化铝和磷酸二氢铵为原料制备磷酸铝既可通过液相反应完成，又可通过固相反应完成，均属于复分解反应。

$$Al(OH)_3+NH_4H_2PO_4 = AlPO_4\downarrow+NH_3+3H_2O$$

液相法制备的磷酸铝由于干燥温度不同，可形成含有不同结晶水的产品。固相法制备的磷酸铝均为不含结晶水的无水物产品。

分子级磷酸铝可采用水热合成法制备，本质上也属于复分解反应，即磷酸与铝酸钠或磷酸与硝酸铝在密闭容器内，经加热诱导反应，利用自身反应产生的生成热形成高温高压条件，制得纳米磷酸铝。

$$2H_3PO_4+NaAlO_2 = AlPO_4\downarrow+NaH_2PO_4+2H_2O$$

$$H_3PO_4+Al(NO_3)_3 = AlPO_4\downarrow+3HNO_3$$

中和法制备磷酸铝，通过磷酸与氢氧化铝或氧化铝在液相中的酸碱中和反应，也可通过磷酸与氧化铝或氢氧化铝，以及磷酸铵盐与氢氧化铝或氧化铝固相反应制得。

$$Al(OH)_3+H_3PO_4 = AlPO_4\downarrow+3H_2O$$

$$Al_2O_3+2H_3PO_4 = 2AlPO_4\downarrow+3H_2O$$

磷酸与氢氧化铝中和反应，在不同的温度下进行脱水，可生成不同结构的磷酸铝盐。100℃下，生成的是二水物（$AlPO_4\cdot2H_2O$）；加热到 200℃，完全脱水，变成无水物（$AlPO_4$）；继续加热到 700℃，变成鳞石英型 $AlPO_4$；1400℃下，则生成方石英型磷酸铝。而如果以氧化铝为原料，磷酸铝生成过程也有类似的热转变现象。

液相法制备磷酸铝的过程中，无论是采用复分解法还是中和法，均可应用先进的均相沉淀工艺理论制得晶粒均匀的超细粉体，即利用一种特殊的化学助剂，使其均匀地分散于溶液中，在生成沉淀时，起到控制均相成核沉淀生成，缓慢析出沉淀的作用。为了制备出颗粒尺寸可控的超细粉体，通常加入能降低溶液表面张力的表面活性剂。这种表面活性剂是具有两亲结构的物质，它可以在颗粒界面上发生吸附作用，改变颗粒界面性能和状态，降低颗粒表面自由能，有利于颗粒的分散，避免颗粒聚集长大，避免新生沉淀相快速聚集，这样就可使沉淀生成物尽可能超细化纳米化。纳米磷酸铝在催化反应领域有着特殊作用。

2. 生产方法和工艺操作

（1）生产工艺与控制

工业上生产磷酸铝的方法归纳起来主要分为液相法、固相法和气相法。

分子筛磷酸铝的合成方法主要是水热法、溶剂法、均相沉淀法和离子热法。

采用微波诱导新技术，可大大缩短反应时间。例如，磷酸二氢钠与氯化铝采用水热合成法反应，晶化时间需要 7 天，而采用微波诱导技术反应可使晶化时间缩短到40min，产率达 95%以上。但缺点是微波加热的均匀性和升温速率较难控制，微波功率

与材料响应性的关系有待进一步研究，大型微波设备还需进一步开发。

1）液相法。

a. 磷酸钠-硫酸铝法：利用它们的复分解反应，生成磷酸铝沉淀，而硫酸钠则留在溶液中，所发生的化学反应为

$$Al_2(SO_4)_3+2Na_3PO_4 === 2AlPO_4\downarrow+3Na_2SO_4$$

制备工艺：在 40℃下，分别将 $Na_3PO_4 \cdot 12H_2O$ 和 $Al_2(SO_4)_3 \cdot 12H_2O$ 溶解成溶液，过滤除去不溶性杂质，配制成适当浓度的溶液，按 Al：P 摩尔比为 1：1 的量加入反应釜进行复分解反应，生成白色胶状磷酸铝沉淀。为了加速磷酸铝沉淀的生成，$Na_3PO_4 \cdot 12H_2O$ 稍微过量 0.5%～2%，以增强反应体系的碱性。反应完成后，用压滤机压滤进行固液分离。由于磷酸铝黏附性较大，滤饼难以洗涤干净，因此需用 2%～5%的稀盐酸洗涤附着在滤饼表面及沉淀物相间的可溶性硫酸钠盐，以提高洗涤效率，然后再用清水洗涤至无 SO_4^{2-}，再经干燥、粉碎得到成品。该工艺中过量的磷酸钠与洗涤工段稀盐酸用量尽可能匹配，使所得滤液酸碱完全中和，滤液含有可溶性硫酸钠和氯化钠盐，为低浓度钠盐溶液，经浓缩、分离，制成工业品出售。磷酸钠-硫酸铝法生产磷酸铝的工艺流程示意图见图 6-3。

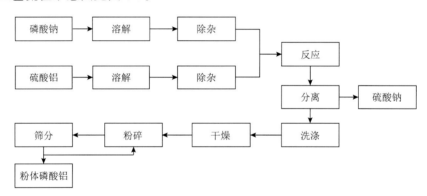

图 6-3 磷酸钠-硫酸铝法生产磷酸铝的工艺流程示意图

b. 磷酸-氢氧化铝法：以磷酸-氢氧化铝为原料的液相反应为

$$Al(OH)_3+H_3PO_4 === AlPO_4\downarrow+3H_2O$$

制备工艺：40℃下，将商品磷酸加水稀释成 30%～45% 的 H_3PO_4 溶液，加入反应釜内，在搅拌条件下缓慢加入氢氧化铝，氢氧化铝微过量 0.5%～0.8%，反应温度控制在 80～95℃，白色磷酸铝沉淀逐渐生成，反应完成后，将料浆打入沉降离心机进行固液分离。固相磷酸铝经化学分析，确定 Al、P 含量，进行 Al/P 离子比调整，放入捏合机中造粒，再经 800～1200℃高温焙烧，制得不同的高温型磷酸铝。磷酸-氢氧化铝法生产磷酸铝的工艺流程示意图见图 6-4。

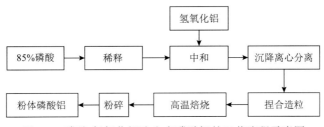

图 6-4　磷酸-氢氧化铝法生产磷酸铝的工艺流程示意图

c. 磷酸-铝酸钠法：以磷酸-铝酸钠为原料的液相反应为

$$2H_3PO_4+NaAlO_2 \Longrightarrow AlPO_4\downarrow+NaH_2PO_4+2H_2O$$

制备工艺：先将铝酸钠用热水溶成溶液并加热至 85℃，然后加入 85%磷酸进行反应，使溶液 pH 在 4.2~4.5，再将反应料浆移入密封耐压并备有搅拌装置的反应釜内，在 250℃下加热数小时，然后用离心机进行固液分离，分离出的固体物质为白色晶体磷酸铝及少量磷酸二氢钠等盐类，将固体物质移入洗涤槽内，用稀盐酸和清水洗剂除去水溶性杂质，再次过滤，干燥后即得成品。液固分离后的母液成分是磷酸二氢钠，经回收处理后可以作为生产其他磷酸盐的原料。磷酸-铝酸钠法生产磷酸铝的工艺流程示意图见图 6-5。

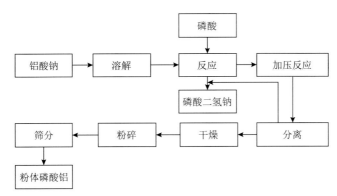

图 6-5　磷酸-铝酸钠法生产磷酸铝的工艺流程示意图

d. 硝酸铝-磷酸氢二铵均相沉淀法[1]：以硝酸铝和磷酸氢二铵为原料，尿素为均相沉淀剂，壬基酚聚氧乙烯(10)醚（OP-10）为分散剂，采用均相沉淀法制备超细球形磷酸铝粉体。将硝酸铝和磷酸氢二铵分别溶解成浓度适当的水溶液，加入反应器，再加入表面活性剂 OP-10 以及适量的尿素，用硝酸调节 pH≈3，搅拌，逐步将反应液升温至 80~100℃，反应一定时间。经高速离心分离，水洗，105℃干燥即可得到磷酸铝粉体。硝酸铝-磷酸氢二铵均相沉淀法生产磷酸铝的工艺流程示意图见图 6-6。

2）固相法。

制备纯 PO_4^{3-} 正磷酸盐时，由于 H_3PO_4 的三级电离常数非常低，采用液相法存在反应平衡的问题，难以得到纯正的正磷酸盐。而固相法制备磷酸铝不存在化学平衡的问题，能够制得纯 PO_4^{3-} 的正磷酸铝。2006 年云南省化工研究院根据固相反应原理开展了固相法制取正磷酸盐的技术研究，利用这一技术制备出许多液相法难以制备的正磷酸盐。

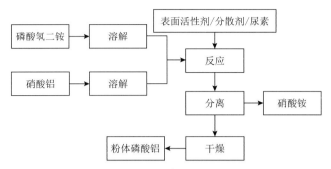

图 6-6　硝酸铝-磷酸氢二铵均相沉淀法生产磷酸铝的工艺流程示意图

固相法制备磷酸铝，以磷酸、磷酸铵盐和五氧化二磷为 P 源，与氢氧化铝、氧化铝或其他可分解的铝盐为 Al 源，将两种原料按 Al∶P 摩尔比 1∶1 的比例放入捏合机内，混合均匀，制成 4～8mm 的球形颗粒或棒状，陈化一定时间，使颗粒表面水分基本蒸发，避免颗粒间发生黏结，然后放入焙烧炉，经 800～1200℃高温焙烧，放入回转冷却机冷却，再经粉碎、筛分，即得所需细度的粉体磷酸铝成品。固相法生产磷酸铝的工艺流程示意图见图 6-7。

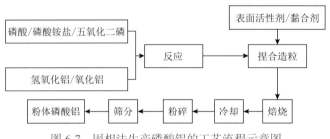

图 6-7　固相法生产磷酸铝的工艺流程示意图

若以五氧化二磷为原料，要特别注意五氧化二磷吸潮性强的问题，称量和混合都需避免与空气和水接触，以免影响计量的准确性。

固相法制备磷酸铝较不易制得高质量的产品。固相反应特别要求各种反应物料混合均匀、一致性好，要求反应区域的温度场均匀、稳定，否则成品中会出现离子缺位或杂相物质富集的缺点，影响产品纯度和质量。为了获得结构良好的磷酸铝产品，要求各种物料的颗粒度趋于一致，粒度分布集中；为了改善物料表面张力，可在混合过程中加入适量的表面活性剂，选取的表面活性剂在高温焙烧过程中应能分解或逸出，不产生热聚合现象，不与反应介质发生交联反应，不影响最终产品的结构。表面活性剂的选择和用量，需根据实际试验加以确定。

3）气相反应法[2]。

在特殊的气相反应器中，将氯化铝和三氯化磷在含氢的火焰上燃烧气化，使三氯化磷氧化为三氯氧磷，并水解成气态磷酸，气态磷酸和气态氯化铝作用，生成磷酸铝。

$$2PCl_3(g)+ O_2(g) \Longrightarrow 2POCl_3(g)$$

$$POCl_3(g)+3H_2O(g)\Longrightarrow H_3PO_4(g)+3HCl(g)$$

$$AlCl_3(g)+H_3PO_4(g)\Longrightarrow AlPO_4\downarrow+3HCl$$

该法仅适于高纯磷酸铝化学品的制造，工艺复杂、生产成本高、设备要求高，不适合大规模工业化生产。

4）磷酸铝分子筛的生产方法。

到目前为止，磷酸铝分子筛的生产方法主要还是水热合成法和溶剂热合成法，尚未见工业化生产装置。

磷酸-砷酸铝水热合成法是将硝酸铝溶液与磷酸在砷酸存在下，以硝酸铝∶磷酸∶砷酸=1∶（0.36～0.713）∶（0.07～0.3）的比例（质量比）混合加热进行反应，然后在 20℃下，用浓度 1.8%～5% 的氨水溶液中和至 pH=5.5，洗涤分离，于 100～110℃下干燥，在450℃下热处理 7h，得到多孔磷酸铝。该法可制备表面积比液相法大一倍的磷酸铝。

作为催化剂的磷酸铝分子筛需达到纳米级尺寸，水热法采用模板剂、持续慢反应，可以取得结晶均匀、形态良好的产品。在反应过程中，加入有机物如尿素、聚乙烯吡咯烷酮（PVP-K30）可起到促进晶核生成、阻止晶核长大的作用，从而保证产品颗粒纳米化，颗粒表面积大大提高。

（2）主要设备

液相法磷酸铝的主要设备：带夹套不锈钢反应釜或搪瓷反应釜、板框压滤机、离心机和粉碎机。

固相法磷酸铝的主要设备：捏合机、烧结炉/回转窑、粉碎机。

上述设备都是通用的工业化定型产品，可根据装置规模按需选择。

（3）原料消耗定额

磷酸钠-硫酸铝法：98% $Na_3PO_4\cdot12H_2O$ 3.6t/t；$Al_2(SO_4)_3\cdot16H_2O$(含 15.7% Al_2O_3) 2.95t/t。

磷酸-铝酸钠法：85% H_3PO_4 1.89t/t；$NaAlO_2$ 0.672t/t。

磷酸-氢氧化铝法：85% H_3PO_4 0.945t/t；$Al(OH)_3$(含>64.0% Al_2O_3) 0.684t/t。

硝酸铝-磷酸氢二铵法：$(NH_4)_2HPO_4$ 1.093t/t；98% $Al(NO_3)_3\cdot9H_2O$ 2.06t/t。

6.2.4 铝系正磷酸盐的用途

1. 磷酸二氢铝的用途

磷酸二氢铝是一种凝胶材料，最主要的用途是作高温耐火材料的黏结剂，还可用来制取具有防火、阻燃特效的电气绝缘材料、涂料；也用于石油、化工、造船及航空航天技术等方面。磷酸二氢铝主要用作玻璃生产助熔剂，陶瓷、牙齿黏结剂，生产润肤剂、防火涂料、导电水泥等的添加剂，纺织工业作抗污剂，有机合成催化剂，医药工业作抗酸药，尤其在有机合成催化剂的应用研究方面颇为活跃。

2. 磷酸铝的用途

磷酸铝主要用于建材、耐火材料、化工等方面，主要用作高温窑炉耐火材料固化剂、防火涂料，也用作陶瓷、牙齿的黏结剂和防火涂料，以及导电水泥等的添加剂。磷酸铝还可用于粉末涂料生产中，在玻璃制造中用作助熔剂，在纺织业中用作抗污剂，在有机合成中用作催化剂。

磷酸铝系分子筛作为催化剂，可用于加氢裂化、芳烃烷基化、二甲苯异构化、加氢、脱氢、重整、聚合及烷基转移等多种反应。$AlPO_4$-5 磷酸铝分子筛对甲醇和乙醇转化为烃类具有较高的催化活性。美国 UOP 公司用无定形磷酸铝作黏结剂与分子筛制成一种焙烧催化剂，将其用于二甲苯异构化、烯烃裂化、乙苯脱烷基或烷基芳烃的烷基转移等烃转化工艺（专利 US20100081565），以改善烃类反应物和分子筛催化剂的接触状况[3]。

环己烷的氧化大多采用均相催化技术，转化率较低，对目标产物环己醇和环己酮的选择性较差，而且催化剂难以复活与再生。采用非均相催化剂，选择性也只能达到85%。用钴、锆、钒、铬等稀有金属离子共掺杂磷酸铝分子筛可提高磷酸铝催化性能和选择性。2005 年，英国剑桥大学成功开发了由环己酮一步法生产己内酰胺的新工艺，该工艺中使用双重功能的多孔隙纳米磷酸铝催化剂，可在较低温度下反应且具有很高的选择性，己内酰胺产率为 65%～78%。目前，研究人员正致力于进一步研究提高反应速度的技术，如果成功，该工艺将成为生产己内酰胺最经济、具有商业化前景的实用工艺[4,5]。磷酸铝分子筛在叔丁醇缩合成甲基叔丁基醚、二甲醚裂解制低碳烯烃等领域的应用都显示出良好的催化特性。

将磷酸铝粉和硅酸铝粉以 1∶2 的比例（质量比）混合研磨，用 34%左右的磷酸调和成浆料，再添加具有较高导电性的物质，可制得导电水泥。

美国通用电气公司将磷酸铝作为凝胶材料，加入 3%的超细纤维，在 700℃下热处理 6h，制得一种抗弯强度很高的无机复合材料。

在动力电池制造过程中，用磷酸铝包敷电极材料 $LiCoO_2$，可以抑制充放电过程中 Co 的溶解和高电压（4.6V）放电引起的 $LiCoO_2$ 结构变形，从而大大提高电池的循环性能。

医药级磷酸铝凝胶作为一种中性抗酸、收敛剂，可中和过多胃酸，减轻胃酸及胃蛋白酶对溃疡面的侵蚀，可在溃疡面形成保护膜并有缓和的收敛作用，有利于黏膜再生，促进溃疡组织的修复和愈合。目前许多胃药制剂中都含有磷酸铝成分。

磷酸铝还可以作为热固性材料结合剂，其胶结机理属于缩聚结合。磷酸铝一般用作硅质、黏土质、高铝质、刚玉质、锆质、碳化硅质等酸性和中性耐火材料的结合剂。但一般不用于碱性耐火材料，特别是镁质耐火材料（可用磷酸二氢镁作结合剂），因为磷酸铝与镁砂反应剧烈，拌和料迅速凝结。以磷酸铝作耐火材料的结合剂有如下特点：无毒无味，不侵蚀皮肤，常温下可溶于水或为水溶液，具有极高黏性；含磷酸铝结合剂的不定形耐火材料只要水分不散失，可在一定时间内保存，可塑性不降低；烘干至100℃以上即可产生相当强度，在高温下不生成低熔物；加入适量促凝剂，可使其在常温硬化，因而也可用于浇注料。

6.3 聚磷酸铝

6.3.1 三聚磷酸铝

1. 理化性质

三聚磷酸铝,化学全称是二水三聚磷酸二氢铝,分子式为 $AlH_2P_3O_{10} \cdot 2H_2O$,结构式为

$$[H-O-\underset{\underset{O}{\overset{\overset{O}{\parallel}}{P}}}{}-O-\underset{\underset{O}{\overset{\overset{O}{\parallel}}{P}}}{}-O-\underset{\underset{O}{\overset{\overset{O}{\parallel}}{P}}}{}-O-H] \cdot 2H_2O$$

$$Al$$

它是一固体无机酸,斜方晶系结晶,非挥发性白色微晶粉末,难溶于水,密度为 $2\sim3g/cm^3$,不含铅、铬等有害重金属元素,无毒,对皮肤无刺激作用,热稳定性好,对酸比较稳定。其受热后发生的变化为:在 $100\sim150℃$ 时,会释放出结晶水,但降温后,遇到水汽能重新获得结晶水还原回去;继续升温至超过 $450℃$ 时会产生分子内脱水,生成 β 型三偏磷酸铝,进一步升温会脱去一分子 P_2O_5,生成稳定性极高的正磷酸铝($AlPO_4$)[6]。

三聚磷酸根离子($P_3O_{10}^{5-}$)能与各种金属离子有更强的螯合力,在被涂物表面形成卓越的钝化膜,对钢铁以及轻金属等的腐蚀具有极强的抑制作用,涂料颜色可以自由调配。三聚磷酸铝主要代替红丹、锌铬黄等作防锈颜料,制作各种防锈涂料、沥青涂料、富锌底漆、防火涂料和耐热涂料等。其由于颜色洁白,特别适合作无毒浅色防锈漆。

2. 制备原理

三聚磷酸铝的制备主要是通过氢氧化铝、氧化铝或金属铝和磷酸反应得到酸性磷酸铝,再使其形成结晶体,经固液分离,液体部分经处理后可回收返回作为原料使用,固体是酸性磷酸铝结晶物,于 $250\sim450℃$ 下焙烧,经脱水、缩合转化为无水三聚磷酸二氢铝,再经水化、分散、筛选、过滤、干燥、粉碎,即得白色粉末状三聚磷酸铝。

由氢氧化铝与磷酸反应生成三聚磷酸铝的反应主要分以下几步进行。

1)中和反应:

$$Al(OH)_3 + 3H_3PO_4 \Longrightarrow Al(H_2PO_4)_3 + 3H_2O$$

2)聚合脱水反应:在加热情况下发生聚合脱水反应,即

$$Al(H_2PO_4)_3 \Longrightarrow AlH_2P_3O_{10} + 2H_2O$$

3)与水分子结合:

$$AlH_2P_3O_{10} + 2H_2O \Longrightarrow AlH_2P_3O_{10} \cdot 2H_2O$$

当 $P_2O_5/Al_2O_3 = 3.0\sim3.2$ 时,最终反应物中的三聚磷酸铝含量可达到 95%;当

$P_2O_5/Al_2O_3<3.0$ 时，最终反应物中有较多的磷酸铝等副产物；当 P_2O_5/Al_2O_3 太大时，最终反应物中也会有其他聚合状态的副产物出现。

三聚磷酸铝硬度大，机械强度高，不易粉碎，可采用水淬的方式进行预处理，降低粉碎难度，即将较高温度的三聚磷酸铝放入含有少量磷酸的冷水中进行水淬，然后再进行粉碎处理。

3. 三聚磷酸铝的用途

三聚磷酸铝是新一代无公害白色防锈颜料，是铅、铬系有毒防锈材料理想的换代产品。三聚磷酸铝系列防锈颜料无毒无公害，防锈力强，调色自由，应用成本具有优势，被广泛用于各种底漆以及底面合一涂料中，与清漆亲和性良好，可与各种颜料、填料配合使用，也可与各种防锈颜料合用，可制备各种高性能防腐蚀涂料，适用于酚醛树脂、醇酸树脂、环氧树脂、环氧聚酯以及丙烯酸树脂等溶剂型涂料以及各种水溶性树脂涂料（如高适应性水性环氧酯浸涂漆等）；还可以应用于厚浆型涂料、粉末涂料、有机钛防腐蚀涂料、带锈涂料和沥清漆、富锌底漆、防火涂料、耐热涂料等。

三聚磷酸铝最初是作为一种防锈颜料来开发的，而它的化学性质及结构却决定其具有更为广阔的用途，主要有以下几个方面[6]。

1）用作化学反应的催化剂。三聚磷酸铝是一种固体酸，弱酸性，酸性度较大。其由于结构中 H—O—键氧对氢的结合与释放，可用作脱水、聚合等反应的催化剂，降低反应的活化能，提高反应速度。

2）用作固化剂。三聚磷酸铝由于对碱金属及铵离子具有交换作用，可用作碱性硅酸盐、硅胶等材料的固化剂。其反应方程式为

$$AlH_2P_3O_{10} \cdot 2H_2O + 2M^+ = AlM_2P_3O_{10} \cdot 2H_2O + 2H^+$$

3）用作除臭剂。利用它对氨气等碱性气体的选择吸收作用生产除臭剂。

$$AlH_2P_3O_{10} \cdot 2H_2O + 2NH_3 = Al(NH_4)_2P_3O_{10} \cdot 2H_2O$$

4）用作耐火材料。三聚磷酸铝具有受热后脱结晶水、脱分子内的结构水、脱 P_2O_5 最后生成坚实稳定的正磷酸铝的特性，所以在其耐火泥、耐火砖、耐火混凝土的制造中使用，可以起到延长寿命、提高强度的效果。

6.3.2 聚合磷酸铝

1. 理化性质

聚合磷酸铝又可称为缩合磷酸铝，其作为一种具有特殊性质的功能型无机高聚物渐渐被人们关注。20 世纪初国外就对其进行生产和应用，但国内对其进行生产和应用方面的相关报道较少。聚合磷酸铝主要在无机胶黏剂、涂料、无机建材、陶瓷和无机模塑材料等领域中用作固化剂和黏结剂。

聚合磷酸铝为白色粉末晶体，相对密度为 2.3～3.5，无毒，无臭，不溶于水，加热后可溶于盐酸、硝酸，高温下不熔融而成为胶状体，具有很好的耐热性，属于弱酸性固体酸，酸度高而酸强度弱，因而与碱性硅酸盐反应缓和，这也是其具有出色固化性能的

原因。聚合磷酸铝的固化机理至今仍不明确，一般认为固化反应是按下列过程进行的：首先是聚合磷酸铝在碱性溶液中缓慢水解，并释放出 H^+，H^+ 促进了硅酸钠胶体化，生成二氧化硅胶体；其次随着水分蒸发，二氧化硅胶体缩合成—Si—O—Si—网状涂膜，同时硅酸盐中的碱金属离子与释放出质子后的聚合磷酸铝生成一种不溶于水的复盐而被固定，因此所形成的涂膜不仅具有较好的耐水性，而且坚硬[7]。

2. 制备方法

聚合磷酸铝的固化性能取决于其缩合度，缩合度又与配料比和煅烧温度有关，煅烧温度越高，缩合度就越高，相应的固化速度越慢。因此，有关聚合磷酸铝的制备，国内外文献报道的主要工艺为采用不同原料及投料比、不同煅烧温度和煅烧时间制备聚合磷酸铝，主要有以下六种方法[7,8]。

1）以铝矾土或氧化铝凝胶和磷酸为原料，按 $n(P_2O_5):n(Al_2O_3)=1.1\sim3$ 反应得到酸式磷酸铝，第一段在低于 400℃下煅烧至恒重，然后在第二段 500~600℃下进一步缩合反应至恒重，冷却粉碎后得到最终产物。这种工艺虽简单，但因需要蒸发大量水分，能耗较高，且产物不易粉碎。

2）采用复分解反应工艺：以水溶性碱金属聚磷酸盐（如焦磷酸钠、三偏磷酸钠、六偏磷酸钠等）和水溶性铝盐（如硫酸铝、硝酸铝、明矾等）为原料，按 $n(P_2O_5):n(Al_2O_3)=1.1\sim3$ 在水溶液中进行复分解反应得到磷酸铝沉淀，过滤、洗涤、烘干，然后只需在 400~500℃下煅烧 1~3h，粉碎后就可得到聚合磷酸铝产品。该工艺比两步煅烧工艺节能且所得产品颗粒细。

3）以磷酸与氢氧化铝为原料一步法的生产工艺：将直接法制得的正磷酸铝溶液与热空气分别以喷雾方式通入流化床反应塔，正磷酸铝在 300~600℃的高温下进行脱水缩合反应，产品可直接从塔底出料，无须粉碎即可使用。该工艺最大的好处是可实现连续化生产，缩合温度易调控。例如，在 300~400℃下可得到用于快速固化的固化剂；在 400~600℃下可得到用于慢固化的固化剂。

4）以氢氧化铝和聚磷酸为原料，$n(P):n(Al)=2.5\sim3.5$，混合物料用捏合机在 150~200℃下碾细、捏合约 1h，氢氧化铝和聚磷酸反应生成砂状粉末，然后在 400~600℃下煅烧 1h，得到聚磷酸铝产品。该工艺优点在于工艺简单，流程短，产量大，所得产品杂质含量很低。

5）采用固-固反应工艺以减少设备腐蚀，先用球磨机将氢氧化铝和磷酸铵盐[控制 $n(P_2O_5):n(Al_2O_3)=2\sim3$]混合均匀，过筛后将其放入瓷坩埚，并在加热炉内采用程序升温的加热方式进行反应，反应温度和反应时间是关键，这将决定聚合磷酸铝在水玻璃中的固化速度和固化性能。例如，物料只在 200℃、16h，250℃、3.5h 下进行充分反应，以免原料在高温下分解，然后在 300℃、3h，390℃、1.5h，550℃、3h 下进行缩合反应，反应所得产物经粉碎、过筛就可得到产品。该工艺所用原料均为固体，只含少量水分，因此能耗相对较低；产物易粉碎，无须购买昂贵的粉碎设备。

6）在微波条件下，使磷酸与氢氧化铝的混合物反应。将氢氧化铝和磷酸按摩尔比加水混合拌匀，将拌匀的混合物放入微波炉中，选择解冻加热模式，对混合物进行辐射，再选择 750W 对混合物进行加热，经水化、烘干、研磨得到白色三聚磷酸铝粉末产品。将三聚磷酸铝粉末产品再放入微波炉中以 900W 功率辐射，得到偏磷酸铝粉末产品。该方法能将原工艺的反应和聚合合二为一，缩短了合成时间，节约了能源、设备，提高了生产效率。由于微波穿透作用，合成不受物料量的限制，提高了三聚磷酸铝和偏磷酸铝的合成率。

3. 聚合磷酸铝的用途

聚合磷酸铝具有无毒、无污染的特点，是传统有毒有害固化剂-氟硅酸钠的理想替代品。聚合磷酸铝通常为具有不同聚合度的磷酸铝盐的混合物，成分中含有各种不同聚合度的聚磷酸铝盐，这使得它在无机胶黏剂、涂料、无机建材、陶瓷以及无机模塑材料等多个应用领域中，都能作为功能性材料并展现出特殊性能[7]。

1）在无机胶黏剂中的应用。建筑装饰用的墙纸大多数使用进口糊精粉作黏结剂，造价高，施工须对墙面作预处理。用聚合磷酸铝现场调制的黏结剂，黏结性能好，节约工程造价。聚合磷酸铝在高温下不熔融而成为胶体，因此由它所制成的黏结剂具有优良的耐酸性和耐热性，对大多数无机酸、有机酸、酸性气体均有优良的耐腐蚀稳定性，特别是对强氧化性酸，高浓度硫酸、硝酸、铬酸有很强的耐蚀能力。目前市场上广泛使用的 KP-1 钾水玻璃耐腐蚀胶泥即是聚合磷酸铝应用中最成功的例子。

2）在涂料中的应用。以水玻璃为成膜物质的建筑涂料，要提高其耐水性需选用价格较贵的钾水玻璃。例如，采用聚合磷酸铝作固化剂，即可使用廉价的钠水玻璃，这种涂料耐热、耐水、不燃，满足现代建筑涂料的发展要求。国外在 20 世纪 70 年代广泛使用的碱金属硅酸盐涂料，用得最多的固化剂就是聚合磷酸铝。

3）在无机建材中的应用。在彩砂涂料中，用着色骨料代替一般涂料中的颜料和填料，可从根本上解决涂料褪色的问题。着色骨料常用的制备方法之一就是由颜料和石英砂在高温下烧结而成，而聚合磷酸铝在其中起到黏结剂的作用。聚合磷酸铝在耐酸混凝土中作固化剂。

4）在陶瓷与无机模塑材料中的应用。将固化剂与珍珠岩混合，加水玻璃充分搅拌，在钢模内成型放置，进行防水性能试验。模块经 100℃沸水煮 2h 后测其抗压强度，得出结论，聚合磷酸铝作为钠水玻璃固化剂，其性能优于其他固化剂。聚合磷酸铝经高温缩合加工而成，故有优良的热稳定性。其中的三聚体三聚磷酸铝是硅酸盐生产中优良的催化剂载体，主要用于高温窑炉耐火材料的黏结和固化。作为固体酸在陶瓷生产中又能起电解质的作用，可以作为一种分散剂，用在陶瓷地砖及墙砖中可赋予产品较强的立体感。三聚磷酸铝还能代替原来配方中的磷酸铁红，能降低制釉成本，并能改善釉的光泽、弹性和白度，具有较强的助熔作用。陶瓷用聚合磷酸铝产品加到陶瓷中可产生特殊的金色光泽，可制造出一种新型高档装饰防滑釉，并且具有改善釉的光泽、弹性、白度和降低配方成本的作用。

6.4 次磷酸铝

6.4.1 理化性质

次磷酸铝，$Al(H_2PO_2)_3$，英文名为 aluminum hypophosphite，简写为 ALHP，常温为白色粉末，P 含量高（41.89%），是仅次于赤磷的含磷无机物，难溶于水，热稳定性、水解稳定性好，添加量少，采用凝聚相阻燃方式，对机体物质具有催化成炭作用，加工中不引起聚合物的分解，也不影响塑料模制组合物，是一种高效的无卤阻燃剂。

6.4.2 制备技术

1）杨旭锋等[9]以一水次磷酸钠和十八水硫酸铝为原料，合成了高效无卤的阻燃剂次磷酸铝。

制备原理：

$$6NaH_2PO_2+Al_2(SO_4)_3 =\!=\!= 2Al(H_2PO_2)_3+3Na_2SO_4$$

合成步骤：在装有回流冷凝管、电动搅拌器和温度计的四颈烧瓶（100mL）中加入 15mL 一水次磷酸钠溶液（8mol/L），再加入 20mL 十八水硫酸铝溶液（0.8mol/L）。加热至 90℃，恒温反应 3h，得白色沉淀，过滤、洗涤、干燥后得白色粉末次磷酸铝，其产率为 98.5%。

2）彭治汉等[10]发明公开了一种制备次磷酸铝的方法，该方法包括如下步骤：在带有搅拌的反应釜中，加入一定量的氢氧化铝，再加入一定量的水，充分搅拌，使添加物均匀分散。在 50～100℃的温度下，将适量的次磷酸滴加到体系中，维持反应 3～8h；降温至室温，过滤，干燥，即可得到次磷酸铝。其中，水的体积：氢氧化铝的物质的量：次磷酸的物质的量=1L：（1～2mol）：（2～8mol）。

3）陈佳等[11]利用工业副产物氯化铝与次磷酸钠反应一步法合成了次磷酸铝。

反应原理：

$$AlCl_3+3NaH_2PO_2 =\!=\!= Al(H_2PO_2)_3+3NaCl$$

制备工艺：将 147.5g $NaH_2PO_2·H_2O$ 加入 500mL 的四颈烧瓶中，并加入 100mL 蒸馏水搅拌至其全部溶解，同时升高烧瓶温度至 100℃后将含 65g 氯化铝的 300mL 水溶液用恒压滴液漏斗缓慢滴加入烧瓶中，搅拌反应，并不断升温至沸腾回流状态，待滤液滴加完毕后回流搅拌反应 3h，停止反应，静置抽滤，滤饼用蒸馏水打浆洗涤两次后干燥，得白色粉末状固体，即为次磷酸铝阻燃剂。

4）杨锦飞等[12]利用次磷酸钠与硝酸铝复分解反应合成了次磷酸铝。将次磷酸钠溶液和硝酸铝溶液混合均匀，调节 pH 为 2～6，加热条件下反应生成目标产物次磷酸铝。所得次磷酸铝粒度小于 50μm，为白色粉末，无须进行额外的颜色处理，纯度较高，所得到的目标产物的产率在 92%～99%。

制备原理：

$$Al(NO_3)_3+3NaH_2PO_2 =\!=\!= Al(H_2PO_2)_3+3NaNO_3$$

具体实施方式：在装有蛇形回流冷凝管、电动搅拌器和温度计的 100mL 四颈烧瓶中加入次磷酸钠 12.72g、水 13.33mL，搅拌溶解。称取 15g 硝酸铝，溶于 20mL 水中。将硝酸铝溶液加入次磷酸钠溶液中，调节 pH 为 2～3，加热至 80℃，恒温反应 1h，得白色沉淀，过滤、洗涤、干燥可得白色粉末状产品次磷酸铝，收率为 97.63%。

6.4.3 次磷酸铝的用途

1. 火焰抑制剂

次磷酸铝是一种常见的火焰抑制剂，它能够有效地抑制火焰的燃烧，保护人类生命和财产安全。次磷酸铝的火焰抑制剂性质主要源于其在高温下分解，产生磷酸铝和水蒸气等物质，能够消耗火焰中的氧气，从而抑制火焰的燃烧。

2. 陶瓷工业

次磷酸铝在陶瓷工业中也有广泛的应用，主要用于制备陶瓷釉料和色料。次磷酸铝能够增加陶瓷釉料和色料的黏度，使其能够均匀地涂覆在陶瓷表面上，从而提高陶瓷制品的质量和美观度。

3. 金属表面处理

次磷酸铝可以作为一种金属表面处理剂，主要用于防腐、防锈和表面处理等领域。次磷酸铝与金属表面发生化学反应，能够形成一层坚硬的氧化物膜，保护金属表面不受外界环境的腐蚀和氧化。

4. 医药工业

次磷酸铝还可以作为一种药物成分，在医药工业中有广泛的应用。它主要用于治疗尿路结石和高磷血症等疾病。次磷酸铝在人体内可以与磷酸盐结合，从而减少磷酸盐的吸收和排泄，从而达到降低血磷和预防尿路结石的效果。

5. 食品工业

次磷酸铝还可以作为一种食品添加剂，在食品工业中有着广泛的应用。次磷酸铝主要用于食品的酸化调味和磷酸盐的添加。次磷酸铝具有良好的酸性稳定性和防腐性，能够保持食品的品质和口感。

6.5 偏磷酸铝

6.5.1 理化性质

20 世纪 90 年代，日本帝国化工公司生产出了偏磷酸铝，偏磷酸铝使用硅、钙进行改性后，确定型号为 K-WHITE94，应用于防腐领域如制造防锈涂料时，对钢材有很好的保护作用。经过几十年的发展，偏磷酸铝在光学玻璃、磷酸盐玻璃、高温黏结剂、氟化物玻璃、功能性陶瓷、抗氧化石墨材料、织物增强磷酸铝基复合材料、重金属污染废水的处理、正极材料包覆层、热喷涂涂层封孔剂、羊绒织物防锈剂、抗菌釉层、无卤素阻燃剂、磷酸盐多孔陶瓷、渗透反应型砂浆防水防腐添加剂、纸张的涂布组合物与颜料等应用领域受到了广泛关注。

偏磷酸铝的英文名称为 aluminium metaphosphate，CAS 号为 13776-88-0，化学式为 $Al(PO_3)_3$，相对分子质量为 263.9，pH 为 2.4，外观为玻璃态或者白色粉末，微溶于水，折射率为 1.545。

偏磷酸铝的生产，通常是将磷酸二氢铝高温煅烧脱去分子内的水后获得的，反应式如下：

$$Al(H_2PO_4)_3 \rule[0.5ex]{1.5em}{0.4pt} Al(PO_3)_3 + 3H_2O$$

具体生产步骤：先选择适当的铝化合物与磷化合物制得磷酸二氢铝，通过控制温度、压力等反应条件，再经过高温焙烧、脱水、粉碎、研磨等步骤，获得偏磷酸铝。在偏磷酸铝的制造过程中，可以通过添加其他成分，如钡离子、镁离子、钙离子、锶离子、氟元素、稀土元素以及固化剂等，来增强偏磷酸铝的性能或赋予其特殊的性能。

6.5.2 制备技术

明添等[13]采用控温分步转化的方法生产高纯度电子级偏磷酸铝。在反应釜中加入质量比为 1:1 的水和磷酸，待反应完全后再缓慢加入氢氧化铝，加入的氢氧化铝与磷酸的质量比为 1:2。将生成的磷酸二氢铝装入盒内，置于加热炉后封闭，升温，抽气使得加热炉内呈负压状态。将加热炉分三步控温焙烧，制得高纯度偏磷酸铝，取出并置于室温冷却。通过控制不同的温度，对磷酸二氢铝进行分步转化，制得高纯度电子级偏磷酸铝。控温分步转化的方法生产高纯度电子级偏磷酸铝的工艺流程示意图如图 6-8 所示。

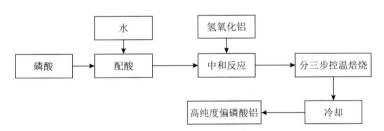

图 6-8　控温分步转化的方法生产高纯度电子级偏磷酸铝的工艺流程示意图

具体实施方法：在反应釜中加入质量比为 1:1 的水和磷酸，待反应完全后在反应釜中缓慢加入 0.5 份磷酸质量的氢氧化铝，反应完全后生成磷酸二氢铝。将生成的磷酸二氢铝装入盒内，并置于加热炉中，封闭加热炉，将加热炉升温至 80℃，从加热炉中抽气，使得加热炉内呈气压小于 0.133kPa 的负压状态后将加热炉升温至 280℃并保持恒温焙烧 2.5h，继续升温至 480℃并保持恒温焙烧 0.5h，再升温至 880℃并保持恒温焙烧

1.5h。将焙烧后生成的偏磷酸铝从加热炉中取出并置于室温冷却得产品。

竹内宏介等[14,15]将氧化铝、氢氧化铝或碳酸铝与磷酸酐和多磷酸或者两者的混合物放入预先铺设有偏磷酸铝粉末的容器中进行烧结，获得高纯度的偏磷酸铝。

（1）第一工序

在第一工序中，将氢氧化铝、α-氧化铝、β-氧化铝和 γ-氧化铝等铝化物与磷酸进行混合，并在室温条件下进行反应。本工序中，将氢氧化铝和氧化铝作为含铝化合物使用时，其反应式如下，反应式表明，通过反应得到了铝的磷酸盐（磷酸二氢铝）。

$$Al(OH)_3 + 3H_3PO_4 \Longrightarrow Al(H_2PO_4)_3 + 3H_2O$$

$$Al_2O_3 + 6H_3PO_4 + 3H_2O \Longrightarrow 2Al(H_2PO_4)_3 + 6H_2O$$

上述反应可以在室温下或加热条件下进行。反应温度可以在 150℃ 以下，通常在 100～120℃。反应时间无特别限定，通常为 30min。加入的磷酸和含铝化合物的摩尔比优选为化学计量比，可以在 2.7～3.1 任意调整 P_2O_5/含铝化合物摩尔比。上述反应所得铝的磷酸盐是以含有约 25% 水分的磷酸二氢铝为主体的黏性液体。

（2）第二工序

在本工序中，将第一工序的黏性液体反应生成物加入铺有偏磷酸铝粉末的烧结容器中。在烧结容器中预先铺设的偏磷酸铝粉末起到了敷粉（调节剂）的作用。考虑到烧结容器和烧结物的剥离性、烧结物中杂质浓度的差别，偏磷酸铝粉末的铺设方法优选在烧结容器底部及尽可能地沿着壁面均匀铺设偏磷酸铝粉末。烧结容器中铺设的偏磷酸铝粉末和加入容器中的第一工序的反应生成物的比例没有特别限定，考虑到要防止第一工序反应生成物和烧结容器的接触，前者与后者的质量比优选为 40∶60～60∶40。本工序中进行的烧结反应式如下：

$$Al(H_2PO_4)_3 \Longrightarrow Al(PO_3)_3 + 3H_2O$$

优选的烧结温度应不低于 350℃，特别优选的烧结温度是 500℃ 以上，而尤为优选的烧结温度是 550℃ 以上。若烧结温度过低，第一工序中生成的磷酸二氢铝可能因脱水不完全而倾向于产生更多的游离磷酸。烧结温度的上限没有特别限制，它依赖于烧结容器的熔点等。烧结容器为金属铝制时，烧结温度的上限约为 650℃。烧结容器为氧化铝制时，烧结温度的上限为偏磷酸铝的熔点以下。烧结时间没有特别限制，一般在 2h 以上即可，优选为 3～6h。烧结完成后冷却，所得烧结物为块状偏磷酸铝。此烧结工序没有特别限定，可以用一段烧结或多段烧结分批进行，也可以用回转窑等连续烧结炉进行连续烧结。

（3）第三工序

通过以上工序，可以得到杂质少的高纯度偏磷酸铝。这种状态的偏磷酸铝由于为块状有时会有难以处理的情况。因此，也可以进行第三工序，粉碎第二工序中所得烧结物。为了避免引入杂质，在本工序中烧结物的粉碎优选使用氧化铝等的炉衬加工的粉碎机。粉碎程度需根据偏磷酸铝的具体用途确定，当其用作制造光学透镜的原料时，优选粉碎至能通过 16～32 目网筛的偏磷酸铝，特别优选的是能通过 20～28 目网筛的偏磷酸铝。

（4）第四工序

粉碎后所得的偏磷酸铝粉末中含有过量的磷酸时，表面会吸湿，保存过程中会产生结块，因此会固结。因此，也可以进行第四工序，将第三工序所得的偏磷酸铝粉末用水清洗后干燥，以除去游离磷酸，这样所得的偏磷酸铝应用在各种用途中。一部分所得偏磷酸铝还要用作第二工序中铺设在烧结容器中的偏磷酸铝粉末。

具体实施方法如下。

（1）第一工序

将磷酸[日本化学工业（株）制，H_3PO_4 浓度为 85%，纯磷酸]345.9g 加入 2L 的烧杯中，再加入高纯度氢氧化铝 78.0g。换算成 P_2O_5 和 Al_2O_3 的摩尔比（P_2O_5/Al_2O_3）为 3.00。用电热器加热烧杯，开始反应。反应热使液体温度上升到 120℃左右，保持该状态 30min，通过反应生成磷酸二氢铝反应液。

（2）第二工序

将第一工序中所得的磷酸二氢铝反应液转移到预先铺设了偏磷酸铝粉末的金属铝制烧结容器中。将烧结容器放入电炉中升温至 550℃，并在此温度下保持 4h 进行烧结。烧结终止后，冷却，得到块状偏磷酸铝。

（3）第三工序

在氧化铝研钵中粉碎第二工序中所得的块状偏磷酸铝，得到偏磷酸铝粉末。

娄战荒等[16]研究了一种制备高纯度偏磷酸铝粉末的方法。在反应釜中加入电子级磷酸，再加入适量水稀释，搅拌均匀后，加入氢氧化铝，反应完全后生成磷酸二氢铝溶液。将磷酸二氢铝溶液置于烧结容器中，加热脱水为一水酸式磷酸铝固体。将一水酸式磷酸铝固体置于加湿装置中，利用一水酸式磷酸铝吸水风化的特性，使一水酸式磷酸铝转化为酸式磷酸铝粉末。将酸式磷酸铝粉末在加热炉中高温焙烧，即转化为偏磷酸铝粉末。高纯度偏磷酸铝粉末的制备工艺流程示意图如图 6-9 所示。

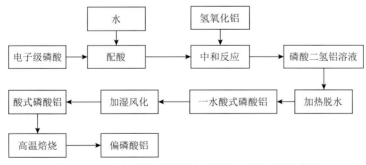

图 6-9　高纯度偏磷酸铝粉末的制备工艺流程示意图

刘红梅等[17]用纯化后的可溶性铝盐制备高纯的磷酸铝、磷酸氢铝或氢氧化铝，并经多次水洗去杂。在上清液的电导率≤50μS/cm 后，将其离心甩干，再与高纯磷酸反应。生成的磷酸二氢铝溶液中，P_2O_5/Al_2O_3 的质量比为 4.10～4.30。对溶液进行喷雾干燥，然后放置在微波炉中反应以制备偏磷酸铝粗品。粗品用陶瓷棒压碎拌匀后得到粉体，再用马弗炉灼烧，即得高纯偏磷酸铝粉体。高纯偏磷酸铝制备工艺流程示意图如图 6-10 所示。

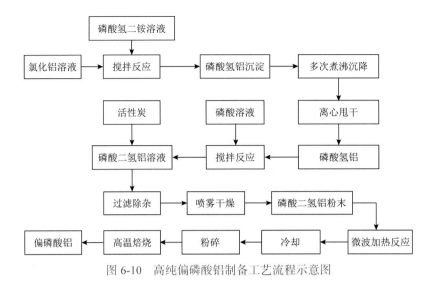

图 6-10　高纯偏磷酸铝制备工艺流程示意图

6.5.3　偏磷酸铝的用途

偏磷酸铝经过多年的发展，在应用研究领域得到了较广泛的关注，相关的应用研究主要有以下几方面：用于制造防锈涂料；制造功能性陶瓷；生产化学稳定的光学玻璃；作为黏结剂制造增强复合材料；复配后作为石墨材料抗氧化物质；与甲基纤维素、硅酸钙等配合后用于处理重金属污染废水等。偏磷酸铝可提高锂离子电池正极材料的循环性能，可用于制作高硬度、耐腐蚀性、耐磨性的热喷涂涂层；制作效果良好、成本低廉的羊绒织物防锈剂；制作可抑菌杀菌、卫生安全的抗菌瓷器；制造磷酸盐多孔陶瓷，并作为透波材料应用；制作不透明颗粒状颜料，并应用于纸张；制作可以替代二氧化钛的复合产品；采用真空压力浸渗工艺，可制造弯曲强度高的复合纤维材料[18]。

偏磷酸盐具备优良的透光性能，可应用于光学玻璃中。凡思军等[19]研究了摩尔组成为 $y(LiPO_3)$ ∶ $y[Al(PO_3)_3]$ ∶ $y(AgNO_3)=x$ ∶ $(100-x)$ ∶ 4(x=90、80、70、60、50)的磷酸盐玻璃的物化性能和光谱性质随偏磷酸锂和偏磷酸铝含量变化的规律。结果表明，随着偏磷酸铝含量增加，锂铝磷酸盐玻璃的密度、折射率、玻璃转变温度（Tg）和开始析晶温度（Tx）逐渐提高，化学稳定性增强，表明铝离子含量的增加，增强了玻璃网络的连接，从而改善了玻璃的物化性质。当摩尔组成为 $y(LiPO_3)$ ∶ $y[Al(PO_3)_3]$ ∶ $y(AgNO_3)=$ 70∶30∶4 时，玻璃有最佳的紫外透射率、较好的辐照诱导吸收、较高的辐射光致发光强度和较低的前剂量。综合考虑玻璃的物化性能和光谱性能，摩尔组成为 $y(LiPO_3)$ ∶ $y[Al(PO_3)_3]$ ∶ $y(AgNO_3)=$70∶30∶4 的锂铝磷酸盐玻璃是用作辐射光致发光玻璃的理想材料。卓敦水等[20]合成了组成为 $60MeF_2·(40-X)AlF_3·XAl(PO_3)_3$(Me=Mg、Ca、Sr、Ba，$X$[①]$=0\sim4g$ 分子%)的少磷氟化物玻璃，并研究了该系列玻璃的红外光谱、物理性质和化学性质。结果表明，少磷氟化物玻璃的折射率低，色散系数高，从近紫外到中红外光谱区域均有良好的透过特性。唐红艳等[21]在特定温度下，采用一定比例的氢氧化铝和磷

---

① X 为克分子百分数。

酸合成磷酸铝基体，对玻璃纤维或织物进行处理后，采用手糊工艺（固化温度低于220℃）制备了新型耐烧蚀复合材料——织物增强磷酸铝基复合材料。陈海燕和干福熹[22]测量了以偏磷酸铝为基础、氟化物含量不同的氟磷酸盐玻璃的振动光谱，并讨论了它们的结构和化学键振动，得出如下结论：在以偏磷酸铝为基础的氟磷酸盐玻璃中，随着氟化物含量增加，玻璃的结构从偏磷酸盐转向焦磷酸盐，同时出现了氟铝四面体和八面体基团。

刘贯军等[23]以晶化的硅酸铝短纤维为增强体，以偏磷酸铝为黏结剂，干法和湿法工艺结合用于制作预制块。结果表明，中性磷酸铝溶液是制备硅酸铝短纤维增强镁基复合材料（Al_2O_3-SiO_2/AZ91）最合适的预制块用黏结剂之一。

李岩[24]认为偏磷酸铝是一种良好的石墨抗氧化物质，使用多种偏磷酸盐的产品，其抗氧化性能比用一种偏磷酸盐的产品更好。

刘洪海[25]研究了一种重金属污染废水的处理方法，结果表明，偏磷酸铝具有处理重金属污染废水的潜力。

叶超等[26]研究了一种表面包覆正极材料的制备方法和应用。表面包覆正极材料包括基体和包覆基体的包覆层。基体为正极材料，包覆层的组分含有偏磷酸铝。表面包覆正极材料采用偏磷酸铝形成包覆层，有效改善了锂离子电池正极材料的循环性能，特别是高温循环性能。

王建康[27]研究了一种热喷涂涂层封孔剂，其包括以下组分：石墨烯 0.1%～1%，含有氮化硼和偏磷酸铝的混合溶液 99%～99.9%。用该封孔剂处理后的热喷涂涂层具有更高的硬度、更好的耐腐蚀性和耐磨性，有效延长了热喷涂涂层的使用寿命。同时，热喷涂涂层封孔剂的制备方法操作简单，且降低了维护成本。

沈旭源[28]研究了一种羊绒织物防锈剂，偏磷酸铝作为一种关键添加剂使用。

闵海龙[29]研究了一种抗菌瓷器，偏磷酸铝作为一种关键配方组分。

刘玉付等[30]研究了一种磷酸盐多孔陶瓷，将含有磷酸盐粉体的发泡浆料悬浮体凝胶注模成型后，干燥，脱脂烧结。磷酸盐粉体为磷酸铝和偏磷酸铝，孔隙率≥80%，介电常数（ε）为 1.4～1.8，介电损耗为 0.0015～0.002，透波性能好。

费尔南多·伽伦贝克和查尔斯·P·克拉斯[31]研究了用于纸张的涂布组合物，使用了磷酸铝、偏磷酸铝、正磷酸铝和/或多磷酸铝的颜料。

乔·德·布里托[32]研究了一种磷酸铝组合物，其包括磷酸铝、多磷酸铝、偏磷酸铝或其混合物，可在油漆中用作二氧化钛的替代物。

王新坤等[33]的研究表明，偏磷酸铝在高强高模碳纤维预制件中可提高复合材料的性能。

6.6 亚磷酸铝

6.6.1 理化性质

亚磷酸铝，化学式为 $Al_2(HPO_3)_3$，相对分子质量为 293.9，密度为 1.145，熔点>1200℃，白色粉末，不溶于水，溶于浓盐酸、浓硝酸及各类碱，具有耐腐蚀、耐高温、防锈性能且稳定性好等特点。

6.6.2 制备技术

目前亚磷酸铝的制备方法主要有中和法、复分解法以及模板水热合成法。目前，主要通过两种方法来制备亚磷酸铝：一种是在明矾水溶液中加入亚磷酸铵；另一种是将氢氧化铝溶解在亚磷酸中，然后煮沸所得的亚磷酸铝水溶液以析出结晶，或者亚磷酸钠用热水溶解成浓溶液后，与硫酸铝复分解而得。

Yoshihiro 和 Kazunori[34]等提供了一种新型球状亚磷酸铝晶体的制造方法。该球状亚磷酸铝晶体为直径在 3～18μm、直径为 10μm 以下的球状结晶。该制造方法是在加热至 50℃以上的亚磷酸水溶液中添加氧化铝水合物，并使之反应得到的黏稠的亚磷酸铝浆料在 50～90℃下一边搅拌一边逐渐析出微细的结晶的方法。亚磷酸水溶液的优选浓度为 40%～60%，氧化铝水合物可以使用氢氧化铝、氧化铝凝胶、石膏、勃姆石等。另外，得到的亚磷酸铝浆料的黏度为 20cPs 以上。进一步地，将亚磷酸铝浆料保持在 50～90℃使其结晶析出，添加胺或螯合化合物可以顺利地进行球化。使用优选沸点 80℃以上的胺，可以是脂肪族或芳香族的第一胺、第二胺或第三胺中的任一种。另外，螯合化合物也优选胺类螯合剂。球状亚磷酸铝晶体制备工艺流程示意图如图 6-11 所示。

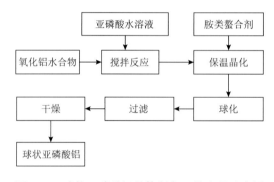

图 6-11 球状亚磷酸铝晶体制备工艺流程示意图

具体实施方法：在加热至 80℃的 1250g 40%亚磷酸水溶液中，一边搅拌一边逐渐加入 317g 氢氧化铝，使其反应，形成黏稠的溶液后，保持在 60℃继续搅拌，添加胺类螯合剂，反应浆在 5h 内变为中性，结晶球化结束。过滤反应浆料，将得到的滤饼在 110℃下干燥24h，得到亚磷酸铝粉末。

李牛等[35]提出了一种制备微孔亚磷酸铝[Al$_2$(HPO$_3$)$_3$(H$_2$O)$_3$]·H$_2$O 的方法，其特点在于采用常规水热合成方法，无须使用任何有机模板剂，在 2～6h 快速制备该微孔亚磷酸铝，称取一定量固体亚磷酸加入水中溶解，然后加入铝源，按照 Al$_2$O$_3$∶H$_3$PO$_3$∶H$_2$O=1∶（2～4）∶60 的比例（质量比）搅拌混合均匀，得到合成凝胶，将其转移至不锈钢反应釜中，于 170～180℃和自生压力下水热晶化 2～6h，骤冷、收集、过滤、洗涤、自然晾干即得产物。

具体实施方法：将 6.074g 亚磷酸固体加入 20mL 去离子水中搅拌溶解，再加入 2.089g 拟薄水铝石，搅拌 1h 后移入不锈钢反应釜中于 180℃晶化 2h，然后按常规分子筛的后处理方法，冷却、洗涤、干燥、收集产品。

刘晓芳等[36]提供了一种制备亚磷酸铝的方法，通过氢氧化铝或拟薄水铝石粉末和亚磷酸反应制备亚磷酸铝。先对氢氧化铝或拟薄水铝石粉末进行烘干处理；并对固态亚磷酸进行预热，在捏合搅拌机中加热搅拌得到液态亚磷酸；将烘干好的氢氧化铝或拟薄水铝石粉末加入液态亚磷酸中并加热搅拌，得到亚磷酸铝。高温捏合制备亚磷酸铝的工艺流程示意图如图 6-12 所示。

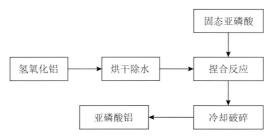

图 6-12　高温捏合制备亚磷酸铝的工艺流程示意图

具体实施方法：称取 1600g 氢氧化铝并将其置于在 180℃烘箱中烘干 6h，氢氧化铝水分含量为 0.8%，冷却后备用。称量 2600g 固态亚磷酸，加入预热的捏合搅拌机中，加热搅拌使得固态亚磷酸融化，继续搅拌升温至 130℃，加热搅拌过程中通入氮气保护，防止氧化。将烘干好的氢氧化铝缓慢分批次加入亚磷酸中，边搅拌边加热至 150℃，反应 3h 后，得到粉末状的产物后，升温至 200℃继续搅拌反应 2h，反应完全后生成粉末状的亚磷酸铝，加料过程中搅拌转速需要采取慢—快—慢节奏进行控制。缓慢搅拌反应生成的亚磷酸铝粉末并冷却至室温。

雷华和李金忠[37]公开了一种结晶型亚磷酸铝及其制备方法，其制备方法流程为：将亚磷酸氢铝和含铝化合物在有或没有少量强酸存在的情况于水中在 80～110℃下反应得到沉淀物；对沉淀物洗涤过滤；沉淀物在 100～130℃下烘干水分；接着，继续慢速梯度升温加热已烘干的固体物，于 5～10h 把物料温度从常温升至不超过 350℃，升温速度不超过 5℃/min。该结晶亚磷酸铝相对于无定形磷酸铝具有更高的热分解温度、更低的吸水性和更弱的酸性，能与二乙基次磷酸铝协同作用，具有更好的阻燃性能，用于高分子材料的无卤阻燃组分。

具体实施方法：在 2L 的反应釜中加入 270g（1mol）亚磷酸氢铝[Al(H₂PO₃)₃]和 630g 水，充分搅拌溶解，得到亚磷酸氢铝溶液。在 500mL 的烧杯中将 75g 硫酸铝溶于 175g 水中，再在硫酸铝溶液中加入 8.1g 浓度为 85.1wt%的浓磷酸（H₃PO₄），充分搅拌混合均匀，转移到滴液漏斗中。加热反应釜，升温至 90℃，开始滴加含磷酸的硫酸铝溶液，2h 滴加完成，加碱调整 pH 至 2.2，保温继续反应 1h。趁热过滤，并多次洗涤沉淀物，直至洗涤出水电导率小于 50μS/cm，停止洗涤。转移物料至烘箱，升温至 120℃，干燥 60min，固体物水分含量为 0.1wt%；以 2℃/min 的速度升温至 180℃，保持 60min；以 1℃/min 的速度升温至 240℃，保持 60min；再以 2℃/min 的速度升温至 300℃，保持

60min。降温至常温，出料，将物料粉碎，其平均粒径为 38μm，得率为 98.2%。

张有学等[38]公开了一种高产量低粒度亚磷酸铝制备工艺。该工艺包括以下步骤：将亚磷酸溶于水中，并搅拌均匀；搅拌状态下向亚磷酸溶液中匀速缓慢滴加改性的平均粒径为微纳米级的氢氧化铝；氢氧化铝滴加完后升温并保温 2～4h；保温结束后降温至室温，离心过滤得粗产品；将所得粗产品水洗一次过滤烘干后得最终产品。改性的微纳米级的氢氧化铝通过如下方法制备：将市售氢氧化铝颗粒按照一定比例混合磷酸钠和/或磷酸钾后，将混合物送入球磨机，球磨一定时间得到改性的微纳米级的氢氧化铝。

具体实施方法：将市售平均粒径为 20μm 的氢氧化铝颗粒与磷酸钠按照 1∶0.05 质量比混合，将混合物送入球磨机，球磨 25min 得到改性的平均粒径为 4μm 的微纳米级的氢氧化铝。将 575g 亚磷酸溶于 575g 水中，搅拌均匀；边搅拌边向亚磷酸溶液中缓慢匀速滴加改性的微纳米级的氢氧化铝 400g；加完后升温后保温 3h；保温结束后降温至室温，离心过滤得粗产品；将所得粗产品水洗一次，再经过一次乙醇洗涤，过滤烘干后得最终产品。

杨星星等[39]公开了一种亚磷酸铝阻燃剂及其制备方法。本发明所要解决的技术问题之一是以廉价的次磷酸钠副产物石灰渣为原料来制备亚磷酸铝阻燃剂，提高资源回收利用率、降低成本；本发明要解决的技术问题之二是提供一种亚磷酸铝阻燃剂的制备方法：将亚磷酸铝加入水中，加入有机磷化合物，搅拌均匀，先将氨基硅烷偶联剂溶于碱溶液中，再加至反应装置中，60～70℃下搅拌 1.5～2h，用柠檬酸水溶液调节 pH 至中性，过滤，干燥滤饼得到亚磷酸铝。

一种亚磷酸铝阻燃剂的制备方法，包括如下步骤。

1）将次磷酸钠副产物石灰渣在 90～120℃下烘干至恒重，并进行指标测试，其中 CaO 含量为 40.5%±0.5%、P_2O_3 含量为 39.5%±0.5%、游离水含量≤1%、pH 为 6～8、筛余物颗粒含量≤0.2%，即达到可用于生产亚磷酸铝的亚磷酸钙原料标准，即得亚磷酸钙原料。

2）将亚磷酸钙原料、碳酸钠、水混合后在 75～100℃下反应 6～8h 生成亚磷酸钠；亚磷酸钙原料∶碳酸钠∶水的质量比为 1∶（1.0～2.2）∶（1～20）；其中亚磷酸钙原料中少量的氢氧化钙与碳酸钠反应生产碳酸钙和氢氧化钠：

$$CaHPO_3+Na_2CO_3 === Na_2HPO_3+CaCO_3\downarrow$$

$$Ca(OH)_2+Na_2CO_3 === CaCO_3\downarrow+2NaOH$$

3）反应结束后冷却至室温进行过滤，收集滤液，其中溶有少量的碳酸钠和氢氧化钠杂质，滤饼为去除的碳酸钙杂质，向滤液中加入亚磷酸调 pH 至酸性，去除多余的碳酸钠和氢氧化钠，得到亚磷酸钠溶液，反应机理如下：

$$Na_2CO_3+H_3PO_3 === Na_2HPO_3+CO_2\uparrow+H_2O$$

$$H_3PO_3+2NaOH === Na_2HPO_3+2H_2O$$

4）以硫酸与氢氧化铝反应得到的硫酸铝为铝源，或以可溶性铝盐的水溶液为铝源：

$$2Al(OH)_3+3H_2SO_4 === Al_2(SO_4)_3+6H_2O$$

5）将净化处理后得到的亚磷酸钠溶液与铝源反应得到亚磷酸铝：

$$3Na_2HPO_3+Al_2(SO_4)_3 =\!=\!= Al_2(HPO_3)_3+3Na_2SO_4$$

$$3Na_2HPO_3+2AlCl_3 =\!=\!= Al_2(HPO_3)_3+6NaCl$$

$$3Na_2HPO_3+2Al(NO_3)_3 =\!=\!= Al_2(HPO_3)_3+6NaNO_3$$

6）通过固液分离、水洗、烘干、包装得到亚磷酸铝成品，并通过质量标准测试，反应生成的副产物硫酸钠烘干后作为副产物出售，副产物碳酸钙可以作为轻质碳酸钙出售。

具体实施方法：将次磷酸钠副产物石灰渣在 105℃下烘干至恒重，并进行指标测试，其中 CaO 含量为 40%、P_2O_3 含量为 39%、游离水含量≤1%、pH 为 6、筛余物颗粒含量≤0.2%，即达到可用于生产亚磷酸铝的亚磷酸钙原料标准，即得亚磷酸钙原料；将 500g 亚磷酸钙原料、700g 碳酸钠、5kg 水混合均匀，在 80℃反应 8h 生成亚磷酸钠，反应结束后降温至室温进行过滤，收集滤液用 70wt%的亚磷酸水溶液调节滤液pH 至 6，去除碳酸钠、氢氧化钠杂质；使经过净化处理的亚磷酸钠溶液与硫酸铝反应得到亚磷酸铝，亚磷酸钠溶液与硫酸铝的质量比为 10：1；通过固液分离、水洗、烘干、包装得到亚磷酸铝成品，通过质量标准测试得知亚磷酸铝含量为 93%。

6.6.3 亚磷酸铝的用途

亚磷酸铝作为流动性、防火性能等优异的阻燃剂，具有高温成炭、高温发泡等性能，可作为添加型阻燃剂或阻燃协效剂使用，直接用于聚碳酸酯（PC）、尼龙、聚对苯二甲酸丁二酯（PBT）、聚苯醚（PPO）等工程塑料的阻燃。同时，它还可以作为阻燃协效剂，与其他阻燃剂混合后，一起用于尼龙、聚对苯二甲酸丁二酯、聚碳酸酯、聚苯醚或聚苯醚/高抗冲聚苯乙烯的阻燃，在大大拓宽其应用领域的同时，表现出较高的阻燃效率。

亚磷酸铝是优良的无毒防锈颜料，可显著提高涂料的防腐、防锈、抗气泡性能；亚磷酸铝用作防锈颜料时，其防锈性能可与最好的工业铬酸锌防锈剂匹敌。

亚磷酸铝化学稳定性好，具有较好的增白和乳浊性能，可部分替代硅酸锆，广泛用于各种建筑陶瓷、卫生陶瓷、日用陶瓷、一级工艺品陶瓷等的生产中；也是制造特种玻璃的助熔剂和陶瓷、牙齿的黏结剂，还可作生产润肤剂、防火涂料、导电水泥等的添加剂，以及纺织工业作抗污剂、有机合成作催化剂，此外还用于医药工业和造纸工业。

参 考 文 献

[1] 龚福忠，徐运贵，阮恒，等. 超细球形磷酸铝的制备[J]. 广西大学学报：自然科学版，2009，34（5）：618-622.

[2] 杨文冬，黄剑锋，曹丽云，等. 磷酸铝的制备及其应用[J]. 无机盐工业，2009，41（4）：1-3.

[3] 苏建明，吴莱萍，刘剑利，等. 磷酸铝系列分子筛合成及应用进展[J]. 齐鲁石油化工，2002（4）：317-320.

[4] 刘少友，梁海军，吴林冬. 钴锆掺杂磷酸铝纳米材料的合成及其对环己烷非均相的氧化性能[J]. 湖南师范大学自然科学学报，2010，33（3）：50-56.

[5] Karthik M, Vinu A, Tripathi A K, et al. Synthesis characterization and catalytic performance of mg and co substituted, mesoporous aluminophosphates[J]. Microporous and Mesoporous Materials, 2004, 70(1-3): 15-25.

[6] 蔡芸. 高性能防锈颜料三聚磷酸铝[J]. 中国涂料, 2007(5): 19-21.

[7] 胡容平, 俞于怀, 廖欢, 等. 缩合磷酸铝的制备与应用[J]. 磷肥与复肥, 2010, 25(4): 47-49.

[8] 袁爱群, 黄平. 聚合磷酸铝水玻璃固化剂及应用[J]. 四川化工与腐蚀控制, 1999(3): 9-11.

[9] 杨旭锋, 曹阳, 张伟伟, 等. 次磷酸铝阻燃剂的合成及应用[J]. 精细化工, 2014(1): 99-102.

[10] 彭治汉, 孙柳, 李永林, 等. 一种次磷酸铝的制备方法[P]: CN, 103496681A. 2014-1-08.

[11] 陈佳, 刘学清, 邹立勇, 等. 次磷酸铝阻燃剂的合成及其在 PBT 中的应用[J]. 江汉大学学报(自然科学版), 2015, 43(5): 420-426.

[12] 杨锦飞, 职慧珍, 杨旭峰, 等. 一种次磷酸铝的制备方法[P]: CN, 103145110A. 2013-06-12.

[13] 明添, 明智, 明雯, 等. 一种生产电子级偏磷酸铝的控温分步转化方法[P]: CN, 102408103A. 2011-08-30.

[14] 竹内宏介, 畠透, 小西俊介, 等. 高纯度偏磷酸盐及其制造方法[P]: CN, 100351173C. 2006-04-19.

[15] 竹内宏介, 畠透, 小西俊介, 等. 高纯度偏磷酸铝及其制造方法[P]: CN, 1761616A. 2004-03-09.

[16] 娄战荒, 彭福郑, 姚栋伟, 等. 一种高纯度偏磷酸铝粉末的制备方法[P]: CN, 110116998A. 2019-08-13.

[17] 刘红梅, 谷芳芳, 李炳华, 等. 一种适于光学玻璃用的粉体高纯偏磷酸铝的制备方法[P]: CN, 109879262A. 2019-06-14.

[18] 廖欢, 李潇咏, 王俊虹, 等. 偏磷酸铝的制造与应用研究进展[J]. 化工技术与开发, 2021, 50(4): 21-24, 55.

[19] 凡思军, 于春雷, 何冬兵, 等. 辐射光致发光玻璃物化性能及光谱性质研究[J]. 光学学报, 2010, 30(7): 1872-1877.

[20] 卓敦水, 许文娟, 黄启兴, 等. 含少量偏磷酸铝的氟化物玻璃[J]. 玻璃与搪瓷, 1985(2): 6-10.

[21] 唐红艳, 王继辉, 肖永栋, 等. 一种新型无机耐烧蚀复合材料固化机理的研究[J]. 宇航材料工艺, 2005(4): 25-28.

[22] 陈海燕, 干福熹. 以偏磷酸铝为基础的氟磷酸盐玻璃的振动光谱的研究[J]. 硅酸盐学报, 1986, 14(1): 123-125.

[23] 刘贯军, 李文芳, 彭继华, 等. 硅酸铝短纤维增强 AZ91 复合材料的制备[J]. 特种铸造及有色合金, 2006, 26(11): 688-690.

[24] 李岩. 抗氧化石墨材料的 SEM 研究[J]. 炭素技术, 1995(3): 10-12.

[25] 刘洪海. 一种重金属污染废水的处理方法[P]: CN, 104860437A. 2015-08-26.

[26] 叶超, 吴海燕, 常敬杭. 表面包覆正极材料及其制备方法和应用[P]: CN, 109742382A. 2019-05-10.

[27] 王建康. 热喷涂涂层封孔剂及其制备方法[P]: CN, 110230021A. 2019-09-13.

[28] 沈旭源. 一种羊绒织物防锈剂[P]: CN, 103437168B. 2015-04-08.

[29] 闵海龙. 一种抗菌瓷器及其制备工艺[P]: CN, 107162639A. 2017-09-15.

[30] 刘玉付, 汪坤, 乔健. 磷酸盐多孔陶瓷及其制备方法和应用[P]: CN, 108585940A. 2018-09-28.

[31] 费尔南多·伽伦贝克, 查尔斯·P·克拉斯. 磷酸铝、多磷酸铝和偏磷酸铝颗粒在纸张涂层应用中的用途[P]: CN, 106567277A. 2017-04-19.

[32] 乔·德·布里托. 磷酸铝, 多磷酸铝和偏磷酸铝颗粒和它们在漆中用作颜料的用途及其制备方法[P]: CN, 104497687A. 2015-04-08.

[33] 王新坤, 汪定江, 祝长春, 等. 偏磷酸铝粘结剂在真空液相浸渗制备 Cf/Al 复合材料中的应用研究[J]. 材料科学与工程学报, 2004(5): 693-696.

[34] Yoshihiro K, Kazunori K. Spherical aluminum phosphite crystal, its production and coating materials

containing the same[P]: JP, H0489306A. 1992-03-23.

[35] 李牛, 郑燕, 李林杰. 一种微孔亚磷酸铝[Al$_2$(HPO$_3$)$_3$(H$_2$O)$_3$]·H$_2$O 的制备方法[P]: CN, 107082409. 2017-08-22.

[36] 刘晓芳, 帅和平, 葛英霞, 等. 亚磷酸铝的制备方法[P]: CN, 111661830 A. 2020-09-15.

[37] 雷华, 李金忠. 一种结晶型亚磷酸铝及其制备方法和应用[P]: CN, 113460984 A. 2021-10-01.

[38] 张有学, 贾荣兵, 隗玲双. 一种高产量、低粒度亚磷酸铝制备工艺[P]: CN, 115784183A. 2023-03-14.

[39] 杨星星, 李小飞, 王继强, 等. 一种亚磷酸铝阻燃剂及其制备方法[P]: CN, 116063739A. 2023-05-05.

第 7 章
锌系磷酸盐

■ 7.1　锌系磷酸盐概述

锌系磷酸盐是一类重要的无机功能材料，为锌离子和磷酸根离子、亚磷酸根离子或次磷酸根离子组成的盐类，主要包括磷酸二氢锌、磷酸锌及其水合物、焦磷酸锌、偏磷酸锌、亚磷酸锌及次磷酸锌等。

磷酸二氢锌，别名酸式磷酸锌，主要用于黑色金属的防腐涂层，其性能优于磷酸二氢锰。磷酸二氢锌还用于金属表面处理，作为磷化剂；也用于陶瓷、玻璃工业等。

磷酸锌，通常以二水、四水、二水和四水混合物的形式存在。加热大于 100℃时则生成二水物，加热至 190℃时则生成一水物，约 250℃时失去结晶水而生成无水物。磷酸锌属于绿色环保型无公害白色防锈颜料，是目前市场上用量最大的通用型防锈颜料之一，广泛应用于船舶、桥梁、输油管道、钢架结构、汽车、集装箱、卷材、工业机械、机床、家用电器及食品级容器等方面的防锈和涂装。此外，磷酸锌可作生产氯化橡胶和合成高分子材料的阻燃剂，以及电子、低温玻璃、透明陶瓷中的黏合烧结添加剂。

焦磷酸锌，白色结晶性粉末，溶于稀无机酸、碱、氨水，不溶于水。其由焦磷酸钠溶液与可溶性锌盐溶液加热反应制得，亦可将磷酸锌铵灼烧制得；可用作颜料、镀锌材料、特种光学玻璃添加剂等。

偏磷酸锌，是一种新型玻璃基质材料，最近几年开始被关注，主要用于特种光学玻璃、特种防护玻璃、耐辐射玻璃材料、磷酸盐玻璃、氟磷酸盐玻璃、激光玻璃中的添加剂。

亚磷酸锌，深灰色粉末，正方结晶。纯品含磷 24%、锌 76%。工业品通常含磷 14%～18%、锌 70%～80% 和不溶物 6% 以下。亚磷酸锌的相对密度为 4.55（12℃），熔点>420℃；不溶于水和醇类，溶于酸类、苯、二硫化碳；在 1100℃氢气中升华。在常温空气中发出磷臭味，但不着火；遇水和潮湿空气会缓慢分解，遇酸剧烈反应放出剧毒磷化氢气体，易着火。磷化锌与浓硝酸接触即被氧化并发生爆炸。亚磷酸锌可用作粮食仓库重蒸剂。亚磷酸锌是一种高毒、急性无机杀鼠剂，鼠吞食后即与胃液中的盐酸作用，放出剧毒的磷化氢，使鼠类中枢神经系统麻痹，血压下降，休克致死。亚磷酸锌用于杀灭家鼠、田鼠及其他啮齿类动物；还可用于树木保护，其原理是磷化锌遇酸释放出剧毒的磷化氢气体，将蛀干类害虫杀灭。

次磷酸锌，无色晶体或白色粉末，有潮解性，能溶于水及碱溶液，由次磷酸溶液与氢氧化锌反应制得，用作医药防腐剂和收敛剂。

7.2 锌系正磷酸盐

7.2.1 组成和特性

1. 组成和结构

正磷酸锌盐是由 Zn^{2+}、$H_2PO_4^-$ 和 PO_4^{3-} 组成的无机盐，有磷酸二氢锌[$Zn(H_2PO_4)_2$]和磷酸锌[$Zn_3(PO_4)_2$]两个品种。磷酸锌在自然界是以磷锌矿、四水磷酸锌[$Zn_3(PO_4)_2 \cdot 4H_2O$]、三斜磷锌矿和羟基磷酸锌[$Zn_2(PO_4)(OH)$]的形式存在的。它们大多伴生于锌矿床和闪锌石矿床区域，是由富含磷酸盐的溶液长期不断地氧化锌矿床形成的。

2. 理化性质

磷酸二氢锌为白色三斜晶体或白色凝固状物，易潮解，溶于水和碱，具有腐蚀性，熔点低，加热到100℃分解。

磷酸锌为无色或白色晶体，几乎不溶于水，不溶于乙醇，易溶于稀酸、氨水和铵盐溶液，在水中随温度升高溶解度反而下降。四水磷酸锌加热到 100℃可脱掉两个结晶水，190℃下失去三个结晶水，250℃下失去四个结晶水而成为无水物。磷酸锌盐的主要理化参数见表 7-1。

表 7-1 磷酸锌盐的主要理化参数

产品名称	密度/（g/cm³）	熔点/℃	折射率
磷酸二氢锌	表观密度 0.8～1.0	100℃分解	
磷酸锌	无水物 3.998； 四水物 3.109	900℃	1.595

3. 产品规格

磷酸二氢锌有二水和无水两种规格的产品，以二水物多见，绝大部分为工业级。

磷酸锌有二水、四水和无水三种规格的产品，以二水物和四水物多见，以工业级产品最多，医药级和其他特殊级别的产品较少。

7.2.2 磷酸二氢锌

1. 生产原理

磷酸二氢锌生产方法有两种，即磷酸-氧化锌法和磷酸钠-硫酸锌复分解法。磷酸-

磷 酸 盐

氧化锌法属于中和反应，即磷酸与氧化锌直接发生中和反应而得。磷酸钠-硫酸锌复分解法是利用磷酸钠和硫酸锌先生成磷酸锌沉淀，然后再加入磷酸，进一步酸化，生成磷酸二氢锌。

$$ZnO+2H_3PO_4 =\!=\!= Zn(H_2PO_4)_2+H_2O$$

$$3ZnSO_4+2Na_3PO_4 =\!=\!= Zn_3(PO_4)_2\downarrow+3Na_2SO_4$$

$$Zn_3(PO_4)_2+4H_3PO_4 =\!=\!= 3Zn(H_2PO_4)_2$$

2. 生产方法和工艺操作

（1）生产工艺与控制

磷酸-氧化锌法生产磷酸二氢锌的工艺流程示意图见图 7-1。

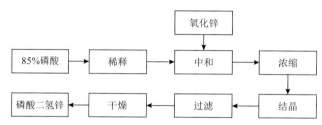

图 7-1　磷酸-氧化锌法生产磷酸二氢锌的工艺流程示意图

将 85%的商品磷酸稀释到 25%，加入带搅拌的夹套反应釜，控制釜内温度为 100～110℃，缓慢加入粉状氧化锌，恒定反应温度，1h 后将反应料液移至浓缩釜；在 130℃下浓缩并达到一定浓度后，放入结晶槽，冷却结晶；经过滤、洗涤，在 100℃下进行干燥，冷却后包装，即得二水磷酸二氢锌成品。

磷酸钠-硫酸锌复分解法生产磷酸二氢锌的工艺流程示意图见图 7-2。

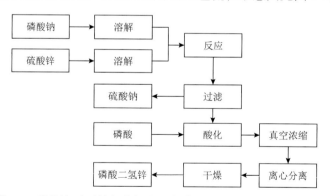

图 7-2　磷酸钠-硫酸锌复分解法生产磷酸二氢锌的工艺流程示意图

硫酸锌、磷酸钠在溶解槽中分别溶解成溶液；将磷酸钠溶液加入带搅拌的夹套反应釜中，釜内温度控制在 70～80℃，然后缓慢加入硫酸锌溶液，不断搅拌，控制 Zn：P 摩尔比为 3：2，反应完成后，所产生的白色磷酸锌沉淀经过滤、漂洗，除去可溶性硫酸钠。为提高洗涤效率，洗涤水温度可提高到 40～60℃。将该漂洗过的沉淀物不断

228

加入 60%的磷酸反应釜中进行酸化反应，生成磷酸二氢锌，溶液经真空浓缩、结晶、离心分离、干燥，即得磷酸二氢锌成品。

（2）主要设备

生产磷酸二氢锌的主要设备包括带搅拌的夹套反应釜、浓缩结晶器、离心过滤机等，国内均有定型设备可选。目前国内设备制造商的技术水平和生产能力都能满足工业化设备的需求。

结晶器/离心机：传统的化工单元中蒸发浓缩、结晶、分离过程是在不同的设备中完成的，效率较低，现已发展为集蒸发浓缩、结晶、分离于一体的成套设备。新型结晶设备大多采用单效、双效或多效蒸发、强制循环工艺，技术先进，设备效率高，生产能力大，操作简便，自动化程度高，节能高效，有多种设备形式和规格可选。

（3）原料消耗定额

二水磷酸二氢锌[$Zn(H_2PO_4)_2 \cdot 2H_2O$]原料消耗定额如下。

中和法：85% H_3PO_4 0.767t/t，97% ZnO 0.277t/t。

复分解法：85% H_3PO_4 0.522t/t，98% $ZnSO_4 \cdot 2H_2O$ 0.689t/t，$Na_3PO_4 \cdot 12H_2O$ 0.875t/t。

7.2.3 磷酸锌

1. 生产原理

磷酸锌的制备方法主要有复分解法、氧化锌直接法、氧化锌间接法。

复分解法制备磷酸锌，是通过两种可溶性含锌盐（如 $ZnSO_4$、$ZnCl_2$ 等）和含磷酸根盐（如钾、钠、铵的磷酸盐或磷酸氢盐）进行复分解反应，生成难溶性磷酸锌。通常工业生产原料为磷酸钠和硫酸锌。

$$3ZnSO_4 + 2Na_3PO_4 + 4H_2O \Longrightarrow Zn_3(PO_4)_2 \cdot 4H_2O\downarrow + 3Na_2SO_4$$

复分解法是液-液离子反应，反应速率很快，但会产生硫酸盐副产物，洗涤用水量大，回收费用、生产成本较高，产品粒度较难控制，在防锈颜料中使用效果差。因此，目前防锈领域所用磷酸锌产品的主要生产方法为氧化锌直接法。

氧化锌直接法制备磷酸锌，是通过磷酸与氧化锌直接反应制得磷酸锌。

$$3ZnO + 2H_3PO_4 + H_2O \Longrightarrow Zn_3(PO_4)_2 \cdot 4H_2O\downarrow$$

$$3ZnO + 2H_3PO_4 \Longrightarrow Zn_3(PO_4)_2 \cdot 2H_2O\downarrow + H_2O$$

氧化锌直接法的优点是工艺简单、无副产物、工序少、无三废，是目前生产磷酸锌的常用方法。但此法对氧化锌、磷酸的纯度要求较高，生产成本高，固-液反应速率不及液-液反应速率快，且反应过程中生成的磷酸锌沉淀易在氧化锌表面产生包裹，影响产品纯度。

氧化锌间接法制备磷酸锌采用粗氧化锌净化提纯的间接工艺，即用络合剂（Y）溶解粗氧化锌，除去不溶性杂质，再与磷酸反应制备磷酸锌。

$$ZnO + mY \Longrightarrow [ZnY_m]^{2+} + O^{2-}$$

$$3[ZnY_m]^{2+} + 2H_3PO_4 + nH_2O \Longrightarrow Zn_3(PO_4)_2 \cdot nH_2O + 3mY + 6H^+$$

络合剂溶解粗氧化锌后形成液相溶液，使中和反应由原来的固-液反应变为液-液均相反应，反应速率加快，避免固-液反应产生的沉淀对原料的包裹，使反应更加充分，产品纯度提高，产品粒度微细且均匀，络合剂溶液可回收循环使用，是目前行之有效的生产方法。但络合剂的回收和再利用是该工艺的重点和难点，减少络合剂的用量是降低该法生产成本的关键。广西大学、广西化工研究院有限公司、煤炭科学研究总院沈阳研究院（今中煤科工集团沈阳研究院有限公司）等单位都对该工艺技术进行了研究。该工艺最大的优点是可利用价格低廉的氧化锌粗品。

除上述生产方法外，固相法、水热合成法、机械化学法均可合成磷酸锌，但工业技术尚待开发。固相法采用 ZnO 和 H_3PO_4 或磷酸铵盐，通过固相混合，在 800℃以上的高温下通过热处理制得磷酸锌。固相法反应完全、彻底，可制得接近理论配比的纯度很高的磷酸锌，没有副产物，流程短，易操作。但该法的缺点是对原料要求高，产品粒度较难控制。水热合成法以 $Zn(NO_3)_2·6H_2O$、$NaBr$、H_3PO_4 和 NaOH 为反应原料，于 70℃下密闭反应 14h，反应产物经过滤、洗涤，在室温下干燥，即得产品磷酸锌。该法可制得纯度较高的纳米级磷酸锌晶体，但需在高温高压下缓慢形成结晶，结晶成长周期非常长，反应难以控制[1]。机械化学法用具有磨碎能力的振动机或球磨机，同时进行机械活化和化学反应，可制得平均粒径小于 10μm 的结晶型磷酸锌。该法适用范围广，易调节摩尔比，流程简单，用水量少，所得磷酸锌的质量好，是近年来提出的一种较好的工艺。但该法受制于设备技术，生产规模难以扩大，产品的均匀化难以控制[2]。

2. 生产方法和工艺操作

（1）复分解法制备磷酸锌

复分解法制备磷酸锌的工艺流程示意图见图 7-3。硫酸锌和磷酸钠在常温下分别加水溶解成稀溶液，将磷酸钠溶液加入带搅拌的夹套反应釜中，控制反应釜内的温度在80℃左右，将硫酸锌溶液缓慢加入反应釜中，逐步生成白色磷酸锌沉淀，反应 1h 后，将反应液放入过滤机过滤、热水洗涤，在 120℃下干燥，即得四水磷酸锌。

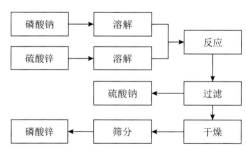

图 7-3　复分解法制备磷酸锌的工艺流程示意图

（2）氧化锌直接法制备磷酸锌

氧化锌直接法制备磷酸锌的工艺流程示意图见图 7-4。

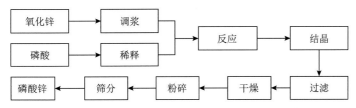

图 7-4 氧化锌直接法制备磷酸锌的工艺流程示意图

85%的商品磷酸加水稀释成浓度为 15%～30%的稀磷酸，加入带搅拌的夹套反应釜中，将精制氧化锌加水调制成 20%左右的浆料，缓慢加入反应釜中，反应温度维持在30℃以下，调节 pH 为 6.8，加入磷酸锌晶种，待白色磷酸锌沉淀逐渐析出，经陈化、过滤、热水洗涤，于 120℃下脱水，再经粉碎、筛分，即得二水磷酸锌。若要得到无水磷酸锌，在 650℃下脱水 30min 即可。

为防止生产过程中氧化锌产生包裹现象，一般要求反应体系的浓度低，可加入一定量的分散剂或表面活性剂，达到减小磷酸锌颗粒尺寸和控制粒子形貌的目的。

（3）氧化锌间接法制备磷酸锌

氧化锌间接法制备磷酸锌的工艺流程示意图见图 7-5。

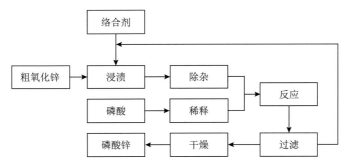

图 7-5 氧化锌间接法制备磷酸锌的工艺流程示意图

以 75%～80%的粗氧化锌为原料，用络合剂浸取氧化锌中的 Zn^{2+}，除去不溶性杂质。工业磷酸稀释至 20%～25%，在反应釜中加热到 70℃，将络合锌溶液缓慢加入装有工业磷酸的反应釜中，反应 2h，产生白色磷酸锌沉淀，过滤，在 120℃下干燥 3h，制得平均粒径<10μm 不用粉碎的产品。广西大学联合广西化工研究院有限公司的研究结果表明，该法制备的磷酸锌产品在重金属、电导率、吸油值、白度、可溶性离子等质量指标上均优于国内外同类产品。

（4）磷酸锌铝的生产方法

磷酸锌铝生产工艺流程示意图见图 7-6。

将氢氧化铝缓慢加入装有磷酸溶液（磷酸浓度约 40%）的反应釜中，控制磷酸过量 0.2%～0.5%，反应釜内温度维持在 100～110℃，反应 1h，得到磷酸二氢铝；然后再将配制好的氧化锌料浆（氧化锌稍过量，以中和磷酸二氢铝溶液中多余的磷酸）缓慢加入反应釜中，在 80℃下反应 2h，生成磷酸锌铝沉淀物，经过滤、干燥、粉碎，即得磷酸锌铝成品。

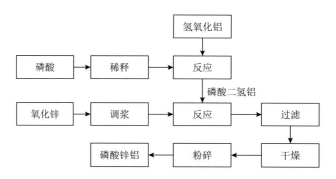

图 7-6 磷酸锌铝生产工艺流程示意图

（5）主要设备

生产磷酸锌的主要设备包括带搅拌的夹套反应釜及其分离设备。

浸没循环撞击流反应器（SCISR）是一种新型反应器，主要结构是对称安装的 2 个导流筒，内部有一对螺旋桨，反应物流在反应器内形成一个高度湍动的撞击区，有效促进分子水平的微观混合，从而产生过饱和度很高且瞬间均匀的混合相。武汉工程大学利用该反应器开展了制备纳米级磷酸锌工艺的研究，主要流程如下：用乙酸溶解氧化锌，将得到的乙酸锌溶液加入 SCISR 中，然后加入磷酸，磷酸与氧化锌摩尔比为 0.67，控制反应温度为 70℃，反应 1h，将生成的磷酸锌白色沉淀过滤、洗涤，滤饼在 150℃下干燥 5h，即得平均粒径为 30～50nm 的磷酸锌产品。乙酸滤液返回系统溶解氧化锌循环使用[3]。该法为一种新的纳米磷酸锌合成技术，尚未见工业化应用报道。

（6）原料消耗定额

四水磷酸锌[$Zn_3(PO_4)_2 \cdot 4H_2O$]原料消耗定额如下。

中和法：85% H_3PO_4 0.5t/t，97% ZnO 0.59t/t。

复分解法：98% $Na_3PO_4 \cdot 12H_2O$ 1.7t/t，98% $ZnSO_4 \cdot 2H_2O$ 1.4t/t。

7.2.4 锌系正磷酸盐的用途

1. 磷酸二氢锌的用途

磷酸二氢锌在电镀工业中主要用于金属的防腐处理，也用于配制金属表面的防锈磷化处理剂——磷化液，可去除钢铁表面原已产生的锈蚀层，形成磷化保护膜，防止金属表面进一步锈蚀。这种磷化膜致密、均匀、稳定性好，与基体结合力强，耐水洗、耐候性好。金属表面经磷化处理后再涂覆油漆时，油漆的附着力大大增强，比未经磷化处理直接涂漆提高 2～10 倍。现汽车车厢、集装箱等大型钢铁制品大部分都使用磷化液处理。磷酸二氢锌在配制磷化液时的用量弹性较大，从百分之几到百分之几十均可。磷酸锌盐防锈处理剂配方很多，主要成分由以磷酸二氢锌为基础的多种磷酸盐组成的磷化体系、氧化促进剂、酸度调节剂等构成[4]。用含有磷酸二氢锌的磷化液涂覆钢铁等制品的涂漆前处理，可与电泳、浸漆、喷塑、喷涂等涂装工艺配套应用。

磷酸二氢锌可用作陶瓷工业的着色剂、制造胶合板的黏结剂、玻璃工业的澄清剂、分析试剂、防腐剂等。

2. 磷酸锌的用途

磷酸锌的 PO_4^{3-} 阴离子与 Fe^{3+} 三价铁离子具有很强的络合能力，可在金属表面形成致密的磷酸铁钝化膜，这种钝化膜不溶于水，附着力强，硬度高，因此具有良好的防锈性能。因此，磷酸锌主要用于金属防锈处理，涂覆在金属裸基层或电镀过的金属表面，也可添加于防锈颜料涂料（如酚醛漆、环氧漆、丙烯酸漆、醇酸漆以及水溶性树脂漆等）中，制备各种耐水、耐酸、耐温防腐蚀涂料。磷酸锌广泛应用于船舶、汽车、火车、工业机械、轻金属、家用电器及食品级金属容器等的防锈漆中，也可添加到一些润滑油中起到机械防锈的作用。磷酸锌可取代目前大量使用的红丹、锌铬黄等有毒的铅铬系防锈颜料。在颜料涂覆过程中，在磷酸锌基层上涂漆比在红丹、锌铬黄等铅铬系防锈颜料的表面上涂漆更快，且不影响防锈性能，还能阻止水和盐的侵蚀，提高工作效率。在高湿度条件下使用磷酸锌，能够提高颜料与基体的相互黏附力，在基体表面形成稳定的防锈蚀涂层。

磷酸锌粒径小，在橡胶、树脂等高分子材料中可渗透入分子结构中，是生产阻燃型氯化橡胶和合成高分子材料的良好的磷系阻燃剂（高温燃烧过程中磷酸锌发生脱水反应，PO_4^{3-} 形成复杂的 P—O 基交联结构并释放水分子，在燃烧基体表面形成绝氧覆盖层，起到防火阻燃的作用）。

医药级磷酸锌用作牙齿黏合剂，是迄今最古老、最广泛的牙科水泥，大部分牙齿黏合剂中都添加有磷酸锌。磷酸锌通常作为牙封胶、牙床和假牙的黏结剂使用，修复后的牙齿非常牢固。

磷酸锌分子筛还可用作催化材料、气体吸附与分离剂、离子交换剂等。

7.3 焦磷酸锌

7.3.1 理化性质

焦磷酸锌，分子式为 $Zn_2P_2O_7$，相对分子质量为 304.68，白色粉末，相对密度为 3.75；不溶于水，能溶于稀酸、氨水碱或铵盐溶液；由可溶性锌盐与磷酸铵溶液共热而制得。

7.3.2 制备技术

现有的焦磷酸锌有以下三种制备方法。

1）按配方算出硫酸锌的质量，然后按约 2 份硫酸锌与 1 份焦磷酸钾反应生成焦磷酸锌沉淀，洗去硫酸钾。

$$2ZnSO_4 \cdot 7H_2O + K_4P_2O_7 \Longrightarrow Zn_2P_2O_7\downarrow + 2K_2SO_4 + 14H_2O$$

将计量的硫酸锌和焦磷酸钾分别用热水溶解完全，然后在搅拌的条件下将硫酸锌溶液加到焦磷酸钾溶液中，待全部加完后，用热水（或温水）稀释，静置沉淀，将上清液用虹吸法弃掉，再加入纯水进行搅拌，然后再次静置使沉淀，并用虹吸法去除上清液中的SO_4^{2-}，这样反复2~3次即可。

2）通过氢氧化锌与磷酸直接合成，得到中间产物磷酸一氢锌，再对磷酸一氢锌进行煅烧，得到焦磷酸锌。

3）通过锌粉与硝酸反应得到硝酸锌，再与磷酸一氢铵复分解得到中间产物磷酸一氢锌，再对磷酸一氢锌进行煅烧，得到焦磷酸锌。

谭泽等[5]提供了一种适合于电子行业使用的高纯度焦磷酸锌的制备方法，该方法是先使高纯金属锌粉与稀硝酸反应生成硝酸锌溶液，再用等当量的试剂级磷酸氢二铵与硝酸锌反应，经过滤和烘干，得到一水合磷酸氢锌，将一水合磷酸氢锌置于550~650℃下高温聚合2~3h，冷却即得成品焦磷酸锌。高纯度焦磷酸锌制备工艺流程图如图7-7所示。

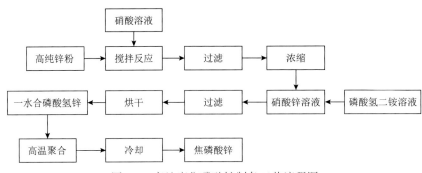

图7-7　高纯度焦磷酸锌制备工艺流程图

具体实施方法如下。

1）硝酸锌制备：称取19.4g试剂级浓硝酸溶液（65%），加入纯水配制成1L浓度为0.2mol/L的稀硝酸溶液，再称取7.2g锌粉，分三次将锌粉缓慢加入上述溶液中，当观察到反应液中没有气泡产生时，将反应液过滤，滤液加热浓缩至$Zn(NO_3)_2$溶液的浓度为0.2mol/L。

2）一水合磷酸氢锌的制备：称取上述$Zn(NO_3)_2$溶液500mL；再称取13.2g无水试剂级$(NH_4)_2HPO_4$溶解在500mL纯水中，配制成浓度为0.2mol/L的$(NH_4)_2HPO_4$溶液，采用对加的方式，将$(NH_4)_2HPO_4$溶液和$Zn(NO_3)_2$溶液同时滴加到反应容器中，$(NH_4)_2HPO_4$溶液的滴加速度为20mL/s，$Zn(NO_3)_2$溶液的滴加速度为18mL/s，反应温度控制在65~70℃，并用65%试剂级浓硝酸控制反应液的pH为2~3，反应时间为30min左右，反应完成后保持温度为60~70℃，继续搅拌30min，然后静置30min，除去上清液，沉淀用65~70℃热纯水搅开并搅拌30min，静置1h，如此洗涤3次后将沉淀抽滤至干，置80℃烘干4h，得产物一水合磷酸氢锌。

3）焦磷酸锌的制备：将上述得到的一水合磷酸氢锌置于550℃下进行高温聚合3h，经冷却，最终制得焦磷酸锌成品，其产率为94%，堆积密度为0.22g/cm³。

刘鹏等[6]提供了一种焦磷酸锌的制备方法。区别于一般两段合成方式，利用焦磷酸锌不溶于水的特性，采用复分解法，将焦磷酸钾与氯化锌进行反应，得到焦磷酸锌与氯化钾，其纯度可以得到有效保障。具体为将纯化后的氯化锌溶液加入反应器中，升温至 90～100℃，向其中加入纯化后的焦磷酸钾溶液，为了防止发生副反应而生成磷酸锌、磷酸二氢锌和磷酸一氢锌等副产物，先以小于 60L/min 的流速加入理论值的 5%～10%，保温 90～100℃反应 30～60min，形成晶种，再以 100～120L/min 的流速向其中加入剩余的焦磷酸钾溶液，反应方程式为

$$K_4P_2O_7+2ZnCl_2 \xrightarrow{\quad\quad} Zn_2P_2O_7+4KCl$$

加入适量磷酸，调整 pH 为 2～3，确保反应为正向反应，防止逆反应发生，保温 90～100℃，搅拌反应 2～3h，出现大量白色沉淀，沉降，得到焦磷酸锌粗品。将得到的焦磷酸锌粗品的上清液去掉，取出沉淀，离心固液分离，加入高纯水水洗，控制氯离子浓度小于 500ppm，pH 为 6～7，得到焦磷酸锌滤饼；将焦磷酸锌滤饼在 300～350℃烘干 3～4h，冷却后粉碎、过筛，得到焦磷酸锌精品。复分解法制焦磷酸锌的工艺流程示意图如图 7-8 所示。

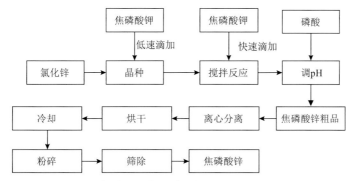

图 7-8　复分解法制焦磷酸锌的工艺流程示意图

具体实施方法：取分析纯盐酸 217kg 加入聚四氟反应釜中，加入高纯水稀释到质量浓度为 20%，搅拌并加热升温至 55℃，向其中加入 81kg 氧化锌粉末，盐酸与氧化锌的摩尔比为 2.2∶1，加热升温至 95℃保温，搅拌溶解 40～60min 至无色透明，得到氯化锌溶液；将氯化锌溶液放到聚丙烯（PP）大桶中，加入偏锡酸沉降至少 8h，将氯化锌上清液中的金属杂质（铁、钴、镍、钛、钒、铬、镉、铜、铅等）的浓度降至 0.05 mg/L 以下；将沉降好的氯化锌溶液上清液通过精度为 1μm 的过滤器过滤到 PP 大桶中待用，得到纯净的氯化锌溶液；在另一反应釜中加入 400kg 高纯水，在搅拌的条件下加入 165kg 食品级无水焦磷酸钾，升温至 50～60℃，溶解至无色透明，得到焦磷酸钾溶液；将焦磷酸钾溶液放到 PP 大桶中加入活性炭，搅拌 2～3h，沉降至少 8h，将焦磷酸钾上清液中的金属杂质（铁、钴、镍、钛、钒、铬、镉、铜、铅等）的浓度降至 0.05mg/L 以下；将沉降好的焦磷酸钾上清液通过精度为 1μm 过滤器过滤到 PP 大桶中待用，得到纯净的焦磷酸钾溶液；将所得的氯化锌溶液加入四氟反应釜中，升温至 90～100℃，向其中加入纯化的焦磷酸钾溶液，加入流速为 55 L/min，先加入理论值的 6%，保温 90～100℃反应 30～40min，形成晶种，再向其中加入剩余的焦磷酸钾溶液，流量为 105L/min；接着加入适量磷酸，调整 pH 为 2.6～3，保温 90～100℃，搅拌反应

2～3h，出现大量白色沉淀，放到 PP 大桶中沉降，得到焦磷酸锌粗品；将得到的焦磷酸锌粗品的上清液去掉，取出沉淀，进行离心，离心转速为 1000～1200r/min，离心 20～25min，加入高纯水水洗，控制氯离子浓度为 436mg/L，pH 为 6.6～7，得到焦磷酸锌滤饼；将焦磷酸锌滤饼放到特制坩埚中，置入升降炉中进行烘干，320℃烘干 3.5h，冷却后粉碎，过 40～60 目筛子，得到目标产物即焦磷酸锌精品。

7.3.3　焦磷酸锌的用途

焦磷酸锌作为一种光学玻璃添加剂，在对光学玻璃的透过率和折射率调整方面有着良好的作用，越来越多的光学玻璃生产厂家生产以焦磷酸锌为添加剂的相关牌号的玻璃。

焦磷酸锌可以配制镀锌电镀液，也可以作为金属防锈剂。

7.4　偏磷酸锌

7.4.1　理化性质

偏磷酸锌，zinc metaphosphate，分子式为 $Zn(PO_3)_2$，相对分子质量为 223.33，玻璃状态粉末，微溶于水，光学纯≥99.0%。

7.4.2　制备技术

朱建平等[7]提供了一种高纯度光学玻璃添加剂偏磷酸锌的制备方法，该方法包括步骤：制备磷酸二氢锌结晶和聚合偏磷酸锌。具体为，在 950～1350℃下对磷酸二氢锌结晶进行煅烧，得到纯度为 99.95%～99.99%的偏磷酸锌成品。

化学反应式如下：

$$ZnO + 2H_3PO_4 =\!=\!=\!= Zn(H_2PO_4)_2 + H_2O$$

$$Zn(H_2PO_4)_2 \cdot 4H_2O =\!=\!=\!= Zn(H_2PO_4)_2 \cdot 2H_2O + 2H_2O$$

$$Zn(H_2PO_4)_2 \cdot 2H_2O =\!=\!=\!= Zn(H_2PO_4)_2 \cdot 0.5H_2O + 1.5H_2O$$

$$Zn(H_2PO_4)_2 \cdot 0.5H_2O =\!=\!=\!= Zn(H_2PO_4)_2 + 0.5H_2O$$

$$Zn(H_2PO_4)_2 =\!=\!=\!= Zn(PO_3)_2 + 2H_2O$$

具体实施方法：取高纯度氧化锌加入搪瓷反应釜内，加入去离子水，并搅拌成含固量为 55%的糊状物；将浓度为 85%的高纯试剂磷酸加入搪瓷反应釜内，加去离子水调配成浓度为 75%的磷酸，升温至 85℃后，在充分搅拌的情况下，缓慢加入制备的氧化锌糊状物进行反应，整个反应过程保持反应物溶液清亮透明，反应至 pH 为 2 时，得磷酸二氢锌溶液；将磷酸二氢锌溶液升温到 135℃浓缩反应物的相对密度至 1.66 后，放料入冷却容器中，待温度降至 70℃时加搅拌并在冷却容器外加冷却水冷却结晶至室温，得磷酸二氢锌结晶；将磷酸二氢锌结晶放入离心机进行液固分离，将甩干后的磷酸二氢锌结晶装入二氧化硅陶瓷坩埚中，将二氧化硅陶瓷坩埚放入煅烧炉中，煅烧温度为1150℃，煅烧 5h，煅烧成玻璃态的偏磷酸锌流入盛有冷却水的容器中，形成玻璃渣状的偏磷酸锌。

蒋加富[8]提出了一种光学级偏磷酸锌的制备方法，该方法包括如下步骤：配置磷酸二氢铵水溶液，并除去水不溶物；经过离子交换装置，以脱除有色金属和杂质离子；并结合环保氧化锌与光学级磷酸二氢铵中-高温两段法洁净煅烧反应，可制备得到光学级偏磷酸锌。

具体实施方法：250kg 含量为 98%的工业级磷酸二氢铵溶于水配制成 2042kg 质量分数为 12%的磷酸二氢铵水溶液中，采用精密布袋压滤的方式去除微量水不溶物；以4.5L/min 的流速经过一组由 001×4、741 型阳离子交换树脂和 D406、D407 型阴离子交换树脂组合而成的复合离子交换装置，以脱除 Fe、Mn、Pb、Cr、Cu、Ni、Co 等有色金属和氯离子、硫酸根离子等杂质；蒸发浓缩提浓至 38%；将提浓液冷却至 25℃进行冷却结晶并进行固液离心分离，分离后所得晶体物采用高效沸腾干燥，高效沸腾干燥机进风温度为 138~150℃，塔体温度为 122~135℃，出风温度为 95~102℃，单次投料量不超过 200kg，干燥时间为 2.5h，得到 170kg 磷酸二氢铵，分离后的分离液与经离子交换后的溶液混合；取 63kg 环保 1 级氧化锌与 170kg 磷酸二氢铵在内部腔体喷塑的二维混合机内混合 2h，混合料采用电炉中温煅烧，煅烧温度为 500℃，煅烧时间为6h，得到偏磷酸锌中间体 181kg，中温煅烧过程以耐高温碳纤维为物料接触媒介，炉腔采用蒙乃尔合金材质；偏磷酸锌中间体采用陶瓷碾压机预处理粉碎后，进入高温电炉煅烧，煅烧温度为 840℃，煅烧时间为 5h，得到偏磷酸锌碎粉料 170kg，高温电炉炉腔采用高纯刚玉内衬；偏磷酸锌碎粉料采用陶瓷粉碎机洁净粉碎后，在内部腔体喷塑的三维混料机中混合 2h，得到 169kg 光学级偏磷酸锌粉体成品，真空包装，其综合收率为 97.7%。

彭双义等[9]公开了一种偏磷酸锌的合成方法，以磷酸和氧化锌为原料，将两者按一定比例混合，在 100~500℃下焙烧 2~10 h，焙烧后得到偏磷酸锌结块，偏磷酸锌结块经破碎后过筛得到偏磷酸锌粉末，该过程中主要发生以下反应：

$$ZnO+2H_3PO_4 \Longrightarrow Zn(PO_3)_2+3H_2O(g)$$

具体实施方法：称取氧化锌 5g、磷酸 15g，倒入刚玉坩埚中搅拌混合均匀，将坩埚放入马弗炉中焙烧，设置温度为 200℃，焙烧 8h 后待冷却至室温，将坩埚中的固体倒出，得合成物的质量为 16.28 g。

7.4.3 偏磷酸锌的用途

偏磷酸锌主要用于制造磷酸盐光学玻璃、氟磷酸盐光学玻璃、磷硅酸盐光学玻璃。偏磷酸盐适合于高熔点光学玻璃，用于制造高功率的激光系统，高重复率激光器，精确制导导弹、巡航导弹及军用飞机的玻璃罩，吸波涂层玻璃材料，手机镜头，高级摄影机，数码照相机镜头，车载或安防监控等成像设备镜头玻璃原料，高铝盖板显示玻璃材料。偏磷酸盐还用作高温黏合剂材料、耐火材料、陶瓷材料、特种玻璃封接材料等。

7.5 亚磷酸锌

7.5.1 理化性质

亚磷酸锌，zinc phosphide，分子式为 $ZnHPO_3$，深灰色粉末，是一种有剧毒的危险化学品。有磷臭味，熔点为 742℃，沸点为 1100℃；不溶于水和醇类，溶于酸类、苯、二硫化碳；由锌粉与红磷在 500～600℃下反应而成，可与无机酸反应并生成剧毒的磷化氢；可用作杀鼠剂。

亚磷酸锌是用途十分广泛的精细化工产品。它是优良的防锈颜料，并能作阻燃剂，用亚磷酸锌配成的醇酸防锈漆具有优良的防锈性能。一般认为亚磷酸根具有还原性，因此亚磷酸盐属于还原性防锈颜料，它能促进极反转，抑制局部阴极反应。它在空气中能被氧化为磷酸锌。

亚磷酸锌对高密度聚乙烯（HDPE）和 PP 具有阻燃作用，试样氧指数测定表明，添加亚磷酸锌后，HDPE 和 PP 氧指数增大，且试样燃烧时烧焦，形成壳层包裹着试样。说明亚磷酸锌的阻燃机理可能与一般的磷系阻燃剂类似，在高温下生成磷酸，使试样表面形成不燃性液态膜，阻缓燃烧。同时，磷酸又可生成聚偏磷酸，它具有强烈的脱水作用，促使 HDPE 和 PP 在高温下被氧化生成的表面含氧基因脱水炭化结焦，生成表面保护层限制燃烧的发展，起到阻燃作用。

7.5.2 制备技术

亚磷酸锌的制备方法有：锌粉与磷反应，亚磷酸与氢氧化锌反应，可溶性锌盐和亚磷酸盐进行复分解反应，氧化锌和亚磷酸反应等。

复分解法合成亚磷酸锌的反应：

$$ZnSO_4 + Na_2HPO_3 =\!=\!= Na_2SO_4 + ZnHPO_3\downarrow$$

将可溶性锌盐如硫酸锌和亚磷酸盐配制一定浓度的水溶液，在常温下反应得到白色亚磷酸锌沉淀，经过滤、洗涤、烘干得产品。

中和法用氧化锌或氢氧化锌与亚磷酸反应：

$$ZnO + H_3PO_3 =\!=\!= ZnHPO_3\downarrow + H_2O$$

由于该反应为多相反应，而且 H_3PO_3 电离度较小（K_1=1.6×10^{-2}，K_2=7.0×10^{-7}），溶液中亚磷酸根（HPO_3^{2-}）含量较低，所以需加入催化剂以加快反应速率。

7.5.3 亚磷酸锌的用途

亚磷酸锌可以作为防锈颜料和阻燃剂，并能用作汞中毒的解毒剂及紫外线遮蔽剂等。

7.6 次磷酸锌

7.6.1 理化性质

次磷酸锌，$Zn(H_2PO_2)_2 \cdot H_2O$，相对分子质量为 213.36，无色晶体或白色粉末，有潮解性，能溶于水及碱溶液；由次磷酸溶液与氢氧化锌反应制得；用作医药防腐剂和收敛剂。

7.6.2 制备技术

在四颈烧瓶中加入 8 mol/L 一水次磷酸钠溶液，于 75℃下缓慢滴加氯化锌溶液，物料配比按 $n(H_2PO_2^-):n(Zn^{2+})=2.4:1$ 滴毕，反应 3h。过滤，滤饼用无水乙醇洗涤，真空干燥得次磷酸锌，其产率为 60.3%。

7.6.3 次磷酸锌的用途

次磷酸锌用作医药防腐剂和收敛剂。

参 考 文 献

[1] 王金霞, 高艳阳. 水热条件下磷酸锌的合成与表征[J]. 山西化工, 2005(1): 30-31.
[2] 郭仁庭, 覃忠富, 傅长明, 等. 磷酸锌生产技术现状及发展趋势[J]. 大众科技, 2011(6): 89-91.
[3] 周玉新, 朱华娟, 李哲伦. 撞击流反应制备纳米磷酸锌改进工艺研究[J]. 武汉理工大学学报, 2008(9): 64-67.
[4] 李东光. 化工产品手册: 专用化学品[M]. 5 版. 北京: 化学工业出版社, 2008.
[5] 谭泽, 李明, 洪朝辉, 等. 一种电子级高纯焦磷酸锌的制备方法[P]: CN, 102153062A. 2011-08-17.
[6] 刘鹏, 张勤生, 赵全民, 等. 一种焦磷酸锌的制备方法[P]: CN, 115124014A. 2022-09-30.
[7] 朱建平, 刘明钢, 林玉果, 等. 一种高纯度光学玻璃添加剂偏磷酸锌的制备方法[P]: CN, 110092364A. 2019-08-06.
[8] 蒋加富. 一种光学级偏磷酸锌的制备方法[P]: CN, 111422848A. 2020-07-17.
[9] 彭双义, 王勇, 赵为上, 等. 一种偏磷酸锌的合成方法及其在硫酸锌溶液除铊中的应用[P]: CN, 115650196A. 2023-01-31.

第 8 章
锰系磷酸盐

■ 8.1 锰系磷酸盐概述

在我国，锰化合物基础原料的生产已形成不同工业规模，硫酸锰、氯化锰、硝酸锰、高锰酸钾、碳酸锰等都已获得大量应用，其他无机锰化合物也正在逐步发展。根据资料介绍，国际上商品化的无机锰盐达 30 种以上，其中磷酸锰盐：磷酸锰[$MnPO_4·H_2O$（Ⅲ）]；磷酸亚锰 [$Mn_3(PO_4)_2·7H_2O$]；磷酸氢锰 [$MnHPO_4·3H_2O$]；磷酸二氢锰 [$Mn(H_2PO_4)_2·2H_2O$]；偏磷酸锰[$Mn(PO_3)_2·H_2O$]；次磷酸锰[$Mn(H_2PO_2)_2·H_2O$]；焦磷酸锰（$Mn_2P_2O_7$）等。目前工业产量较大的品种是磷酸二氢锰（Ⅱ）。

磷酸锰盐的用途较广，磷酸锰（Ⅲ）、磷酸锰（Ⅱ）都是重要的医药制品及化学用品。磷酸氢锰用于饲料添加剂及金属表面的磷化处理。磷酸二氢锰是锰盐中产量最大的产品，广泛用于钢铁表面的磷化处理，以增强钢铁表面的防腐蚀能力。

磷酸锰（Ⅲ）（又称磷酸三价锰），主要存在形式为一水合磷酸锰（Ⅲ），为橄榄绿色的晶体，不溶于水。

磷酸锰（Ⅱ）（又称磷酸亚锰），有三水合物和七水合物两种。三水合磷酸锰（Ⅱ）为斜方晶体。七水合磷酸锰（Ⅱ）为粉红色无定形粉末，102℃时脱水，溶于无机酸，不溶于水。

磷酸氢锰，一般为三水合物，有两种晶型：一种为红色粉末状，相对密度为 2.13，熔点为 550℃，650℃时分解，微溶于水，能溶于酸，不溶于醇，250℃时失去 1 个结晶水；另一种晶型为灰色粉末，只溶于热的浓盐酸。

磷酸二氢锰（又称磷酸一锰），为白色或玉白色结晶，吸湿性强，溶于水，水溶液呈酸性，不溶于醇；有腐蚀作用；一般为二水合物结晶，加热至 100℃以上时脱水。

焦磷酸锰（又称焦磷酸亚锰），无水物为玫瑰棕色单斜晶体，三水合物为白色无定形粉末。两者均不溶于水，但能溶于酸。焦磷酸锰溶于焦磷酸钠水溶液，不溶于丙酮。焦磷酸锰用于玻璃、陶瓷工业。

次磷酸锰，浅红色单斜晶体；溶于水，不溶于醇；150℃时失去结晶水，继续加热则分解。

8.2　锰系正磷酸盐

8.2.1　组成和特性

1. 组成和结构[1,2]

磷酸锰盐由金属锰离子和磷酸根离子构成。工业生产的磷酸锰盐主要有磷酸二氢锰和磷酸锰（Ⅱ）两个品种。磷酸二氢锰，分子式为 $Mn(H_2PO_4)_2 \cdot xH_2O$。磷酸锰（Ⅱ）分子式为 $Mn_3(PO_4)_2$。

2. 理化性质

纯净的磷酸二氢锰中 MnO_2 与 P_2O_5 摩尔比为 $1:2$，又称为季戈法特盐。而通常的工业品因含有磷酸铁盐，俗称"马日夫盐"。该产品为白色或微红色的结晶物，有吸湿性，溶于水而成絮状沉淀，其水溶液呈酸性，不溶于醇，与氧化物接触易被氧化成高价锰，有腐蚀性。含结晶水的磷酸二氢锰在 100℃下脱水，会生成含结晶水的磷酸氢锰，然后逐渐转化为稳定的无水磷酸氢锰。

磷酸锰（Ⅱ）$[Mn_3(PO_4)_2]$有三水合物、七水合物两种产品，其中三水盐为斜方晶系的结晶；而七水盐为粉红色，无定形粉末，易溶于水，可溶于无机酸，102℃下脱水形成无水物。

3. 产品规格

磷酸二氢锰产品主要为工业级，也有少量试剂级；磷酸锰主要是化学试剂。

8.2.2　磷酸二氢锰

磷酸二氢锰，又称磷酸一锰，manganous dihydrogen phosphate，别名为酸式磷酸锰。一般为二水合物结晶，化学式为 $Mn(H_2PO_4)_2 \cdot 2H_2O$，相对分子质量为 284.93，白色至灰白色或浅粉色单斜晶系结晶；有强吸湿性；易溶于水并发生水解而产生絮状沉淀；水溶液呈酸性；不溶于乙醇；加热至 100℃时失去结晶水而成无水物；与氧化物接触会发生反应；有腐蚀作用。

1. 生产原理

酸式磷酸锰主要有以下五种制备方法。

（1）磷酸-氧化锰法

以软锰矿为原料，在高温下用碳将软锰矿中的二氧化锰还原成氧化锰，再与磷酸反应，经除杂、浓缩、结晶得到酸式磷酸锰产品。软锰矿原矿伴生着 Cu 等其他金属，在还原过程中，这些物质也被一同还原处理，分离较为困难。因此，用该法生产的酸式磷酸锰产品杂质含量较高，产品纯度欠佳，且浓缩时热磷酸对设备有较大的腐蚀性。

$$MnO_2+C=\!=\!=MnO+CO\uparrow$$

$$MnO+2H_3PO_4=\!=\!=Mn(H_2PO_4)_2+H_2O$$

（2）磷酸-硫酸锰法

将工业硫酸锰、碳酸钠加热溶解，反应生成碳酸锰沉淀，碳酸锰再与磷酸反应得到酸式磷酸锰，然后加热至 70~80℃，加入碳酸钡除去硫酸根离子，澄清 24h，抽滤除渣，滤液经浓缩、结晶、离心分离制得酸式磷酸锰。

$$MnSO_4+Na_2CO_3=\!=\!=MnCO_3\downarrow+Na_2SO_4$$

$$MnCO_3+2H_3PO_4=\!=\!=Mn(H_2PO_4)_2+CO_2\uparrow+H_2O$$

（3）磷酸-碳酸锰法

磷酸-碳酸锰法与磷酸-硫酸锰法相似，仅省去硫酸锰转化成碳酸锰这一步，经一次酸化即可完成。以工业碳酸锰和 85%的工业磷酸为原料，进行酸解反应，生成磷酸锰沉淀，经过滤、洗涤后，再补加工业磷酸继续酸化，制得酸式磷酸锰。该法工艺简单，流程短，所得产品质量较好，没有副产品，原料消耗少。

（4）电解锰法

电解锰法是锰矿石首先经酸浸出获得锰盐，再将锰盐送电解槽电解析出单质金属锰；锰再与磷酸反应生成酸式磷酸锰，经浓缩、结晶、离心、干燥制得产品[3]。该法为高品质酸式磷酸锰的制备方法。

$$Mn+2H_3PO_4=\!=\!=Mn(H_2PO_4)_2+H_2\uparrow$$

该法所制备的产品不含硫酸盐，质量高，工艺简单，没有副产品，对环境污染小，但由于金属锰价格较高，产品成本也相对较高。

（5）磷酸-碳铵法

磷酸-碳铵法利用硫酸锰与碳酸氢铵反应首先获得碳酸锰沉淀，碳酸锰再与磷酸反应制得酸式磷酸锰[4]。与前四种制备方法相比，磷酸-碳铵法成本低，产品质量仅次于电解锰法。

$$MnSO_4+2NH_4HCO_3=\!=\!=MnCO_3\downarrow+(NH_4)_2SO_4+CO_2\uparrow+H_2O$$

$$MnCO_3+2H_3PO_4=\!=\!=Mn(H_2PO_4)_2+CO_2\uparrow+H_2O$$

2. 生产方法和工艺操作

以硫酸锰和碳铵为原料的磷酸-碳铵法是工业上最常用的生产酸式磷酸锰的方法。

（1）生产工艺与控制

磷酸-碳铵法制备酸式磷酸锰的工艺流程简图见图 8-1。

1）硫酸锰的制备与硫酸铵的回收。将硫酸锰置于反应槽中，用水加热溶解，配制成 30%左右的溶液，过滤，除去不溶性杂质后，加入反应釜中；碳酸氢铵在 25~35℃下溶解，制成饱和溶液，缓慢加入反应釜中，与硫酸锰溶液进行反应，制得玫瑰色的碳酸锰沉淀（反应终点的控制：取反应料液上层的澄清液，滴入饱和的碳酸氢铵溶液，不再形成碳酸锰沉淀，即为反应完全）。过滤反应液，热水洗涤固体物，再脱除全部硫酸根离子，得到碳酸锰（用氯化钡检测硫酸根离子）。过滤后得到的母液为硫酸铵溶液，经过浓缩结晶、过滤以及干燥等工序处理后，可作为农用硫酸铵产品进行销售。

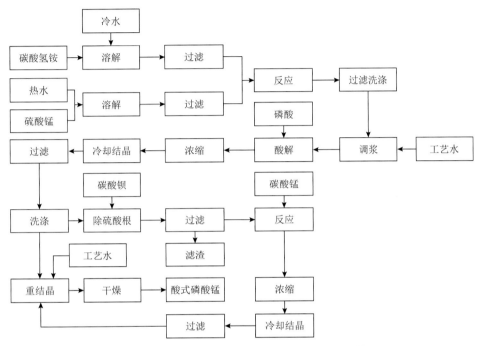

图 8-1　磷酸-碳铵法制备酸式磷酸锰的工艺流程简图

2）酸式磷酸锰的制备。酸式磷酸锰的生产大多采用"两次酸化转化"工艺，即一次酸化为磷酸锰，二次酸化为酸式磷酸锰。目前，某些企业尝试采用的"一步直接转化"工艺也取得了较好的结果。

将碳酸锰沉淀调成浆状，缓慢加入 50%的磷酸反应釜中进行酸解反应，磷酸稍微过量，以保证反应体系的酸度[酸度不足，所生成的酸式磷酸锰会水解析出磷酸氢锰沉淀，影响产品纯度]，反应得到酸式磷酸锰，此时反应料液的浓度应在 54%左右。

3）结晶与干燥。将反应器中料液加热浓缩至 86%，经冷却析出结晶，用双层涤纶滤布过滤、洗涤，脱除母液后，再经重结晶、干燥，便可制得酸式磷酸锰成品。

4）母液循环利用。从结晶器分离出来的 70～80℃母液，缓慢加入碳酸钡，生成硫酸钡沉淀，过滤，除去 SO_4^{2-}；在已除去 SO_4^{2-} 的母液中加入少量碳酸锰，至刚析出 $Mn(HCO_3)_2$ 沉淀，再加少量磷酸至沉淀溶解；该溶液中含有少量酸式磷酸锰，加热浓缩至 86%，立即趁热过滤，滤液经冷却即析出酸式磷酸锰晶体，晶体经离心机脱除母液后，送至重结晶工序。分离出来的母液返回系统，重复上述回收处理过程[5]。

（2）原料消耗定额

每吨酸式磷酸锰的原料消耗定额：98%硫酸锰 0.58t；碳酸氢铵 1.25t；85%磷酸 0.88t；98%碳酸钡 0.025t；工艺水 68t；电 60kW·h；副产农用硫酸铵 0.42t。

8.2.3 马日夫盐

1. 理化性质

马日夫盐又称季戈法特盐，是以酸式磷酸锰为主及少量磷酸氢锰($MnHPO_4$)和磷酸亚铁[$Fe(H_2PO_4)_2$]组成的混合物。马日夫盐进行钢铁磷化处理时，酸式磷酸锰分解成碱性较强的磷酸盐。

$$Mn(H_2PO_4)_2 \Longrightarrow MnHPO_4 + H_3PO_4$$

$$3MnHPO_4 \Longrightarrow Mn_3(PO_4)_2 + H_3PO_4$$

马日夫盐在金属表面形成致密的薄膜。马日夫盐在金属表面呈现的薄膜是一种继发过程，在成膜之前，金属先溶解。由于金属的溶解，在金属表面上阳极区及阴极区附近的溶液层成分发生变化，难溶磷酸盐的薄膜覆盖在金属表面上，保护金属免于腐蚀。磷酸盐薄膜也是一种良好的底膜，适于在其表面上再涂刷用于保护和装饰的有机涂层。

2. 制备技术

马日夫盐的生产方法[6]：一般采用锰和铁的硫酸盐与磷酸钠盐反应，生成磷酸锰和磷酸亚铁的混合物沉淀，再用磷酸酸解，转化为磷酸二氢锰和磷酸亚铁。具体为，在 60～70℃下，将硫酸锰和硫酸亚铁与磷酸钠反应：

$$3MnSO_4 + 2Na_3PO_4 \Longrightarrow Mn_3(PO_4)_2\downarrow + 3Na_2SO_4$$

$$3FeSO_4 + 2Na_3PO_4 \Longrightarrow Fe_3(PO_4)_2\downarrow + 3Na_2SO_4$$

反应生成的沉淀物，经过滤、洗涤除去硫酸钠后，沉淀物用过量磷酸酸解：

$$Mn_3(PO_4)_2 + 4H_3PO_4 \Longrightarrow 3Mn(H_2PO_4)_2$$

$$Fe_3(PO_4)_2 + 4H_3PO_4 \Longrightarrow 3Fe(H_2PO_4)_2$$

酸解过程中有少量磷酸氢锰生成：

$$Mn_3(PO_4)_2 + Mn(H_2PO_4)_2 \Longrightarrow 4MnHPO_4$$

酸解过程反应放热，溶液温度升高，冷却后凝成固体，在 80～100℃下干燥，得到含 Mn 17%～19%、Fe 1.5%～2.5%、P_2O_5 49%～52%的混合物。

把金属锰和铁溶解于热磷酸中，也可制得马日夫盐。

8.2.4 磷酸锰（Ⅲ）

1. 理化性质

磷酸锰（Ⅲ）（又称磷酸三价锰），主要存在形式为磷酸锰（$MnPO_4 \cdot H_2O$，Ⅲ），为橄榄绿色的晶体，不溶于水，在热浓硫酸中变成紫色溶液。$MnPO_4 \cdot H_2O$ 热稳定性好，加热至 300～400℃时，慢慢失水成为无水物。$MnPO_4 \cdot H_2O$ 加热至红热状态，则放出氧而成为焦磷酸锰。

2. 生产方法

将乙酸锰（Ⅲ）与磷酸按化学计量反应，得到一水合物结晶，反应式为

$$Mn(CH_3COO)_3 + H_3PO_4 + H_2O = MnPO_4 \cdot H_2O + 3CH_3COOH$$

在热磷酸中加入经硝酸酸化的硝酸锰（Ⅱ）溶液，反应生成磷酸锰（Ⅲ）呈一水合物结晶析出。

周菊红等[7]以六水硝酸锰和十二水磷酸钠为原料，酸性、150℃水热条件下反应 24h 制备出深绿色 $MnPO_4 \cdot H_2O$ 颗粒。对产物的结构进行 XRD、SEM、荧光光谱、红外光谱等表征。XRD 分析表明得到的产物为纯净的底心单斜相 $MnPO_4 \cdot H_2O$，显示原料中的正二价的锰离子被氧化为正三价的锰离子。

具体实施方法：称取 1mmol $Na_3PO_4 \cdot 12H_2O$ 和 1mmol $Mn(NO_3)_2 \cdot 6H_2O$，将其分别完全溶于 5mL 水中，在磁力搅拌下向 Na_3PO_4 溶液中滴加 $Mn(NO_3)_2$ 溶液，得到白色悬浊液。继续搅拌 10min，用 1mol/L HNO_3 将溶液的 pH 调至 3.5，转移到反应釜中，在 150℃的条件下反应 24h，自然冷却至室温。用一次水洗涤三次，然后用乙醇洗两次，离心分离，60℃烘箱中烘干得产品。

8.2.5 磷酸氢锰

1. 理化性质

磷酸氢锰，分子式为 $MnHPO_4$，一般为三水合物（$MnHPO_4 \cdot 3H_2O$）。磷酸氢锰有两种晶型：一种为红色粉末状，相对密度为 2.13，熔点为 550℃，650℃时分解，微溶于水，能溶于酸，不溶于醇，250℃时失去 1 个结晶水；另一种晶型为灰色粉末，只溶于热的浓盐酸。

2. 生产方法

红色粉末状磷酸氢锰可由 $Mn_3(PO_4)_2$ 与 H_3PO_4 作用制得，磷酸浓度约 28% P_2O_5。灰色粉末状磷酸氢锰由磷酸在一定的条件下分解碳酸锰形成。磷酸氢锰主要用于饲料添加剂。

8.2.6 磷酸锰（Ⅱ）

1. 理化性质

磷酸锰（Ⅱ），又称磷酸亚锰，$Mn_3(PO_4)_2$，有三水合物和七水合物两种，三水合磷酸锰（Ⅱ），$Mn_3(PO_4)_2 \cdot 3H_2O$，为斜方晶体。七水合磷酸锰（Ⅱ），$Mn_3(PO_4)_2 \cdot 7H_2O$，为粉红色无定形粉末，102℃时脱水，溶于无机酸，不溶于水。

2. 生产原理

磷酸锰的生产方法主要有复分解法、水热法、二氧化锰-磷酸法三种，另外，在工业上生产磷酸锰时可联产硫酸锰和硫酸盐（硫酸钙、硫酸锶和硫酸铵），即磷酸锰联产

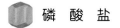

硫酸盐法。

复分解法以可溶性的磷酸盐和硝酸锰盐为原料，在水溶液中发生离子的相互交换，结合成难电离的磷酸锰，经分离得到最终产品。

$$2Na_3PO_4 \cdot 12H_2O + 3Mn(NO_3)_2 \cdot 6H_2O \xrightarrow{} Mn_3(PO_4)_2 + 6NaNO_3 + 42H_2O$$

水热法主要是以常见的锰盐和磷酸盐为原料，先预反应生成水热反应前驱物，然后在密封的压力容器内，以水为溶剂，在缓慢加热的过程中，产生高温高压以进行化学反应，得到磷酸锰产品。

二氧化锰-磷酸法是利用二氧化锰和磷酸两个反应物分子的扩散接触，逐步完成扩散过程、新化合物的形成、产物晶体缺陷消失等过程，最终生成磷酸锰产物分子。

$$6MnO_2 + 4H_3PO_4 \xrightarrow{} 2Mn_3(PO_4)_2\downarrow + 6H_2O + 3O_2\uparrow$$

磷酸锰联产硫酸锰和硫酸钙是方锰石粉与硫酸反应得到硫酸锰，硫酸锰再与磷酸钙反应得到磷酸锰和硫酸钙的一种方法。

$$MnO + H_2SO_4 \xrightarrow{} MnSO_4 + H_2O$$

$$3MnSO_4 + Ca_3(PO_4)_2 + 6H_2O \xrightarrow{} Mn_3(PO_4)_2 + 3CaSO_4 \cdot 2H_2O$$

磷酸锰联产硫酸锶和磷酸铵的方法是采用对苯二酚所产生的含锰废液制造磷酸锰联产硫酸锶和磷酸铵。

$$3MnSO_4 + Sr_3(PO_4)_2 \xrightarrow{} Mn_3(PO_4)_2 + 3SrSO_4$$

$$3(NH_4)_2SO_4 + Sr_3(PO_4)_2 \xrightarrow{} 2(NH_4)_3PO_4 + 3SrSO_4$$

$$3H_2SO_4 + Sr_3(PO_4)_2 \xrightarrow{} 3SrSO_4 + 2H_3PO_4$$

3. 生产方法和工艺操作

（1）生产工艺与控制

1）复分解法制备磷酸锰的工艺流程示意图见图 8-2。

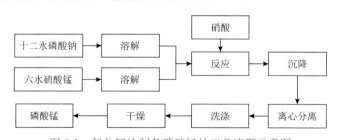

图 8-2　复分解法制备磷酸锰的工艺流程示意图

$Na_3PO_4 \cdot 12H_2O$ 和 $Mn(NO_3)_2 \cdot 6H_2O$ 分别溶解成适当浓度的溶液，将 $Mn(NO_3)_2$ 溶液加入反应釜中，逐步形成悬浊液，用 HNO_3 调节 pH 至 5.8 左右，再反应数小时，经沉降、离心分离、洗涤、在 60℃下干燥，便可得到磷酸锰产品。复分解法工艺简单，但反应不彻底，产品锰含量偏低。

2）水热法合成磷酸锰尚处于实验室研究阶段，其制备过程为：称取一定量 $Na_3PO_4 \cdot 12H_2O$ 和 $Mn(NO_3)_2 \cdot 6H_2O$ 分别溶于适量水中，在搅拌作用下向 Na_3PO_4 溶液中滴加 Mn(NO$_3$)$_2$ 溶液，得到白色悬浊液，继续搅拌 10min；再用 HNO$_3$ 将溶液的 pH 调至 3.5，转移至反应釜中，并在 150℃条件下反应 24h，然后自然冷却至室温。再用一次水洗涤三次，乙醇洗涤两次，离心分离，再至 60℃烘箱中烘干，便可得到磷酸锰产品。

水热法所制备的磷酸锰[8]具有较完美的结晶，晶体均匀一致，有很强的荧光光谱发射峰，表现了很强的光学效应，因此有望用作发光材料。但该法难以控制，反应时间过长，不易实现工业化。

3）二氧化锰-磷酸法合成磷酸锰是以 85%的二氧化锰、85%的工业磷酸为原料，两者的摩尔比为 0.95～3.25。将原料置于坩埚中混合，搅拌并加热，升温速率为 3～5℃/min，然后在 180℃（或略高于此温度）下保持 6h，经冷却、洗涤、干燥（110～120℃）便可得到磷酸锰产品。

原料均匀混合和热处理温度场的一致性是二氧化锰-磷酸法合成磷酸锰的技术关键，是保证最终产物结构纯正、避免杂相产生的主要因素。

4）磷酸锰联产硫酸锰和硫酸钙的方法[9]。利用硫酸法生产钛白粉产生的含硫酸约 20%的废酸制备硫酸锰，再由硫酸锰获得磷酸锰。其主要工艺为：方锰石磨成粗粉，加入硫酸法生产钛白粉产生的废酸中，在 60～80℃下浸泡 8～10h，经抽滤得到澄清滤液，再加入氢氧化锰除杂，得到纯净的硫酸锰溶液；再将纯净的硫酸锰与磷酸钙在搅拌下进行反应，便可得到硫酸钙滤饼和磷酸锰溶液。磷酸锰滤液经减压蒸馏、冷却、干燥、粉碎便制得磷酸锰晶体；而硫酸钙滤饼经洗涤、干燥、粉碎可得到二水硫酸钙产品。该方法利用硫酸法生产钛白粉所产生的废酸制备磷酸锰，实现了资源的再利用；但由于废酸中杂质较多，如何脱除废酸中的杂质，保证产品质量是该技术的关键。

5）磷酸锰联产硫酸锶和磷酸铵的方法[10]。将对苯二酚所产生的废液（约含硫酸锰 11%、硫酸铵 1.5%、硫酸 2%）用抽滤机进行抽滤，滤液中加入磷酸锶，反应制得磷酸锰、硫酸锶和磷酸铵混合液，经过滤、洗涤、干燥，得到磷酸锰主产品；滤液经减压蒸馏，得到硫酸锶和磷酸铵副产品。

上述几种制备磷酸锰的方法，水热法可制得晶体结构非常纯正的产物，但工艺难控制，不易进行大规模工业生产；复分解法和二氧化锰-磷酸法可实现工业化，且工艺简单，流程短，易操作，对生产条件要求不高。但二氧化锰-磷酸法，能耗较大，过程（特别是混合和热处理）控制不好，容易产生杂相物质，影响产品纯度；其他两种废液利用方法[9,10]，可变废为宝，实现循环经济，但废液杂质含量较多，预处理工艺流程较长。

（2）原料消耗定额

复分解法、水热法制备 1t 磷酸锰的原料消耗定额：十二水磷酸钠 2.14t，六水硝酸锰 2.43t。二氧化锰-磷酸法制备 1t 磷酸锰的原料消耗定额：二氧化锰（85%）0.68t，85%磷酸 2.45t。

8.2.7 锰系正磷酸盐的用途

金属磷酸盐的结构具有多变性，不仅可用作吸附剂、催化剂、催化剂载体、离子导电体、离子交换剂，而且在耐摩擦材料、分子识别、传感器和磁材料等方面都有潜在的应用前景。磷酸锰是一种理想的高性能强磁性材料，是近代迅速发展起来的锰硅合金、锰铝合金及性能较高的二氧化锰产品的主要原料。磷酸锰盐还用作软磁铁氧体磁性材料；是锂电池正极材料-磷酸锰锂/碳复合材料的原料[11-14]。

1. 磷酸二氢锰的用途

磷酸二氢锰用作金属表面的磷化处理剂；用作陶瓷工业中的着色剂；用作玻璃工业中的澄清剂；国防工业上则可以作为润滑或防滑的涂料材料；电镀中用于黑色金属制件的防腐处理，其性能仅次于磷酸二氢锌。

2. 马日夫盐的用途

马日夫盐是以磷酸二氢锰为主体，含有少量铁的磷酸盐和磷酸氢盐的粉末；用于钢铁制品，特别是大型机械设备的磷化处理，作磷化剂可起到防锈效果；是钢铁表面磷化处理工艺中采用的重要材料，广泛应用于汽车、机械、机车车辆、军工、造船等行业。

3. 磷酸锰（Ⅲ）的用途

磷酸锰的处理技术在许多领域都有着广泛的应用。在电池制造中，磷酸锰可以作为正极材料，用于制造锂离子电池和镍氢电池等。在农业领域，磷酸锰可以作为肥料添加剂，用于提高作物的产量和品质。此外，磷酸锰还可以用于制造陶瓷、玻璃等材料，以及用于水处理、医药等领域。磷酸锰盐用作磷化剂，是一种广泛应用于重防腐及减摩工件上的锰系磷化覆膜剂，此类产品具有成膜速度快、残渣量小、管理简便等特点。工件经含有磷酸锰盐的磷化剂处理后，能在工件表面获得结晶均匀、细密的灰黑色至黑色磷化膜，该磷化膜能较好地吸附油脂，使得工件产生良好的耐腐蚀及耐磨损性能。

4. 磷酸氢锰的用途

磷酸氢锰在电镀工业中用作黑色金属防腐蚀剂，还广泛用于钢铁制品的磷化防锈处理。

5. 磷酸锰（Ⅱ）的用途

磷酸锰（Ⅱ）用于制药工业和玻璃、陶瓷工业；作为锂离子电池正极材料磷酸锰锂的前驱体，具有重要的应用价值。

8.3 焦磷酸锰

8.3.1 理化性质

焦磷酸锰，又名焦磷酸亚锰，主要有无水物和三水物两种。无水物，$Mn_2P_2O_7$，相对分子质量为 283.82，玫瑰棕色单斜晶体，相对密度为 3.707（25/4℃），熔点为 1196℃。三水物，$Mn_2P_2O_7 \cdot 3H_2O$，相对分子质量为 337.87，白色无定形粉末，不溶于水，溶于无机酸，还溶于过量的焦磷酸钾或焦磷酸钠溶液。

焦磷酸锰是一种重要的无机盐产品，由于其特殊的晶体结构而广泛地应用于催化、吸附、主客体组装以及光学、磁学等领域。

8.3.2　制备技术

目前，工业上主要的生产方法如下：在室温条件下，以硝酸锰和磷酸铵为原料，在水溶液中通过直接沉淀法一步合成 $NH_4MnPO_4 \cdot H_2O$。然后加热至 110～120℃形成焦磷酸锰。或者可由氯化锰和磷酸氢二钠在氨水中隔氧沉淀，或由其他锰盐和磷酸氢二钠混合液加入盐酸，加热并用氨水饱和、沉淀而得中间产物，经过加热分解而形成焦磷酸锰。

许家胜和张杰[15]以可溶性二价锰盐和可溶性焦磷酸盐为原料，将可溶性二价锰盐和可溶性焦磷酸盐按照一定比例在醇/水混合溶液中均匀溶解，充分搅拌反应，接续在醇/水混合溶液中进行水热反应（温度在 150～250℃，时间为 6～48h），过滤、洗涤、干燥后即得目的产物。

具体实施方法：将可溶性二价锰盐和可溶性焦磷酸盐均配成 0.01～3.0mol/L 的醇水混合溶液，在室温下将可溶性焦磷酸盐缓慢滴加到可溶性二价锰盐溶液中，可溶性焦磷酸盐的加入量按可溶性二价锰盐/可溶性焦磷酸盐 1：（0.1～10）的摩尔比计，以 60～120r/min 搅拌速度搅拌反应 10～30min。将得到的混合溶液在一定温度下，进行水热反应，水热反应温度在 150～250℃，水热反应时间为 6～48h。水热反应结束，自然冷却至室温后，将反应得到的产品过滤后放入烘箱中，在 50～150℃条件下，干燥 5～10h，即制得焦磷酸锰微晶材料。

张佳峰等[16]公开了一种芯壳结构锂离子电池负极材料焦磷酸锰及其制备方法，将有机锰源和磷源溶于去离子水中，得混合溶液；调节 pH 至 3～8；置于 60～90℃水浴中，搅拌 10～30h，形成均一凝胶；在 60～110℃下干燥 4～15h，得焦磷酸锰前驱体；置于非氧化性气氛中，于 350～700℃下烧结 4～14h，冷却至室温，得芯壳结构锂离子电池负极材料焦磷酸锰。

具体实施方法：将 0.005mol 乙二胺四乙酸二钠锰和 0.005mol 磷酸二氢铵混合，并溶解于 100mL 去离子水中，得混合溶液；将所得混合溶液调节 pH 至 3，然后将混合溶液置于 60℃恒温水浴锅中，机械搅拌 30h，形成均一凝胶；所得凝胶在真空干燥箱内于 60℃下干燥 15h，得焦磷酸锰前驱体；将所得焦磷酸锰前驱体置于管式烧结炉中，在氩气气氛下于 700℃烧结 12h，自然冷却至室温，即得芯壳结构锂离子电池负极材料焦磷酸锰。

卢威等[17]提供了一种焦磷酸锰材料。其制备方法如下：以二氧化锰和二价锰磷酸盐为原料，以水为反应介质，反应体系依次经过研磨、过滤、洗涤、干燥、焙烧，得到纳米多孔的焦磷酸锰粉体。

具体实施方法：称取 30g 二氧化锰、84g 四偏磷酸锰、300mL 水、少量磷酸于烧杯内，混合搅拌均匀，调节水溶液体系 pH 为 2，将该酸性悬浊液倒入球磨罐内，球磨 12h，浆料取出，过滤洗涤后，在 100℃烘箱内烘干数小时，研磨成细粉，得到纳米级 $MnPO_4 \cdot H_2O$ 前驱体。将前驱体置于马弗炉内 600℃下高温 5h，即可得到纳米多孔的焦磷酸锰粉体。

刘启明等[118]公开了一种焦磷酸锰电极材料的制备方法，该方法是先将硫化钠与三氯化磷搅拌反应得到前驱体，然后再加入可溶性二价锰盐溶解，并加入聚乙烯吡咯烷酮，继续搅拌反应，最终退火处理得到焦磷酸锰电极材料。

具体实施方法：取 48g 九水硫化钠溶于 100mL 去离子水中制得浓度约为 2mol/L 的硫化钠溶液，取 6.6mL 三氯化磷在 5℃环境下逐滴滴入硫化钠溶液中，然后在常温下搅拌反应 2~5h，放入冰箱中加快结晶析出，取出结晶物洗涤、真空抽滤干燥得到白色粉末状的前驱体Ⅰ；取 0.4g 所述前驱体Ⅰ、0.5g 可溶性二价锰盐溶于水中，加入 0.5g 聚乙烯吡咯烷酮，即前驱体Ⅰ、氯化锰（$MnCl_2$）、聚乙烯吡咯烷酮的质量比为 0.8∶1∶1，在常温下搅拌反应 12h，取出结晶物洗涤、真空抽滤干燥得到前驱体Ⅱ；将所述前驱体Ⅱ放入管式炉中，在氮气氛围下，以 3℃/min 的速率升温至 700℃保持 4h 进行退火处理，即得焦磷酸锰电极材料。

8.3.3　焦磷酸锰的用途

焦磷酸锰是一种功能独特的过渡金属磷酸盐的无机非金属材料，被广泛地用于催化、吸附、光学、磁学等科研领域。焦磷酸锰颗粒可以用于制备磷酸锰铁锂正极材料，所制备的磷酸锰铁锂正极材料具有比磷酸铁锂材料更高的工作电压和相近的比容量，因此磷酸锰铁锂正极材料制备的电池具有相比磷酸铁锂材料更高的能量密度，在动力电池以及储能电池领域有着重要的用途。

8.4　次磷酸锰

8.4.1　理化性质

次磷酸锰通常为一水合次磷酸锰，分子式为 $Mn(H_2PO_2)_2 \cdot H_2O$，相对分子质量为 207.94，为浅红色单斜结晶，无嗅无味，密度为 1.634g/cm³。次磷酸锰溶于水，25℃时，100g 水中可溶解 12.5g 次磷酸锰；100℃时，100g 水中可溶解 16.6g 次磷酸锰，不溶于醇。

8.4.2　工业制法

次磷酸锰由次磷酸钙溶液和硫酸锰溶液在温热条件下反应，滤出硫酸钙沉淀，经浓缩、结晶、离心分离制得，也可由次磷酸钙和草酸锰制得或由次磷酸钡与硫酸锰反应制得。

8.4.3　次磷酸锰的用途

次磷酸锰主要用于医药，用作强壮剂，治疗贫血症，可用于生产次磷酸锰糖浆，也可与鱼肝油及其他乳剂制成滋补糖浆，还可用于饮食添加剂及制造无光泽缩聚纤维的原料。

参 考 文 献

[1] 胡日勤. 我国锰盐生产概况[J]. 无机盐工业, 1981(4): 41-45.

[2] 王莉, 何向明, 任建国, 等. 一种以磷酸锰制备磷酸锰锂/碳复合材料的方法[P]: CN, 101673819. 2010-3-17.

[3] 彭泽田. 金属锰一步法制酸式磷酸锰[J]. 中国锰业, 1992(4): 26.

[4] 秦玉楠. 碳铵法制酸式磷酸锰[J]. 无机盐工业, 1987(2): 38-40.

[5] Lewis G J. Crystalline manganese phosphate compositions for use in adsorbents and hydrocarbon oxidation catalysts [P]: US, 6156931. 2000-11-05.

[6] 曾铭科, 孙士元. 磷酸锰(马日夫盐)——介绍一种钢铁防锈剂[J]. 无机盐工业, 1960(5):16-19.

[7] 周菊红, 陈友存, 张元广. 纳米面状磷酸锰的制备和表征[J]. 安庆师范学院学报: 自然科学版, 2007(1): 85-86.

[8] 周菊红, 陈友存, 张元广, 等. 水热法合成磷酸锰及其表征[J]. 安庆师范学院学报: 自然科学版, 2008(3): 80-83.

[9] 王莉. 一种制备硫酸锰、磷酸锰及硫酸钙的方法[P]: CN, 102249340. 2011-11-23.

[10] 何云. 一种用生产对苯二酚所产生的含锰废液制造磷酸锰联产硫酸锶和磷酸铵的方法[P]: CN, 102115062A. 2011-07-06.

[11] Bartley J K, Lopez-Sanchez J A, Hutchings G J. Preparation of vanadium phosphate catalysts using water as solvent[J]. Catalysis Today, 2003, 81(2): 197-203.

[12] Millet J M M. FePO catalysts for the selective oxidative dehydrogenation of isobutyric acid into methacrylic acid[J]. Catalysis Reviews - Science and Engineering, 1998, 40: 1-38.

[13] Wang Y, Otsuka K. Partial oxidation of ethane by reductively activated oxygen over iron phosphate catalyst[J]. Journal of Catalysis, 1997, 171(1): 106-114.

[14] Chang T S, Li G J, Shin C H, et al. Catalytic behavior of $BiPO_4$ in the multicomponent bismuth phosphate system on the propylene ammoxidation[J]. Catalysis Letters, 2000, 68: 229.

[15] 许家胜, 张杰. 一种片状形貌焦磷酸锰微晶的制备方法[P]: CN, 103539098A. 2014-01-29.

[16] 张佳峰, 郑俊超, 韩亚东, 等. 一种芯壳结构锂离子电池负极材料焦磷酸锰及其制备方法[P]: CN, 104934599A. 2015-09-23.

[17] 卢威, 李伟红, 陈朝阳, 等. 一种纳米多孔焦磷酸锰及其制备方法[P]: CN, 107697895A. 2018-02-16.

[18] 刘启明, 万淑云, 杨希国. 一种焦磷酸锰电极材料的制备方法和应用[P]: CN, 111900382A. 2020-11-06.

9.1 铁系磷酸盐概述

铁器的使用，已延续千年，对于铁盐的全面利用则是工业革命以后的事。铁系磷酸盐经过多年的开发与使用，其应用领域十分广泛，在催化剂、添加剂、电极材料合成原料等方面均有应用。作为催化剂，铁系磷酸盐可以作为催化剂使用，在脱氢氧化方面的效果显著，可以实现选择性氧化催化，在有机合成领域显示了其应用潜力。作为添加剂，铁系磷酸盐可以作为水泥添加剂，也可以作为铁质强化剂。在氧化镁水泥中加入磷酸铁之后，可以得到镁胶和水泥，该水泥具有良好的抗水性能。由于铁是三价的，在空气中不容易氧化，因此可以将铁系磷酸盐添加到食品中，使食品可以长期储存，并且也可以补充人体内铁元素，提高血红蛋白负载氧气的能力，避免缺铁性贫血症状的发生。作为电极材料和原料，三价铁系磷酸盐原料成本较低，来源又十分广泛，并且具有适宜的电压和较高的理论比容量，是很有前途的锂离子电池阴极材料，特别是 $FePO_4$ 作为电极材料是它在工业上的主要应用。它是 $LiFePO_4$ 的脱锂产物，所以可以作为该材料的前驱体合成原料。作为防锈颜料，铁系磷酸盐可以代替常用的有毒的红丹(Pb_3O_4)、磷酸锌[$Zn_3(PO_4)_2$]、铅铬黄等材料，广泛应用于钢铁制品的防锈颜料。

铁系磷酸盐主要包括磷酸铁($FePO_4$)、磷酸二氢铁(FeH_2PO_4)、焦磷酸铁[$Fe_4(P_2O_7)_3$]、焦磷酸亚铁($Fe_2P_2O_7$)、磷酸亚铁[$Fe_3(PO_4)_2$]、偏磷酸铁[$Fe(PO_3)_3$]、亚磷酸亚铁($FeHPO_3$)。

磷酸铁，又名磷酸高铁、正磷酸铁，分子式为 $FePO_4$，是一种白色、灰白色单斜晶体粉末，是铁盐溶液和磷酸钠作用的盐，其中的铁为正三价。其主要用途在于制造磷酸铁锂电池材料、催化剂及陶瓷等。磷酸铁湿料一般较为黏稠，传统烘干技术比较难以解决，烘干不均匀，能耗较大，许多还需真空烘干技术烘干，防止温度过高。当磷酸铁中存在大量的二价铁或钠、钾、硫酸根、铵根离子时，二水磷酸铁则呈暗黑色或灰白色。磷酸铁涂料也主要用作基底涂层，以便增加铁或钢表面的附着力，且常用于防锈处理。

磷酸二氢铁是一种常见的无机化合物，其化学式为 $Fe(H_2PO_4)_2$。磷酸二氢铁由

$FeCl_2$ 和 H_3PO_4 反应得到。磷酸二氢铁在农业、医药、化工等领域有着广泛的应用。在农业上，磷酸二氢铁可以作为肥料使用；在医药上，它可以用于治疗贫血等病症；在化工上，它可以作为金属表面处理剂等。

焦磷酸铁，黄白色至棕黄色粉末，除无水物外也存在水合物，微溶于水、乙酸，溶于无机酸、氨水、碱溶液及柠檬酸。焦磷酸铁主要用作铁质营养增补剂，用于强化奶粉、婴儿食品及一般食品，也用于制造防腐颜料、催化剂、合成纤维阻燃剂等。

焦磷酸亚铁，新沉淀出者为白色无定形固体，暴露于空气后转变为褐色。焦磷酸亚铁稍有铁腥味，溶于水，水溶液为浅绿色或暗灰绿色，常用者为其水溶液。焦磷酸亚铁主要用作铁质营养增补剂，用于强化奶粉、饼干及婴儿食品。

磷酸亚铁，白蓝色单斜晶体，溶于无机酸，不溶于水、乙酸；在自然界中以蓝铁矿形式存在；由亚铁盐溶液与磷酸钠作用而得；用作催化剂及制造陶瓷等。

偏磷酸铁，属于过渡金属多磷酸盐，在磁性、多相催化、离子交换、光学和核废水处理等领域具有广阔的应用前景。

亚磷酸亚铁，浅绿色非晶态固体，在高温下易被空气氧化变成磷酸铁，是一种有较好前景的新型磷化工产品及食品添加剂。

9.2 磷酸铁

9.2.1 理化性质

磷酸铁，ferric phosphate，$FePO_4·2H_2O$，相对分子质量为 186.83，白色、灰白色或淡红色斜方或单斜晶体或无定形粉末；在 140℃以上失去结晶水；易溶于盐酸，慢溶于硝酸，几乎不溶于水；密度为 2.87g/cm³。磷酸铁可以形成多种水合物，通常情况下以 $FePO_4·2H_2O$ 的形式存在，高温状态下会失去结晶水变成无水磷酸铁，通常以白色或浅黄色粉末的形式存在。磷酸铁骨架结构丰富、晶体类型较多，除无定形相外，主要有正交晶系的异磷酸锰铁矿、单斜晶系的磷酸铁、正交晶系的磷酸铁、水相的磷铁矿（或准红磷铁矿）、单斜结构和正交结构的二水磷酸铁以及属于三方晶系的 α-石英结构的磷酸铁[1,2]。

9.2.2 制备技术

磷酸铁的合成方法有很多种，应用最多的是液相沉淀法，此外还有水热法、溶胶-凝胶法、空气氧化法、控制结晶法等[3]。近年来，随着合成技术迅速发展，还产生了微反应器快速沉积法、微波气固混相结晶法等多种新型技术[4,5]。

1. 液相沉淀法

液相沉淀法，是目前行业合成磷酸铁的主流工艺，该方法通过向溶有铁源和磷源的溶液中加入氧化剂，生成二水磷酸铁沉淀，再将二水磷酸铁过滤、洗涤、干燥、煅烧

后得到磷酸铁产品[6]。

叶焕英等[7]采用液相沉淀法，以六水氯化铁、磷酸为原料，采用表面活性剂调控制备超细二水磷酸铁，将一定量的阳离子表面活性剂十六烷基三甲基溴化铵（CTAB）溶解于水中，搅拌，逐渐加入一定量的六水氯化铁和磷酸，控制加料速度和反应温度，反应完成后，经过滤、水洗、醇洗及喷雾干燥得二水磷酸铁产物。得出较佳合成工艺条件为：投料比（磷铁摩尔比）为 1.50，反应温度为 85℃，阳离子表面活性剂 CTAB 用量为铁盐质量的 1.5%。在此条件下得到的产物是平均粒径为 1.5μm 的单斜晶型二水磷酸铁，其粒度分布均匀，分散性好。

$$FeCl_3·6H_2O+H_3PO_4=\!=\!=FePO_4·2H_2O↓+3HCl+4H_2O$$

Ma 等[8]采用液相沉淀法以磷铁为原料制备磷酸铁。首先将磷铁溶解在硝酸和硫酸的混合物中控温 90℃反应 4h。过滤得淡黄色液体。然后将滤液加热至 60℃，并加入适量的磷酸溶液，通过滴加去离子水来控制溶液的 pH。当溶液的 pH 为 1.0 时，产生白色沉淀物后 100℃熟化 4h。将白色沉淀物过滤并用去离子水洗涤，在 80℃下干燥 45min。冷却至室温，得到无定形磷酸铁。以该工艺制备的 $FePO_4·2H_2O$ 为非晶态磷酸铁，颗粒分散性好、微观形貌良好，制备过程中无杂质产生，产品纯度高，且工艺路线环保性好。

龚福忠等[9]采用液相氧化沉淀法制备磷酸铁。将浓度均为 1mol/L 的 $FeSO_4$ 和 H_3PO_4 按化学计量比混合，加入过量的 30% H_2O_2，置于 60℃恒温水浴中氧化反应 5min 后，用氨水调节反应液 pH=2，溶液中立即出现大量白色沉淀，继续搅拌 15min，停止加热，冷却、过滤、洗涤，在 105℃烘 10h，得到白色磷酸铁粉体。

王峰等[10]将 H_3PO_4（w=85%）和 $NH_4H_2PO_4$ 混合得到磷酸盐缓冲溶液。在不断搅拌下，将 $FeCl_3$ 溶液缓慢加入缓冲溶液中，继续搅拌 0.5h 后，将混合澄清溶液密封，置于 60℃的恒温箱中陈化 24h，得到乳白色沉淀，干燥后得到 $FePO_4$。

龚福忠等[9]、刘贡钢等[11]及阮恒等[12]将 $Fe(NO_3)_3·9H_2O$、NaH_2PO_4 按比例混合，加表面活性剂，用盐酸或水溶解混合物后，加入尿素，水浴反应一定时间后出现白色沉淀。反应完全后进行沉淀陈化、过滤、洗涤、干燥，得到磷酸铁水合物。

液相沉淀法的缺点是在加入沉淀剂时很容易导致生成的沉淀被杂质包覆，这是因为在加入沉淀剂时，反应产生局部过浓现象，其他杂质元素易与磷酸铁共沉淀下来，同时由于离子浓度过大，沉淀加速，沉淀变成细小颗粒，对后续过滤洗涤过程造成不利影响。该方法的优点在于反应过程简单及工艺成熟度高。

2. 水热法

水热法是在水热介质中溶解铁源和磷源，使其分别以 Fe^{3+}、PO_4^{3-} 形式存在于溶液中，利用釜内不同区域的温度差使离子具有流动性，在温差的推动下，将溶液中的 Fe^{3+}、PO_4^{3-} 输送至温度较低的区域，形成过饱和溶液，从而使磷酸铁以晶体形式析出。

赵曼等[13]将磷铁原料研磨至 200 目。称取适量磷铁样品，按 $n(P)：n(Fe)=6：1$ 补入一定量磷酸置于高压反应釜的聚四氟内胆中，加入一定浓度的硝酸溶液。设定高压反应釜电机转速为 85r/min，反应温度在 100～130℃，在温度控制反应压力条件下，反应 60～150min 后经冷却、抽滤、洗涤，在 60℃ 干燥后得电池级 $FePO_4 \cdot 2H_2O$ 样品。

何岗等[14]采用水热法，以二价铁源合成：称取等物质的量的硫酸亚铁和磷酸，用蒸馏水配制成溶液，控制反应温度为 70℃，加入过量的过氧化氢，有大量浅黄色沉淀产生，用氨水调节 pH 至 1.5，反应 15min 后转移至水热釜，温度分别为 120℃、150℃ 和 180℃，水热反应 6h 后过滤、洗涤、80℃烘干，即得产物。以三价铁源合成：称取等物质的量的硝酸铁和磷酸二氢铵，用蒸馏水配制成溶液，控制反应温度为 70℃，用氨水调节 pH 至 1.5，15min 后转移至水热釜，120～180℃下反应 6h，过滤、洗涤、80℃烘干，即得产物。

3. 空气氧化法

刘烺等[15]使用空气作为氧化剂，分别以 $FeSO_4 \cdot 7H_2O$ 和 H_3PO_4 为原料，并根据设定的反应条件加入各种添加剂，用 300 mL 去离子水配制成溶液，在搅拌下水浴加热至80℃时，开始通入空气，空气的体积流量为 200 L/h，同时用氨水将混合溶液的 pH 调节至 2，反应 6 h，待溶液冷却至室温后，过滤、洗涤，沉淀物在 80℃下干燥 12 h，得到粉末状的 $FePO_4$ 晶体，将一半粉末置于 520℃ 马弗炉中热处理 24 h，得到不含结晶水的 $FePO_4$ 粉体。

4. 快速沉淀与水热结合法

Lu 等[16]提出一种快速沉淀与水热结合法制备高纯度纳米 $FePO_4$ 的新合成工艺路线，该方法是在微反应器中使 $Fe(NO_3)_3$ 与 $(NH_4)_3PO_4$ 快速沉淀得到均匀的纳米沉淀物 $FePO_4$ 和 $Fe_2(HPO_4)_3$，然后经水热法将 $Fe_2(HPO_4)_3$ 转化为 $FePO_4$，并纯化产物。

5. 微波气液混相反应结晶法

彭昕等[17]采用微波气液混相反应结晶法制备磷酸铁，将 15mol/L H_3PO_4、14 mol/L HNO_3 以及固态 $Fe(NO_3)_3 \cdot 9H_2O$ 配制成浓度为 1.2 mol/L 的磷酸溶液，硝酸和铁离子浓度均为 0.2 mol/L 的混合水溶液。取 30 mL 混合溶液，用 300 W 加热功率在 MDS-8G 型多通量密闭微波化学工作站中以不同反应温度进行微波结晶，将所得产物抽滤，105℃下干燥得磷酸铁。

9.2.3 工业制法

目前磷酸铁生产工艺主要有钠法、铵法、铁粉、肥料磷酸、氧化铁红、磷酸氢钙 6 种工艺。不同磷酸铁生产工艺流程见图 9-1。

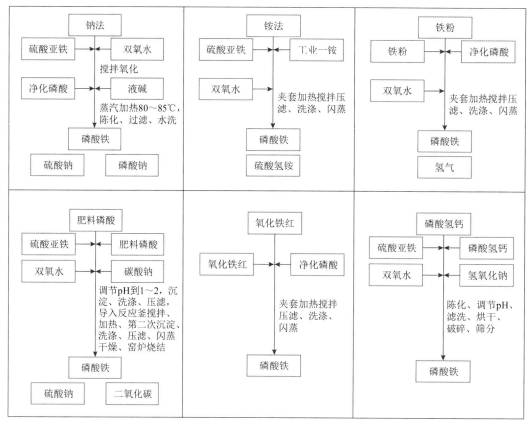

图 9-1　不同磷酸铁生产工艺流程

磷酸铁本质为磷酸+铁源，主要方法有铁法、钠法、铵法。铁法来自热法磷酸/工业级精制磷酸+铁粉，而钠法、铵法主要是工业级精制磷酸+铁源。

铁法：热法磷酸/工业级精制磷酸+铁粉→磷酸铁。铁法没有副产品。

钠法：工业级精制磷酸+硫酸亚铁/铁皮+液碱→磷酸铁。主要副产品为硫酸钠。

铵法：工业级精制磷酸+硫酸亚铁+磷酸二氢铵→磷酸铁。主要副产品为硫酸铵。

铁法：1t 磷酸铁消耗磷酸（85%）0.8t、纯铁 0.4t。铁法原料吨耗表见表 9-1。

表 9-1　铁法原料吨耗表

原料	吨耗
磷酸（85%）/t	0.8
纯铁/t	0.4
天然气/m³	300
蒸汽/t	4.5
过氧化氢/t	0.4
电/kW·h	800
脱盐水/t	5.0

钠法：1t 磷酸铁消耗磷酸（85%）0.77t、液碱（30%）0.9t。1t 磷酸铁原材料成本约 1.2 万元，其中磷酸、液碱成本占比分别为 68%、9.6%。钠法原料吨耗表见表 9-2。

表 9-2　钠法原料吨耗表

原料	吨耗
磷酸（85%）/t	0.77
液碱（30%）/t	0.90
天然气/m³	200
过氧化氢/t	0.65
硫酸亚铁/t	2.19
脱盐水/t	15
电/kW·h	250
蒸汽/t	0.35

铵法：1t 磷酸铁消耗磷酸二氢铵（工业级磷酸二氢铵）0.78t、磷酸（85%）0.1t。铵法原料吨耗表见表 9-3。

表 9-3　铵法原料吨耗表

原料	吨耗
磷酸二氢铵/t	0.78
磷酸（85%）/t	0.1
蒸汽/t	5
电/kW·h	1600
氨水（25%）/t	0.82
硫酸亚铁/t	2.05
过氧化氢/t	0.55
天然气/m³	104.33
硫酸（98%）/t	0.13
自来水/t	6
聚丙烯酰胺（PAM）/t	0.0004

9.2.4　磷酸铁的用途

1. 新能源材料领域的用途

磷酸铁是一种重要的电池材料，尤其在锂离子电池中，它可以提供高能量密度和长寿命，因此被广泛应用于移动设备、电动汽车等领域。

2. 医药领域的用途

磷酸铁可用于制造铁剂，用于治疗贫血和缺铁性疾病。此外，它可以用于制造骨

 磷 酸 盐

质疏松症治疗药物和抗癌药物。

3. 食品工业领域的用途

磷酸铁可以用作食品添加剂，用于增加食品的营养价值。它可以添加到谷物、饼干、面包等食品中，以提高铁的含量。

4. 水处理领域的用途

磷酸铁可以用于水处理，用于去除水中的磷和氮等有害物质，这种方法被广泛应用于城市污水处理厂和饮用水处理厂。

5. 金属表面处理领域的用途

磷酸铁可以用于金属表面处理，用于增强金属的耐腐蚀性和耐磨性。它可以用于制造汽车、船舶等机械设备的零部件。

9.3 焦磷酸铁

9.3.1 理化性质

焦磷酸铁为黄白色至棕黄色粉末。焦磷酸铁微溶于水（0.37%，25℃）及乙酸，溶于无机酸和氨水。新制得的沉淀溶解后在水中悬浮存在，可溶于焦磷酸钠溶液。焦磷酸铁化学分子式为 $Fe_4(P_2O_7)_3 \cdot xH_2O$，相对分子质量为 745.22（无水品），产品中一般含有9 个结晶水，理论含铁量为 24.6%。

9.3.2 制备技术

1. 硝酸铁法

将硝酸铁加入盛有蒸馏水的反应器中，在搅拌条件下缓慢加入无水焦磷酸钠进行反应，生成焦磷酸铁，加入除砷剂和除重金属剂进行溶液净化，过滤除去砷和重金属等杂质，向滤液迅速加入新制备的聚丙烯酰胺水溶液，经静置倾出上层清液，对浆液进行过滤，用热水洗涤，最后再用甲醇洗涤，在80~90℃下干燥，制得焦磷酸铁成品。

2. 氯化铁法

在氯化铁或柠檬酸铁水溶液内加入焦磷酸钠水溶液，生成的沉淀经过滤和水洗后，再经干燥、粉碎即得焦磷酸铁。

9.3.3 焦磷酸铁的用途

焦磷酸铁颜色较浅、没有铁腥味，对食物载剂不引起不良的颜色变化，引起有限的风味变化。焦磷酸铁安全性高，对肠胃刺激较小，无不良反应和副作用，美国食品和

药品管理局于 1994 年将其列为美国公认安全（GRAS）认证物质名单。焦磷酸铁生物利用率高，与水溶性葡萄糖酸亚铁类似，这主要是由于焦磷酸铁存在另外的矿物质吸收机制，在胃的酸性条件下（pH 为 2～3.5），铁能快速和大量被释放，加上食品中其他促进铁吸收的增效因子的作用，能够达到较高的生物利用率。此外，焦磷酸铁性质稳定，可耐高温，本身不易被氧化，不会加快脂肪氧化，长时间储藏过程中焦磷酸铁的性质不变。焦磷酸铁适用范围广，主要用于食品添加剂（适用于面粉、饼干、面包、干混奶粉、米粉、豆奶粉等产品；在国外还将其用于婴幼儿配方食品、保健食品、方便食品和功能性果汁饮料等产品中）、强化剂、合成纤维防火剂、防腐颜料和催化剂等，可用于乳制品、面粉、米粉、食盐、保健品、医药等。

9.4　焦磷酸亚铁

9.4.1　理化性质

焦磷酸亚铁，ferrous pyrophosphate，分子式为 $Fe_2P_2O_7$，相对分子质量为 285.64，白色无定形固体，其中含有过量的焦磷酸钠，在空气中容易氧化，经绿色转变成褐色。常用其水溶液，焦磷酸亚铁水溶液呈浅绿色至暗灰绿色乳状液体，无臭，稍有铁味。

9.4.2　制备技术

1. 硫酸亚铁法

将硫酸亚铁结晶加入盛有蒸馏水的反应器中溶解，在搅拌下缓慢加入食用焦磷酸钠溶液，加热至 90℃以上反应 30min。待反应结束后，把此胶状溶液经离心分离（3000r/min）10min，除去上清液，得到沉淀后加入蒸馏水进行搅拌，再离心分离 10min，洗涤沉淀。除去上清液后再加入蒸馏水，经搅拌、洗涤、离心分离。收集沉淀，加入蒸馏水，用混合机充分混合搅拌，制得食用焦磷酸亚铁溶液，将其密封保存。

2. 氯化亚铁法

将已除去砷和重金属的精制氯化亚铁溶液加入反应器中，在搅拌下缓慢加入焦磷酸钠溶液，加热进行反应，生成反应溶液，经过滤，除去氯化钠，把此胶状溶液经离心分离，除去上清液得到沉淀，加入蒸馏水进行搅拌，再离心分离，洗涤沉淀。除去上清液后再加入蒸馏水，经搅拌、洗涤、离心分离。收集沉淀，加入蒸馏水，用混合机充分混合搅拌，制得焦磷酸亚铁溶液，将其密封保存。

9.4.3　焦磷酸亚铁的用途

焦磷酸亚铁的应用非常广泛。在食品工业领域，它主要被用作铁质营养增补剂，用于强化奶粉、饼干及婴儿食品。在冶金领域，它被用作炼铁和炼钢的还原剂。在化工领域，它被用作催化剂和防腐剂。在电子领域，它被用作电池的正极材料。在医药领域，它被用作治疗贫血和缺铁性疾病的药物。在环保领域，它被用作废水处理剂和土壤改良剂。

9.5 磷酸亚铁

9.5.1 理化性质

磷酸亚铁，$Fe_3(PO_4)_2$，白蓝色单斜晶体，不溶于水和乙酸，溶于无机酸，相对密度为 2.58，由磷酸盐与亚铁盐作用制得。

9.5.2 制备技术

制法 1：将 1 份硫酸亚铁、12 份磷酸氢二钠和 1 份冰乙酸混合溶液在室温下隔绝空气放置数日，刚开始形成的磷酸亚铁胶体逐渐转变为八水磷酸亚铁。

制法 2：在烧瓶中加入 12 份 $(NH_4)_2SO_4 \cdot FeSO_4 \cdot 6H_2O$ 的饱和溶液，并向其中加入由 10 份 $Na_2HPO_4 \cdot 12H_2O$、2 份三水乙酸钠及 150 份重的水所配制的溶液，再向烧瓶中充满二氧化碳气体，将烧瓶盖紧，放在振荡机上振荡 $2\sim3h$，静置使之结晶。一昼夜后析出晶体，过滤，用乙醇-水溶液洗涤。

9.5.3 磷酸亚铁的用途

磷酸亚铁是一种常用的食品添加剂，它可以作为氧化剂、漂白剂和防腐剂使用。在面包、饼干、蛋糕等烘焙食品中，磷酸亚铁可以促进面团的发酵和增加面包的体积。在肉制品中，磷酸亚铁可以防止肉类变质和褐变。磷酸亚铁可以作为铁剂补充剂，用于治疗贫血和缺铁性疾病；可以用于制备一些药物，如抗癌药物和抗病毒药物等；可以作为催化剂、氧化剂和还原剂使用。在化学工业中，磷酸亚铁可以用于制备一些有机化合物，如苯酚、酚醛树脂等。在冶金工业中，磷酸亚铁可以用于提取金属和净化金属。在水处理中，磷酸亚铁可以作为废水处理剂，用于处理含有重金属离子的废水，具体为，磷酸亚铁可以与重金属离子形成不溶性的沉淀物，从而将重金属离子从废水中去除。磷酸亚铁亦可用于陶瓷工业。

9.6 偏磷酸铁

9.6.1 理化性质

偏磷酸铁，$Fe(PO_3)_3$，其基本组成结构单元为 PO_4 基团和 FeO_6 基团，其中 PO_4 基团呈四面体结构，而 FeO_6 基团呈八面体结构，每个 FeO_6 基团通过 PO_4 基团与其周围的

其他 FeO_6 基团相连，八面体的每个 O 原子均与四面体共享而形成三维网状结构[18-20]。

9.6.2 制备技术

目前，$Fe(PO_3)_3$ 的制备方法主要为高温固相法和微波烧结法等。

1. 高温固相法

Rojo 等[21]以九水合硝酸铁和磷酸二氢铵为起始原料，按 Fe：P 摩尔比为 1：10 混合投料，将混合物置于氧化铝坩埚中，在 300℃下加热 4h，然后加热至 800℃，随后快速冷却至室温。用水洗涤该化合物并在 P_2O_5 中干燥 24h，获得浅绿色的多晶样品。

2. 微波烧结法

Zhou 等[22]使用不同比例（$R=C_P/C_{Fe}$）的 Fe_2O_3 和 H_3PO_4 合成 $Fe(PO_3)_3$，并将 $0.01molFe_2O_3$ 与不同体积的 H_3PO_4（$R=3$、3.5 和 4）充分混合和搅拌。Fe_2O_3 和 H_3PO_4 的混合物在环境温度下反应不完全。前体溶液需在微波炉（格兰仕，800W，2145GHz）中以 600W 加热不同的照射时间，直到反应完成。在瞬间剧烈反应后，得到海绵状固体，然后研磨得到的海绵状固体，用蒸馏水和乙醇充分洗涤得到的粉末，并在80℃下干燥 6h。在 $R=3$ 和 3.5 时，将一些得到的粉末分别在 350℃、450℃和 550℃下煅烧 2h，得到偏磷酸铁产品。

3. 有机前驱体焙烧法

陈炼等[23]用三氯化铁和乙二胺四甲叉膦酸（$edtmpH_8$）为原料合成膦酸铁（FeIII-edtmpH_5）配合物前驱体，再将该前驱体在空气气氛下焙烧即制得偏磷酸铁。利用电喷雾电离质谱法（ESI/MS）、傅里叶变换红外光谱（FTIR）、TG-DTA 测试确定了 FeIII-edtmpH_5 配合物的组成和可能结构。对焙烧后的产物进行 XRD、SEM 及透射电子显微镜（TEM）测试，结果表明焙烧产物为具有三维网状形貌的高纯偏磷酸铁。

具体实施方法：称取 0.6542 g（即 0.0015 mol）$edtmpH_8$ 粉末溶于 10mL 蒸馏水，调节溶液 pH 为 2.0，向上述溶液中滴加 10mL 0.15 mol/L $FeCl_3$ 溶液，持续搅拌 1 h。用 0.5 mol/L NaOH 溶液调节混合物溶液 pH 为 11 后，在 80℃下加热搅拌 3 h，待溶液冷却后，用 0.5 mol/L HCl 调节滤液 pH 为 2.0，滤液中析出乳黄色沉淀，抽滤、洗涤，50℃下烘干沉淀得到前驱体，标记此前驱体为 FeIII-edtmpH_5。取适量 FeIII-edtmpH_5 配合物样品粉末，分别在 280℃、350℃、550℃、750℃下于空气气氛中焙烧 6 h，经洗涤、烘干得到焙烧产物。

4. 溶剂热法

李冰[24]合成了二维片状 $Fe(PO_3)_3$，称取 0.30g 九水合硫酸铁、0.10g 酒石酸钠和 0.90g 三水合磷酸铵加入 10 mL 去离子水中，在室温下搅拌 10min 后，边搅拌边逐滴加入 5 mL 0.50 mol/L 的氢氧化钠溶液，再搅拌 20min 后转移到 100 mL 的不锈钢高压反应釜[内胆材质为聚四氟乙烯（PTFE）]中。将高压反应釜密封后放入 160℃的鼓风干燥箱

中保持 8h，所得米色沉淀先用去离子水离心。洗涤 3 次后再用无水乙醇洗涤 1 次，之后放入 60℃的鼓风干燥箱中干燥得到米色粉末。

9.6.3 偏磷酸铁的用途

偏磷酸铁在磁性、多相催化、离子交换、光学和核废水处理等领域具有广阔的应用前景。

参 考 文 献

[1] Wu K P, Hu G R, Du K, et al. Improved electrochemical properties of LiFePO₄/graphene/carbon composite synthesized from FePO₄·2H₂O/graphene oxide[J]. Ceramics International, 2015, 41（10）: 13867-13871.

[2] 孙少先, 应皆荣. 氧化沉淀-陈化晶化法制备 FePO₄·2H₂O 及 LiFePO₄[J]. 电源技术, 2018, 42（10）: 1473-1476.

[3] 马航, 查坐统, 王君婷, 等. 锂离子电池前驱体磷酸铁合成方法研究现状及展望[J]. 磷肥与复肥, 2023, 38（3）: 19-22.

[4] Zhao B, Jang Y, Zhang H J, et al. Morphology and electrical properties of carbon coated LiFePO₄ cathode materials[J]. Journal of Power Sources, 2008, 189（1）: 462-466.

[5] Wang Y S, Yang S Z, You Y, et al. High-capacity and long-cycle life aqueous rechargeable lithium-ion battery with the FePO₄ anode[J]. ACS Applied Materials & Interfaces, 2018, 10（8）: 7061-7068.

[6] Son D, Eunjun K, Km T, et al. Nanoparticle iron-phosphate anode material for Li-ion battery[J]. Applied Physics Letters, 2004, 85（24）: 5875-5877.

[7] 叶焕英, 郑典模, 陈骏驰, 等. 超细二水磷酸铁的制备研究[J]. 无机盐工业, 2012, 44（4）: 59-61.

[8] Ma Y, Shen W Z, Yao Y C. Preparation of nanoscale iron（Ⅲ）phosphate by using ferro-phosphorus as raw material[J]. IOP Conference Series: Earth and Environmental Science, 2019, 252（2）: 022032.

[9] 龚福忠, 易均辉, 周立亚, 等. 两种不同形貌 FePO₄ 的制备及其正电极材料 LiFePO₄ 的电化学性能[J]. 广西大学学报（自然科学版）, 2009, 34（6）: 731-735.

[10] 王峰, 吴锋, 吴川, 等. 均相沉淀法制备 LiFePO₄ 正极材料的电化学性能研究[C]. 广州:第二十八届全国化学与物理电源学术年会, 2009: 232-233.

[11] 刘贡钢, 叶红齐, 刘辉, 等. 前驱体磷酸铁的制备及其对磷酸铁锂电化学性能的影响[J]. 应用化工, 2013, 42（2）: 225-228.

[12] 阮恒, 易均辉, 龚福忠. 圆片状磷酸铁的制备及热分解动力学研究[J]. 化工技术与开发, 2012, 41（7）: 25-28.

[13] 赵曼, 肖仁贵, 廖霞, 等. 水热法以磷铁制备电池级磷酸铁的研究[J]. 材料导报, 2017, 31（10）: 25-31.

[14] 何岗, 权晓洁, 张靖, 等. 磷酸铁前驱体形貌对磷酸铁锂电化学性能的影响[J]. 人工晶体学报, 2013, 42（12）: 2548-2555.

[15] 刘娘, 王鹏, 周星辰, 等. 空气氧化法制备 FePO₄ 超细颗粒[J]. 中国粉体技术, 2013, 19（2）: 24-27, 32.

[16] Lu Y C, Zhang T B, Liu Y, et al. Preparation of FePO₄ nano-particles by coupling fast precipitation in membrane dispersion microcontactor and hydrothermal treatment[J]. Chemical Engineering Journal, 2012, 210: 18-25.

[17] 彭昕, 肖仁贵, 曹建新, 等. 微波结晶法制备电池级磷酸铁[J]. 现代化工, 2015, 35（1）: 122-125, 127.

[18] van der Meer H. The crystal structure of a monoclinic form of aluminium metaphosphate, Al(PO$_3$)$_3$[J]. Acta Crystallographica Section B: Structural Science, Crystal Engineering and Materials, 1976, 32: 2423-2426.

[19] Middlemiss N, Hawthomne F, Calvo C. Crystal structure of vanadium（Ⅲ） tris（metaphosphate）[J]. Canadian Journal of Chemistry, 1977, 55: 1673.

[20] Rojo J, Pizarro J, Rodriguez -Martinez L, et al. Magnetic structures of the B and C type Cr(PO$_3$)$_3$ metaphosphates[J]. Journal of Materials Chemistry, 2004, 14: 992-1000.

[21] Rojo J M, Mesa J L, Lezama L, et al. Magnetic properties of the Fe(PO$_3$)$_3$ metaphosphate[J]. Journal of Solid State Chemistry, 1999, 145: 629-633.

[22] Zhou W J, He W, Zhang X D, et al. Simple and rapid synthesis of Fe(PO$_3$)$_3$ by microwave sintering[J]. Journal of Chemical & Engineering Data, 2009, 54: 2073-2076.

[23] 陈炼, 章莺鸿, 周益明, 等. 有机膦酸配合物热分解法制备三维网状形貌的偏磷酸铁[J]. 化学学报, 2012, 70（12）: 1412-1416.

[24] 李冰. 铁系磷酸盐的合成及其在超级电容器中的应用[D]. 扬州: 扬州大学, 2020.

第 10 章
镁系磷酸盐

■ 10.1 镁系磷酸盐概述

我国是世界上生产镁化合物的主要国家之一。通常用于制取镁化合物的固体矿物原料为菱镁矿、白云石、水镁石，制取镁化合物的液体原料为天然水溶性镁盐及其溶液（海水和盐湖水）。各工业部门中所使用的主要的镁化合物除镁砂之外，有氯化镁、氧化镁、碱式碳酸镁、硫酸镁、氢氧化镁和各种镁系磷酸盐等。

镁系磷酸盐是一类重要的无机盐，主要用于医药、含镁水泥、玻璃、纺织、造纸等工业以及木材消毒、防腐、镁肥等领域。镁系磷酸盐主要包括磷酸镁、磷酸氢镁、磷酸二氢镁、偏磷酸镁、焦磷酸镁、次磷酸镁等。

磷酸镁，无色或白色结晶粉末，有多种水合物，用于制造医药制剂、塑料阻燃剂及稳定剂、饲料添加剂、牙膏研磨剂、牙膏用磷酸氢钙的稳定剂、骨移植黏合剂、pH调节剂、营养增补剂及抗结剂等。

磷酸氢镁，无色或白色结晶粉末，有多种水合物，医药上用作治疗风湿性关节炎和变质剂，也用作化肥碳酸氢铵的稳定剂、塑料的稳定剂、牙科研磨剂及食品添加剂等，食品级磷酸氢镁用作营养增补剂。

磷酸二氢镁，白色结晶粉末，医药上用于制造治疗风湿性关节炎药物，塑料工业上用作塑料制品的稳定剂，也用作阻燃材料。

偏磷酸镁，无色单斜晶体，是生产氟磷酸盐光学玻璃的重要原材料。

焦磷酸镁，晶体有两种类型，即 α 型（低温型）和 β 型（高温型），主要用作牙膏、牙粉的稳定剂。

次磷酸镁，白色晶体，有荧光，具有还原性、弱酸性以及含磷量高等性质，可用作阻燃剂、化学镀镍助剂以及土壤改良剂等，除此之外次磷酸镁对治疗风湿性关节炎以及肥胖症具有一定的效果。

10.2 磷酸镁

10.2.1 理化性质

磷酸镁，magnesium phosphate，别名磷酸三镁，化学式为 $Mg_3(PO_4)_2$，相对分子质量为 262.86，无色或白色正交晶系结晶或粉末，相对密度为 2.20，熔点为 1184℃，不溶于水及氨水，易溶于无机酸。磷酸镁可形成多种水合物。其中，$Mg_3(PO_4)_2 \cdot 4H_2O$ 为白色单斜晶系结晶，相对密度为 1.64（15℃），微溶于水，溶于无机酸。$Mg_3(PO_4)_2 \cdot 8H_2O$ 为无色单斜晶系结晶或白色片状结晶，相对密度为 2.41，溶于无机酸及柠檬酸铵，不溶于水，加热至 400℃时脱水形成无水物。$Mg_3(PO_4)_2 \cdot 22H_2O$ 为无色粒状结晶，不溶于水，溶于无机酸，40~50℃时转化成非晶体，100℃时脱水转化成八水合物。

10.2.2 制备技术

由磷酸与氧化镁或氢氧化镁在高温下反应可制得无水磷酸镁。由正磷酸与氢氧化镁反应可制得八水磷酸镁。由氯化镁与磷酸二氢钠反应可制得二十二水磷酸镁。

10.2.3 磷酸镁的用途

磷酸镁用于制造医药制剂、塑料阻燃剂及稳定剂等，也用作饲料添加剂、牙膏研磨剂、牙膏用磷酸氢钙的稳定剂，医药上还可用作骨移植黏合剂，日用化工上可用于制造皮肤清洁霜。食品级磷酸镁可用作 pH 调节剂、营养增补剂及抗结剂等。

10.3 磷酸氢镁

10.3.1 理化性质

磷酸氢镁一般为三水磷酸氢镁，magnesium hydrogen phosphate，化学式为 $MgHPO_4 \cdot 3H_2O$，相对分子质量为 174.37，磷酸氢镁有三水合物、七水合物及无水物等形式。常见的是三水合物（$MgHPO_4 \cdot 3H_2O$），其为无色或白色斜方晶系结晶或粉末，相对密度为 2.13，折射率为 1.5196，微溶于水，易溶于稀无机酸。三水磷酸氢镁加热至170℃时失去结晶水而成为无水磷酸氢镁（$MgHPO_4$）；无水磷酸氢镁加热至 550~650℃时，脱水缩合转化成焦磷酸镁（$Mg_2P_2O_7$）；七水磷酸氢镁（$MgHPO_4 \cdot 7H_2O$）为无色或白色单斜晶系针状结晶，相对密度为 1.73（15℃），微溶于水，不溶于乙醇，溶于无机酸，加热至 110℃时转化成三水磷酸氢镁。

10.3.2 制备技术

三水磷酸氢镁由磷酸与氧化镁或氢氧化镁反应制得，也可由乙酸镁与磷酸铵溶液

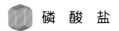

反应制得。

采用氧化镁法。将磷酸与氧化镁进行反应生成三水磷酸氢镁，其反应式如下：

$$H_3PO_4+MgO+2H_2O \rightleftharpoons MgHPO_4 \cdot 3H_2O$$

在盛有磷酸的反应器中，在不断搅拌的条件下慢慢加入可溶性镁盐（硫酸镁、氯化镁等）或氧化镁，控制 pH 在 5 左右，在 36℃ 以上结晶，即得三水磷酸氢镁（如在36℃ 以下结晶时则得七水物），再经过滤、干燥即得成品。

原料消耗定额：磷酸 0.562t/t；氧化镁 0.231t/t。

10.3.3 磷酸氢镁的用途

磷酸氢镁用作塑料稳定剂、饲料添加剂、牙膏添加剂、化肥碳酸氢铵的稳定剂，以及用于制造化肥等。医药上磷酸氢镁用于制造治疗风湿性关节炎的药物。食品级磷酸氢镁可用作营养增补剂及 pH 调节剂等。

10.4 磷酸二氢镁

10.4.1 理化性质

磷酸二氢镁，分子式为 $Mg(H_2PO_4)_2 \cdot 2H_2O$，相对分子质量为 252.58，白色结晶粉末，有吸湿性，相对密度为 1.56（20℃）。磷酸二氢镁加热则分解成偏磷酸盐，溶于水和酸类，不溶于醇。

10.4.2 制备技术

工业上用含 H_3PO_4 85% 的热法磷酸和含 MgO 92% 的氧化镁为原料制取磷酸二氢镁。将含 H_3PO_4 85% 的热法磷酸和含 MgO 92% 的氧化镁按比例加入反应槽中，并加入去离子水，在搅拌的条件下进行中和反应。反应后的料液经过滤除去杂质，送入浓缩槽，除去部分水分后再送入结晶池，冷却析出结晶，经离心分离和干燥即得磷酸二氢镁产品。磷酸二氢镁生产工艺流程图如图 10-1 所示。

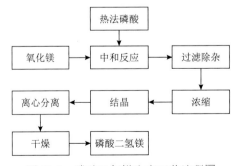

图 10-1　磷酸二氢镁生产工艺流程图

每生产 1t 磷酸二氢镁耗用热法磷酸（H_3PO_4 85%）0.655t、氧化镁（MgO 92%）0.119t。

10.4.3 磷酸二氢镁的用途

磷酸二氢镁在医药上用于制造治疗风湿性关节炎的药物，在塑料工业中用作塑料制品的稳定剂，也用作阻燃材料。

■ 10.5 偏磷酸镁

10.5.1 理化性质

偏磷酸镁，又名环四磷酸镁，分子式为 $Mg_2P_4O_{12}$，相对分子质量为 364.50，无色单斜晶体，熔点为 1160℃，不溶于水、酸和碱，用浓硫酸长时间浸泡可分解。

10.5.2 制备技术和生产原理

氧化镁（碳酸镁或氢氧化镁）与磷酸氢二铵在高于 350℃下反应制得偏磷酸镁，其化学反应方程式如下：

$$2MgO+4(NH_4)_2HPO_4 ＝＝＝ Mg_2P_4O_{12}+8NH_3\uparrow+6H_2O\uparrow$$

另外，还可用二水磷酸二氢镁在 400～500℃下脱水生成偏磷酸镁，其化学反应方程式：

$$2Mg(H_2PO_4)_2\cdot2H_2O ＝＝＝ Mg_2P_4O_{12}+8H_2O\uparrow$$

秦玉楠[1]及潘光镛[2]公开了一种合成偏磷酸镁的新工艺，即不经过先行制备磷酸二氢镁结晶而用磷酸直接制备偏磷酸镁的简易方法。生产实践证明，采用这一新工艺所制得的偏磷酸镁成品和低铁偏磷酸镁成品质量高、收率高、成本低、性能佳，完全符合研制特种和高档防护系列玻璃的使用要求等。

将氧化镁或碱式碳酸镁[$4MgCO_3\cdot Mg(OH)_2\cdot5H_2O$]与比计算量稍过量的热法磷酸起反应而生成水溶性的水合磷酸二氢镁：

$$MgO+2H_3PO_4+(n-1)H_2O ＝＝＝ Mg(H_2PO_4)_2\cdot nH_2O$$

所生成的水合磷酸二氢镁在过量磷酸存在的条件下，在加热过程中逐渐失去分子外的结晶水而成为无水磷酸二氢盐：

$$Mg(H_2PO_4)_2\cdot nH_2O ＝＝＝ Mg(H_2PO_4)_2+nH_2O$$

然后再脱除分子内的"组成水"成为非聚合态的偏磷酸镁，最后经高温灼烧而成为聚合态偏磷酸镁成品：

$$2Mg(H_2PO_4)_2 ＝＝＝ Mg_2(PO_3)_4+4H_2O$$

$$xMg(PO_3)_2 ＝＝＝ [Mg(PO_3)_2]_x$$

式中，x 指偏聚合度，$x=3 \sim 6$。

10.5.3 典型制备工艺

1. 高温焙烧制备偏磷酸镁的方法

取 4kg MgO（含量≥98%）或 11kg $4MgCO_3 \cdot Mg(OH)_2 \cdot 5H_2O$ 置于不锈钢锅中，加水 12kg 湿润。在充分搅拌的条件下逐渐加入热法磷酸（Fe 含量<0.01%）约 15L。加热料液至 MgO 或 $4MgCO_3 \cdot Mg(OH)_2 \cdot 5H_2O$ 完全酸解后，逐渐升高温度，进行浓缩脱水至固态。将该固态物料用不锈钢铲捣碎之后，移入玻璃熔炉或置于高温电炉内逐渐升温至 550～600℃，进行高温灼烧，保温时间为 3h 左右。将上述偏聚程度合格（注意：炉温不可超过 600℃，保温时间不要超过 200min）的物料取出后，立即用少量冷水对其进行淬火处理，使物料呈均匀的疏松状态。将上述疏松物料送入离心机内，用冷水充分洗涤 4 次，最后用少量乙醇漂洗并尽量甩干，于 100～110℃下烘干，经粉碎筛析、称量、包装即得偏聚合度（x）为 3～6 的偏磷酸镁成品，其质量为 17.86kg。高温焙烧制备偏磷酸镁的工艺流程图如图 10-2 所示。

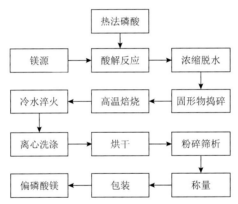

图 10-2　高温焙烧制备偏磷酸镁的工艺流程图

2. 低铁偏磷酸镁的制备方法

称取 0.82kg MgO（含量>98%）置于搪瓷容器中，加入去离子水 1.6L 充分将其润湿。再在充分搅拌的条件下缓缓地加入热法磷酸（Fe 含量<0.001%）3L。加热至 MgO 完全酸溶后，放冷至 25℃。将料液移送入分液型萃取器中，在搅拌的条件下加入浓盐酸 2L（HCl 含量 30%，Fe 含量<0.001%），并用磷酸三丁酯-煤油混合液（体积比为 7：3）约 6L 进行萃取（分为 3 次进行）。水相移入搪瓷容器内加热以去除盐酸（在通风柜中操作），继续加热进行浓缩、脱水、固化。后处理程序与前述相同。磷酸三丁酯萃取相经稀碱液萃洗除铁、过滤，再生后循环使用。由此法合成的偏磷酸镁成品含铁（以 Fe_2O_3 计）≤0.0004%，可满足特殊研究工作的专门需要等。

3. 萃取缩聚制备偏磷酸镁的方法

邱志明等[3]提出了一种偏磷酸镁的生产工艺，其将原料 MgO 或

$4MgCO_3 \cdot Mg(OH)_2 \cdot 5H_2O$ 置于反应釜中，加去离子水搅拌，加热、搅拌，加入 85%～98% 的 H_3PO_4，使原料完全溶解，调节 pH 至 2.5～3 偏 3；稀释、冷却后移入萃取器中，搅拌、加入浓盐酸，用磷酸三丁酯和 80# 汽油混合液萃取；水相移入反应容器中，加热赶除 HCl；过滤入反应釜内加热浓缩至磷酸二氢镁含量在 55%～60%；过滤后送至喷雾干燥塔压缩熔聚成偏磷酸镁。萃取缩聚制备偏磷酸镁的工艺流程图如图 10-3 所示。

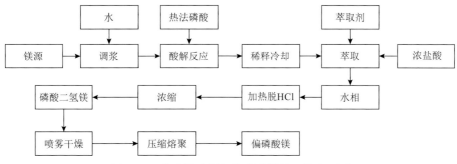

图 10-3 萃取缩聚制备偏磷酸镁的工艺流程图

具体实施方法：取原料 MgO 或 $4MgCO_3 \cdot Mg(OH)_2 \cdot 5H_2O$ 置于 1500L 不锈钢反应釜内，加去离子水并搅拌，至水没过原料。使反应釜温度维持在 80～100℃，边充分搅拌，边加入 85%～98% 的 H_3PO_4，使原料完全溶解，且溶液 pH 为 2.5～3 偏 3。H_3PO_4 与 MgO 的反应是一个剧烈的放热过程，通过调节搅拌速度、逐渐加入磷酸的量可以控制反应进行的程度，反应过程一般无须外加热。向反应釜中加去离子水，稀释至溶液相对密度为 1.10～1.15，冷却至 25～30℃。将冷却后的溶液移入分液型萃取器中，在搅拌的条件下加入优级纯（GR）浓盐酸，并用磷酸三丁酯和 80#～100# 汽油混合液萃取 3～4 次。其中磷酸三丁酯和汽油混合液的体积比为 7∶3。GR 浓盐酸浓度为 38%，采用浓度为 36%～38% 的浓盐酸均可，但浓度略低的浓盐酸会引入杂质。萃取时间一般为 2～4h。萃取后的水相移入耐酸的搪瓷、玻璃钢等反应容器中，采用吸收装置加热赶除 HCl，至 Cl 离子含量小于 10mg/L 视为赶除干净。将赶除干净 HCl 的溶液用板框压滤机过滤入不锈钢反应釜内加热浓缩，至溶液相对密度为 1.40～1.45，磷酸二氢镁含量在 55%～60%。将浓缩溶液用板框压滤机过滤，用耐酸泵送至高位槽，自流入喷雾干燥塔顶喷嘴，用压缩空气喷成雾状，与天然气燃烧器并流在塔内，熔聚成偏磷酸镁。喷雾干燥塔的喷雾干燥温度一般控制在 700～720℃，若超过 720℃，不仅增大电能损耗和偏磷酸镁的偏聚程度，还不利于提高成品质量，喷雾干燥温度越高，物料与容器间的物理、化学作用越严重，会影响成品质量，影响实际收率，缩短容器的使用寿命。喷雾干燥塔上部温度为 550～600℃，中部温度为 300～350℃，下部温度为 140～160℃，出口温度为 80～90℃，干燥脱水量为 185kg/h，喷雾干燥塔顶喷嘴空气压力为 3～4kg/cm^2，进喷雾干燥塔顶喷嘴的料液压力为 1.5kg/cm^2，喷雾干燥塔强度为 15～20kg/(cm^3·h)，排风机尾气温度为 70℃。

4. 无色玻璃态电子级偏磷酸镁的制备方法

明添等[4]发明公开了一种无色玻璃态电子级偏磷酸镁的制备方法，该方法具体为：在反应釜中加入磷酸、水和碳酸镁；反应完全后，将反应釜加热到 130～150℃，煮沸

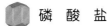

蒸发 3~5h；煮沸蒸发到有结晶生成后从反应釜中放出，聚冷后稀释、沉降分离制得磷酸二氢镁；将制得的磷酸二氢镁装入镁合金制成的盒子中，盒子升温至 650℃以下；升温后将盒子移入封闭的电炉中，将电炉抽气至负压，保持恒温烧结 4~6h；将烧结后的偏磷酸镁从电炉中取出并冷却即得产品。

5. 光学级偏磷酸镁的制备方法

蒋加富[5]提供了一种光学级偏磷酸镁的制备方法，包括如下步骤：将氢氧化镁或氧化镁与磷酸、水按一定比例发生反应，得到粗磷酸二氢镁溶液；调节粗磷酸二氢镁溶液的浓度，使其经过离子交换树脂，以脱除有色金属和杂质离子；将经过离子交换树脂后的溶液蒸发浓缩，获得浓度在 30%以上的提浓液；洁净煅烧，以脱除游离水和结构水，得到光学级偏磷酸镁。

具体实施方法：120kg 含量为 97%的工业级氢氧化镁加入由 471.5kg 85%的工业磷酸和 864.5kg 水勾兑而成的稀磷酸中，控制反应温度为 130~133℃，反应压力为 0.39~0.42MPa，反应时间为 5~6h，得到粗磷酸二氢镁溶液；调节粗磷酸二氢镁溶液的浓度为 12%，以 4L/min 的流速经过一组填充了镁盐改性的 001×7、D403 型阳离子交换树脂和特别甄选的 D202、D406 型阴离子交换树脂的复合离子交换装置，以脱除 Fe、Mn、Pb、Cr、Cu、Ni、Co 等有色金属和 Cl^-、硫酸根等杂质；将经过离子交换树脂后的溶液蒸发浓缩，在真空度为 –0.06~–0.05MPa、蒸发温度为 110℃的条件下，减压浓缩至 32%；提浓后的磷酸二氢镁溶液通过工业蠕动泵控制，以 9L/min 的流速进入喷雾煅烧塔进行洁净煅烧，其中进风温度为 670~690℃，塔体上段温度为 640~665℃，塔体中段温度 620~640℃，塔体下段温度为 590~610℃，出风温度为 370~390℃，获得光学级偏磷酸镁粉体 348kg，其收率为 95.2%。

10.5.4　偏磷酸镁的用途

偏磷酸镁主要应用于特种光学玻璃、特种防护玻璃和耐辐射光学玻璃材料，用作磷酸盐玻璃、氟磷酸盐玻璃和激光核聚变玻璃中的添加剂。

10.6　焦磷酸镁

10.6.1　理化性质

焦磷酸镁是焦磷酸根离子与镁离子形成的化合物，分子式为 $Mg_2P_2O_7$，相对分子质量为 222.55，晶体有两种类型，即 α 型（低温型）和 β 型（高温型），型变温度为 68℃，但是两者在广泛的温度范围内往往是共存的，为无色单斜晶系晶体，外观是白色粉末，相对密度为 2.56，熔点为 1383℃，不溶于水。

10.6.2　制备技术

焦磷酸镁可以由磷酸氢镁聚合制得，也可由可溶性镁盐与可溶性焦磷酸盐复分解制得，还可以由磷酸镁铵复盐制得，通常由焦磷酸钠溶液与氯化镁溶液复分解反应制得。

1. 磷酸氢镁聚合法

磷酸氢镁有七水物、三水物、无水物三种晶体，七水物和三水物都可以加热脱水成为无水物，继续加热则失水，聚合成焦磷酸镁。

将 59.5 份六水氯化镁和 104.3 份十二水磷酸氢二钠，分别溶于 350 份水中，加热、过滤，使两种溶液在 65℃ 下混合反应，熟化一段时间，制得三水磷酸氢镁；将制得的三水磷酸氢镁沉淀过滤、水洗、干燥、煅烧聚合，制得焦磷酸镁，其反应式如下：

$$MgCl_2+Na_2HPO_4+3H_2O \Longrightarrow MgHPO_4·3H_2O\downarrow+2NaCl$$

$$MgHPO_4·3H_2O \Longrightarrow MgHPO_4+3H_2O$$

$$2MgHPO_4 \Longrightarrow Mg_2P_2O_7+H_2O$$

2. 磷酸镁铵煅烧法

将磷酸氢铵、硫酸铵、磷酸、水按 28 份、10 份、12 份、80 份质量份混合制成一种溶液，将七水硫酸镁、水以 16 份、20 份质量份混合制成另一种溶液，把两种溶液混合，即得六水磷酸镁铵。将该产物的水溶液加热到 100℃，得到一水磷酸镁铵，一水磷酸镁铵在 600℃ 以上加热 2h 就生成焦磷酸镁，其反应式如下：

$$NH_4MgPO_4·6H_2O \Longrightarrow NH_4MgPO_4·H_2O+5H_2O\uparrow$$

$$2NH_4MgPO_4·H_2O \Longrightarrow Mg_2P_2O_7+2NH_3+3H_2O\uparrow$$

3. 复分解法

将焦磷酸钠和六水氯化镁或硫酸镁分别配制成溶液，过滤，在 50℃ 以下将氯化镁溶液（或硫酸镁溶液）滴加入焦磷酸钠溶液中并搅拌，即可生成焦磷酸镁。此法简便、易控制，目前国内多采用此法生产。

$$2MgCl_2+Na_4P_2O_7 \Longrightarrow Mg_2P_2O_7+4NaCl$$

$$2MgSO_4+Na_4P_2O_7 \Longrightarrow Mg_2P_2O_7+2Na_2SO_4$$

10.6.3　焦磷酸镁的用途

焦磷酸镁主要用作牙膏牙粉的稳定剂，近年来随着新的牙膏材料的不断变化，焦磷酸镁的用量逐渐萎缩。

10.7　次磷酸镁

10.7.1　理化性质

次磷酸镁通常以六水合物的形式存在，其分子式为 $Mg(H_2PO_2)_2·6H_2O$，相对分子质量为 262.41，白色晶体，有荧光。次磷酸镁溶于水，25℃时，100g 水中可溶解 20g 次磷酸镁，其水溶液显中性或弱酸性，微溶于醇，不溶于乙醇和乙醚，可分解 HNO_3。其相对密度为 1.59（12.5/4℃）。其在干燥空气中易风化，100℃时失去 5 个结晶水；180℃时变成无水物，继续加热，则分解放出易燃且极毒的磷化氢气体。

10.7.2　工业制法

次磷酸镁由黄磷、氢氧化镁反应制得，也可由次磷酸与氧化镁（或碳酸镁）反应制得。

10.7.3　次磷酸镁的用途

次磷酸镁在医药上用作制造治疗风湿性关节炎的药物；在塑料工业中用作塑料制品的稳定剂，也用作阻燃材料；在农业上用作化肥添加剂及碱性土壤的改良剂。

参 考 文 献

[1] 秦玉楠. 偏磷酸镁合成新工艺[J]. 精细与专用化学品, 1993, 10:30-31.
[2] 潘光镛. 用磷酸直接合成偏磷酸镁[J]. 玻璃与搪瓷, 1983, 11（3）:31-33.
[3] 邱志明, 邱雯, 刘明钢. 偏磷酸镁的生产工艺[P]: CN, 1799999A. 2006-07-12.
[4] 明添, 明智, 明雯, 等. 无色玻璃态电子级偏磷酸镁的制备方法[P]: CN, 102311107A. 2012-01-11.
[5] 蒋加富. 一种光学级偏磷酸镁的制备方法[P]: CN, 111439736A. 2020-07-24.

11.1 磷酸钴

11.1.1 理化性质

磷酸钴，又名磷酸亚钴，$Co_3(PO_4)_2$，相对分子质量为 336.74，浅红色晶体，相对密度为 2.587（25℃），不溶于水，溶于磷酸和氨水。$Co_3(PO_4)_2 \cdot 2H_2O$，相对分子质量为 402.77，紫红色粉末，不溶于水，溶于磷酸。$Co_3(PO_4)_2 \cdot 8H_2O$，相对分子质量为 510.87，浅红色粉末，相对密度为 2.769，加热至 200℃失去 8 个结晶水，微溶于水，不溶于醇，溶于无机酸，由钴盐与磷酸钠作用而制得。

11.1.2 制备技术

1. 氯化钴与磷酸氢二钾复分解法

将 3g $CoCl_2 \cdot 6H_2O$ 溶于 50mL 水配制成的溶液加入 10g K_2HPO_4 配制成的 400mL 水溶液中，加热，直至生成的沉淀变为深蓝色，此过程需 5～10min，然后放置过夜，得到粉色晶体。

2. 硫酸钴与磷酸铵复分解法

将含有硫酸钴与磷酸铵摩尔比为 1:3，总浓度为 1mol/L 的水溶液于 70℃加热，30min 后过滤，用蒸馏水和乙醇洗涤。

3. 含水不明盐制备

含水不明盐是通过将钴盐加入 Na_3PO_4 中或在密闭容器中用焦磷酸钴和水于 280～300℃共热而制得的。

4. 八水盐制备

八水盐是通过将含水不明的磷酸钴长期放置使其沉淀或者在 $CoHPO_4$ 溶液中加入乙

醇而制得的。

5. 二水盐制备

CoHPO$_4$和水一起加热到 250℃制得二水盐，或将钴盐水溶液如 Co(NO$_3$)$_2$ 与磷酸盐水溶液如 Ca$_3$(PO$_4$)$_2$ 一起在密闭容器中混合加热，共沉淀制得二水盐。

6. 无水盐制备

无水盐是通过把含水盐加热到 200℃制得的[1]。

11.1.3　磷酸钴的用途

磷酸钴用作搪瓷、釉料、玻璃着色剂和饲料添加剂，可用于磷酸钴锂新能源材料的前驱体。

11.2　镍系磷酸盐

11.2.1　磷酸镍

1. 理化性质

磷酸镍，化学式为 Ni$_3$(PO$_4$)$_2$，为浅绿色结晶，强热下失水，有一部分半熔并呈现黄色。脱水盐赤热下质量不减少，呈褐色，其组成为 5NiO·2P$_2$O$_5$ 或 Ni$_3$(PO$_4$)$_2$·2NiHPO$_4$。磷酸镍不溶于水，溶于酸。

2. 制备技术

（1）硫酸镍和磷酸钠复分解法
磷酸镍由硫酸镍和磷酸钠加工制得：

$$3NiSO_4+2Na_3PO_4 =\!=\!= Ni_3(PO_4)_2+ 3Na_2SO_4$$

先将磷酸钠溶解在水中并过滤，硫酸镍单独在反应器中用水溶解后过滤。该反应器由耐酸瓷砖制作（或碳钢内衬不锈钢）并带有搅拌器。磷酸钠溶液同硫酸镍溶液在不断搅拌的条件下于反应器中充分混匀。沉淀产物磷酸镍为浅绿色沉淀，反应混合物送至沉淀器中静置，并把上层清液分出。将磷酸镍的浆液离心分离，并且热水洗涤至无硫酸盐。磷酸镍沉淀最后在 85～90℃的干燥器中干燥。
（2）碱式碳酸镍与正磷酸铵干式焙烧法[2]
以碱式碳酸镍如 NiCO$_3$·2Ni(OH)$_2$·4H$_2$O 为原料，将其与正磷酸铵如 NH$_4$H$_2$PO$_4$、(NH$_4$)$_2$HPO$_4$ 或(NH$_4$)$_3$PO$_4$·3H$_2$O 按一定克分子比干式混合，经 800～1000℃焙烧制成磷酸镍。当镍与磷酸盐克分子比为 1∶1 时，产品呈鲜艳的黄色；当镍与磷酸盐克分子比为 1∶0.5 时，产品呈暗黄绿色；当镍与磷酸盐克分子比为 1∶1.5 时，产品呈淡黄色。

产品质量：经 XRD 分析 $\alpha\text{-Ni}_2\text{P}_2\text{O}_7$ 含量几乎为 100%，采用$(\text{NH}_4)_3\text{PO}_4$ 法生产，焙烧温度为 1000℃，产品为 $\text{Ni}_3(\text{PO}_4)_2$ 和 $\alpha\text{-Ni}_2\text{P}_2\text{O}_7$ 的混合物。

（3）硫酸镍与磷酸铵沉淀法

以硫酸镍为原料，通过将其与过量的磷酸铵在 80℃下加热熔化，可以获得一种六面体的磷酸镍铵沉淀。该沉淀随沉淀剂一同进入结晶状态，随后经过进一步浓缩、结晶和过滤处理。当这种盐燃烧时，它会转化为磷酸镍。

（4）磷酸二氢钠与镍盐沉淀法

以磷酸二氢钠和可溶性镍盐为原料，在磷酸二氢钠溶液中加入可溶性镍盐发生反应，溶液 pH 为 7.63，则可产生磷酸镍沉淀$[\text{Ni}_3(\text{PO}_4)_2\cdot 8\text{H}_2\text{O}]$。

11.2.2　焦磷酸镍

1. 理化性质

焦磷酸镍，$\text{Ni}_2\text{P}_2\text{O}_7\cdot n\text{H}_2\text{O}$，与水一起被加热到 80～300℃时可以分解为水合磷酸镍与磷酸镍，可溶于矿物酸及磷酸钠水溶液及氨水，在有钴存在时，磷酸钴先于磷酸镍沉淀。

2. 制备技术

采用可溶解于酸的淡绿色的正磷酸镍铵，于 110℃下干燥煅烧，失去 26.05%水，先转变成淡蓝色，然后转变为黄的焦磷酸镍；焦磷酸镍还可采用焦磷酸钠和镍盐放在一起熔解而制得。

11.2.3　镍系磷酸盐的用途

1. 磷酸镍的用途

磷酸镍主要用于化学镀镍、金属及塑料色剂，有机合成用作触媒，陶瓷工业用作彩釉。此外，磷酸镍用于绘画，金属表面处理的电镀液，以及磷酸镍锂新能源材料的前驱体。

2. 焦磷酸镍的用途

焦磷酸镍主要用于电镀镍电镀液，可用于新能源材料前驱体。

参 考 文 献

[1] 陈嘉甫, 谭光薰. 磷酸盐的生产与应用[M]. 成都: 成都科技大学出版社, 1989.

[2] 巽义孝, 伊藤征司郎, 桑原利秀.磷酸镍系黄色颜料制造及其物性[J].日本色彩材料学会杂志,1975,48（8）:498-501.

第 12 章
锡、铅系磷酸盐

12.1 锡系磷酸盐

12.1.1 焦磷酸亚锡

1. 理化性质

焦磷酸亚锡，stannous pyrophosphate，分子式为 $Sn_2P_2O_7$，相对分子质量为 411.32，白色结晶或无定形粉末，相对密度为 4.009（16/4℃），不溶于水，溶于浓酸。

2. 制备技术[1]

先将氯化亚锡和焦磷酸钠分别溶解于水中，加入适量活性炭进行脱色、过滤，得到清净溶液，然后将两种溶液分别加水调整到一定浓度。先将焦磷酸钠溶液加入反应器中，在搅拌的条件下缓慢地加入氯化亚锡溶液进行复分解反应。控制反应终点，不使氯化亚锡过量。生成焦磷酸亚锡沉淀，经静置，抽去上层清液，加水并在搅拌的条件下洗涤，再静置沉淀，抽去上层清液，反复进行数次，把大部分氯化钠洗除。将沉淀物放入离心分离机脱水，并用清水洗涤至无氯离子，干燥，制得焦磷酸亚锡成品，其反应式如下：

$$Na_4P_2O_7+2SnCl_2 =\!=\!= Sn_2P_2O_7+4NaCl$$

3. 焦磷酸亚锡的用途

焦磷酸亚锡主要用于无氰电镀的镀锡。焦磷酸亚锡用作牙膏的填充剂，在牙膏中微有离解，对于防止牙病有一定作用；印染工业用于染色；陶瓷工业用于精制陶土；在涂料工业中适当加入，可缓解油漆填料在油漆中的沉降速度，改善油漆性能。

12.1.2 磷酸氢锡

磷酸氢锡[2]，$Sn(HPO_4)_2$，将 $SnCl_2$ 与浓 H_3PO_4 按摩尔比为 1∶5 混合，加热至 150℃ 并维持 24h，生成结晶性沉淀，沉淀用丙酮洗涤，再经 P_2O_5 干燥获得 $Sn(HPO_4)_2 \cdot H_2O$，此

化合物在 100～130℃脱水生成无水盐；继续加热至 250～300℃时能进一步脱水，生成 SnP_2O_7。磷酸氢锡主要用于重金属去除剂。

12.1.3 焦磷酸锡

焦磷酸锡，SnP_2O_7，为准立方体结构。2 个八面体 SnO_6 和 1 个四面体 PO_4 共享原子氧为 1 组，每个立方体单元中有 3 个这样的组合，其中 2 组构成了立方体的 2 个方角，PO_4 单元处于立方体的棱边；另一组位于立方体的一条体心对角线上。SnP_2O_7 的这种结构提供了传导质子的 O 原子的网络，通过氢氧间氢键的形成与断裂，完成质子的传递。新沉淀的水合二氧化锡与 84% H_3PO_4 混合，放在铂容器中加热到 200～250℃约保持 1h，得到澄清溶液，然后迅速升温到 500℃并保持 3～4h，有 SnP_2O_7 结晶生成[3]，或者将 $Sn(HPO_4)_2$ 加热脱水得 SnP_2O_7，SnP_2O_7 晶体属立方晶系 α=791pm，Z=4。SnP_2O_7 受强热时分解，放出 P_2O_5，残留 SnO_2。SnP_2O_7 不溶于 H_2O_2、浓酸、浓碱、苯或醇。SnP_2O_7 用作无机质子导体，以其较高的热稳定性和低湿度条件下良好的质子传导能力而被用作质子交换膜燃料电池（PEMFC）的膜电解质材料。

12.2 铅系磷酸盐

12.2.1 铅系磷酸盐概述

铅系磷酸盐是一类重要的无机盐，主要包括磷酸氢铅、磷酸二氢铅、正磷酸铅、碱式正磷酸铅、焦磷酸铅、亚磷酸氢铅、亚磷酸二氢铅、连二磷酸铅、二碱式亚磷酸铅等[2]。

12.2.2 磷酸氢铅

磷酸氢铅，$PbHPO_4$，自然界有磷酸氢铅存在，它是一种稳定的化合物。

以 H_3PO_4 作用于 $Pb(NO_3)_2$ 水溶液，得 $PbHPO_4$ 晶体，例如，在搅拌的条件下把 45mL 86.4%的 H_3PO_4 加入 100g $Pb(NO_3)_2$ 溶于 1200mL 水的沸腾溶液中生成 $PbHPO_4$ 沉淀。将 Na_2HPO_4 水溶液加入稀 $Pb(NO_3)_2$ 水溶液或者将 $Pb_2P_2O_7$ 与水共热至 250℃以上都能生成 $PbHPO_4$。$PbHPO_4$ 在 350℃温度下脱水聚合成焦磷酸铅，在 360～399℃和 22～29.8MPa 氢气压力下，氢能将 $PbHPO_4$ 还原成 $PbHPO_3$。$PbHPO_4$ 难溶于水，25℃时在水中的溶解度为 0.129g/100g。

12.2.3 磷酸二氢铅

磷酸二氢铅，$Pb(H_2PO_4)_2$，$PbHPO_4$ 或 $Pb_3(PO_4)_2$ 溶于热的 80%～90% H_3PO_4 水溶液中，冷却得针状晶体 $Pb(H_2PO_4)_2$。$Pb(H_2PO_4)_2$ 在空气中稳定，80℃以上脱水成焦磷酸铅 ($Pb_2P_2O_7$)；遇冷水先形成 $PbHPO_4$，然后生成 $Pb_3(PO_4)_2$。$Pb(H_2PO_4)_2$ 遇 H_2S 生成

PbS；Pb(H$_2$PO$_4$)$_2$ 溶于稀硝酸及碱，在浓硝酸中生成 Pb(NO$_3$)$_2$。Pb(H$_2$PO$_4$)$_2$ 溶于浓盐酸，而不溶于浓度在 50%以上的乙酸。

12.2.4 正磷酸铅

正磷酸铅，Pb$_3$(PO$_4$)$_2$，Pb$_2$P$_2$O$_7$ 与 PbO 混合并加热到 800℃；PbO 与 PbHPO$_4$ 一起熔融；计算量的 PbCO$_3$ 与(NH$_4$)$_2$HPO$_4$ 混合并加热至 950℃维持 24h；PbO 与 NH$_4$H$_2$PO$_4$ 按摩尔比 3：2 混合，于 750℃下加热 30min；Pb(NO$_3$)$_2$、Pb(CH$_3$COO)$_2$ 与 Na$_3$PO$_4$ 水溶液反应等都能制得正磷酸铅。Pb$_3$(PO$_4$)$_2$ 是无色或白色结晶粉末，熔点为 1014℃，密度为 7.011g/cm^3，650℃以上氢气将 Pb$_3$(PO$_4$)$_2$ 还原成金属铅。干燥的 Pb$_3$(PO$_4$)$_2$ 与干燥的 HBr 反应生成 PbBr$_2$ 及 H$_3$PO$_4$。Pb$_3$(PO$_4$)$_2$ 与 CaO 按摩尔比 1：3 混合并加热至 524℃，发生复分解反应。

$$Pb_3(PO_4)_2 + 3CaO = 3PbO + Ca_3(PO_4)_2$$

Pb$_3$(PO$_4$)$_2$ 与 SrO、BaO 也有类似的反应。

Pb$_3$(PO$_4$)$_2$ 难溶于水，20℃时在水中的溶解度为 1.4×10^{-6}g/100g。Pb$_3$(PO$_4$)$_2$ 能溶于稀硝酸生成 PbHPO$_4$，溶于浓硝酸则生成 H$_3$PO$_4$ 及 Pb(NO$_3$)$_2$。Pb$_3$(PO$_4$)$_2$ 也溶于碱溶液、氨水和稀乙酸，如 1 份 Pb$_3$(PO$_4$)$_2$ 可溶于 9 份 38.9%的乙酸，但它不溶于纯乙酸及无水醇。

Pb$_3$(PO$_4$)$_2$ 是一种典型的铁弹性材料。在材料和地球科学领域中，其在高压和室温下的相变行为被广泛研究。其也可以用作塑料稳定剂。

12.2.5 碱式正磷酸铅

碱式正磷酸铅有 Pb$_3$(PO$_4$)$_2$·5PbO （或 8PbO·P$_2$O$_5$）、Pb$_3$(PO$_4$)$_2$·2PbO（或 5PbO·P$_2$O$_5$）及 Pb$_3$(PO$_4$)$_2$·PbO（或 4PbO·P$_2$O$_5$）。化学计量的 PbCO$_3$ 与(NH$_4$)$_2$HPO$_4$ 混合后加热至 800℃维持 24h，得到 Pb$_3$(PO$_4$)$_2$·5PbO。化学计量的 PbCO$_3$ 与(NH$_4$)$_2$HPO$_4$ 混合后加热至 900℃维持 24h，得到 Pb$_3$(PO$_4$)$_2$·5PbO 和 Pb$_3$(PO$_4$)$_2$·2PbO。Pb$_3$(PO$_4$)$_2$·5PbO 的熔点为 860℃。

12.2.6 焦磷酸铅

焦磷酸铅，Pb$_2$P$_2$O$_7$，将 PbHPO$_4$ 加热到 500℃，脱水后得到 Pb$_2$P$_2$O$_7$。化学计量的 PbCO$_3$ 与(NH$_4$)$_2$HPO$_4$ 共热至 800℃维持 24h，或化学计量的 PbO 与 H$_3$PO$_4$ 于铂坩埚中加热，都能制得 Pb$_2$P$_2$O$_7$。乙酸铅水溶液与 Na$_4$P$_2$O$_7$ 水溶液反应析出 Pb$_2$P$_2$O$_7$ 沉淀。将 Pb(H$_2$PO$_4$)$_2$ 加热至 208℃脱水，生成 PbH$_2$P$_2$O$_7$。另外，Pb$_5$(P$_3$O$_{10}$)$_2$ 及 Pb$_3$P$_4$O$_{13}$ 的制备也有报道。Pb$_2$P$_2$O$_7$ 可用作颜料和配制电镀液。

12.2.7 亚磷酸氢铅

亚磷酸氢铅，PbHPO$_3$，Pb(NO$_3$)$_2$ 或 Pb(CH$_3$COO)$_2$ 水溶液与 Na$_2$HPO$_3$ 或 H$_3$PO$_3$ 水溶液作用，析出白色粉末状的 PbHPO$_3$ 沉淀。在 360～399℃温度及 22～29.8MPa 氢气压力下，氢能将 PbHPO$_4$ 还原成 PbHPO$_3$。PbO 与过量的 H$_3$PO$_3$ 加热至 100℃也生成

PbHPO$_3$ 沉淀。但 PbO 的水悬浮液与 H$_3$PO$_3$ 作用生成针状晶体 PbHPO$_3$·2PbO。PbHPO$_3$ 的密度为 5.85g/cm^3。PbHPO$_3$ 能被 300℃ 的热空气氧化。PbHPO$_3$ 溶于热亚磷酸浓溶液，生成亚磷酸二氢铅 [Pb(H$_2$PO$_3$)$_2$] 透明晶体。PbHPO$_3$ 溶于 HNO$_3$ 形成 PbHPO$_3$·Pb(NO$_3$)$_2$。PbHPO$_3$ 可与 HCl、HBr、HI 气体形成加合物。PbHPO$_3$ 用于玻璃陶瓷工业。

12.2.8 亚磷酸二氢铅

亚磷酸二氢铅，Pb(H$_2$PO$_3$)$_2$，PbHPO$_3$ 溶于热的 H$_3$PO$_3$，冷却后可以制得 Pb(H$_2$PO$_3$)$_2$ 晶体，焦亚磷酸二氢铅（PbH$_2$P$_2$O$_5$）与水作用也可以制得 Pb(H$_2$PO$_3$)$_2$。Pb(H$_2$PO$_3$)$_2$ 的稳定性较差，它在湿空气中逐渐变成 PbHPO$_3$ 及 H$_3$PO$_3$；将它加热至 150℃ 以上即失水成为 PbH$_2$P$_2$O$_5$。Pb(H$_2$PO$_3$)$_2$ 用作聚氯乙烯热稳定剂，对紫外线有屏蔽作用。

12.2.9 连二磷酸铅

连二磷酸铅，Pb$_2$P$_2$O$_6$，此化合物是由乙酸铅和连二磷酸氢钠水溶液反应制得的。例如，将 425g Pb(CH$_3$COO)$_2$·3H$_2$O 溶于 850mL 水配制成的溶液，加入 174g Na$_2$H$_2$P$_2$O$_6$·6H$_2$O 溶于 1000mL 水配制成的溶液中，析出白色粉末沉淀 Pb$_2$P$_2$O$_6$，过滤、洗涤后将沉淀放入盛有 P$_2$O$_5$ 的真空干燥器中干燥，干燥后的 Pb$_2$P$_2$O$_6$ 并非完全无水。Pb$_2$P$_2$O$_6$ 受热至 120℃ 不分解，它溶于水、稀乙酸及稀硝酸，并易被硫酸分解。

12.2.10 二碱式亚磷酸铅

1. 理化性质

二碱式亚磷酸铅，二盐基亚磷酸铅，lead phosphite dibasic，分子式为 2PbO·PbHPO$_3$·0.5H$_2$O，相对分子质量为 742.56，白色至微褐色粉末，味甜，相对密度为 6.94，折射率为 2.25。二碱式亚磷酸铅溶于盐酸、硝酸，不溶于水和有机溶剂。二碱式亚磷酸铅在 200℃ 左右变成灰黑色，在 450℃ 左右变成黄色，不稳定，能自行分解。其遇火燃烧，具有持续还原性；耐老化性、耐寒性，耐紫外线性能较好。二碱式亚磷酸铅主要用作聚氯乙烯塑料软、硬制品，特别是室外用电缆、建筑材料、板材、管材等的稳定剂。

2. 制法及工艺流程[4]

（1）氧化铅法

将金属铅在熔铅炉中加热熔融，再在黄丹炉中氧化成一氧化铅。三氯化磷在反应锅中于 50℃ 下水解，缓慢升温，在 146～148℃ 下浓缩，再加入活性炭脱色，经过滤制得亚磷酸。将计量好的氧化铅料浆加入合成釜中，加热至 70℃ 左右，以乙酸为催化剂在不断搅拌的条件下加入定量的亚磷酸，当 pH 达到 6.9 时，生成白色的二碱式亚磷酸铅悬浮液，加脱水剂脱水，再经过滤、干燥，制得二碱式亚磷酸铅成品，其反应式如下：

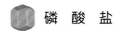

$$2Pb+O_2 \!=\!=\!=\! 2PbO$$

$$PCl_3 + 3H_2O \!=\!=\!=\! H_3PO_3 + 3HCl$$

$$4PbO + 2H_3PO_3 \!=\!=\!=\! 2PbO \cdot PbHPO_3 \cdot 0.5H_2O + H_2O$$

（2）铅水法

将金属铅在反应器中用乙酸溶解，再加入氢氧化钠溶液进行反应生成氢氧化铅，经过滤除去乙酸钠。将氢氧化铅加入合成器中，在不断搅拌的条件下定量加入亚磷酸（由三氯化磷和水反应制得）进行反应，生成二碱式亚磷酸铅，经过滤、干燥，制得二碱式亚磷酸铅成品，其原料消耗定额见表 12-1。其反应式如下：

$$2Pb(OH)_2 + H_3PO_3 \!=\!=\!=\! PbO \cdot PbHPO_3 \cdot 0.5H_2O + 2.5H_2O$$

表 12-1　原料消耗定额　　　　　　　　　　　（单位：t/t）

原料	原料消耗定额	
	铅水法	氧化铅法
金属铅（Pb 含量为 99.99%）	0.860	
三氯化磷（以 PCl$_3$ 100%计）	0.190	0.175
氧化铅（PbO 含量为 99%）		0.989
乙酸（以 CH$_3$COOH 100%计）	0.300	0.005
氢氧化钠（以 NaOH 100%计）	0.165	

参 考 文 献

[1] 陈嘉甫, 谭光薰. 磷酸盐的生产与应用[M]. 成都: 成都科技大学出版社, 1989.

[2] 郝润蓉, 方锡义, 钮少冲. 无机化学丛书. 第 3 卷. 碳、硅、锗分族[M]. 北京: 科学出版社, 1988.

[3] Wang H T, Xiao J, Zhou Z F, et al. Ionic conduction in undoped SnP$_2$O$_7$ at intermediate temperatures[J]. Solid State Ionics, 2010, 181(3334): 1521-1524.

[4] 萧莹, 龙明武. 致富化工产品生产技术[M]. 合肥: 安徽科学技术出版社, 1995.

第 13 章
铬系磷酸盐

■ 13.1 铬系磷酸盐概述

铬盐的用途广泛，日常用品相关的合金材料、电镀、鞣革、染料、木材防腐等领域，香料、陶瓷、催化、医药等多种行业都有各类铬盐系列产品的应用。铬盐产品涉及国民经济 15%以上产品种类，是不可替代的重要化工原料。

铬系磷酸盐是铬盐系列产品中重要的一类，主要包括磷酸铬[1]、酸式磷酸铬、磷酸二氢铬、焦磷酸铬、偏磷酸铬等。

■ 13.2 磷酸铬

13.2.1 理化性质

三价铬的磷酸盐除无水物外，还有二水物、三水物、四水物及六水物。三价铬的磷酸盐无水物为棕黑色粉末，无水磷酸铬的熔点约为 1800℃。其密度为 2.94g/cm³（32.5℃）。其非常稳定，不溶于盐酸、王水，在沸腾的硫酸中受侵蚀。任何一种磷酸铬的水合物加热至红热时，都能获得无水物（$CrPO_4$）。强热无水磷酸铬时则能得到绿色的碱性磷酸铬。

二水物为绿色结晶，密度为 2.42 g/cm³，由沸腾的紫色的六水物和乙酸酐在干燥空气中加热而制得。

三水物为无定形浅绿色疏松粉末，密度为 2.37 g/cm³，堆积密度为 0.5～0.7 g/cm³，比表面积约 15m²/g。其溶于热的无机酸及碱中，不溶于水、磷酸和乙醇。

四水物为绿色结晶，密度为 2.10 g/cm³，溶度积 K_{sp}（20℃）=1.0×10^{-23}。四水物可溶于稀的无机酸及碱中，不溶于乙酸，缓慢溶解于沸腾的浓硝酸中。将过量的磷酸氢二钠溶液加入热的铬矾溶液中，则可生成绿色的四水物沉淀。该反应在乙酸存在时能较好地完成。四水物也可由紫色的六水物在母液中长期放置或与水、磷酸氢二钠溶液或铬矾溶液接触而得到。

六水物为紫色斜柱状晶体，密度为 2.121g/cm^3，溶度积 K_{sp}（20℃）=1.0×10^{-7}。浓 H_2SO_4 或 HNO_3 或 PCl_3 使六水物脱水。碳酸钠溶液可使其成为绿色的碱式化合物。其不溶于水，微溶于乙酸，溶于强的无机酸、草酸及草酸钠的水溶液中，能溶于磷酸氢二铵的水溶液中，且可渗析成胶体。六水物加热至 60℃ 脱去部分结晶水形成四水物。

酸式磷酸铬 $CrH_3(PO_4)_2 \cdot 8H_2O$ 及 $Cr_2(HPO_4)_3$ 都已能制得。前者在空气中稳定，后者则可由磷酸钾盐加入 $CrCl_3$ 溶液中制得。

磷酸铬也可以通过 Na_3PO_4 处理酸性含铬废液制得，控制最终 pH 为 5.2～5.6，再经过滤、洗涤，可得磷酸铬沉淀。

13.2.2　生产方法

1. 磷酸氢二钠溶液沉淀法

六水磷酸铬可由铬矾和磷酸氢二钠溶液混合制得无定形六水物沉淀。这种沉淀在溶液中静置两天后，可转变为黑紫色结晶，再经洗涤和干燥即得。

若将过量的磷酸氢二钠溶液加入热的铬矾溶液中，则可生成绿色的四水物沉淀，该反应在乙酸存在时能较好地完成。

加热四水物至红热即得到棕黑色的无水磷酸铬。

绿色晶体二水物通过在干燥空气中加热六水物制得。

2. 硫代硫酸钠还原法

硫代硫酸钠还原发生在磷酸及硫酸存在下的铬酸盐溶液中，可制得 $CrPO_4 \cdot nH_2O$ 沉淀。

3. 吨耗

磷酸氢二钠溶液沉淀法生产磷酸铬（无水物）的原料消耗指标（理论值）：铬矾 [$KCr(SO_4)_2 \cdot 12H_2O$ 含量为 98%] 3469kg/t；磷酸氢二钠（$Na_2HPO_4 \cdot 12H_2O$ 含量为 96%）2537 kg/t。

13.2.3　磷酸铬的用途

磷酸铬主要用作绿色颜料，防腐底漆，组成近似 $Cr_2O_3 \cdot 2.5P_2O_5 \cdot xH_2O$ 的磷酸铬溶液可用作磷酸盐涂层，也可用作陶瓷材料黏结剂。

■ 13.3　其他铬系磷酸盐性质及制法

13.3.1　磷酸二氢铬

磷酸二氢铬[2]，英文名称为 chromium dihydrogen phosphate，分子式为 $Cr(H_2PO_4)_3$，相对分子质量为 342.91。其外观与性状：深绿色液体，$Cr(H_2PO_4)_3 \geqslant 35\%$。

磷酸二氢铬的配制：称取 290g 重铬酸钠溶于 1000g 磷酸中，待溶解后，慢慢加入过氧化氢 400mL（浓度为 30%），边加边搅拌，直至气泡较少，溶液呈深绿色为止。如果没有过氧化氢，可用铁粉代替（其质量为 209g）。重铬酸钠可用重铬酸钾代替（其质量为 290g）。磷酸二氢铬主要用于三价铬钝化液。

13.3.2　焦磷酸铬

焦磷酸铬，$Cr_4(P_2O_7)_3$，相对分子质量为 729.81，苍绿色单斜晶体，相对密度为 3.2 g/cm^3（20℃）。其不溶于水，但可溶于 H_2SO_4 酸化的水中，也可溶于焦磷酸钠的无机酸溶液和碱金属氢氧化物的溶液中。焦磷酸铬由氯化铬浓溶液与焦磷酸钠浓溶液相互作用而制得，也可通过将焦磷酸钠加入沸腾的铬矾溶液中，或在高温下灼烧 Cr_2O_3 与焦磷酸钠而制得。

13.3.3　偏磷酸铬

偏磷酸铬[3]，$Cr(PO_3)_3$，可以通过加热在过量稀磷酸中的水合氧化铬至 300℃来制备，具体过程包括灼热 Cr_2O_3（或 $CrPO_4$）与偏磷酸的反应。制法：加热在过量稀磷酸中的水合氧化铬至 300℃来制备；由灼热 Cr_2O_3（或 $CrPO_4$）与偏磷酸反应制得；加热 $Cr_2(SO_4)_3$ 与偏磷酸反应；用偏磷酸钠处理浓的铬矾溶液来制得。偏磷酸铬为绿色晶体，密度约为 2.93g/cm^3，不溶于水及无机酸。偏磷酸铬加热时转呈棕色，冷后则恢复原色。

参 考 文 献

[1] 潘长华. 实用小化工生产大全.第一卷: 无机化工产品·复混肥料·农药·兽药[M]. 北京:化学工业出版社, 1996.
[2] 刘定之. 家具油漆与装饰[M]. 长沙：湖南科学技术出版社,1986.
[3] 成思危. 铬盐生产工艺[M]. 北京: 化学工业出版社, 1988.

第 14 章
铜、银系磷酸盐

14.1 铜系磷酸盐

14.1.1 磷酸铜

磷酸铜，无水物，$Cu_3(PO_4)_2$，相对分子质量为 380.56，蓝绿色粉末；三水物，$Cu_3(PO_4)_2 \cdot 3H_2O$，相对分子质量为 434.61，蓝色斜方晶体，加热至熔点分解。两者都有毒，都不溶于水，溶于稀酸和氨水。磷酸铜通过将氯化铜与稍过量的浓磷酸在蒸汽浴上加热、沉淀而得，用作杀霉菌剂和有机合成催化剂。

14.1.2 焦磷酸铜

1. 理化性质

焦磷酸铜，$Cu_2P_2O_7$，相对分子质量为 301.6，灰蓝或浅绿色粉末。其不溶于水，易溶于酸，溶于过量的碱金属焦磷酸盐水溶液，形成配合物离子$[Cu(P_2O_7)_2]^{6-}$。溶液的导电性高，用于电镀时阴极和阳极的电流效率接近 100%。

2. 制备技术

焦磷酸钠与硫酸铜或氯化铜发生复分解反应，得到焦磷酸铜。

$$Na_4P_2O_7 + 2CuSO_4 =\!=\!= Cu_2P_2O_7 + 2Na_2SO_4$$

$$Na_4P_4O_7 + 2CuCl_2 =\!=\!= Cu_2P_2O_7 + 4NaCl$$

具体实施方法：以工业水合磷酸氢二钠为原料，在低温下加热脱水，然后缓慢升温至 100℃左右，使其脱除全部结晶水而生成无水盐。研碎无水盐，再将其置于高温炉中，在 200~300℃下灼热，生成焦磷酸钠。灼烧至检验无磷酸根离子存在时，表明反应已进行完全。检验方法是：取少许样品于试管中，用去离子水使它溶解，然后滴加 2~3 滴硝酸银溶液，无黄色沉淀产生，仅有白色沉淀物生成时，说明无磷酸根离子存在。

缩合反应完成后，冷却至室温，得到的焦磷酸钠用去离子水溶解，配制成密度为

$1.2g/cm^3$ 左右的溶液，加热至 80~90℃，加入活性炭脱色、过滤去杂，得焦磷酸钠溶液。

将工业硫酸铜用去离子水溶解，配制成密度约为 $1.2g/cm^3$ 的硫酸铜溶液，用氢氧化钠溶液调节 pH 至 4~5，再加热至 80~90℃，静置使其中的铁充分水解沉淀，过滤除去杂质，滤液为净化的硫酸铜溶液。

焦磷酸铜的制备[1]：将上述制备的 950kg 焦磷酸钠溶液（95%）投入带有搅拌装置的反应釜中，在搅拌的条件下缓慢地加入经净化处理的硫酸铜（93%）1450kg，溶液首先呈深蓝色，随着硫酸铜溶液的不断加入，逐渐产生灰蓝色或浅绿色沉淀，待沉淀完全后，陈化数小时，过滤，滤液经蒸发浓缩得硫酸钠副产品。滤饼用去离子水反复洗涤数次，至无硫酸根离子存在为止。检验方法是：取洗涤水 2 mL，加几滴稀盐酸，再滴加 2~3 滴氯化钡溶液，无混浊现象，即无硫酸根离子。经洗涤的沉淀物离心去水，然后于 140~160℃下低温干燥，粉碎后得到松散的焦磷酸铜。

3. 焦磷酸铜的用途

焦磷酸铜用于无氰电镀，是镀铜液的主要组分。电镀产品具有耐腐蚀、光泽好等特点。

14.1.3 磷酸氢铜

1. 理化性质

磷酸氢铜，copper hydrogen phosphate，分子式为 $CuHPO_4$，相对分子质量为 111.53，外观是细砂状、颗粒均匀、不吸潮、不结块的深蓝色晶体粉末，在空气中稳定。$CuHPO_4 \cdot H_2O$ 难溶于水，但易溶于酸性溶液。

2. 制备技术

制法 1[2]：按照摩尔比 $nCuO : nH_3PO_4 = 1 : 1$ 计算所需量的 CuO，并将其放入研钵中进行研磨分散。在持续搅拌的条件下，缓慢加入浓度为 85% 的 H_3PO_4（注意，H_3PO_4 需过量 0.5%）。待混合均匀后，将温度升至 70~75℃，并在此温度下保持反应 45min，直至黑色的 CuO 全部转变为深蓝色固体析出。反应结束后，进行过滤、洗涤、烘干，最终得到深蓝色的磷酸氢铜产品。

制法 2[3]：在 90℃温度下，向反应器中加入 19.83 质量份的 H_3PO_4 溶液（88.15%），再加入 20.8 质量份的饱和碱式碳酸铜溶液（含 69.57% CuO），持续搅拌并用水稀释浆料 3h。分离沉淀物并在 60℃下干燥。得到含 89.9% $CuHPO_4$ 的 $CuHPO_4 \cdot H_2O$。在一个通过精心设计使得气态产物（如水蒸气）能在 0.06~0.08MPa 的过压下从中移出的带盖的坩埚中，加入 100 质量份的粉末状 $CuHPO_4 \cdot H_2O$ 并缓慢加热（升温速率为 3℃/min）至 160℃。在此温度下持续加热，直到坩埚中样品的质量减少 10.1 质量份，然后将带有产品的坩埚在空气中冷却，得到无水 $CuHPO_4$ 产品。

3. 磷酸氢铜的用途

磷酸氢铜是畜禽的新型铜源，它具有超细、不吸湿结块、流动性好、不氧化破坏饲料中的脂肪和维生素、生物利用率高等优点。磷酸氢铜的生物学有效性和生物安全性明显高于硫酸铜，其不仅可以降低饲料成本，还可以作为动物辅助饲料铜和磷的综合补充剂。随着工农业对铜及铜盐需求量的增长，利用低品位铜矿开发饲料铜盐的技术也越来越受到关注和重视。具有潜在光、电、磁等特性的功能材料在吸附、分离和催化等方面具有潜在的应用前景。

14.1.4 磷酸二氢铜

1. 理化性质

磷酸二氢铜，copper dihydrogen phosphate，分子式为 $Cu(H_2PO_4)_2$，相对分子质量为257.49，深蓝色晶体粉末。

2. 制备技术

制法 1[4]：将浓度为 85%的高纯试剂级磷酸注入搪瓷反应釜中，随后加入适量的去离子水进行稀释，并搅拌均匀，直至浓度降至 45%～50%。接着，将反应体系升温至80～85℃，然后缓慢且分批地加入碳酸铜。加料完毕后，继续保温 30～45min，以确保反应完全，此时合成终点的 pH 应控制在 2～3。在整个反应过程中，需保持温度为80～85℃。随后，将所得的反应液升温至 105～120℃进行浓缩。当浓缩过程中出现结晶膜或比重达到 1.46～1.48 时，即可将物料放入冷却容器中。在冷却过程中，当温度降至 55～60℃时，可每隔 30min 搅拌一次，直至冷却至室温，此时会得到磷酸二氢铜结晶。接下来，将磷酸二氢铜结晶取出，放入离心机中进行液固分离。最后，将离心出来的磷酸二氢铜结晶置于 150～160℃的烘箱内干燥 1.5～3h，即可得到磷酸二氢铜产品。

制法 2[5]：将氧化铜加入反应容器中，随后依次加入纯水和硫酸，并加热至氧化铜完全溶解。之后，进行冷却和过滤操作，收集滤液。接着，向滤液中加入过氧化氢，并调节 pH 至 3.4～4.0，通过加入氨水实现。充分搅拌后，静置并再次过滤，收集滤液。然后，再次向滤液中加入氨水，调整 pH 至大于 4.5。充分搅拌后，静置至沉淀完全。经过滤、洗涤沉淀物并进行烘干处理，最终得到高纯氢氧化铜。将所得的高纯氢氧化铜加入磷酸中，同时加入适量的纯水进行稀释。加热至 120～140℃，并在搅拌条件下保温反应 2～5h。反应完成后，对反应液进行过滤。最后，将收集的滤液在 60～80℃下进行蒸发结晶，得到磷酸二氢铜结晶。

3. 磷酸二氢铜的用途

磷酸二氢铜在工业上主要用于电镀、防腐、颜料、催化剂等领域。在农业上，它也可以作为微量元素肥料使用，为植物提供铜元素。

14.1.5　偏磷酸铜

1. 理化性质

偏磷酸铜，copper metaphosphate，分子式为 $CuPO_3$，白色粉末，难溶于水，溶于硝酸和盐酸。

2. 制备技术

制法[4-6]：将磷酸二氢铜结晶装入石英坩埚内煅烧，煅烧温度为 1400～1500℃，煅烧 3～5h 使磷酸二氢铜结晶，逐步聚合成玻璃液态的偏磷酸铜物质，倒入盛有冷却去离子水的容器中，形成碎渣状的偏磷酸铜；将碎渣状的偏磷酸铜和冷却去离子的混合物放入离心机，液固分离后，取出偏磷酸铜，将其放入烘干炉进行烘干，烘干温度为 120～125℃，烘 4～6h，即得偏磷酸铜成品。

3. 偏磷酸铜的用途

偏磷酸铜主要用于制造磷酸盐光学玻璃、氟磷酸盐光学玻璃、磷硅酸盐光学玻璃。偏磷酸铜用于制造高功率的激光系统，高重复率激光器，精确制导导弹、巡航导弹及军用飞机的玻璃罩，吸波涂层玻璃材料，手机镜头，高级摄影机，数码照相机镜头，车载或安防监控等成像设备镜头玻璃原料，高铝盖板显示玻璃材料。它也用于高温黏合剂材料、耐火材料、陶瓷材料、特种玻璃封接材料等。

■ 14.2　银系磷酸盐

14.2.1　磷酸银

1. 理化性质

磷酸银，silver phosphate，分子式为 Ag_3PO_4，相对分子质量为 418.58，黄色粉末或等轴晶系立方结晶，相对密度为 6.370；受光变黑，赤热时呈褐红色；熔点为 849℃，几乎不溶于水，溶解度为 0.65 mg/100 mL 水（19.3℃），可溶于无机酸、氨水、碳酸铵、氰化钾、硫代硫酸钠，不溶于液氨、乙酸乙酯；储存时应避光。

2. 生产原理

硝酸银与磷酸氢二钠在水中反应，生成磷酸银沉淀，经后处理得成品。

$$3AgNO_3 + Na_2HPO_4 \xrightarrow{\hspace{1cm}} Ag_3PO_4\downarrow + 2NaNO_3 + HNO_3$$

3. 生产工艺

先将 340kg 磷酸氢二钠（≥96.0%）溶解在水中，然后过滤。另将 1220kg 硝酸银

（≥99.5%）用水溶解，然后过滤并送至反应器中。整个操作过程在暗室内进行。反应器由塑料制造，并装有搅拌器，在不断搅拌的条件下将酸式磷酸钠溶液缓慢滴加到反应器内的硝酸银溶液中。当反应完成后即生成浅黄色的磷酸银沉淀。将该反应混合物静置8～10h，再将上层清液倾出。向沉淀物中加入适量水，使其充分混匀。静止片刻用倾析法洗涤沉淀物，直到将硝酸盐洗净。磷酸银沉淀物用真空泵抽吸洗涤，最后在 75～80℃下干燥为成品[7]。

4. 磷酸银的用途

磷酸银用作照相感光材料、硝酸银代用品（用作照相乳剂），也用作有机玻璃稳定剂、催化剂。

14.2.2　焦磷酸银

焦磷酸银，$Ag_4P_2O_7$，相对分子质量为 605.42，白色固体，相对密度为 5.31（7.5/4℃），熔点为 585℃；不溶于水，溶于乙酸、氨水和氰化钾溶液。将过量的硝酸银溶液加到 pH 为 8.8 的焦磷酸钠溶液中，析出沉淀即得焦磷酸银。焦磷酸银用于制造包装银器用银保护布、照相乳剂。

14.2.3　偏磷酸银

偏磷酸银，$AgPO_3$，相对分子质量为 186.84，白色无定形粉末，相对密度为 6.37，熔点约为 482℃，不溶于水，溶于硝酸和氨水。偏磷酸银由硝酸银溶液与偏磷酸钠溶液相互作用而得，主要用于荧光玻璃添加剂。

14.2.4　磷酸氢二银

磷酸氢二银，Ag_2HPO_4，相对分子质量为 311.75，白色三方晶体，相对密度为 1.80，熔点为 110℃（分解），微溶于水，溶于硝酸和氨水。磷酸氢二银由硝酸银溶液与磷酸氢二钠溶液作用而制得。

参 考 文 献

[1] 化学工业部天津化工研究院, 等. 化工产品手册(无机化工产品)[M]. 北京: 化学工业出版社,1982.

[2] 石荣铭. 磷酸氢铜的制备研究[J].中国饲料,2007(19):33-35.

[3] Копилевич Владимир Абрамович, Щегров Леонид Николаевич. Method of producing copper hydrophosphate[P]:SU, 1710502A1. 1989-12-26.

[4] 刘鹏, 俞小瑞, 王江哲, 等. 一种高纯度光学玻璃添加剂偏磷酸铜的制备方法[P]: CN, 110040707A. 2019-05-13.

[5] 秦明升, 程龙, 姜朋飞, 等. 一种高纯度偏磷酸铜的制备方法[P]: CN, 114275753A. 2022-01-21.

[6] 程龙, 徐小峰, 秦明升, 等. 一种光学级偏磷酸铜的制备方法[P]: CN, 115924871A. 2022-12-02.

[7] 王小燕, 王捷, 蒋炜, 等. 两步法合成磷酸银及其光催化性能研究[J]. 化工新型材料, 2014, 42(5):108-110.

第 15 章
钛、锆系磷酸盐

15.1 钛系磷酸盐

15.1.1 钛系磷酸盐概述

钛系磷酸盐作为一类新型的无机化工产品，具有无毒、遮盖力强、黏结力强、对紫外线的反射能力强以及耐热阻燃等优点，可以作为颜料、填料应用于涂料、塑料、橡胶和造纸等行业，钛系磷酸盐可以络合半径较大的金属离子，也可以作为水处理剂应用。钛系磷酸盐主要包括磷酸钛和焦磷酸钛等。

15.1.2 磷酸钛

1. 理化性质

磷酸钛的型号有 α、（β+γ）、γ、（α+γ）等，化学式为 $n\text{TiO}_2 \cdot \text{P}_2\text{O}_5$，相对密度为 3.2；粒径在 10μm 以下，pH 为 2～4。磷酸钛耐酸、耐碱、耐高温、抗辐射，是新型的无机聚合物。磷酸钛为白色粉末，是一种新型的无机化工产品。

晶型层状磷酸钛，目前见报道的有磷酸一氢钛一水合物 $\text{Ti(HPO}_4)_2 \cdot \text{H}_2\text{O}$（记为 α-TiP）和磷酸一氢钛二水合物 $\text{Ti(HPO}_4)_2 \cdot 2\text{H}_2\text{O}$（记为 γ-TiP）等几种[1]。

2. 制备技术

近年来，磷酸钛的制备技术也多种多样，有水热合成法[2]、溶胶-凝胶法[3]、溶剂热合成法[4]等。

（1）以 TiO_2 为原料制备磷酸钛[5]

方法：溶剂热合成法。产物种类：α-TiP。制备过程：以 TiO_2 和 H_3PO_4 为原料制备。

$$\text{TiO}_2 + 2\text{H}_3\text{PO}_4 = \text{Ti(HPO}_4)_2 \cdot \text{H}_2\text{O} + \text{H}_2\text{O}$$

将 TiO_2 和 H_3PO_4 按一定的摩尔比（$\text{P}_2\text{O}_5/\text{TiO}_2 \geqslant 1$）加入 500 mL 反应器中，在剧烈搅拌的条件下，缓慢加热升温，使反应温度保持在 140～170℃。不断蒸发脱水使物料逐渐固化。将固化的产物移入 500mL 蒸发皿中，在马弗炉中于 200℃加热灼烧至刚刚变硬为止。用水洗涤烧结产物直至 pH＝6～7 为止。经过抽滤、干燥、研磨得到产物。

（2）以 TiCl₄ 为原料制备磷酸钛

1）方法：溶胶-凝胶法。产物种类：α-TiP。制备过程：以 TiCl₄ 和磷酸为原料制备。

$$TiCl_4 + 2H_3PO_4 + H_2O \xrightarrow{\hspace{1cm}} Ti(HPO_4)_2 \cdot H_2O + 4HCl$$

将 TiCl₄ 的盐酸溶液和 85%的 H₃PO₄ 按 P₂O₅/TiO₂ ＝1 在搅拌器中混合反应，放置 24 h，使生成的磷酸钛溶胶熟化，先用 10%的盐酸洗，接着用水洗涤至无 Cl⁻，经抽滤、干燥得产品[5]。

2）方法：水热合成法。产物种类：γ-TiP。制备过程：以四氯化钛和磷酸为原料，先合成无定形磷酸钛，再将它和 10mol/L 磷酸混合，封入硬质试管中，在 200～300℃ 温度下，通过水热合成法 48 h 可制得[6]。

这种方法原料消耗大，反应时间长，操作烦琐。选用水合氧化钛（TiO₂·nH₂O）和磷酸直接在高压釜中进行反应，可简便快速地合成出 γ-TiP。

3）方法：氢氟酸制备法。产物种类：γ-TiP。制备过程：取 3.0 mol/L TiCl₄ 溶液 14 mL，加入氢氟酸 12 mL，在塑料杯中混合均匀，加入 161 mL 蒸馏水，并加入 213 mL 15.0 mol/L 的 H₃PO₄ 溶液，搅拌后，在 60℃水浴下使 HF 慢慢挥发除去。在这个进程中不断加入蒸馏水，保持反应皿中溶液体积不变。7 天后即得晶化良好的 γ-TiP 多晶体[7,8]。

（3）以钛酸丁酯为前驱体制备磷酸钛

1）方法：水热合成法。产物种类：α-TiP。制备过程：取 3 mL 钛酸丁酯与一定量的蒸馏水混合均匀，在搅拌下滴加一定量的浓磷酸并混匀。将该混合液转入有聚四氟乙烯内衬的不锈钢反应釜中，放入恒温箱，在一定温度下反应数小时后，冷却至室温，充分洗涤至 pH≥5，试样在 50～60℃下真空干燥[9]。

2）方法：溶剂热合成法。制备过程：称取 4676g 钛酸丁酯于干燥的 100 mL 烧杯中，以移液管取 20 mL 正丁醇加入烧杯中，在搅拌的条件下使钛酸丁酯均匀地分散于正丁醇溶剂中。滴加 6 mL 过氧化氢于溶液中，形成橙黄色胶体，磁搅拌下以移液管移取 4116 mL 磷酸并缓慢滴入反应混合物中，搅拌均匀后，再以移液管移取 316 mL 乙二胺并缓慢滴入反应混合物中；加入约 5mL 氨水调节体系的 pH 为 9.0 左右；加完后，连续搅拌 2h，直至反应混合物（成为胶状）中无块状物存在。将胶状反应混合物转入内衬聚四氟乙烯的不锈钢反应釜中，于 180℃晶化 5～7 天后，取出反应釜，冷却，所得产物经超声波洗涤、分离，再以去离子水洗涤干净后，于 40～60℃干燥，即得到产物[10]。

15.1.3 焦磷酸钛

1. 理化性质

焦磷酸钛，TiP₂O₇，为白色粉末，属立方晶系，密度为 3.106g/cm³，不溶于水；可用作反射紫外线涂料；由磷酸和水合二氧化钛在 900℃高温下直接合成。

2. 制备技术

制法 1：在通风橱中，在冰水浴条件下，将 10 mL TiCl₄ 缓慢滴加于 160 mL 去离子水、磷酸（5 mL）和正丁醇的混合液中，制得 $TiCl_4$ 酸溶液，其中正丁醇和去离子水的体积比为 3：1，匀速搅拌该溶液并在 80℃下保温 2h，停止搅拌过滤沉淀，80℃干燥后获得粉体。

制法 2：把焦磷酸钠溶液慢慢滴加到四氯化钛的盐酸溶液中，沉淀完全后，调 pH 至一定值，陈化 24h 后抽滤，沉淀物用 1mol/L HNO_3 酸化 24h，完全转化为氢型，用蒸馏水洗至 pH=5，在 60℃条件下干燥后，置入干燥器中备用。

制法 3：将 5g P123 超声溶解在 100g 乙醇中。随后，逐步加入 0.01mol 钛酸四丁酯和 0.02mol 85%的 H_3PO_4，并在加入后分别搅拌 10min。然后将混合物在 40℃油浴中进一步搅拌 10h。将所得溶胶溶液在 30℃的开放培养皿中凝胶化 5 天。然后将所得凝胶在 130℃下干燥 5 天。然后，在管式炉中，在纯 N_2（100mL/min）的流量下以 1℃/min 的升温速度分别在 600℃、700℃或 800℃下将干燥凝胶煅烧 24h，获得 TiP_2O_7 样品。

制法 4：将 6.8g 锐钛矿形式的 TiO_2（Degusa P-25）与 15 mL H_3PO_4（含 15% H_2O）在 200℃的高压釜（85 mL）中反应 3h，接着在 100℃下干燥 24h，然后研磨并在 120℃下干燥 24h。此时，物料主要由晶体 α-$Ti(HPO_4)_2·H_2O$ 和 H_3PO_4 组成。物料在 700℃下煅烧 3h 脱除 H_3PO_4，得到高结晶度的纯 TiP_2O_7。

15.2 锆系磷酸盐

15.2.1 锆系磷酸盐概述

锆系磷酸盐是近年来发展起来的一大类多功能层状材料，主要作为催化剂、催化剂载体、吸附剂和离子交换剂等材料。锆系磷酸盐主要包括磷酸锆、焦磷酸锆等。

15.2.2 磷酸锆

α-磷酸锆是一种阳离子型层状化合物，分子式为 $Zr(HPO_4)_2·H_2O$，简写为 α-ZrP，具有较好的化学稳定性、较强的耐酸性和一定的耐碱性能，以及较高的热稳定性[11,12]和机械强度，在一定条件下可与小分子有机胺发生插层[13]或剥层反应[14]，还具有优良的离子交换和质子交换能力，以及较大的比表面积和表面电荷等众多优点，使得其在高效催化和载体方向得到越来越广泛的应用。晶态 α-磷酸锆属于单斜晶系[15]，D_{3d} 点群[11]，每层由锆原子相互连接作为骨架组成平面，磷酸氢根则分布于锆原子的上下，将其夹在中间，按照 O_{3P}—OH 的形式连接，每个锆原子与周围相邻的六个氧原子形成八面体结构，锆在中心位置；每个磷原子与周围相邻的四个氧原子形成四面体结构，磷在中心位置；实验室制备的 α-磷酸锆通常带有 1 个结晶水，如果含有结晶水，则水分子会位于晶体层状结构内的空腔中，与层面上的羟基形成氢键。按照以上原子及基团的排布，组成了 α-磷酸锆的空间构型。

α-磷酸锆的制备，据文献报道主要有三种制备方法[16,17]，包括 Alberti 使用的氢氟酸络合法，也称为直接沉淀法，其特点是制备的产品晶片较大，结晶度相比于其他两种方法是最好的；Barboux 使用的溶胶-凝胶法，也称为水热合成法[18]，其特点是制备的产品晶体外形较规整、一致，晶片也比较厚；Clearfield 使用的回流法[12]，其特点是制备的产品粒径相比于其他方法较小。

1. 直接沉淀法

在反应器内加入 ZrOCl$_2$·8H$_2$O（5.5g，17 mmol）和 80 mL H$_2$O，加入 5mL 37%的盐酸和 5 mL 40%的氢氟酸，然后加入 46 mL 85%的磷酸。在室温条件下，电磁搅拌，反应在 4 天内完成。然后过滤，用去离子水洗涤，洗至滤液 pH=5，常温真空干燥，得 α-磷酸锆。

2. 溶胶-凝胶法

通过向等体积的 1mol/L 的前体溶液（ZrOCl$_2$ 水溶液或丙醇锆的丙醇溶液）中加入 H$_3$PO$_4$（85%）来制备酸性磷酸锆。在这两种情况下，一旦溶液混合在一起，就会获得白色凝胶状沉淀物。沉淀物在其母液中，于不同的温度下保持不同的时间进行结晶。然后过滤所得沉淀物，用蒸馏水洗涤，并在约 60℃的空气中干燥，得到无定形及晶态的 α-磷酸锆。

3. 回流法

（1）磷酸锆凝胶的制备

磷酸锆凝胶由过量的作为沉淀剂的磷酸和氯化锆的盐酸溶液制备。将氯化锆晶体溶解在所需浓度的盐酸中。将所需量的磷酸加入 HCl 的溶液中，并将其稀释以得到与锆溶液相同浓度的 HCl 溶液。在搅拌的条件下将氯化锆的盐酸溶液缓慢添加到磷酸和盐酸的混合溶液中，并使凝胶状沉淀物静置过夜。然后过滤，用 2%的磷酸洗涤，直到没有氯离子，并用蒸馏去离子水进行最后洗涤。部分沉淀物在 P$_2$O$_5$ 或 CaCl$_2$ 存在下干燥几天，其他沉淀物在 110℃下干燥 24h，分别得凝胶状磷酸锆。

（2）晶态磷酸锆制备

将 20g 凝胶状磷酸锆分散在不同酸浓度（1～12mol/L）的磷酸溶液（1000 mL）中。将这些混合物回流，凝胶状的半结晶磷酸锆通过回流转化为真正的结晶产物。酸浓度越高，转化率和晶体生长速度就越快。在 1mol/L 磷酸中约需要 100h 的回流，在 8～12mol/L 酸中需要 1h 的回流，才能得到晶态磷酸锆。

15.2.3 焦磷酸锆

1. 理化性质

焦磷酸锆，ZrP$_2$O$_7$，相对分子质量为 266.09，白色固体，约在 1550℃稳定，不溶于水和稀酸（与氢氟酸相比较），在 1000℃时，热膨胀系数为 5×10^{-6}（近似）。焦磷酸锆用于耐火材料，用作烯烃聚合催化剂、磷光体。

2. 制备技术

1）将二氧化锆和玻状磷酸一起熔融制得焦磷酸锆。

2）将 α-磷酸锆加热到 550℃煅烧缩合得到焦磷酸锆。

$$Zr(HPO_4)_2 \cdot H_2O = ZrP_2O_7 + 2H_2O$$

3. 焦磷酸锆的用途

磷酸锆具有层状化合物的共性，化学稳定性高，既具有像离子树脂一样的离子交换性能，又具有像沸石一样的择形吸附和催化性能，具有较高的热稳定性和耐酸碱性，因此各种应用也层出不穷。目前，磷酸锆除医用透析领域的应用外，还有以下几方面的应用也被实验室及生产实践过程证实。

医用肾透析方面：磷酸锆是一种新型吸附剂，其作为一种新型的透析耗材类材料，作用于血液透析环节。其主要作用是由于磷酸锆表面挟带了 Na^+ 和 H^+ 离子，当磷酸锆遇到含有更活跃的一价或者二价阳离子如 K^+、Ca^{2+} 或者 Mg^{2+} 的溶液时，它会优先释放 Na^+ 和 H^+，作为交换吸附其他阳离子。然后将这些离子从血液中替换出来，从而调节血液中电荷平衡、酸碱度平衡等。

伤口护理敷料方面：磷酸锆伤口复合敷料是一种用于治疗疮、伤口及其他皮肤损害的生物医用材料。在皮肤创伤重建或恢复时，磷酸锆伤口复合敷料可以暂时起到皮肤屏障的部分作用，为创面愈合提供有利的微环境。此外，磷酸锆伤口复合敷料还有控制伤口分泌物和气味，控制伤口感染，止血，减少或去除疤痕的形成，加快伤口的愈合速度等重要的作用。

离子交换方面：磷酸锆对三价铬等金属离子具有离子交换吸附功能，可应用在血液透析、净水器、废水处理等方面。

催化剂方面：磷酸锆可以催化丙烯、己烯（石油副产品的加工处理）、氧化石蜡、卟啉、酞菁等，不限于用作酸性催化，还可以用作碱性催化。

抗菌方面：磷酸锆可用作载银抗菌材料；可添加到塑料、橡胶、纤维、涂料、纸张、胶黏剂、陶瓷和玻璃制品中用作抗菌功能材料；可用作银锌无机抗菌剂、稀土复合无机抗菌剂、抗菌纤维母粒、织物抗菌整理剂、羽绒抗菌除臭整理剂等；甚至可以经高温煅烧而生成抗菌剂。磷酸锆已用在防静电鞋、导电鞋、抗菌内衣、袜子、手术服、敷料、鞋垫和化妆品等各类商品中。

环保方面：磷酸锆对 SO_2 和 CO_2 等酸性气体具有较强的吸附性，可作为吸附剂添加到瓷砖、人造板、墙纸、涂料等材料中，用于去除装修所产生的甲醛和氨气等有害气体；此外，还可利用其对胺、醇及吡啶等碱性有机化合物的强亲合性来去除这类物质，甚至可以吸附去除多氯联苯（PCBs）、多环芳烃（PAHs）及杀虫剂[如多氯二苯并呋喃（PCDFs）]等有毒污染物。因此，它是一种用途很广的环境气体污染物吸附剂。

电器方面：磷酸锆 α-ZrP 本质上是一个质子导体，可用作染料敏化太阳能电池凝胶电解质材料。

低膨胀陶瓷材料：磷酸锆主要用作高温高压陶瓷头和陶瓷刀。

电化学设备方面：磷酸锆可用作固相气体传感器、聚合物无机质子传导膜材料、全固相燃料电池、电致发光材料、分子电子设备、非线性光学材料、人工光合作用器件以及胶片的感光性组合物填料等。

生物领域：磷酸锆在基因存储方面作材料（包括 DNA、蛋白质等生物活性分子组成的纳米复合材料）用。

参 考 文 献

[1] Cleameld A. lnorganic Lon Exchange Materials[M]. Boca Raton: Florida CRC Press Ino, 1982.

[2] Ekambaram S, Serre C, Fe'rey G, et al. Hydrothermal synthesis and characterization of an ethylenediamine-tenplated mixed-valence titanium phosphate[J]. Chemistry of Materials, 2000, 12: 444-449.

[3] Loureiro M J, Kartel M T. Combined and Hybrid Adsorbents[M]. Germany: Springer, 2006.

[4] Guo Y H, Zhan S, Yu J H, et al. Solvothermal synthesis and characterization of a new titanium phosphate with a one-dimensional chiral chain[J]. Chemistry of Materials, 2001, 13: 203-207.

[5] 高英卓. 磷酸钛的制备[J]. 河北化工, 2001（4）: 31-32.

[6] 傅海萍, 石晓波, 韩兰英, 等. 磷酸一氢钛二水合物的合成和性能表征[J]. 江西师范大学学报（自然科学版）, 1996（4）: 304-307.

[7] Alberti G. Synthesis of crystalline Ti(HPO$_4$)$_2$·2H$_2$O by the HF procedure and some comments on its formation and structure[J]. Journal of Inorganic and Nuclear Chemistry, 1979, 41: 643-647.

[8] 余向阳. 二水合磷酸钛晶胞参数计算及其 X 射线粉末图谱的指标化[J]. 陕西师范大学学报（自然科学版）, 1996, 24（4）: 57-60.

[9] 张蓤, 胡源, 宋磊, 等. 层状化合物 α-磷酸钛的水热合成与表征[J]. 稀有金属材料与工程, 2001（5）: 384-387.

[10] 张丽萍, 时霞丽, 郭阳虹. 一种新型磷酸钛的溶剂热法合成与表征[J]. 吉林粮食高等专科学校学报, 2004（1）: 13-16.

[11] Alberti G. Syntheses, crystalline structure, and ion-exchange properties of insoluble acid salts of tetravalent metals and their salt forms[J]. Accounts of Chemical Research, 1978, 11: 163-170.

[12] Clearfield A, Stynas J A. The preparation of crystalline Zirconium phosphate and some observations on its ionexchange behavior[J]. Journal of Inorganic and Nuclear Chemistry, 1964, 26: 117-129.

[13] 杜以波, 李峰, 何静, 等. 胺和醇对 α-磷酸锆的插层性能研究[J]. 石油学报（石油加工）, 1998, 14（1）: 62-65.

[14] Alberti G, Dionigi C, Marmottini F, et al. Formation of aqueous colloidal dispersions of exfoliated gamma-zirconium phosphate by intercalation of short alkylamines[J]. Langmuir, 2000, 16（20）: 7663-7668.

[15] 徐庆红. 稀土配合物在多孔材料中的组装及光物理性质的研究[D]. 长春: 吉林大学, 2001.

[16] 杜以波, 李峰, 何静, 等. 层状化合物 α-磷酸锆的制备和表征[J]. 无机化学学报, 1998, 14（1）: 79-83.

[17] Suzuki T M, Kobayashi S, Tanaka D A P, et al. Separation and concentration of trace Pb（Ⅱ）by the porous resin loaded with α-zirconium phosphate crystals[J]. Reactive & Functional Polymers, 2004, 58: 131-138.

[18] Benhamza Ⅱ, Barboux P, Bouhaouss A, et al. Sol-gel synthesis of Zr(HPO$_4$)$_2$·H$_2$O[J]. Journal of Materials Chemistry, 1991, 1: 681-684.

第 16 章
硼硅系磷酸盐

16.1　硼硅系磷酸盐概述

硼硅系磷酸盐属于比较稀有的非金属磷酸盐，主要包括磷酸硼、磷酸硅、焦磷酸硅等。

16.2　硼系磷酸盐

1. 理化性质

磷酸硼[1]，BPO_4，相对分子质量为 105.78，白色不溶固体；其无吸湿性，难溶于水，不溶于稀酸，可溶于苛性碱溶液；加水分解呈酸性；灼热时稳定；为四方结晶。其水合物有一水物、三水物、四水物、五水物、六水物数种，含 1 个结晶水的磷酸硼系为白色结晶体，不潮解，溶于水，1% 浓度的水溶液 pH 为 2.0，加热至 400℃以上则脱水而生成 BPO_4。其在 320℃及高压条件下，转变成石英型。磷酸硼与氨气不易生成加成物，而六水物溶于液氨时则会形成 $BPO_4 \cdot 3H_2O \cdot NH_3$ 加成物。

磷酸硼用于有机合成的催化剂，制造超低损电解体；还可用作热稳定性颜料、陶瓷材料、涂层、石油添加剂、防腐剂及酸性净化剂，以及燃料电池的脱凝电解质等；也是制取氢硼化钠（$NaBH_4$）的原料。水合物可用作肥料。

2. 生产方法

1）磷酸-硼酸法，即由磷酸和硼酸反应生成磷酸硼，它是较常见的生产方法。

2）磷酸氢二铵法，即由硼酸和磷酸氢二铵反应制得磷酸硼。

3）五氧化二磷法，即由硼酸和五氧化二磷共热制得磷酸硼。

4）磷酸三乙酯法，即由磷酸三乙酯和三氯化硼反应制得磷酸硼。

5）硼酸三丙酯法，即由磷酸和硼酸三丙酯反应制得磷酸硼。

3. 主要制法流程简述

磷酸-硼酸法可分下列三种流程。

1）将等当量的磷酸和硼酸混合，在 80~100℃下加热，或者将含有等当量的这两种酸的溶液混合后在水浴上蒸发干。如此所得的无定形物质在 1000℃下灼烧 2h，即转变成结晶态。此外，可以不用磷酸而用与它相应量的磷酸铵反应来制得磷酸硼。

由上述低温（80~100℃）制得的磷酸硼易溶于水，而经强热（1000℃左右）后则变成不溶于水的磷酸硼。其反应如下：

$$H_3BO_3 + H_3PO_4 === BPO_4 + 3H_2O$$

在 300℃时得到三水物磷酸硼（$BPO_4 \cdot 3H_2O$）。

2）将 1kg 细度≤250 目的硼酸和 10L 工业二甲苯在 20L 的蒸馏釜中加热至沸腾（二甲苯的沸点为 144.4℃），然后在 15.5h 内，以 0.12kg/min 的速度滴加等当量的 85%磷酸进行反应生成磷酸硼。磷酸中的水分与反应生成的水分则与惰性溶剂组成共沸物而经蒸馏除去。磷酸硼粗品用石油醚洗涤，干燥并在高温下焙烧，可进一步除去吸附的溶剂，最后即得颗粒大小为 1~3mm 的球状体成品。

3）将 3.44g 结晶硼酸和 6.44g 85%磷酸混合，二者的摩尔比为 P_2O_5：B_2O_3 =0.85：1，再加入 3.65g 磷酸铵，其比例为$(NH_4)_2HPO_4$：B_2O_3=0.5：1，在所获的混合物中，一般情况下含量约为 P_2O_5：B_2O_3=1.1：1，同时加入 5g 甲醛溶液，其相应的摩尔比为 CH_2O：B_2O_3=1.2：1，然后，把上述混合物加入聚四氟乙烯制的小细颈容器中，搅拌均匀，于 150℃下反应并维持 24h，经过滤，用蒸馏水洗涤，先于 110℃，后于 300℃煅烧，制得结晶状磷酸硼成品。

4. 磷酸硼的用途

磷酸硼主要用作有机合成催化剂、热稳定性颜料、陶瓷材料、涂料、石油添加剂、防腐剂、酸性净化剂、燃料电池的脱凝电解质。

16.3 硅系磷酸盐

16.3.1 磷酸硅

1. 理化性质

磷酸硅[2]（$2SiO_2 \cdot P_2O_5$），相对密度为 2.5，粒径在 10μm 以下，pH 为 1~2.5（水溶性盐 4%），产品的类型与性能随制备条件而改变，通常有以下几种类型：$Si(HPO_4)_2$、$Si_3(PO_4)_4$、α-磷石英和 SiP_2O_7。

2. 生产原理

磷酸硅一般是用土质矿物质（如硅藻土、酸性白土、高岭土、沸石）或者硅酸盐

（如多孔硅胶、水玻璃）与磷的含氧酸反应而获得。

主要反应如下：

$$SiO_2 + 2H_3PO_4 \Longrightarrow Si(HPO_4)_2 + 2H_2O$$

$$Si(HPO_4)_2 \Longrightarrow SiP_2O_7 + H_2O$$

硅酸盐矿物质原料结构与组成是很复杂的，其组成与结构不同，可以形成各种性质不同的缩合硅酸盐，而且不同的原料对产品的纯度也有很重要的影响。磷酸硅及其衍生物变体复杂，虽然这些产品可以写成 $SiO_2 \cdot P_2O_5$ 混合物或金属磷酸盐 $SiO(PO_3)_2$。实际被光学晶相显微镜法、红外光谱法和 XRD 分析鉴定证实，在 SiO_2 与 H_3PO_4（或 P_2O_5）反应产物中，有九种不同的结晶相，分属于立方、四方、单斜、三斜及六方晶系。例如，XRD 分析证实，焦磷酸硅低温变体向高温变体进行相变，260℃ TGA 损失表明酸式盐转变为正盐：

$$Si(HPO_4)_2 \Longrightarrow SiP_2O_7 + H_2O$$

900℃煅烧，产品是单斜晶型和立方晶型的焦磷酸硅，而在 1040℃以上则是立方晶型的 $SiO_2 \cdot P_2O_5$，所以产品中 $SiO_2 \cdot P_2O_5$ 的形态特征实际上属 $SiO_2 \cdot P_2O_5$ 各种同素异构体的混合物。这种混合物具有各种不同的比例，也就是说 $SiO_2 \cdot P_2O_5$ 形态的组成依赖于起始原料 SiO_2 与 P_2O_5 的比例、温度及磷酸的聚合程度，所以选择最佳工艺条件前，必须在干燥和煅烧之后进行产品组成的物相分析研究。

3. 制备技术

使 32g 二氧化硅（组成是 SiO_2 86.09%、P_2O_5 0.01%、H_2O 13.9%，比表面积 $S_{总}$ 为 250m²/g）与 12.0g 磷酸混合，磷酸的浓度为 78%（P_2O_5），再迅速加入 1.88g P_2O_5 结晶，$SiO_2 : P_2O_5 = 0.42$。再将以上混合物放入耐腐蚀、耐高温的玻璃器皿中，于 130℃下烘干合成 6h，取出粉碎，用丙酮或酯类洗涤，然后于 200℃下在空气中煅烧 2h，除去过剩的磷酸，即得到二取代磷酸硅 $Si(HPO_4)_2$，其组成是 SiO_2 含量 27.3%、P_2O_5 64.4%，产品含量为 95.6%。

$3SiO_2 \cdot 2P_2O_5$ 的合成：取一定量的磷酸（85%，化学纯）和硅胶按 SiO_2/P_2O_5 摩尔比在 1.5～2.0，充分混合后放入马弗炉中，低温加热反应 30～60min，然后升温至 600～700℃，反应 30～40min 即可。

4. 磷酸硅的用途

磷酸硅可用作钠水玻璃的新型耐水固化剂，广泛应用于油漆、涂料、橡胶、塑料、造纸、电子、陶瓷、水泥等行业，作为固化剂、催化剂、防锈剂、黏合剂等使用。其产品分为固体和液体两种形式，用作水玻璃（钾和钠）的固化剂时，表现出固化时间短、强度高、防水能力强以及耐酸碱和高温的特性。它可以与任意原料搭配使用，不受外在条件限制。值得注意的是，加入固化剂后的水玻璃可以密封保存而不固化，只有在喷涂和粉刷后才会迅速固化。一般的使用量在 5%～10%。此外，磷酸硅还广泛应用于特种光学玻璃、高强水泥、耐酸黏合剂配料、防水黏合剂的固化剂、无毒防锈涂料、有机合成催化剂等方面。

16.3.2 焦磷酸硅

1. 理化性质

焦磷酸硅[3]是二氧化硅与磷酸作用的产物之一，其分子式为 SiP_2O_7，相对分子质量为 202，事实上并非生成单一的 SiP_2O_7，而是形成若干种异构物，通常写作 $SiO_2 \cdot P_2O_5$。在不同的温度下研究硅凝胶在磷酸中的溶解作用时发现，在 350℃时，溶液中形成两种变体，即正方型和六角型变体，其中六角形为主要成分，在 500℃时为六角型 SiP_2O_7；在 850℃时为单斜晶型变体；在 1050℃下煅烧，则变为立方体形变体。也有人提出 SiP_2O_7 有七种变体：正方型、2 种单斜型、斜方型、立方体型、六角型和假六角型。变体互相转变的复杂性，可用 $SiO_2 \cdot P_2O_5$ 形式的多样性来解释，而 $SiO_2 \cdot P_2O_5$ 形式多样性又与研究者所使用的原料和不同条件有关。研究不同情况下制得的 $SiO_2 \cdot P_2O_5$ 的 X 射线谱图，发现其形态特征可以说明 SiP_2O_7 实际上是 $SiO_2+P_2O_5$ 的各种变体的混合物，这些混合物具有各种不同的比例，即 $SiO_2 \cdot P_2O_5$ 形态的组成取决于原始混合物中 SiO_2 和 P_2O_5 的比例、温度及磷酸的聚合程度，因此试图通过控制制备条件得到单一的纯净的焦磷酸硅变体是非常困难的。

2. 生产原理

无定形硅石粉与磷酸反应，经煅烧、聚合生产焦磷酸硅，反应方程式如下：

$$Si(OH)_4 + 2H_3PO_4 = Si(HPO_4)_2 + 4H_2O$$

$$Si(HPO_4)_2 = SiP_2O_7 + H_2O$$

3. 制备技术

将磷酸和硅石粉按 SiO_2/P_2O_5 摩尔比在 1.0～1.5 加入搪瓷反应器中，在 70～80℃温度下，形成硅石粉和磷酸的混合物，由于硅石粉在磷酸中的溶解度小，需加热溶解 2～3h，在溶解过程中发生凝胶作用，因此混合物必须用水稀释到相对密度为 1.32，将胶态的硅石粉和磷酸的混合物用泵经盘式过滤机打到有锚式搅拌器的压力槽中，在压力作用下，进入喷雾干燥器进行干燥。干燥后的混合物经旋风除尘器除尘，送入煅烧炉，加热到 800～900℃进一步合成焦磷酸硅产品。

4. 焦磷酸硅的用途

焦磷酸硅可作为半导体掺杂磷扩散源用的添加剂，可用于制备固体磷酸催化剂。

参 考 文 献

[1] 天津化工研究院. 无机盐工业手册[M]. 2 版. 北京：化学工业出版社，1996.

[2] 陈嘉甫，谭光薰. 磷酸盐的生产与应用[M]. 成都：成都科技大学出版社，1989.

[3] 符德学. 实用无机化工工艺学[M]. 西安：西安交通大学出版社，1999.

　　湖北三峡实验室由湖北省人民政府批复，依托宜昌市人民政府组建，是湖北省十大实验室之一。实验室由湖北兴发化工集团股份有限公司牵头，联合中国科学院过程工程研究所、武汉工程大学、三峡大学、中国科学院深圳先进技术研究院、中国地质大学（武汉）、华中科技大学、武汉大学、四川大学、武汉理工大学、中南民族大学和湖北宜化集团有限责任公司共同组建，于2021年12月21日揭牌成立。

　　湖北三峡实验室实行独立事业法人、企业化管理、市场化运营模式，定位绿色化工，聚焦磷石膏综合利用、微电子关键化学品、磷基高端化学品、硅系基础化学品、新能源关键材料、化工高效装备与智能控制六大研究方向，开展基础研究、应用基础研究和产业化关键核心技术研发，推动现代化工产业绿色和高质量发展。

湖北三峡实验室